基于深度学习的时间序列预测问题研究

唐丙寅　王豫峰　著

西北工業大學出版社
西　安

【内容简介】 随着大数据的发展，自然科学、社会科学、工业工程、金融科技等领域都积累了海量的数据。在这些海量的数据中，时间序列数据(按时间戳顺序依次到达的数据)是其中重要的组成部分。时间序列预测问题是根据已有的时间序列数据，来预测其未来一段时间的状态。该问题有着广泛的应用场景，比如在金融领域被使用来做现金流量预测、股票价格预测，在零售行业被使用来做业务收入预测、库存消耗预测，在旅游行业被使用来预测旅游订单量、客服服务量等，在气象、人口密度预测来帮助决策者做出有效决策。本书首先对基于深度学习时间序列预测方法提出的理论依据进行分析，然后对其中涉及的关键技术进行研究。最后，针对各种真实场景的时间序列预测问题进行了分别的研究和测试。

图书在版编目(CIP)数据

基于深度学习的时间序列预测问题研究 / 唐丙寅，王豫峰著. —西安 ：西北工业大学出版社，2024.3
ISBN 978-7-5612-9269-3

Ⅰ. ①基… Ⅱ. ①唐… ②王… Ⅲ. ①时间序列分析 Ⅳ. ①O211.61

中国国家版本馆 CIP 数据核字(2024)第 072507 号

JIYU SHENDU XUEXI DE SHIJIAN XULIE YUCE WENTI YANJIU
基于深度学习的时间序列预测问题研究
唐丙寅　王豫峰　著

责任编辑：高茸茸　　**策划编辑**：孙显章
责任校对：董珊珊　　**装帧设计**：董晓伟
出版发行：西北工业大学出版社
通信地址：西安市友谊西路 127 号　　邮编：710072
电　　话：(029)88493844，88491757
网　　址：www.nwpup.com
印 刷 者：兴平市博闻印务有限公司
开　　本：787 mm×1 092 mm　　1/16
印　　张：20.75
字　　数：518 千字
版　　次：2024 年 3 月第 1 版　　2024 年 3 月第 1 次印刷
书　　号：ISBN 978-7-5612-9269-3
定　　价：98.00 元

前　言

时间序列预测是指利用获得的数据按时间顺序排成序列，分析其变化方向和程度，从而对未来若干时期可能达到的水平进行推测。时间序列预测问题的研究目的在于揭示数据的模式和趋势，预测未来的变化和趋势。

时间序列预测技术是计算机数据处理领域的研究热点，在实际中具有广泛的应用，许多行业和学科都借助此技术进行决策和规划。在金融和经济领域有预测股票价格、货币汇率、经济指标等问题；在商业和零售领域，有销售预测、库存管理、产品需求预测等问题；在能源领域，有预测电力需求、油价、可再生能源的生产量等问题；在医疗健康领域，有流感季节的病例预测、药物需求预测等问题。实际上，几乎任何需要根据过去数据，预测未来的领域，都可以使用时间序列预测方法，尤其是随着神经网络、机器学习、深度学习等人工智能技术的快速发展，大量的研究人员在时间序列预测领域做出了大量的研究，为时间序列预测技术的发展和应用提供了良好的基础。

本书分别从概念、理论、模型、方法等几个方面围绕时间序列预测问题进行了阐述。其中，第一章为时间序列预测技术概述；第二章、第三章为基础理论部分；第四章、第五章介绍了时间序列预测技术常用的一些方法；第六章、第七章、第八章、第九章是结合深度学习不同的技术特点，采用基于深度学习相关模型结构，对时间序列预测方法进行的具体研究。

本书由唐丙寅、王豫峰著。具体分工：南阳理工学院的唐丙寅编写第一章、第二章、第三章、第四章、第五章、第六章（共计 25.7 万字），南阳理工学院的王豫峰编写第七章、第八章、第九章（共计 25.3 万字）。

由于作者水平有限，加之时间匆促，书中如有疏漏在所难免，恳请同行专家、学者和读者不吝指正。

编　者

2024 年 3 月

目　　录

第一章　时间序列预测技术概述

第一节　时间序列预测技术的研究意义

一、时间序列预测问题的发展历程

时间序列预测(Times Series Forecasting)问题最早可以追溯到约7000年前的古埃及,当时古埃及人通过记录每天尼罗河河水的涨落情况,并最终形成了具有时间序列属性的记录集。他们通过长期观察分析这些数据,发现了尼罗河涨落的规律,并将这些规律应用在农业方面,这也成就了古埃及农业的快速发展。这种按时间顺序,从观测序列中获取直观规律的描述性分析方法是早期时间序列预测的基础。

现代时间序列预测被认为起源于1927年英国统计学家G. u. Yule提出的自回归(Auto Regressive,AR)模型。此后,英国统计学家G. T. Walker在1931年提出了移动平均(MA)模型和ARMA模型,为时间序列预测奠定了基础,并被广泛应用。1931年,英国统计学家G. T. Walker提出了移动平均(MA)模型,引入了滞后移动平均的概念,并将其与自回归模型结合形成了自回归移动平均(ARMA)模型。1944年,英国统计学家R. A. Fisher提出了谱分析方法,用于分析时间序列数据中的频域信息。1960年,美国统计学家G. E. P. Box和G. M. Jenkins提出了Box-Jenkins方法,提出了系统的时间序列预测框架,包括模型识别、参数估计和模型诊断等步骤。1970年,Box和Jenkins合著的*Time Series Analysis: Forecasting and Control*一书出版,系统地介绍了时间序列分析和预测方法,成为时间序列预测领域的经典著作。1978年,Hannan和Quinn提出了模型选择准则AIC(Akaike Information Criterion),用于在多个候选模型中选择最佳模型。1980年,Box和Jenkins将季节性因素引入ARIMA模型,发展了季节性ARIMA(SARIMA)模型,用于处理具有季节性变化的时间序列。1990年,Ljung和Box提出了Ljung-Box检验,用于检验时间序列数据的自相关性和部分自相关性是否显著。2000年以来,随着机器学习和深度学习的兴起,神经网络模型如长短期记忆网络(LSTM)和卷积神经网络(CNN)被引入时间序列预测,为非线性和复杂时间序列数据的建模提供了新的方法。近年来,随着大数据技术和计算能力的提升,时间序列预测在多个领域中得到广泛应用,如金融预测、交通规划、气象预报等,以及在人工智能领域中的时间序列问题的研究。

二、时间序列预测问题的概念

时间序列是按时间顺序排列的统计指标数值的数列，也被称为时间数列、历史复数或动态数列。时间序列预测方法是利用编制和分析时间序列的过程、方向和趋势，进行推测和预测未来一段时间或未来若干年内可能达到的水平。其主要步骤包括：收集和整理特定社会现象的历史数据；对这些数据进行检查和鉴别，并按照时间顺序排列；分析时间序列，寻找该社会现象随时间变化的规律和模式；利用这些模式进行未来情况的预测。通过时间序列预测方法，我们可以从过去的数据中发现规律，并利用这些规律来预测未来的趋势和变化。

时间序列预测是一种回归预测方法，属于定量预测。它的基本原理是承认事物发展的延续性，运用过去的时间序列数据进行统计分析，推测出事物的发展趋势。同时，充分考虑到由于偶然因素影响而产生的随机性，为了消除随机波动产生的影响，利用历史数据进行统计分析，并对数据进行适当处理，进行趋势预测。

三、研究目的和意义

时间序列预测问题的研究目的在于通过对过去的时间序列数据进行分析和建模，揭示数据的模式、趋势和周期性等规律，并利用这些信息及规律来预测未来的数值或趋势。时间序列预测在实际生产、生活中对政府、企业和个人都具有重要的研究意义和实际应用价值。

1. 时间序列预测可以提供决策支持

通过对历史数据的分析和建模，可以预测未来的趋势和变化，帮助决策者做出合理的决策和规划。无论是在经济领域、金融市场、供应链管理还是市场营销等领域，时间序列预测可以为决策者提供重要的参考和预警，帮助他们做出准确的预测和决策，提高效率和竞争力。

2. 时间序列预测有助于资源优化和规划

通过分析时间序列数据，可以预测未来的需求和供应，优化资源的分配和调度。这对于生产计划、库存管理、能源分配、交通调度等方面都非常重要。准确的时间序列预测可以帮助企业和组织避免资源浪费和过剩，提高资源利用效率，降低成本。

3. 时间序列预测对于风险管理和预警具有重要意义

通过对时间序列数据的分析，可以识别出潜在的风险和异常情况，提前采取相应的预防和控制措施。在金融市场、保险业、自然灾害等领域，时间序列预测可以帮助管理者更好地理解风险，并采取相应的风险管理策略，降低风险带来的损失。

4. 时间序列预测对于科学研究和学术领域具有重要意义

通过对时间序列数据的分析，研究者可以发现数据中的规律和趋势，为学术研究提供支持和证据。时间序列预测方法的不断发展和改进也推动了统计学、机器学习和人工智能等领域的研究和应用。

时间序列预测问题的研究目的在于揭示数据的模式和趋势，预测未来的变化和趋势，为决策制定、资源优化、风险管理和学术研究等提供有力的支持。这些研究目的和应用意义使得时间序列预测成为一个重要的研究领域，并持续推动其方法和技术的发展。

第二节　时间序列预测问题描述

时间序列是一组数值组合$\{X(t)\}$，其中同一种现象的同一个统计指标随着变量t的变化而排列。变量t是一种单调递增的物理量，满足$t_1<t_2<\cdots<t_n$。时间序列通常是离散有序数据集合，表示统计指标随着时间t的变化而生成。时间序列可以从系统、数学和统计三个方面来理解：从系统的角度看，时间序列表示某一系统在不同时刻的状态值，可以反映系统的历史行为；从数学的角度看，时间序列是由某一随机过程产生的随机变量组成的有序数列；从统计的角度看，时间序列是指按时间顺序排列的一组随机变量，即一个随机变量的时间序列。

一、时间序列预测问题的分类

时间序列预测问题可以根据不同的分类标准进行分类。常见的时间序列预测问题分类方法包括：基于数据类型分类、基于模型类型分类、基于预测任务分类、基于数据的特征和性质分类、基于统计学的预测方法、基于机器学习的方法和基于深度学习的方法。

1. 基于数据类型分类

基于数据类型分类可分为单变量时间序列预测和多变量时间序列预测。单变量时间序列预测是指仅使用单个变量的历史数据来进行预测，例如，只使用销售量来预测未来销售额。多变量时间序列预测是指利用多个相关变量的历史数据来进行预测，例如，使用销售量、广告费用和季节因素等多个变量来预测未来销售额。

2. 基于模型类型分类

基于模型类型分类可分为：统计方法、机器学习方法和深度学习方法。统计方法指的是使用统计学理论和方法建立模型，如自回归移动平均模型（ARMA）和自回归积分移动平均模型（ARIMA）等。机器学习方法是指利用机器学习算法建立时间序列预测模型，如支持向量机（SVM）、随机森林（Random Forest）和神经网络（Neural Network）等。深度学习方法是指使用深度神经网络模型，如长短期记忆网络（LSTM）和卷积神经网络（CNN）等，来建模复杂的时间序列关系。

3. 基于预测任务分类

基于预测任务分类可分为：短期预测、长期预测、点预测和区间预测。短期预测是指预测未来较短时间内的数值或趋势，通常用于近期规划和操作决策。长期预测是指预测未来较长时间跨度内的数值或趋势，常用于战略规划和长期趋势分析。点预测是指预测未来某个特定时间点的数值。区间预测是指给出未来某个时间段的预测范围，用于考虑不确定性和风险。

4. 基于数据的特征和性质分类

基于数据的特征和性质分类包括平稳时间序列和非平稳时间序列。平稳时间序列是指数据的均值和方差非平稳时间序列在时间上保持恒定。非平稳时间序列是指数据在时间上存在趋势、季节性或周期性等变化。

5. 基于统计学的分类

早期的基于统计学的时间序列预测方法仅能对单变量线性时间序列进行建模，但随着时间，这种方法已经演变成可以处理复杂的多变量非线性时间序列。典型的时间序列模型，如通用的状态空间模型（State-Space Models，SSMs），包括 ARIMA（Autoregressive Integrated Moving Average）和 ETS(Exponential Smoothing)，这些模型都非常适合对具有丰富历史数据的单个时间序列进行复杂的动态建模，然而在处理多变量时间序列上却相对无力。VAR(Vector Autoregressive)模型则是自回归模型的延伸，可以应用于多变量时间序列预测，但它并未考虑输出变量之间的依赖性，而且随着变量数量的增加，VAR 模型的时间复杂度将呈平方增长，因此只适用于小规模（通常小于 10 组）的时间序列，这对于现今的大规模数据场景显然是不够的。DFMs(Dynamic Factor Models)在计量经济学中得到了广泛的研究，主要用于建模多个时间序列的共同演化过程。DFMs 可以被视为是主成分分析(PCA，Principal Components Analysis)在时间背景下的一种扩展，它假设所有的时间序列都是由少量的动态潜在因素驱动，和其他经典的统计模型一样，DFMs 的理论和技术也都是在数据稳定的前提下发展的。然而，基于统计学的时间序列预测方法难以捕获多个时间序列的非线性关系，预测精度容易受限，因此模型性能表现不尽人意。

6. 基于机器学习的分类

基于机器学习的时间序列预测方法将时间序列预测视为一种标准的参数回归问题。首先，它从历史数据中抽取特征，然后将这些特征输入到预先设计的机器学习模型中。通过优化损失函数进行训练后，可以得到预测模型。支持向量回归（SVR）通过学习最大的边界超平面来使用回归损失，然而作为全局模型，SVR 缺乏足够的灵活性，无法抽取时间序列的局部特征，导致预测精度不佳。局部支持向量回归（LSVR）改进了 SVR，融入了局部信息来调整边缘超平面，能抽取到局部时间序列特征，从而提高预测精度。You 等人使用岭回归来预测具有多重共线性的多变量时间序列，虽然失去了最小二乘法的无偏性，但获得了更显著的预测结果。随机森林(RF)是最受欢迎的机器学习模型之一，通过组合不同的特征，可以生成多样本，从而训练出众多决策树。将多棵决策树的输出结合起来，可以得到具有强抗过拟合和泛化能力的最终预测结果。然而，基于机器学习的时间序列预测方法存在一些局限性，例如，在训练模型前，需要进行人工特征工程，这个过程不仅耗费大量人力，而且乏味。精心设计的特征对领域知识的依赖性强，只对当前特定数据集有效，难以应用到新任务。当训练数据量大和时间序列维度较高时，这些模型由于计算复杂度过高，容易陷入局部最优，难以对复杂的多变量时间序列进行建模。

7. 基于深度学习的分类

基于深度学习的时间预测方法目前应用最为广泛，主要包括：循环神经网络、卷积神经网络、注意力机制和图神经网络等。

循环神经网络(RNNs)拥有处理序列数据的能力，这得益于其较短期的记忆功能和其循环网络结构，神经元能接收自身的历史信息以及与之相连的其他神经元的信息。为了学习网络参数，RNN 通常采用反向传播算法，该算法会按时间的反向顺序逐步传播错误信息。但是，当输入的时间序列较长时，可能会引起梯度消失或爆炸的问题。为解决这一问题，许多学者对原始的 RNN 结构进行了改进，其中最有效的改进是引入门控机制，这产生了两种常见的循环神经网络的变体：长短期记忆网络（LSTM）和门控循环单元（GRU）。由于 RNN 自身的循环特性，它在处理序列数据建模方面有着悠久的应用历史，并在多种自然语言处理任务中取得了优异的结果。研究者们提出了很多基于 RNN 的时间序列预测模型，因为时间序列数据可以自然地解释为输入序列和目标序列。例如，Nadan 等人使用基本的 RNN 来预测计算网络流量，并将其与传统的 ARIMA 模型进行比较，实验结果显示 RNN 具有更优的预测效果。Karevan 等人在 LSTM 的基础上结合了传导学习，充分利用时间序列的局部信息，提出了 TLSTM 来预测天气状况。Tao 等人提出了双向 GRU 来预测北京地区的 PM2.5 浓度，与只使用 GUR 和 LSTM 的方法相比，双向循环结构有更高的准确率。

卷积神经网络（CNNs）通过使用卷积核来抓取空间维度中不变的局部特性，每个卷积核只提取数据中的单一局部特性，具有权重共享的特性，早在前期就被应用于图像信息处理。得益于 CNN 在特征提取能力上的优势，在图像领域取得了显著进展，如今许多研究人员开始将其应用于语音和时间序列领域。例如，Binkowski 等人将自回归方法的加权思想应用于 CNN，改进后的模型在噪声干扰的异步时间序列预测上优于常规的循环神经网络。Livieris 等人将卷积神经网络和循环神经网络融合，提出了 CNN 和 LSTM 的混合模型来预测未来的黄金价格。Oord 等人提出的 WaveNet 模型在常规卷积基础上设计了因果卷积，并在卷积层添加了跳跃连接和残差网络，以确保仅使用过去信息进行预测，使其能够很好地适应时间序列预测。在因果卷积的基础上，Wan 等人设计了膨胀卷积，扩大了因果卷积的感受野，提出时间卷积网络（TCN）来对多变量时间序列进行预测。

注意力机制（Attention）利用动态生成的权重汇集时间特性，使神经网络能够直接关注过去的关键时间步信息。Transformer 架构在众多自然语言处理任务中实现了领先的性能，其中使用的注意力机制也已被运用到时间序列预测领域。结合注意力的预测方法通常基于循环神经网络和卷积神经网络，通过引入注意力机制来捕捉时间序列在时间轴上的依赖性。Cinar 等人提出了多变量时间序列的序列到序列（Seq2Seq）的注意力模型。Lai 等人提出的 LSTNet 模型使用 CNN 来捕捉多变量时间序列的短时依赖，利用门控循环单元记住长期依赖，并采用循环跳跃（Recurrent-Skip）技巧和传统的注意力机制在时间维度上对季节性和非季节性数据进行建模。Shih 等人提出了 TPA-LSTM 模型，改进了传统的注意力机制，特别强调在时间序列变量上使用注意力。Song 等人提出了基于 RNN 的双阶段注意力网络（DA-RNN），在编码阶段，利用输入注意力机制自适应地选择相关的时间序列；在解码阶段，利用时间注意力机制选择相关的隐藏状态，从而输出未来时间步的预测结果。

近些年，图神经网络（Graph Neural Networks，GNN）在处理网络实体间空间依赖性方面取得了显著的进展。图神经网络基于一个假设，即图中的一个节点的状态依赖于其相邻节点的状态。为了捕捉这种空间依赖性，人们通过消息传递（Message Passing）和信息传播（Information Propagation）设计了各式图神经网络。这些图神经网络起到类似的作用，即通过将节点的邻居信息传递给节点本身来获取节点的高阶表示。其中，由于其优秀的结构设计，图卷积网络（Graph Convolution Neural Network，GCN）在许多应用中表现出色。图卷积网络通过卷积方式能从图结构中提取隐藏的特征信息，通常会通过堆叠多个 GCN 层来获取图上的特征信息。多变量时间序列中的变量可以视为图中的节点，每个节点之间通过隐藏的依赖关系互相连接，图卷积网络能够捕捉到这些变量间的依赖关系，从而提取出有用的节点特征，因此，利用图卷积网络对多变量时间序列数据进行建模是一种充满潜力的方法。然而，目前大多数基于图卷积网络的时间序列预测方法主要应用于具有固定图结构的时间序列数据，例如具有路网结构的交通数据，这意味着在预测多变量时间序列时，必须事先确定每个变量的依赖关系。

从我们对时间序列预测问题的研究概况来看，我们发现虽然基于统计学的预测方法具有坚实的理论基础并且易于理解，但由于其模型假设过于严格，预测精度可能容易遇到限制，导致模型性能不佳。基于机器学习的预测方法则需要大量的人工进行特征工程，而且设计出来的特征高度依赖于特定领域的知识，这降低了其扩展性。然而，基于深度学习的预测方法，凭借神经网络强大的特征提取和逼近能力，能通过设计合理的网络结构捕获多变量时间序列在时间维度上的短期和长期依赖特征，目前已经取得了不错的预测效果。然而，针对多变量时间序列中各变量间依赖关系的学习还没有找到很好的解决方法。尽管基于图卷积网络的模型能提取不同变量间的交互特征，但是这仍然依赖于预先给出的关系图。

在实际处理时间序列预测问题时，可以根据实际的应用场景和应用需求，选择适当的方法和模型来处理不同的时间序列数据，从而获得准确的预测结果。

二、时间序列预测的一般过程

时间序列预测问题从数据角度来理解，主要是对有时间属性的数据进行处理、分析并计算出未来趋势和变化。其基本过程从整体上分为数据采集和预处理、模型构建和结果分析三大过程。其中，数据采集和预处理包括：数据采集、数据特征分析、目标问题分析、数据预处理、可视化分析；模型构建过程包括：时间序列分解、特征提取、模型选择、模型训练和调参、模型评估；结果分析包括：预测结果解释和不确定性估计。

1. 数据采集和预处理

数据采集：描述时间序列数据的来源，例如传感器数据、金融市场数据或天气观测数据，并说明数据是如何采集的，例如实时采集还是历史数据。

数据特征分析：描述时间序列数据的基本特征，包括数据类型（连续型、离散型）、数据单位、数据的范围和分布等。

目标问题分析：明确时间序列预测问题的目标，例如预测未来一周的销售量、预测下一个月的股票价格等。

数据预处理：描述对时间序列数据进行的预处理步骤，如去除噪声、平滑处理、处理缺失值、处理异常值等。

可视化分析：通过绘制时间序列图，展示数据的整体趋势、季节性或周期性等特征，帮助理解数据的变化模式。

2. 模型构建

时间序列分解：通过分解时间序列，将其分解为趋势、季节性和残差等部分，以更好地理解数据的组成和特征。

特征提取：从时间序列数据中提取与预测目标相关的特征，例如滞后特征、滑动窗口统计特征、频域特征等。

模型选择：描述选择的时间序列预测模型，如传统的 ARIMA 模型、基于回归的方法、深度学习的循环神经网络（RNN）模型等，并解释选择的原因。

模型训练和调参：描述对选择的模型进行参数估计和训练的方法和步骤，以及模型调参的过程。

模型评估：描述对训练好的模型进行评估的指标和方法，例如均方根误差（RMSE）、平均绝对百分比误差（MAPE）等。

3. 结果分析

预测结果解释：解释根据训练好的模型得出的时间序列预测结果，包括对预测结果的可靠性和可解释性进行分析。

不确定性估计：描述对时间序列预测结果的不确定性进行估计的方法，如置信区间、预测区间等。

三、时间序列数据的特性

通常来说，时间序列由系统性和非系统性两部分组成。系统性部分包括趋势成分、季节性成分和周期性成分，而非系统性部分包括突然变动成分和随机变动成分。非系统性部分通常被称为噪声，它是一种无规律的随机扰动，突发事件引起了突然变动，而随机因素导致了随机变动。因此，非系统性部分是不可预测的，它决定了预测结果的不确定性程度。系统性部分是有规律的，其中趋势成分表示事物主要变化的趋势，它是指一个时间序列在长期内受基本因素影响而呈现持续下降、持续上升或保持在某一水平的倾向。季节性成分指一个时间序列在一定时间范围内受某种固定周期性因素影响而表现出周期性波动。需要注意的是，这里的“季节”是广义的，可以指任何一种周期性变化。周期性成分是指一个时间序列由于非季节性因素的影响而呈现出围绕长期趋势的震荡或波浪形的周期性波动，且波动的周期长短不一。这三种成分展现了时间序列的规律性，使其可以对系统性部分进行预测。

时间序列预测是通过对历史数据的学习和分析，来估计指定未来时间段的数据值。时间序列数据由于其变量之间固有的联系，常表现出一种或多种特性。

1. 海量性

随着物联网传感器设备的升级、测量频率的提高以及测量维度的增加，时间序列数据呈爆炸性增长，高维度的时间序列数据已成为主流。在进行时间序列预测任务时，有效的数据集预处理是至关重要的。

2. 趋势性

当前时刻的数据通常与前一段时刻的数据密切相关，这表明时间序列数据受其他因素的影响往往具有一定的变化趋势，可能在长时间内呈现出稳定的上升、下降或保持水平的趋势。

3. 周期性

时间序列数据受外界因素的影响在长时间内呈现起伏或周期性变化。例如，潮汐的涨落、某些现象的周期性变化等，不符合趋势性变化，而是展示出周期性的起伏变化。

4.波动性

随着时间推移和外部多种因素的影响，时间序列的方差和均值可能发生系统性的变化，这在一定程度上会影响时间序列预测的准确度。

5.平稳性

时间序列数据个别为随机波动，但在不同时间上呈现统计规律，并在方差和均值上保持相对稳定。

6.对称性

如果某段时间周期内，原始时间序列与其反转时间序列之间的距离控制在一定的阈值内，即认定该时间序列具有对称性。例如，港口大型运输车的来回作业，起重机的抬臂和降臂工作等。

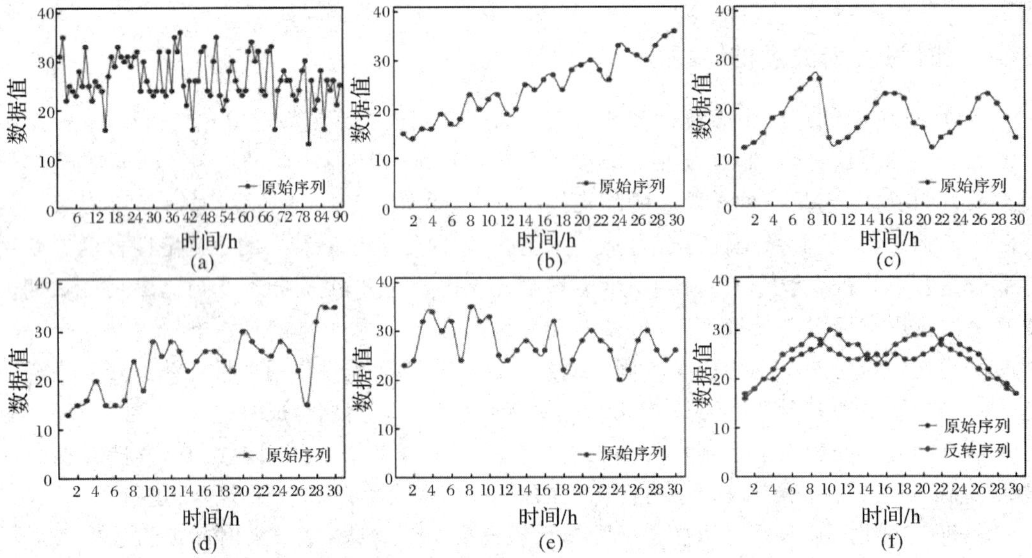

图 1-1　时间序列数据特性示例图

四、时间序列的分解

时间序列分解的目的是将非平稳时间序列 $X=\{X_1,X_2,\cdots\}=\{X_t\}_{t=1}^{\infty}$ 分解为非平稳效应（确定性成分）和剩余成分（随机成分）$\{Z_t\}_{t=1}^{\infty}$，以便进行下一步的任务。这些任务包括对非平稳性的原因进行表征和预测。常见的研究非平稳效应包括趋势和季节性，这些效应在许多时间序列分析模型中得到考虑，例如 ARIMA 模型、SARIMA 模型和基于指数平滑的方法。

在通常的分解方案中，确定性成分是可预测的，并通过它们的估计或外推来对预测任务做出贡献。例如，趋势的演变可以被建模，因此外推将有助于构建预测值。同样，季节性（即周期性波动）可以被建模，以提供相应的确定性贡献给预测值。为了提高预测准确性，需要对剩余的随机成分进行分析。因此，根据时间序列的不同，一个更复杂或更简单的分解方案旨在获得剩余的随机成分$\{Z_t\}$。由于自相关性的存在,期望随机成分是有结构的,以便进行预测。相反,噪声(或混沌现象)的存在,即未知或无法测量因素的影响,对于预测来说往往是不利的。

自相关是时间序列中实现未来预测的关键概念。简单来说,自相关是一个反映时间序列值在连续时间间隔上相互依赖程度的度量。高自相关意味着值高度依赖它们滞后的值。因此,在可能的情况下,一般首选使用平稳模型。

在时间序列分析中,平稳性是一个核心的属性。平稳性是通过分解得到的随机成分$\{Z_t\}$所表示的动态系统在时间t上表现出一定的行为,这种行为很可能在时间$t+1$上再现。系统的行为是与时间无关的,这说明Z_t与其滞后值之间的关系是稳定的。平稳性通常被利用来建模随机过程,而自相关在时间上是不变的。因此,所得到的模型将提供一个简化的框架,即基于自相关来预测未来值。

平稳性与线性之间的关联是建立在 Wold 定理中。Wold 定理是指,任何平稳随机过程都可以表示为无限加权的不相关白噪声误差之和。该过程可以通过 MA(∞)模型来表示,其中 MA(∞)表示具有无限个参数的(线性)移动平均模型。

此外,存在许多具有平稳性但是非线性的随机过程,其原因在于 Wold 的表示方法不适用或不现实。换句话说,这种表示无法用合理数量的参数来适应有限的数据,并提供可靠的预测。在这样的平稳过程中,X_t与其滞后值之间的关系是非线性的;在其他情况下,X_t受到制度性变化的影响。

一个平稳时间序列的现象可能是线性的,也可能是非线性的。如果一个序列是非平稳的,潜在的现象通常是非线性的。例如,当一个随机过程从一种状态转换到另一种状态时,可以考虑使用非线性模型。状态转换是导致非平稳性的原因。一些模型提出了折衷方案,描述了局部平稳过程之间的跳跃。其他情况可能需要更复杂的建模,比如金融市场,在这些市场中低波动期间与高波动期间交替出现。基本上,无论何时存在时间变化的方差(或所谓的“波动性”),时间序列都不符合线性模型(例如 GARCH 模型)。但是,在涉及时间变化的方差的情况下,边界却并不那么清晰,即非线性并不一定意味着非平稳性。

分解的目标是对原始时间序列进行预处理,得到一个剩余的随机成分。如果可能的话,该剩余部分进一步被建模为线性或非线性过程。此外,平稳性是一种理想的情况,因为它简化了建模和预测任务。风险在于既不线性也不线性的过程都无法很好地拟合数据,这将导致较差的预测性能。

趋势和季节成分是确定性的并且与时间相关,而剩余的随机成分(无论是平稳的还是非平稳的,线性的还是非线性的)预期不显示明显的趋势和季节变化,并且包含有关观测值的自相关信息。在这种有利的情况下,时间序列分解的目标是描述自相关结构,并基于剩余部分固有的自相关进行准确的预测。为了实现第二个目标,通过从原始序列中滤除确定性成分来获得剩余成分。特别地,如果剩余的随机成分是平稳的,而其他成分为零,则X是平稳的,否则,它是非平稳的。

第三节　时间序列预测的技术评价指标和性能分析方法

预测误差定义为预测值与实际值之间的差距。预测的准确性直接与这种误差有关，因此，预测误差经常被用作衡量预测模型性能的一种方式。较小的预测误差意味着较高的预测精度，反之，较大的预测误差则说明预测精度较低。在对预测系统进行评估时，对一组测试样本做出预测，然后与真实目标值进行对比，最终以特定方式计算出两者间的误差指标。现阶段，有许多不同的度量指标可以用来衡量模型的预测精度。但是，尚无公认的标准来确定哪个评估指标是最精确的。

常见的技术评价方法包括：平均绝对误差、均方误差、均方根误差、平均绝对误差百分比、决定系数等。

常用的性能分析方法包括：精度增长率、Diebold Mariano 检验、残差的白噪声检验、残差的方差分析等。

一、技术评价方法

1. 平均绝对误差（MAE）

平均绝对误差（Mean Absolute Error，MAE）是一种常用的预测模型性能评估指标，用于衡量预测值与实际值之间的平均误差。它是所有单个观察值的绝对误差的平均值。MAE 可以很直观地反映出预测值偏离实际值的程度，而且它的量纲与原始数据相同，更容易理解。

平均绝对误差的计算公式为

$$\mathrm{MAE}=\frac{1}{n}\sum_{i=1}^{N}|y_i-\hat{y}_i| \tag{1-1}$$

式中：n 是总的样本数量；y_i 是第 i 个观察值的实际值；$\hat{y}_i$ 是第 i 个观察值的预测值；$|y_i-\hat{y}_i|$ 是第 i 个观察值的绝对误差。

MAE 的值越小，说明预测模型的性能越好，因为预测值与实际值的差距越小。然而，它对于预测误差的大小并没有进行区分，即大的误差和小的误差会被同等对待。因此，如果需要对大的预测误差进行惩罚，可能需要使用其他的评估指标，如均方误差（MSE）或均方根误差（RMSE）。

2. 均方误差（MSE）

均方误差（Mean Squared Error，MSE）是用于评估预测模型性能的一种常见指标，特别是在回归问题中。MSE 测量的是预测值与实际值之间的平均平方误差，即每个观察值的预测误差的平方的平均值。

均方误差的计算公式为

$$\mathrm{MSE}=\frac{1}{n}\sum_{i=1}^{N}(y_i-\hat{y}_i)^2 \tag{1-2}$$

式中：n 是总的样本数量；y_i 是第 i 个观察值的实际值；$\hat{y}_i$ 是第 i 个观察值的预测值；$(y_i-\hat{y}_i)^2$ 是第 i 个观察值的预测误差的平方。

MSE 的值越小，表示预测模型的性能越好，因为预测值与实际值的平方误差越小。然而，因为 MSE 是基于预测误差的平方进行计算的，所以它对于大的误差会给予更大的惩罚。这是一个需要注意的点，因为在某些情况下，我们可能不希望模型对大的误差过于敏感。

值得注意的是，MSE 的量纲是原始数据量纲的平方，因此有时候在解释上可能会不够直观。为了解决这个问题，我们通常会使用均方根误差（Root Mean Squared Error，RMSE），它是 MSE 的平方根，其量纲与原始数据一致，更容易理解。

3. 均方根误差（RMSE）

均方根误差（Root Mean Squared Error，RMSE）是一种常用的预测模型性能评估指标，尤其在回归问题中。RMSE 测量的是预测误差的标准差，也可以理解为预测值与实际值之间的平均平方误差的平方根，是均方误差进行开方得到。

均方根误差的计算公式为

$$\text{RMSE}=\sqrt{\frac{1}{n}\sum_{i=1}^{N}(y_i-\hat{y}_i)^2} \tag{1-3}$$

式中：n 是总的样本数量；y_i 是第 i 个观察值的实际值；$\hat{y}_i$ 是第 i 个观察值的预测值；$(y_i-\hat{y}_i)^2$ 是第 i 个观察值的预测误差的平方。

RMSE 的值越小，表示预测模型的性能越好，因为预测值与实际值的平方误差的平方根越小。RMSE 相比于均方误差（MSE），其量纲与原始数据一致，因此在实际应用中更为常用，更易于解释和理解。和 MSE 一样，由于 RMSE 是基于预测误差的平方进行计算的，它会对大的误差给予更大的惩罚。

4. 平均绝对百分比误差（MAPE）

平均绝对百分比误差（Mean Absolute Percentage Error，MAPE）是一种常用的预测准确性评估指标，主要用于衡量预测值与实际值之间误差的平均比例。它的优点是结果可以很直观地表示为百分比，使得我们可以在不同级别的时间序列上进行比较。该方法是相对误差度量值，避免了正误差和负误差相互抵消。

平均绝对百分比误差的计算公式如下：

$$\text{MAPE}=\frac{1}{n}\sum_{i=1}^{N}\left|\frac{\hat{y}_i-y_i}{y_i}\right|\times 100\% \tag{1-4}$$

式中：n 是总的样本数量；y_i 是第 i 个观察值的实际值；$\hat{y}_i$ 是第 i 个观察值的预测值；$\left|\frac{\hat{y}_i-y_i}{y_i}\right|$ 是第 i 个观察值的绝对百分比误差。

MAPE 的值越接近 0，说明预测模型的性能越好，因为预测值与实际值的比例误差越小。然而，MAPE 也有一些局限性。比如，当实际值 $\hat{y}_i$ 接近或等于 0 时，MAPE 的值可能会变得非常大或者无法定义。此外，MAPE 对正误差和负误差的处理是对称的，可能会隐藏模型的系统偏差。因此，在使用 MAPE 时，需要注意这些潜在的问题。

5. 决定系数(R - Squared)

决定系数(R - squared,也被称为可决系数、拟合优度)是一种在统计学中用来评估模型对数据的拟合程度的度量方法,常用于回归分析。更具体地说,决定系数反映了模型解释的因变量变动的比例。

决定系数的计算公式为

$$R^2 = 1 - \frac{\frac{1}{n}\sum_{i=1}^{N}(y_i - \hat{y}_i)^2}{\frac{1}{n}\sum_{i=1}^{N}(y_i - \bar{y}_i)^2} = 1 - \frac{\text{MSE}}{\text{Var}} \tag{1-5}$$

式中:$\bar{y}$ 为 y 的均值,分式的分子可简写为均方误差 MSE,分式的分母可简写为方差 Var。

决定系数的值在 0~1 之间。值为 1 的情况意味着模型完全能够解释数据的所有变化,这通常在实际应用中是非常罕见的。值为 0 的情况意味着模型没有解释数据中的任何变化。决定系数越接近 1,表示模型对数据的拟合度越好。

然而,决定系数也有一些局限性。比如,它不能用来比较不同的数据集或者不同类型的模型。同时,如果模型过于复杂(比如过拟合),决定系数可能会高估模型的预测性能。为了解决这个问题,我们通常会使用调整决定系数(Adjusted R - squared),它会对模型中的自由参数数量进行惩罚。

在上述五种常见的评估标准中,MAE、MSE 和 RMSE 的结果没有设定的上下限,这使得我们很难有效地判断预测模型的性能优劣。而另一方面,R - squared 的计算结果在[0,1]范围内,为评估预测模型提供了一个更统一的准则。研究人员在面对预测任务时,所采用的各种算法通常使用不同的评价指标来证明其先进性。比如,在循环神经网络类型的算法快速发展时,研究人员使用的评估标准更为多样化。而当使用 Transformer 类型的算法来处理时间序列预测任务时,更多地使用 MAE 和 MSE 作为评估指标。

二、性能分析方法

1. 精度增长率

精度增长率是一个衡量模型预测能力改进程度的指标。一般来说,它是通过比较新模型和旧模型(或基准模型)的预测精度来计算的。精度增长率可以用于判断新模型是否比旧模型更有效,以及新模型的有效性提高了多少。

具体公式如下:

$$P_{\text{MAPE}} = \left| \frac{\text{MAPE}_1 - \text{MAPE}_2}{\text{MAPE}_1} \right| \times 100\% \tag{1-6}$$

式中:MAPE_1 代表对比模型的 MAPE 值,而 MAPE_2 则代表集成模型的 MAPE 值。因此,我们可以将 P_{MAPE} 理解为集成模型与对比模型在 MAPE 指标上的精度增长率。

假设我们有两个模型 A 和 B,其中 A 是新模型,B 是旧模型或基准模型。如果 A 模型的预测精度为 90%,B 模型的预测精度为 80%,那么精度增长率就是:

(新模型的精度－旧模型的精度)/旧模型的精度×100%

在这个例子中,精度增长率就是:(90%－80%)/80%×100%＝12.5%。这就是说新模型 A 的预测精度比旧模型 B 提高了 12.5%。不同的领域或应用可能会有不同的精度增长率计算公式，需要根据具体情况来确定。

此外，基于 MAE、MSE 和 MdAPE 的三个评价标准的增长率公式，可以用下式表示：

$$P_{\mathrm{MAE}}=\left|\frac{\mathrm{MAE}_1-\mathrm{MAE}_2}{\mathrm{MAE}_1}\right|\times 100\%$$

$$P_{\mathrm{MSE}}=\left|\frac{\mathrm{MSE}_1-\mathrm{MSE}_2}{\mathrm{MSE}_1}\right|\times 100\%$$

$$P_{\mathrm{MdAPE}}=\left|\frac{\mathrm{MdAPE}_1-\mathrm{MdAPE}_2}{\mathrm{MdAPE}_1}\right|\times 100\% \tag{1-7}$$

2. Diebold Mariano 检验

Diebold - Mariano 检验是一种统计检验方法，用于比较两个预测模型的准确性。这种检验最初是由 Francis X. Diebold 和 Roberto S. Mariano 在 1995 年提出的，目的是比较预测期货市场价格的两个竞争模型。

DM 检验的目的在于确定两个模型预测误差间是否存在明显的差别，从而评估模型的重要性。通过得出两个模型预测误差的 DM 数值，可以评价集成模型的实际意义和价值。

假设 α 代表显著性水平，无效假设 H_0 代表集成模型的误差和对比模型的误差之间没有明显差异，也就是说，预测精度无显著差别。有效假设 H_1 表示 H_0 的备择假设。

$$H_0: E[L(\mathrm{ERROR}^1_{i,h|i})]=E[L(\mathrm{ERROR}^2_{i,h|i})] \tag{1-8}$$

$$H_1: E[L(\mathrm{ERROR}^1_{i,h|i})]\neq E[L(\mathrm{ERROR}^2_{i,h|i})] \tag{1-9}$$

式中：L 代表损失函数；$\mathrm{ERROR}^p_{i,h|i}$，$p=1,2$ 表示两个模型的绝对误差，h 指预测步长。因此，DM 测试的统计量可以用公式(1 - 10)表示为

$$\mathrm{DM}=\frac{\sum_{i=1}^{n}[L(\mathrm{ERROR}^1_{i,h|i})-L(\mathrm{ERROR}^2_{i,h|i})]/n}{\sqrt{\frac{S^2}{n}}}s^2 \tag{1-10}$$

在此检验中，首先计算两个模型预测误差的差异，然后检验这些误差差异的均值是否显著不为 0。如果差异的均值显著不为 0，那么可以得出结论，两个模型在预测准确性方面存在显著差异。具体地说，如果一个模型的预测误差小于另一个模型的预测误差，那么前者的预测准确性就被认为是更高的。

Diebold - Mariano 检验的一个主要优点是它允许对非嵌套模型（即一个模型不是另一个模型的特例）的预测性能进行比较，这在许多实际应用中是非常有用的。

Diebold - Mariano 检验的结果可能受到样本选择、误差度量以及检验假设等因素的影响，因此在应用该检验时需要谨慎。

3. 残差的白噪声检验

在统计和时间序列分析中，白噪声检验是一种评估模型残差（即观察值与预测值之间的差异）是否为白噪声的方法。所谓的"白噪声"是指一个序列，其中的各项都是独立同分布的，并且都有零均值和常数方差。

白噪声检验的目标是验证一个时间序列模型是否已经充分地捕获了数据中的信息。理

想的情况是，一个好的模型应该将数据中所有的结构和模式都反映在预测中，使得残差仅仅反映数据中无法预测的随机变化，也就是白噪声。

白噪声检验包括各种不同的检验方法，例如 Ljung - Box 检验、Durbin - Watson 检验等。这些检验方法主要检查残差是否具有自相关性。如果残差序列没有自相关性，这通常是一个表明残差为白噪声的好的迹象。然而，需要注意的是，即使一个序列没有自相关性，也不能保证它就是白噪声。其他的白噪声特性，例如各项独立同分布、零均值和常数方差，也需要进行检验。

如果一个模型的残差未通过白噪声检验，那么这个模型可能就没能充分地捕获数据中的所有信息，需要进行进一步的改进或选择其他模型。

残差的白噪声检验具体分三步进行。首先，为模型的残差序列添加无偏白噪声序列，以生成新的可检验序列。接着，对这个新序列计算其自相关函数（ACF）的值，并绘制 ACF 针状图。最后，检查 ACF 值是否在[−0.2，0.2]的范围内，如果是，那么我们可以在 95%的置信水平上判定该残差序列为不可预测的序列，即相应的预测模型被认为是合理的。

4. *残差的方差分析*

方差分析（ANOVA）是一种统计方法，用于分析三个或更多组的均值之间是否存在显著差异。残差的方差分析是将这种分析方法应用于模型残差的过程。

在预测模型中，残差指的是观测值与模型预测值之间的差异。理想情况下，一个好的模型应该将数据中的所有信息都反映在预测中，使得残差主要反映数据中的随机噪声。

残差的方差分析就是分析不同组（通常是不同模型或模型配置）的残差是否有显著差异。如果一个模型的残差方差显著小于另一个模型的残差方差，那么我们通常认为前者的预测精度更高。

进行残差的方差分析需要注意一些前提条件，包括：残差应该近似正态分布；残差的方差应该在所有的组别中都大致相同（称为方差齐性）；残差应该是独立的，即一个观测点的残差不应该与另一个观测点的残差有关。如果这些前提条件不满足，那么方差分析的结果可能就不准确，需要采取一些数据变换或选择其他的统计检验方法。

通常情况下，使用残差的方差（VAR）来验证模型预测结果的稳定性。残差的方差（VAR）用于评估模型预测性能的稳定性。因此，方差越大，模型预测的稳定性就越差，对样本的依赖性也就越高。相反，如果方差较小，则模型的预测结果较稳定，对样本的依赖性较低。VAR 的公式表示如下：

$$\mathrm{VAR}=[Std(\hat{x}_i - x_i)]^2,\quad i=1,2,3\cdots,N \tag{1-11}$$

式中：N 代表需要预测的样本总数；$\hat{x}_i$ 代表模型的预测值；x_i 代表目标值；$\hat{x}_i - x_i$ 代表模型预测结果的残差。

第四节　时间序列预测技术测试数据集

数据集的权威性一直是评估不同算法优劣的重要标准。在使用数据集之前，通常需要进行子集选择、噪音处理、缺失值补充和数据类型转换等操作，以确保数据的准确性、完整性和一致性。在解决实际任务时，对于给定的数据集，应根据数据集的特点选择适合的模型算法进行处理，而盲目选择经典或最先进的算法往往难以获得良好的预测结果。研究人员可以根据数据集中记录的数量级、特征变量的数量以及任务要求的预测步长来选择合适的算法。

一、数据质量

数据质量是数据分析的第一步，通常涉及总结数据集的主要特征，包括其大小、准确性、数据中的初始模式和其他属性。执行可靠和准确的预测所需的原始数据源必须满足一些基本的数据质量标准。虽然可以使用先进的统计方法来弥补一些可能出现的数据质量问题，但我们仍然需要确保我们在搜集新数据时超过了一些基本的数据质量阈值。

对于原始数据质量，一般需要考虑以下几个关键特性：

1. 缺失值

缺失值是指未收集具体测量值的情况。其基本要求是，在任何给定的时间段内，缺失值率都不应大于10%。在缺少单个值的情况下，应该使用预定义的值（例如，9999）而不是“0”来表示，有时“0”可能是一个有效的度量。

2. 测量精度

应准确记录消耗量或温度的实际值。不准确的测量会产生不准确的预测。通常，测量误差相对于真实值应该低于1%。

3. 测量时间

要求所收集的数据的实际时间戳相对于实际测量的真实时间的偏差不超过10秒。

4. 同步

当使用多个数据源时（例如，消耗量和温度），必须确保它们之间不存在时间同步问题。一般情况下，从任何两个独立数据源收集的时间戳之间的时间差不应超过10秒。

5. 延迟

数据通常依赖于可靠的数据流和不断的补充和更新。要控制这一点，必须确保能够控制数据延迟。延迟通常是指实际测量的时间和加载的时间之间的时间差。有效利用数据可以增强对数据域特性的整体理解，从而允许创建更准确的模型。

数据获取过程提供了一套简单的工具来获得对数据的一些基本理解。数据获取的结果可以帮助我们非常好的掌握数据的结构，包括值的分布、极端值、数据集中的相互关系等等，这些信息可以极大地为我们提供指导应用正确的数据预处理和特征工程。

一旦原始数据被获取并被安全地存储和探索，它就可以被处理了。数据准备阶段基本上是将原始数据并将其转换（转换、重塑）为建模阶段的形式。这包括简单的操作，如使用原始数据列的实际测量值，标准化值，以及更复杂的操作，如时间滞后。新创建的数据列称为数据特性，生成这些特性的过程称为特性工程。在这个过程结束时，我们将有一个来自原始数据的新数据集，它可以用于后续建模。

二、数据分类

时间序列数据分类的含义是把时间序列数据作为单一样本送入分类器，随后分类器会返回其标签类别。传统的时间序列分类策略主要是基于距离和特征的方法，但大部分策略并不能有效处理不规则采样的时间序列数据。在基于距离的方法中，我们通过制定不同的距离度量算法来测算不同时间序列间的异同，然后把这些量化结果送入下游分类器[例如 *K* -近邻(KNN)和支持向量机(SVM)]进行分类。基于距离的方法先需要计算距离，但对于不规则采样的时间序列数据，由于采样时间间隔不稳定、数据维度并未对齐，因此常规的距离度量方法如欧几里得距离和皮尔森相关系数无法应对。虽然部分策略如动态时间规整(DTW)算法能处理不对齐的时间序列数据，但它们的计算复杂度高，且无法有效提取序列特征。基于特征的方法首先会提取时间序列的特征，例如使用离散小波变换和离散傅里叶变换提取频域特征，然后把这些提取出的特征送入常规的机器学习算法如逻辑回归和决策树进行分类。然而，基于特征的方法将特征提取和分类过程分开，这使得它们无法完全学习到不规则采样的时间序列数据中对分类有帮助的特征，也无法实现端到端的学习。

时间序列数据通常由传感器采集某些物理量得来，当这些采样的时间间隔变得不稳定，且采样时刻缺乏明确的规则描述，我们就会得到被称为不规则采样的时间序列数据。这类不规则的时间序列数据广泛应用于医疗、生物学、交通分析、金融以及工业等众多领域。对于包含多个变量的不规则采样时间序列，除了每个变量的采样间隔不一致外，不同变量的采样时刻也各不相同。这就导致在每个采样时刻，我们只能获得部分变量的数据值，从而在各个采样时间点产生大量的缺失值。

上述的特性对于传统的时间序列分类方法(这些方法通常依赖于机器学习算法，如K -近邻、逻辑回归、决策树和 SVM 等)构成了重大挑战，因为这些传统的机器学习算法一般只能处理完全观察到的，且具有固定尺寸的特征，因此它们并不能直接应用于不规则采样的时间序列。然而，由于神经网络具有强大的表征能力，它们能够有效地捕捉到不规则采样时间序列的特征，也适合进行端到端的学习。因此，研究者们在构建和调整学习模型方面取得了一些进展，他们提出了一些利用深度学习对不规则采样的时间序列进行分类的方法。

虽然循环神经网络(RNN)因其处理可变长度序列的能力而被广泛用于时间序列建模，但是 RNN、GRU 和 LSTM 等常见的循环结构网络都是基于采样时间点的间隔规律以及对不同变量的采样时间点的对齐来设定的。为了适应不规则时间序列建模，Che 等人对 RNN 和 GRU 进行了改良，提出了 RNN - Impute 和 GRU - D 模型。RNN - Impute 利用时间序列内最后观察到的值的加权平均和训练样本中变量的全局平均来替换缺失的观测结果，而 GRU - D 则假设输入的时间序列数据和 GRU 单元内部产生的隐状态信息会随着时间呈现指数衰减，从而改变了 GRU 原有的门控更新方式。Neil 等人在 LSTM 的基础上提出了 PhasedLSTM 模型，它引入了一种时间相关的门控机制，通过增加一个新的时间门来调节对 LSTM 隐藏状态和 cell 单元状态的访问。然而，基于 RNN 的方法并没有充分利用不规则采样的时间序列数据缺失值的特性，也无法学习到样本的潜在分布。

近期的一些模型开始利用注意力机制处理不规则采样的时间序列。这些方法中，大部分的实现方式与 Transformer 相似,它们使用时间编码代替位置编码,并采用自注意力来建模序列数据。例如,Zhang 等人提出了一种基于注意力的时间感知序列模型 ATTAIN,该模型通过利用注意力机制来模拟事件间的时间不规律性。ATTAIN 模型会在持续累积之前处理过的信息的同时,动态调整 LSTM 中的记忆单元状态,并使用注意力权重和时间间隔来组合先前记忆单元中的一系列状态值。另外,Horn 等人通过定义时间上的输入来表示观测的时间点,从而处理不规则采样时间序列。然而,基于注意力的方法主要是对输入序列进行时间编码,然后将特征进行连接,这并未充分利用不规则采样的时间序列数据中缺失的信息。

Chen 等人采用潜在常微分方程来建模时间序列数据,推出了 Latent - ODE 模型。这个模型通过使用一个潜在的连续时间函数来模拟时间序列数据,从而能够处理不规则采样的时间序列。接着,Rubanova 等人进一步提出了使用 ODE - RNN 作为 Latent - ODE 模型的编码器,从而创造出一个表示能力更强的模型,能够更好地学习不规则采样的时间序列隐藏特征。De 等人则提出了 GRU - ODE - Bayes 方法,它使用 GRU - ODE 处理连续的时间序列,并在此基础上加入了贝叶斯更新网络以处理不规则采样的时间序列数据缺失问题。但需要注意的是,基于 ODE 的方法在求解过程中需要使用 ODE 求解器,对于规模较大的时间序列处理运行较慢。

变分自编码器(Variational Auto - Encoder,VAE)是一种被广泛应用的深度生成模型,能够以无监督的方式学习数据的潜在分布。VAE 通过利用编码器和解码器两个神经网络来构建数据的概率分布模型,编码器将输入的数据编码,得到隐变量的概率分布,而解码器能够从隐变量中恢复出原始数据的近似概率分布。VAE 能够有效地学习缺失数据的样本分布,这也使其能够处理不规则采样的时间序列数据缺失问题。例如,Fortuin 等人提出了 GPVAE,这是一种将 VAE 和高斯过程结合的模型,用于对缺失数据的时间序列进行建模。在 VAE 中,生成的隐变量反映了数据的内在结构,并包含了丰富的样本特征信息,因此可用于分类任务。例如,Kumaran 等人提出了 CNN 和 VAE 的联合网络,用于视频轨迹时序数据的分类。

三、常用数据集

1. Monash Time Series Forecasting Archive

Monash Time Series Forecasting Archive 是第一个包含相关时间序列数据集的全面时间序列预测的通用数据集,该数据集旨在促进全球预测模型的评估,是由莫纳什大学团队。目前该数据集存档包含 25 个时间序列数据集和 5 个单独的非常长的时间序列。数据集具有不同的采样率,例如年度、季度和月度,甚至包括最高采样率为 4 秒的高频数据。存储库中包含的所有主要数据集的摘要见表 1 - 1。全局和单变量方法适用于存储库中的所有数据集。

这些 30 个主要数据集衍生出了总共 58 个数据集。其中九个数据集包含属于不同频率的时间序列,并且存档中每个频率都有一个单独的数据集。其中 11 个数据集具有缺失值的系列。存档中包含每个数据集的两个版本,一个带有缺失值,另一个没有缺失值。

表 1-1 当前时间序列预测存档中的数据集

序号	数据集	应用领域	No:of Series	Min. Length	Max. Length	No:of Freq.	Missing	Conpetition	Multivariate
1	M1	Multiple	1 001	15	150	3	No	Yes	No
2	M3	Multiple	3 003	20	144	4	No	Yes	No
3	M4	Multiple	100 000	19	9 933	6	No	Yes	No
4	Tourism	Tourism	1 311	11	333	3	No	Yes	No
5	CIF 2016	Banking	72	34	120	1	No	Yes	No
6	London Smart Meters	Energy	5 560	288	39 648	1	Yes	No	No
7	Aus. Electricity Demand	Energy	5	230 736	232 272	1	No	No	No
8	Wind Farms	Energy	339	6 345	527 040	1	Yes	No	No
9	Dominick	Sales	115 704	28	393	1	No	No	No
10	Bitcoin	Economic	18	2 659	4 581	1	Yes	No	No
11	Pedestrian Counts	Transport	66	576	96 424	1	No	No	No
12	Vehicle Trips	Transport	329	70	243	1	Yes	No	No
13	KDD Cup 2018	Nature	270	9 504	10 920	1	Yes	Yes	No
14	Weather	Nature	3 010	1 332	65 981	1	No	No	No
15	NN5	Banking	111	791	791	2	Yes	Yes	Yes
16	Web Traffic	Web	145 063	803	803	2	Yes	Yes	Yes
17	Solar	Energy	137	52 560	52 560	2	No	No	Yes
18	Electricity	Energy	321	26 304	26 304	2	No	No	Yes
19	Car Parts	Sales	2 674	51	51	1	Yes	No	Yes
20	FRED-MD	Economic	107	728	728	1	No	No	Yes
21	San Francisco Traffic	Transport	862	17 544	17 544	2	No	No	Yes
22	Rideshare	Transport	2 304	541	541	1	Yes	No	Yes
23	Hospital	Health	767	84	84	1	No	No	Yes
24	COVID Deaths	Nature	266	212	212	1	No	No	Yes
25	Temperature Rain	Nature	32 072	725	725	1	Yes	No	Yes
26	Sunspot	Nature	1	73 931	73 931	1	Yes	No	No
27	Saugeen River Flow	Nature	1	23 741	23 741	1	No	No	No
28	US Births	Nature	1	7 305	7 305	1	No	No	No
29	Solar Power	Energy	1	7 397 222	7 397 222	1	No	No	No
30	Wind Power	Energy	1	7 397 147	7 397 147	1	No	No	No

2. M 系列数据集

M 系列数据集是 Makridakis 竞赛(又称 M 竞赛或 M－Competitions)中为比赛人员提供的数据集,包括 M1、M3、M4 和 M5 数据集。Makridakis 竞赛是由预测研究员 Spyros Makridakis 领导的团队组织的一系列公开对于时间序列预测的竞赛,旨在评估和比较不同预测方法的准确性。第一届 M－Competitions 始于 1982,比赛不定期举行,至今已进行了 5 届。

M4 数据集是用于第四届 Makridakis 预测竞赛的一组 10 万个时间序列。M4 数据集包括年度、季度、月度和其他(每周、每日和每小时)的时间序列数据,这些数据被分为训练集和测试集。训练集中年度数据的最小观测数量为 13,季度数据为 16,月度数据为 42,每周数据为 80,每日数据为 93,每小时数据为 700。参与者被要求在所提供的可用数据之外进行以下数量的预测:年度预测 6 个,季度预测 8 个,月度预测 18 个,每周预测 13 个,每日和每小时预测分别为 14 和 48 个。

M4 数据集是通过从 ForeDeCk 数据库中随机选择 10 万个时间序列的样本创建的。然后,所选系列进行了缩放以防止出现负值观测和低于 10 的值,从而避免在计算各种误差度量时可能出现的问题。缩放是通过简单地向系列添加一个常数来执行的,使得它们的最小值等于 10(整个数据集中出现了 29 次)。此外,为了确保结果的客观性,删除了可能导致识别原始系列的任何信息。

M5 数据集由沃尔玛提供,涵盖了在美国销售的各类产品的单位销售量,并按照时间序列分组组织。这个数据集包含了 3 049 种产品的销售数据,这些产品分为三大类别:爱好(Hobby)、食品(Food)和家庭(Household),以及七个产品部门,即 Hobbies_1,Hobbies_2,Foods_1,Foods_2,Foods_3,Household_1,Household_2,这些类别都是上述大类别的细分。这些商品在加利福尼亚州(CA)、德克萨斯州(TX)以及威斯康星州(WI)的十个商店中进行销售。这样,最底层的层次结构(也就是每个商店的产品单位销售额)可以映射到产品类别或地理位置,见表 1－2。

表 1－2　每个聚合级别的 $M5$ 系列数

水平 ID	聚合水平	对应行数
1	所有商店/州的所有产品的单位销售额汇总	1
2	每个州汇总的所有产品的单位销售额	3
3	每个商店的所有产品的单位销售额汇总	10
4	产品的单位销售额,按每个类别汇总	3
5	每个部门汇总的所有产品的单位销售额	7
6	每个州和类别汇总的所有产品的单位销售额	9
7	每个州和部门汇总的所有产品的单位销售额	21
8	所有商店和类别的所有产品的单位销售额汇总	30
9	每个商店和部门汇总的所有产品的单位销售额	70
10	所有商店/州的产品 x 的单位销售额汇总	3 049
11	每个州汇总的产品 x 的单位销售额	9 147
12	每个商店汇总的产品 x 的单位销售额	30 490

3. ETT 数据集

ETT(Electricity Transformer Temperature)数据集是一个用于电力变压器温度预测的数据集。它是针对电力系统监测和预测的研究和应用而创建的。该数据集收集了变压器的温度和相关环境因素的测量数据，旨在帮助研究人员了解变压器温度与其他因素之间的关联，以及预测变压器温度的变化。

该数据集结合了短期周期模式、长期周期模式、长期趋势和许多不规则模式。数据集来自 2 个变电站的 2 台电力变压器，按每小时(1H)或每 15 min(15T)的频率进行采集，包含 2 年×365 天×24 小时×(每 15 min 4 次)＝17 520(每 15 min 70 080 次)个数据点。见表 1－3。

表 1－3　ETT 数据集示例

	时　间	HUFL	HULL	MUFL	MULL	LUFL	LULL	OT
0	2016－07－01 00:00:00	5.827	2.009	1.599	0.462	4.203	1.340	30.531 000
1	2016－07－01 00:15:00	5.760	2.076	1.492	0.426	4.264	1.401	30.459 999
2	2016－07－01 00:30:00	5.760	1.942	1.492	0.391	4.234	1.310	30.038 000
3	2016－07－01 00:45:00	5.760	1.942	1.492	0.426	4.234	1.310	27.013 000
4	2016－07－01 01:00:00	5.693	2.076	1.492	0.426	4.142	1.371	27.787 001

ETT 数据集通常包含以下类型的数据：

(1)变压器温度数据。这些数据记录了变压器在不同时间点的温度测量值。温度可能是通过传感器直接测量得到的，也可能是通过变压器内部的计算模型估计得到的。

(2)环境因素数据。这些数据包括影响变压器温度的环境因素，例如天气情况(如温度、湿度、气压)、季节、时间等。这些因素可能对变压器温度产生直接或间接的影响。

(3)变压器运行状态数据。这些数据包括变压器的运行状态信息，例如负载电流、电压等，油温数据。这些数据可以用于分析变压器运行状态与温度之间的关系。

ETT 数据集的用途包括：

(1)温度预测。基于历史温度和环境因素数据，建立模型来预测未来变压器的温度变化，以帮助运营人员进行有效的设备管理和维护计划。

(2)变压器故障诊断。通过分析变压器温度异常变化的模式，检测和预测变压器故障，并采取适当的措施以防止设备故障和损坏。

(3)能效优化。通过分析温度和运行状态数据，优化变压器的运行策略，以提高能效和降低能耗。

具体的 ETT 数据集可能会根据不同的研究和应用领域有所不同，因此数据集的具体内容和格式可能会有所差异。

4. 交通数据集

最著名的交通数据集是 PeMS 数据集，全称为：Caltrans Performance Measurement System(PeMS)其中常用的包括：PeMSD4、PeMSD7 和 PeMSD8。

PeMSD4 数据集包含的是 2018 年的 1 月至 2 月旧金山湾区的交通速度数据，包含 29 条道路上的 3 848 个传感器数据。PeMSD7 是加利福尼亚州第七区的交通数据，包含了 228 个传感器的交通速度数据，时间段为 2012 年 5 月至 6 月，时间间隔为 5 min。PeMSD8 数据集包含了 2016 年 7 月至 8 月期间在圣伯纳迪诺的交通数据，拥有 8 条道路上的 1979 个传感器，时间间隔为 5 min。

5. 其他数据集

(1)EarthNet 2021(EarthNet 2021：Earth Surface Forecasting)。EarthNet 是地球表面的卫星图像快照。他是将地表预测定义为基于未来天气预测卫星图像的任务。EarthNet 2021是一个适合在此任务上训练深度神经网络的大型数据集。它包含 20 米分辨率的 Sentinel - 2 卫星图像，匹配地形和中尺度(1.28 公里)气象变量，打包成 32 000 个样本。此外，EarthNet 2021 设定为一个模型间比较的挑战。由此产生的预测将大大提高(超过 50 倍)数值模型中发现的空间分辨率。这允许预测极端天气的局部影响，从而支持如农作物产量预测，森林健康评估或生物多样性监测等下游应用。

(2)Finance(Employment)。根据新冠肺炎疫情期间在美国活跃的 100 万名员工，从 Homebase 收集的员工数量变化(Bartik 等人，2020 年)。用州级政策进一步丰富了数据，作为极端事件的指示。

(3)Hurricane(Time Series Hurricane)。Hurricane 是一个新的时空基准数据集，适用于极端事件和异常期间的预测。该数据集是通过佛罗里达州税务局提供的，该局提供了佛罗里达州所有 67 个容易发生年度飓风的县的旅游业月度销售收入(2003～2020 年)。此外，根据每个县的时间，将原始时间序列与飓风类别的历史进行了调整和连接，飓风等级表示可能导致灾难性破坏的最大持续风速。

(4)Time Series COVID - 19 Sales。该数据集包含美国 8 个主要旅游目的地(如洛杉矶、奥兰多等地)的酒店需求和收入。该数据集包括中上层酒店的销售额、日入住率、需求和收入。还包括了动态外生变量，如国家的关闭/开放政策，以及大量的静态特征，如医院数量、GPD 和人口等。

第五节　时间序列预测应用前景

对于各行各业不断积累的数据来说，“时间”始终是一个关键因素。人们从时间角度入手，通过分析数据中不同变量之间的关系，从中找出特定规律，为未来所关心事件的发生和发展提供决策参考。因此，时间序列预测在很多行业都得到了广泛的应用。

一、在金融领域的应用

大多数财务、投资和商业决策都是根据金融领域的未来变化和需求预测进行考虑的。时间序列分析和预测是解释金融市场动态和影响行为的重要过程。通过检查金融数据，专家可以预测风险演变、期权定价和交易、投资组合构建等领域的重要金融应用所需的预测。

例如，时间序列分析已成为金融分析的内在组成部分，可用于预测利率、外汇风险、股市波动等。政策制定者和商业专家利用财务预测来决策生产、采购、市场可持续性、资源分配等。在投资中，这种分析用于跟踪一段时间内证券的价格波动和价格。例如，可以记录证券的价格；对于短期，例如一个工作日每小时的观测，以及对于长期而言，比如在月底观察五年。

时间序列分析对于观察给定资产、证券或经济变量如何随时间变化非常有用。例如，可以部署它来评估在同一时间段内转移到其他数据观测后，与某些数据观测相关联的潜在变化的行为。

二、在医学领域的应用

随着医学领域数据的不断积累，医学领域也已经发展成为一个数据驱动的领域，并随着快速的发展，在时间序列分析中继续为人类做出贡献。

1. 个案研究

考虑将时间序列与医学方法 CBR（基于案例的推理）和数据挖掘相结合，这些协同作用对于从时间序列数据中进行特征挖掘的预处理至关重要，并且可以用于研究患者随时间的进展。

与根据时间序列中的绝对值得出推断相比，检查行为随时间的变化是很重要的。例如，基于传感器读数诊断呼吸发生时的心率变异性是将时间序列与基于病例的监测联系起来的特征说明。

随着时间序列分析方法对记录保存系统的需求，流行病学领域中的时间序列是最近才逐渐出现的，因此记录应随着时间的推移进行连接，并定期精确收集。

一旦政府放置了足够的科学仪器来积累良好而冗长的时间数据，使用时间序列分析的医疗保健应用就为行业和个人的健康诊断带来了巨大的预测。

2. 医疗器械

随着 1901 年发明的心电图，通过记录通过心脏的电脉冲来诊断心脏状况。脑电图（EEG），发明于 1924 年：用于测量大脑中的电活动/脉冲。这些发明为医学从业者提供了更多的机会来部署用于医学诊断的时间序列。随着可穿戴传感器和智能电子医疗设备的出现，现在人们可以用最少的输入自动进行定期测量，从而始终如一地为病人和健康人收集纵向医疗数据。

三、在天文学领域的应用

时间序列发挥重要作用的是天文学和天体物理学的相关领域，天文学在其领域是特定的，它在很大程度上依赖于绘制物体、轨迹和精确的测量，因此，天文专家在校准仪器和研究感兴趣的物体时精通时间序列。

时间序列数据对了解和测量宇宙有着内在的影响，它在天文学领域有着悠久的历史，例如公元前 800 年中国记录了太阳黑子时间序列，这使得太阳黑子数据的收集和自然现象的记录都很好。

同样，在过去的几个世纪里，时间序列分析也被发现用于推测恒星距离的变星，以及观察超新星等短暂事件，以了解宇宙随时间变化的机制。这种机制是根据光的波长和强度不断监测时间序列数据流的结果，使天文学家能够在事件发生时捕捉到事件。

在过去的几十年里，数据驱动的天文学引入了新的研究领域，如天体信息学和天体统计学；这些范式涉及统计学、数据挖掘、机器学习和计算智能等主要学科。在这里，时间序列分析的作用将是快速检测和分类天文物体，以及独立表征新现象。

四、在天气预报中的应用

时间序列预测能够帮助气象学家更准确地预测未来天气状况，提供了灾害预警的基础，并对人们的生活产生了深远影响。古希腊哲学家亚里士多德研究天气现象的目的是为了找出天气变化的原因和影响。后来，科学家们开始使用仪器“气压计”积累与天气相关的数据，以计算大气条件的状态，他们每隔一小时或每天记录一次与天气有关的数据，并将其保存在不同的位置。

在预测气候变化方面，时间序列预测方法能够处理历史气象数据，如温度、气压、湿度、风速等，通过这些历史数据预测未来的气候状况。例如，我们可以使用过去几年的气温数据，来预测未来几天、几周或几个月的气温。在灾害预警方面，通过分析历史的台风路径数据，可以预测未来台风的路径和强度，从而做好防灾准备。在气候模型改进方面，通过将历史数据输入到时间序列模型中，可以发现气候变化的潜在模式和规律，从而提升气候模型的精度和可靠性。在决策制定方面，无论是个人出行计划，还是政府和企业的决策制定，都受到天气预报的影响。例如，航空公司可以通过时间序列预测来预测恶劣天气，提前调整航班；农业部门可以通过预测降雨量，来制定灌溉和播种计划。

时间序列预测在天气预报中发挥了重要的作用，不仅帮助我们预测天气变化，还提供了防灾准备的基础，促进了气候模型的改进，并在各种决策制定中发挥了关键作用。

五、在商业领域的应用

企业通过分析一段时间内的历史数据，能够做出更加明智的商业决策。主要的分析方向包括：

可靠性：在大规模、长期的数据观察中，时间序列预测提供了高度的可靠性。这是因为它利用了不同时间间隔的数据观察，以提供深入的信息。

增长：为了评估总体的财务表现、增长以及内在动力，时间序列是最合适的工具。基本上，内在增长反映了组织内部人力资本对经济增长的贡献。例如，任何政策变量的影响都可以通过使用时间序列预测来揭示。

趋势估计：时间序列方法可以用于发现趋势。例如，通过分析数据观察结果，可以确定何时的测量结果反映了特定产品的销售额增加或减少。

季节性模式:记录的数据点差异可以揭示季节性模式和波动,这是数据预测的基础。这种获取的信息对于理解产品季节性波动的市场非常重要,并有助于企业规划产品开发和交付的需求。

六、在能源领域的应用

时间序列预测在能源领域的应用非常常见,并且在优化能源利用,降低能源成本,以及支持可持续发展方面都起着至关重要的作用。

能源需求预测是时间序列预测在能源领域最常见的应用之一。通过历史能源消耗数据,可以预测未来的能源需求,对于能源供应商来说,可以根据预测结果提前进行能源生产和分配,以满足未来的需求。例如,电力公司可以通过预测未来的电力需求,提前调整电力分配计划,以防止电力短缺或过度生产。这种预测不仅可以帮助电力公司节约成本,还可以减少对环境的影响,因为过度生产可能会导致能源浪费和额外的排放。同样,天然气和石油公司也可以利用时间序列预测来预测未来的燃料需求,以优化石油和天然气的采掘和分配。

时间序列预测也在可再生能源领域发挥着重要作用。例如,通过预测风速和日照情况,可以预测风能和太阳能发电的产量。这种预测可以帮助电网运营商更有效地管理电网,帮助他们根据可再生能源的供应情况来调整非可再生能源发电厂的生产计划。

此外,时间序列预测也在能源价格预测中发挥着重要作用。能源价格受到多种因素的影响,包括供需状况、政策变化、天气条件等。通过历史价格数据,可以预测未来的能源价格,这对于能源交易者和消费者来说都十分重要。能源交易者可以根据预测结果制定交易策略,而消费者则可以根据预测结果调整能源使用,以节约成本。

时间序列预测在能源领域的应用对于优化能源利用,降低能源成本,以及支持可持续发展都起着至关重要的作用。随着时间序列预测技术的进步,我们可以期待在未来的能源管理中实现更高的效率和更好的效果。

七、在交通领域的应用

在交通领域,时间序列预测在流量预测、交通安全、公共交通管理,以及出行行为分析等方面都有显著的应用。在交通流量预测方面,通过时间序列预测可以对特定路段或交叉口在特定时间段内的车辆流量进行预测。时间序列模型能够捕捉交通流量数据的季节性和趋势,以及天气、假日和特殊事件等外部因素对交通流量的影响,从而提供精准的预测。这对于优化交通信号控制,减少交通拥堵,以及改善出行体验都非常重要。

在交通安全方面,通过分析历史交通事故数据,可以预测特定地点或路段未来的交通事故风险,从而制定有效的交通安全措施,例如增设交通信号灯,改善道路设计,或进行交通执法活动。也可以通过时间序列预测来预测交通事故的类型和严重程度,这对于优化交通资源配置,提高应急响应效率,以及减少交通事故造成的损失都十分重要。

在公共交通管理方面,时间序列预测可以帮助我们预测公共交通工具的乘客流量。例如，我们可以通过历史乘客数量数据来预测公交车或地铁在特定时间段内的乘客数量，从而优化公交车或地铁的运行计划，提高公共交通服务的效率和质量。也可以用于预测公共交通工具的准点率，这对于提高公共交通的可靠性，提升乘客满意度，以及吸引更多人使用公共交通都非常重要。

在出行行为分析方面，时间序列预测可以帮助我们理解和预测人们的出行行为。例如，我们可以通过历史出行数据来预测人们在特定时间和地点的出行需求，这对于城市规划，交通政策制定，以及共享出行服务的提供都有重要意义。同时，也可以通过时间序列预测来预测人们的出行方式选择，例如驾车、骑自行车，或步行，这对于减少交通拥堵，以及改善城市环境都有重要作用。

时间序列预测在交通领域的应用具有广泛而深远的影响。可以帮助我们更好地理解和预测交通流量，提高交通安全，优化公共交通服务，以及理解和预测出行行为。随着大数据和人工智能技术的发展，我们期待时间序列预测在未来的交通管理中发挥更大的作用，为我们创造更安全，更便捷，更可持续的交通环境。

第二章 时间序列数据的预处理

第一节 数据清理

时间序列数据具有自相关性、趋势、季节性和缺失等问题，这些问题给数据质量带来独特的挑战。根据研究者的数据显示，数据质量市场增长率约为17%，远高于IT行业7%的年增长率。在数据仓库项目开发中，约30%到80%的时间和成本用于数据清理。时间序列错误可能是时间戳错误或观测值错误。有两种常见的时间序列数据错误处理方法，一种是丢弃错误数据，通过异常检测算法检测异常数据并将其剔除。另一种是数据清洁，手动清理的准确率较高，但实施困难，需要更多时间和精力。

一、误差分类

时间序列中常见的误差归纳为四类，即连续误差、单点大误差、单点小误差和平移误差。以一只股票连续30个交易日的股价为例。如图2-1所示，图中的红线表示股票连续30个交易日的真实价格，蓝线表示网站抓取的股票价格。由于种种原因，观测值可能与实际值不相同。从图中可以看出，在8～11的连续四个交易日中，观察值均为0，真实值分别为1.3、1.2、1.1和1.15，第20个交易日观察值为2.4，真实值为1.3，第25个交易日观测值为1，真实值1.3。

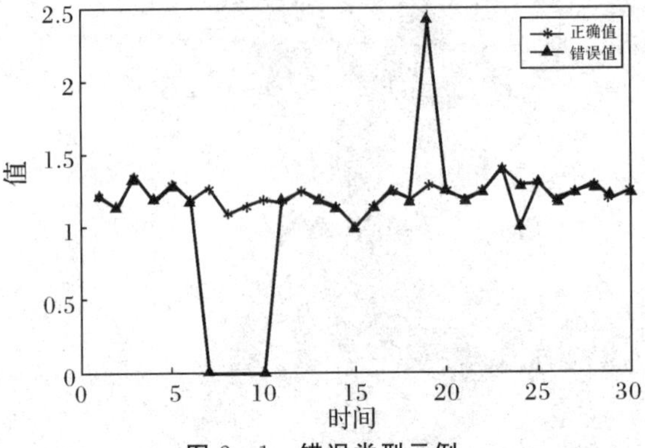

图2-1 错误类型示例

1. 连续误差

所谓连续误差，即在时间序列中，误差发生在几个连续的时间点上。具体而言，连续误差可以继续细分为多种类型，此处不再详细说明。图 2-1 中第 8～11 个交易日的观测值均为 0，即此处出现连续错误。连续的错误在现实生活中很常见。例如，当有人拿着智能手机在路上行走时，附近的高层建筑可能会对收集到的 GPS 信息产生持续的影响，从而导致在某一个时间段内，这些 GPS 信息完全相同。此外，某些情况下，系统错误也可能导致连续错误。

2. 单点大误差

单点错误是指在时间序列中不连续发生的错误，并且仅在单个数据点上每隔一段时间发生一次，而且间隔时间不一定有规律。大误差意味着数据点的观测值与真实值相差甚远。需要注意的是，误差的大小与数据集的真实情况是相对的、密切相关的。如图 2-1 中第 20 个交易日所示，观测值与真实值相差 1.1。与第 25 个交易日观测值与真实值相差 0.3 相比，该数据点的误差较大，因此该数据点误差为单个较大误差。单点大误差在日常生活中也很常见。例如，当在路上颠簸时，游标记录的机动车油位数据可能会导致一个大错误，这与在平稳路段记录的机动车油位数据相差可能比较大，但是这种数据误差是没有规律的，且误差值比较大。

3. 单点小误差

类似于单点大错误，也就是说，错误不会连续发生，只会每隔一段时间出现在单个数据点上。当数据点的观测值与真实值相差很小的距离时，在图 2-1 中的第 25 个交易日，这是一个单点小误差。根据部分研究者的研究表明，单点小错误背后的基本原理是，人们或系统总是试图将可能的错误最小化。例如，人们在复制文件时可能只有一些小遗漏。

4. 平移误差

如图 2-2 所示，其中 x 轴表示时间，y 轴表示相应时间的值，红线表示真值，蓝线表示平移后的误差值。

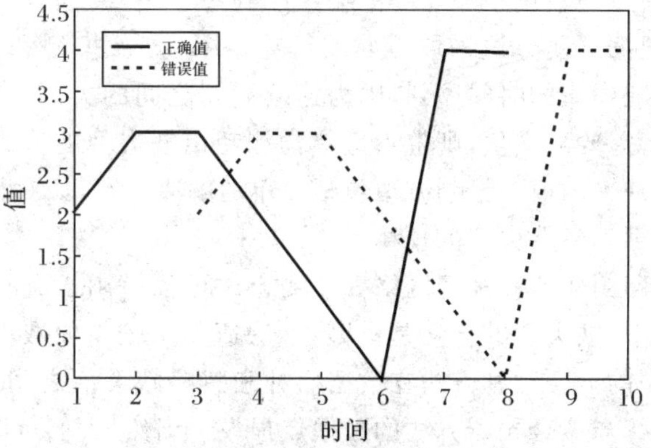

图 2-2　平移误差示例

忽略时间序列错误通常会导致一系列应用程序（如查询分析）出现不可预测的结果。因此，时间序列清理算法对于挖掘数据的潜在价值非常重要。

对于时间序列数据清理问题，XI WANG AND CHEN WANG 通过调查发现了以下四个难点：

(1)数据量大，错误率高。时间序列数据主要来自于传感器采集，尤其在工业环境中，布置在各种机械设备上的传感器会不断对设备运行状态进行实时监控。这些传感器以秒为单位频繁地采集数据，由此产生的数据量极其庞大。比如，风能公司的设备每 7 秒采集一次，每台设备有 2 000 多种工作状态数据，单日采集数据就超过 3 000 万条，因此一天的工作状态数据可能达到600 亿条。然而，传感器采集的数据并不总是准确的，某些数据由于物理量观测的难度而难以准确采集。比如在钢铁工厂中，由于环境干扰，连铸坯的表面温度无法准确测量，或者可能因为传感器本身的功率问题导致数据失真。

(2)时间序列数据错误产生的原因多种多样。人们始终在努力避免时间序列数据的误差，然而，错误仍然无法避免地出现。除了观察误差外，对物联网数据错误，作为一种常见的时间序列数据在各种复杂环境下产生错误的情况，大量学者也做了详细的解释。这种数据在全球范围内广泛存在。而这些复杂的时间序列错误产生原因，为我们在清洗和分析这种与传统关系数据不同的数据带来了极大的挑战。

(3)时间序列数据是连续生成和存储的。时间序列数据和关系数据之间最大的区别在于时间序列是连续的。因此，对于时间序列数据，数据清理算法支持在线操作(实时操作)是很重要的。在线异常检测或数据清理算法可以实时监测物理量，检测问题，然后及时报警或进行合理的清洗。因此，时间序列清理算法不仅需要支持在线计算或流计算，而且需要具有良好的吞吐量。

(4)最小修改原则。时间序列数据通常包含许多错误。大多数广泛使用的时间序列数据清理方法都利用了平滑过滤的原理。这种方法可能会对原始数据进行过多的更改，并导致原始数据中包含的信息丢失。数据清理需要避免更改原始正确的数据。它应该基于最小修改的原则，即变化越小越好。

5. 其他数据问题

时间序列数据中可能存在的数据输入错误、缺失值、间距不相等和不相关的周期。

(1)缺失值。时间序列数据中缺少的值会在序列中创建“漏洞”。缺失值的存在具有不同的含义，并且需要根据预测方法采取不同的行动。ARIMA 模型和平滑方法等预测方法不能直接应用于具有缺失值的时间序列，因为连续周期之间的关系是直接建模的。使用这种方法，如果计算预测需要缺失值，则也不可能预测超出缺失值的值。在这种情况下，解决方案是估算或“填充”缺失的值。推测方法包括简单的解决方案，如对相邻值求平均值，以及使用早期值或外部数据创建缺失值的预测。

相反，线性、逻辑回归模型和神经网络等预测方法可以适用于具有“漏洞”的序列，不需要插补。在这种情况下，缺失值的含义是模型/方法适用于较少的数据点。当然，在这种情况下，也可以估算缺失的值。这种方法在数据插补和忽略缺失值之间的权衡是对噪声插补(值加插补误差)的依赖与拟合预测方法的数据点损失。当然，人们可以采取一种综合方法，其中两种方法，一种基于估算数据，另一种基于下降的缺失值，都被实施，并且这两种方法被结合起来进行预测。

缺失值也会影响生成预测和评估预测性能的能力。简而言之，由于一些预测方法不能容忍序列中的缺失值,而其他方法可以,因此在建模阶段之前发现任何缺失值是很重要的。

(2)非等间距序列。与缺失值相关的一个问题是数据间隔不相等即非等间距序列。相等间隔意味着两个连续时段之间的时间间隔相等(例如,每日、每月、季度数据)。然而,有些级数自然是不等距的。其中包括在事件发生期间测量一些数量的系列,其中事件发生是随机的(如公交车到达时间)、自然不等距的(如假期或音乐会)或由数据收集器以外的人确定的(如在线拍卖中的出价时间)。

与缺失值一样,一些预测方法可以直接应用于不等距序列,而其他方法则不能。将不等间隔序列转换为等间隔序列通常涉及使用类似于处理缺失值的方法的插值。

(3)异常值。异常值是指与系列中的其他值相比异常大或小的值。异常值会在不同程度上影响不同的预测方法。是否删除异常值的决定必须依赖于数据之外的信息。异常值是有时候不一定是数据输入错误,这是因为在预测范围内不太可能再次发生的异常事件(如地震)。如果没有删除或替换极值的合理理由,那么最佳做法是生成两组预测:基于具有异常值的序列的预测和基于不包括异常值的系列的预测。

(4)时间跨度。有时需要考虑我们应该回到过去多久。换句话说,要使用的数据的时间跨度是多少。虽然一个非常短的(最近的)系列可能不足以用于预测,但超过一定长度的额外信息可能往好里说是无用的,有时候甚至是有害的。由于数据期内发生的背景和环境变化,考虑到该系列的过去时间很长可能会降低未来预测的准确性。例如,在许多国家,当低成本航空公司进入市场时,传统航空公司的运输需求发生了巨大变化。因此,使用跨越这两个时期的数据来预测传统运营商的未来需求会增加破坏性信息。一个特别的例子是印度铁路的头等舱乘客量。21 世纪初,当低成本航空公司进入印度国内市场时,火车上的头等舱乘客量大幅下降,取而代之的是航空旅行。几年后,头等舱铁路票价大幅降低,头等舱火车乘客量也随之增加。因此,预测印度铁路一级需求的序列长度必须向后延伸到假设环境与预测范围相似的时期。

二、常用数据清洗算法

根据时间序列数据的特点及应用需求,XI WANG AND CHEN WANG 对数据清洗的算法进行了归纳和总结,分为四大类,包括:基于平滑的清洗算法、基于约束的清洗算法、基于统计的清洗算法和时间序列异常检测。

1. 基于平滑的清洗算法

平滑技术被用于消除各类数据,特别是数字数据的噪声。最简单的平滑算法是低通滤波算法,这种算法能够过滤数据集中的低频率部分,并且耗时率低,但由于其可能对原始数据进行大规模修改,造成数据失真,从而引发分析结果的不确定性,所以在时间序列的清理过程中并未被广泛采用。平滑技术的研究主要聚焦在移动平均(MA)、自回归(AR)以及卡尔曼滤波器模型等算法上。

(1)移动平均算法。移动平均(Moving Average,MA)算法广泛用于时间序列中的平滑和时间序列预测。以一种简单移动平均(SMA)算法为例,其基本思想是:计算最近观测到的 N 个时间序列值的平均值,用于预测时间 t 的值。其定义如公式(2-1)所示。

$$\hat{x}_t=\frac{1}{2n+1}\sum_{i=-n}^{n}x_{i+t} \tag{2-1}$$

公式：$\hat{x}_t$ 表示的是 x_t 的预测值；x_t 表示的是在时间 t 的真实值；$2n+1$ 表示的是窗口的大小（计数）。对于时间序列 $x(t)=9.8,8.5,5.4,5.6,5.9,9.2,7.4$，为了简单起见，我们使用 $n=3$和 $k=4$ 的 SMA，然后根据下式进行计算。

$$x_t=\frac{x_{t-n}+x_{t-2}\cdots+x_{t+n}}{2n+1}=7.4 \tag{2-2}$$

为了消除误差或噪声，可以将数据 $x(t)$视为滑动窗口的某个时间窗口，然后在给定的时间间隔 $2n+1$ 上连续计算局部平均值，以滤除噪声或相关错误数据，获得更平滑的测量。

$$\hat{x}_t=\sum_{i=-n}^{n}\omega_i x_{i+t} \tag{2-3}$$

式中：ω_i 表示 i 位置数据点对 t 位置数据点的影响的权重，其他定义遵循上述示例。一个简单的策略是，离两个数据点越远，相互影响就越小。例如，一个自然的想法是两个数据点之间的距离的倒数，作为它们相互影响的权重。类似地，指数加权移动平均算法中每个数据点的权重随着距离的增加呈指数下降，主要用于非稳定时间序列。

为了满足对传感器数据清理的快速反应需求，不同的研究者们提出了各种具体的处理方案。例如，张等人则提出了一种基于多阈值控制和近似正变换的数据清理方法，针对探测车数据，他们通过加权平均和指数平滑方法来填补丢失的数据。Qu 等人则首先利用基于聚类的手段进行异常检测，然后通过指数加权平均进行数据修补，这种方法主要用于在分布式环境中进行电力数据清理。庄等人设计了一种利用收集来的传感器信任度数据来计算加权移动平均的智能加权移动平均算法。

（2）自回归。自回归（AutoRegressive，AR）模型是一个将自身用作回归变量的过程，并使用之前 k 个随机变量的线性组合来描述随机变量在时间 t 的线性回归模型。AR 模型的定义如公式（2－4）所示。

$$\hat{x}_t=\sum_{i=i}^{k}\omega_i x_{t-i}+\varepsilon_t+a \tag{2-4}$$

式中：$\hat{x}_t$ 是 x_t 的预测值；x_t 表示在时间 t 的真实值；k 是阶数；μ 是过程的平均值；ε_t 是白噪声；ω_i 是模型的参数；a 是常数。

Park 等人使用标记数据 y，提出了一种基于 AR 模型的具有外生输入的自回归（ARX）模型，其公式表示如下：

$$\hat{y}_t=x_t+\sum_{i=1}^{k}\omega_i(y_{t-i}-x_{t-i})+\varepsilon_t \tag{2-5}$$

式中：$\hat{y}_t$ 是 x_t 的可能修复，其他参数与上述 AR 模型相同。

Alengrin 和 Favier 提出了自回归移动平均（ARMA）模型，该模型由 AR 模型和 MA 模型组成。除此之外，高斯自回归移动平均模型的定义如公式（2－6）所示。

$$\Phi(B)Z_t=\theta_0+\theta(B)x_t \tag{2-6}$$

式中：$\Phi(B)=1-\Phi_1 B-\cdots-\Phi_p B^p$，$\theta(B)=1-\theta_1 B-\cdots-\theta_q B^q$ 分别是 B 中 p 和 q 次的多项式；θ_0 是常数；B 是后移算子，使 $BZ_t=Z_t-1$，x_t 是一系列独立的高斯变量，其平均值 $\mu=0$，方差 δ_x^2。

此外，Box 和 Pierce 在 ARMA 模型的基础上提出了一种更复杂的自回归综合移动平均(ARIMA)模型。Akouemo 和 Povinelli 提出了一种将 ARX 和人工神经网络(ANN)模型相结合的时间序列清理方法，该方法通过假设检验来检测残差的极值，并使用 ARX 和 ANN 模型修复异常数据点。Dilling 和 MacVicar 使用 ARMA 模型清理高频速度剖面数据，Chen 等人使用 ARIMA 模型清理风电数据。

(3)卡尔曼滤波器模型。Kalman 提出了卡尔曼滤波理论，该理论可以处理时变系统、非平稳信号和多维信号。卡尔曼滤波器创造性地将误差(预测误差和测量误差)纳入计算，误差独立存在，不受测量数据的影响。卡尔曼模型涉及概率、随机变量、高斯分布和状态空间模型等。在介绍卡尔曼模型之前，首先，我们介绍一个离散控制过程系统，它可以用线性随机差分公式来描述，如下式所示：

$$x_t = mx_{t-1} + nv_t + p_t \tag{2-7}$$

系统的测量值如下式所示：

$$y_t = rx_{t-1} + q_t \tag{2-8}$$

式中：x_t 时间 t 处的系统状态值；v_t 时间 t 时系统的控制变量值。m 和 n 是系统参数，对于多模型系统，它们是矩阵，y_t 是时间 t 的测量值，r 是测量系统的参数，而对于多测量系统，r 是矩阵，p_t 和 q_t 分别表示过程和测量的噪声，假设它们是高斯白噪声。

此外，还有很多其他的平滑清洗算法，如状态空间模型和插值。状态空间模型假设系统随时间的变化可以由不可观测的向量序列确定，时间序列和可观测序列之间的关系可以由状态空间模型确定。通过建立状态方程和观测方程，状态空间模型提供了一个完整描述动态系统时间特征的模型框架。为了使这种平滑算法具有更好的效果，许多研究也提出了各种技术来估计上述方法中的参数。大多数平滑技术在清理时间序列时，时间开销很小，但很容易更改原始正确的数据点，这大大影响了清理的准确性。换句话说，正确的数据被篡改，这可能会扭曲分析结果，并导致结果的不确定性。

2. 基于约束的清洗算法

在时间序列数据清洗中，基于约束的清洗算法(Constraint Based Cleaning Algorithm)主要是根据预设的约束条件来识别和处理异常数据。基于约束的清洗算法首先需要设定一系列的约束条件，这些条件可能包括数据值的范围、数据点间的关系、数据变化的趋势等。例如，一个简单的约束条件可能是数据值必须在 0 和 100 之间，如果发现有数据值超出这个范围，就可以认为是异常数据。在清洗过程中，这种算法会逐一检查每个数据点是否满足所有的约束条件。如果一个数据点违反了任何一个约束条件，那么就会被标记为异常数据。对于这些被标记的异常数据，算法会进一步进行处理。

基于约束的清洗算法的优点是清洗规则明确，可以快速找出异常数据。但同时，它的缺点是过于依赖于预设的约束条件。如果约束条件设定不合理，可能会导致误判或漏检异常数据。因此，如何设定合适的约束条件是这种算法的关键步骤。

常用的基于约束的清洗算法包括：顺序依赖(Order Dependencies，ODs)、序列依赖(Sequential Dependencies，SDs)和速度约束(Speed Constraints)。

(1)顺序依赖。在关系数据库中，顺序依赖性(ODs)是一种简单有效的方法，已被广泛研究。在时间序列数据处理中，发现 ODs 也适用于解决一些时间序列数据清理问题。具体解释如下：设 $x(t)=x_1,x_2\cdots x_t$ 是一个时间序列，ODs 可以用<，≤，>，≥来表示。对于汽车行驶的英里数 $x(t)$，里程数应该随着时间的推移而增加。形式化表示如下：$t_1<t_2$，则 $x_{t1}\leqslant x_{t2}$，其中 x_t 是里程，t 是时间戳。

一般来说，公式(2-9)形式的 ODs 表示 N 严格地随着 M 而增加。例如公式(2-10)。

$$M\rightarrow_{(0,\infty)}N \tag{2-9}$$

$$\text{hour}\rightarrow_{(0,\infty)}\text{height} \tag{2-10}$$

ODs 和 DCs 也可以用作数据库中错误检测和数据修复的完整性约束。Wijsen 为时态数据库扩展了具有时间维度的 ODs。设 $I=\{I_1,I_2,I_3,\cdots\}$ 是一个时间关系，它可以被视为传统的"快照"关系的时间序列，所有这些关系都在同一组属性上。趋势依赖性(Trend Dependency，TD)允许通过使用{<，=，>，≤，≥，≠}的任何运算符来随时间比较具有线性有序域的属性。考虑约束是在 I 中的(I_i，I_{i+1})上指定的。对于每个时间点 i，它需要将时间 i 的员工记录与下一时间 $i+1$ 的记录进行比较，这样员工的工资就永远不会降低。Lopatenko和 Bravo 提出了一种基于拒绝约束(Denial Constraints，DCs)作为约束的数值型数据清理方法，其原理与此类似。

(2)序列依赖。Golab 等人提出的序列相关性算法关注时间序列中两个连续数据点之间的值差。Golab 等人将 CSD Tableau Discovery Problem 定义为给定的关系实例和嵌入的 SD$M\rightarrow_g N$，以找到最小的 t_r，使得 CSD($M\rightarrow_g N,t_r$)具有至少给定阈值的置信度。CSD 可以是{hour$\rightarrow_{(0,\infty)}$ height，[1961. 01. 01 00:00—2016. 01. 01 00:00]}。在[1961. 01. 01 00:00—2016. 01. 01 00:00]中的任何两个连续小时内，它们的距离应始终>0。

通常，顺序依赖关系(SD)的形式为

$$M\rightarrow_g N \tag{2-11}$$

在公式(2-11)中，$M\subseteq R$ 是有序属性，$N\subseteq R$ 可以通过一定的距离度量来测量，g 是区间。它指出，当元组在 M 上排序时，任何两个连续元组的 N 值之间的距离都在区间 g 内。Casado Vara 等人提出了流模式的概念来表示数据流的结构和语义约束。该概念包含各种语义信息，不仅包括数值，还包括顺序之间的属性。顺序依赖算法不仅可以用于传统的关系数据库清理，还可以用于时间序列清理。实际上，有许多基于依赖关系的清理算法是为不适合时间序列数据清理的关系数据库设计的，例如，函数依赖关系(Functional Dependencies，FD)和条件函数依赖关系(Conditional Functional Dependencies，CFD)。序列依赖性是少数可用于时间序列清理的基于依赖性的算法之一。

(3)速度约束。为了清理时间序列数据，Song 等人提出了基于速度约束的方法。考虑了速度对给定区间内值变化的限制。例如，鸟的最大飞行速度、一天中的温度、汽车里程等。考虑时间窗口 T 是时间序列 $x=x_1,x_2,\cdots,x_t$ 上的一对最小速度 $S_{\min}$ 和最大速度 $S_{\max}$，其中 x_i 是第 i 个数据点的值，时间戳为 i。例如，考虑时间序列：

$$x(t)=\{150,160,170,180,110,200,210,220,230\} \tag{2-12}$$

其中时间戳 $t=\{1,2,3,4,5,6,7,8,9\}$，值的属性对应于 x，而表 2-1 中的时间属性表示时间戳。

表 2-1　时间序列的示例关系实例

	time	value
t_1	1	150
t_2	2	160
t_3	3	170
t_4	4	180
t_5	5	110
t_6	6	200
t_7	7	210
t_8	8	220
t_9	9	230

假设速度约束中的窗口大小 $T=2$，$S_{\min}=-50$，$S_{\max}=50$，对于数据点 x_5 和 x_4，$\frac{110-180}{5-4}=-80<-50$。类似地，速度为$\frac{200-110}{6-5}=90>50$ 的 x_5 和 x_6 违反了 $S_{\max}=50$。为了补救违规行为(用红线表示)，可以对 x_5 进行修复，即 $x'_5=190$，在图 2-3 中用蓝色"＊"符号表示。如图 2-3 所示，修复序列同时满足最大和最小速度约束。

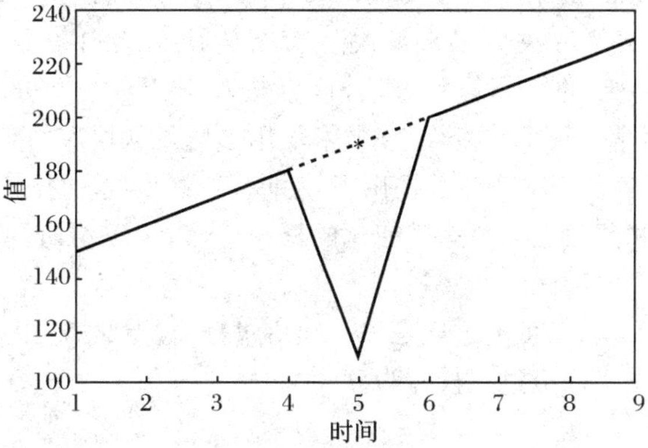

图 2-3　速度约束示例

通常，速度约束的形式为

$$S=(S_{\min},S_{\max}) \tag{2-13}$$

如果时间序列数据 x 满足速度约束 S，则对于时间窗 T 中的任何 x_i，x_j 来说，其具有 $S_{\min}<\frac{x_j-x_i}{j-i}<S_{\max}$。在实际应用中，速度约束通常在特定的时间段内有效。例如，当考虑汽车的最快速度时，参考的时间段通常以小时为单位，并且不考虑不同年份的两个数据点。速度约束 S 的值可以是正(约束值的增长率)或负(约束值下降率)。速度约束在处理小误差时效果较差，Yin 等人提出了对方差约束的进一步研究，该研究使用方差阈值 V 来测量给定 W 窗口中时间序列的离散度。

在关系数据库领域，有许多基于完整性约束的清理算法，这些算法很难应用于观测值基本上是数字的时间序列领域，因为它们遵循严格的等式关系。例如 ODs 和 SDs 可以用于解决某些情况下的问题，比如汽车里程数不减少。进一步的基于速度的约束可以用于处理GPS和股价等数据，但只有具有相关的领域知识才能给出合理的约束。因此，基于约束的清洗算法需要进一步改进才能具有更好的鲁棒性。Song 等人提出的相似规则约束和Zhang 等人提出的学习个体模型适用于修复缺失数据。

3. 基于统计的清洗算法

基于统计的清理算法在数据清理领域占有重要地位，其主要依赖于统计原理和算法来检测和纠正时间序列数据中存在的问题。

基于统计的清洗算法主要包括：极大似然估计、马尔科夫模型、二项式抽样、时空概率模型等。

(1)极大似然估计。极大似然估计原理的直观思想是一个随机检验，如果有几个可能的结果 $x_1, x_2 \cdots x_t$，如果结果 x_i 出现在一个测试中，一般认为测试条件有利于 x_i，或者认为 x_i 出现的概率最高。

注意，对于给定的时间序列数据 $x(t)$，与概率分布 d 一致，假设其概率聚合函数(离散分布)为 $F(d)$；考虑一个分布参数 θ，从这个分布中采样 $x_1, x_2 \cdots x_n$，然后使用 $F(d)$ 计算其概率如下式所示：

$$P=(x_1, x_2 \cdots x_n)=F_d(x_1, x_2 \cdots x_n | \theta) \tag{2-14}$$

Gogacz 和 S. Toruńczyk 使用最大似然技术来清理射频识别(RFID)数据。Wang 等人提出了第一个最大似然解决方案来解决从嘈杂的社会感知数据中发现真相的方法。Yakout等人提出了一种新的数据修复方法，该方法基于给定数据分布中替换数据的可能性，可以使用统计机器学习技术建模，但该技术仅用于修复数据库的数据。对于时间序列数据误差的修复，Zhang 等从概率的角度提出了一种基于最大似然的更好的解，解决了这个问题。根据时间序列中相邻数据点的速度变化的概率分布，可以将时间序列清洗问题转换为基于速度变化概率最大的清洗时间序列。

(2)马尔科夫模型。马尔可夫过程是一类随机过程，这意味着过程中每个状态的转移只取决于之前的 n 个状态。这个过程被称为 n

10次后,我们可以得到一系列数字,例如,我们可能得到这样一系列数字:1、4、5、3、3、1、6、2、4和5,如图2-4所示。这个数字串被称为可见状态链。但在*HMM*中,我们不仅有这样一系列可见的状态链,还有一系列隐含的状态链。在该示例中,隐式状态链可以是:D5、D3、D2、D3、D4、D6、D1、D5、D1和D2。

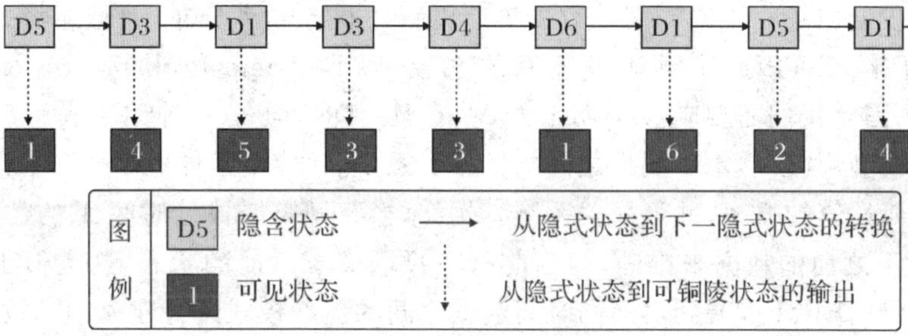

图2-4　隐马尔可夫模型示意图

Gupta和Dhingra使用HMM来预测股票价格。Baba等人提出了一种基于HMM的数据清理方法,该方法用于清理与地理位置信息相关的RFID数据。在多维时间序列清洗中,由于维度之间的相关性,HMM比一维清洗算法具有更大的应用空间。

(3)二项式抽样。Jeffery等人提出了一种用于清洁RFID数据的自适应方法,该方法利用基于采样和平滑理论的技术来提高RFID数据的质量。标签转移检测:标签转移检测是指当标签的位置发生变化时,清洁结果应反映出标签偏离的事实。接下来介绍一下RFID相关的概念。

1)询问周期:读者对标签的问答过程是读者检测标签的基本单元。

2)读卡器读取周期(每轮,0.2 s～0.25 s):多个询问周期的集合。

基于上述概念,形成以下定义:W_i是标签i的平滑窗口,由ω_i轮组成,S_i是在W_i窗口中实际检测到标签i的窗口,$Count_t$表示t的查询周期数,R是t轮标签i的对应数。对于给定的时间窗口,假设标签i在每个轮询中被读取的概率为$p_i=\dfrac{R}{Count_t}$,不可靠RFID数据的统计舒缓(Statistical Soothing for Unreliable RFID Data,SMURF)算法将每个历元对标签的读取视为具有概率p_i的伯努利实验。因此,p_i符合二项式分布$B(\omega_i,p_i)$。$p_{i,\text{avg}}$是以S_i为单位的平均读取速率。

使用基于伯努利实验的模型来观察标签i,如果标签在ω_i历元中的平均读取率为$(1-p_{i,\text{avg}})^{\omega_i}$。为了确保标签的动态性质,需要满足滑动窗口$\omega_i$的大小,如下式所示:

$$\left|\,|S_i|-\omega_i p_{i,\text{avg}}\right|>2\sqrt{\omega_i p_{i,\text{avg}}(1-p_{i,\text{avg}})} \tag{2-15}$$

SMURF算法首先将初始窗口大小设置为1,然后根据读取的实际情况动态调整窗口长度。如果当前窗口满足完整性要求,SMURF算法将检测到标签的状态。当检测结果显示标签状态改变时,SMURF会将把当前的窗口长度调整到原始窗口的1/2,以对标签的转换做出反应。如果计算出的满足完整性约束的窗口大小大于当前窗口大小,则该算法线性增加当前窗口大小2步,并在当前窗口中输出点数据。如果检测到标签不移动,则该算法将输出当前的窗口中点作为输出点,然后继续为下一个处理滑动一个历元。

SMURF算法被广泛应用于RFID数据的清理,许多研究对其进行了改进。Leema等研究了标签移动速度对数据删除结果的影响，Xu 等考虑了数据冗余对设置滑动窗口的影响。

(4)时空概率模型。除了数据清理，Milani 等人提出了时空概率模型(Spatio - Temporal Probabilistic Model,STPM)，该方法从历史数据中学习更详细的数据模式，然后清理当前数据。STPM 不仅给出了在不同时间在数据集上更新的联合概率分布，而且还将关联更新与关联值区分开来。STPM 基于动态概率关系模型(Dynamic Probabilistic Relational Models,DRPM)，因此我们需要首先声明 DRPM 模型。DRPM 是一种用于表示动态数据集之间关系的图模型，其模型基于属性之间的依赖关系，通常使用条件概率分布来计算给定父节点值中每个属性值的概率，并形成关系链。例如，当我们需要估计时间 T 的数据时，我们只能使用时间 T 之前的数据来推断，即当前状态只取决于以前的状态，这类似于马尔可夫模型。STPM 将 DRPM 扩展到对不同时间数据之间的更新模式进行建模，并通过对更新事件进行建模来捕获空间和时间更新模式，以提供可能存在的更新关系，最终检测和修复数据。

(5)其他算法。其他算法包括基于贝叶斯算法的模型、网络模型、高斯模型等。

贝叶斯预测模型是一种基于贝叶斯统计的技术。贝叶斯预测模型利用了模型信息、数据信息和先验信息，因此预测效果良好，因此该模型得到了广泛的应用，包括在时间序列数据清理领域。王等人建立了贝叶斯分析的成本模型，用于分析数据中的误差。

Bergman 等人考虑用户的参与，并使用用户对查询结果的反馈来清理数据。

Mayfield 等人提出了一种更复杂的关系相关网络(RDN)模型来对属性之间的概率关系进行建模。RDN 与传统关系依赖(如贝叶斯网络)的区别在于，RDN 可以包含环结构。该方法迭代清理数据集，并观察每次清洗前后数据集概率分布的变化。当数据集的概率分布收敛时，清理过程中止。

周和董提出了一种通过使用 GPU 加速高斯模型学习的技术。然而在数据过多的情况下，没有必要使用所有的数据来学习模型。此外，一些学者还提供了一种自动调谐的方法。

为了清理和修复燃油液位数据，田等人提出了一种基于同步迭代方法的改进高斯混合模型，该模型使用粒子群优化算法和最速下降算法来优化 GMM 的参数，并使用基于线性插值的算法来校正数据误差。

Shumway 和 Stoffer 使用 EM 算法与空间状态模型相结合来预测和平滑时间序列。

4. 时间序列异常检测

时间序列数据的异常检测方法思想是：对于给定的时间序列数据，可能有两种类型的异常值，即单点异常和子序列异常(连续异常)。在本节中，我们首先将讨论异常点和异常序列的检测方法，然后介绍基于密度的噪声应用空间聚类(Density - Based Spatial Clustering of Applications with Noise,DBSCAN)算法在数据清理中的应用，最后回顾与机器学习相关的异常检测方法。

(1)异常点检测。对于单点异常，最常见的做法是使用预测模型进行检测。即将建立的模型的预测值和每个数据点的观测值进行比较，如果这两个值之间的差大于某个阈值，则观测值被认为是异常值。Basu 和 Meckesheimer 以时间戳 t 为中心点，选择所有时间戳为 $t-k$ 到 $t+k$ 的数据点，这些数据点的中值被认为是时间戳为 t 值的数据点的预测值。Hill 和

Minsker首先对数据点进行聚类,并将聚类的平均值作为该点的预测值。AR模型和ARX模型被广泛用于经济、社会调查等各个领域的异常检测。ARX模型利用了手动标记的信息,因此在清理数据时比AR模型更准确。ARIMA模型代表了一种由上述AR和MA组成的时间序列模型,可用于非平稳时间序列的数据清理。Kontaki等人提出对数据流中基于距离的异常值进行连续监测。最广泛使用的定义是基于距离的定义,如图2-5所示:如果给定距离内的对象少于k个,则将对象p标记为异常值。这里$k=4$,q是正常点,p是异常点。

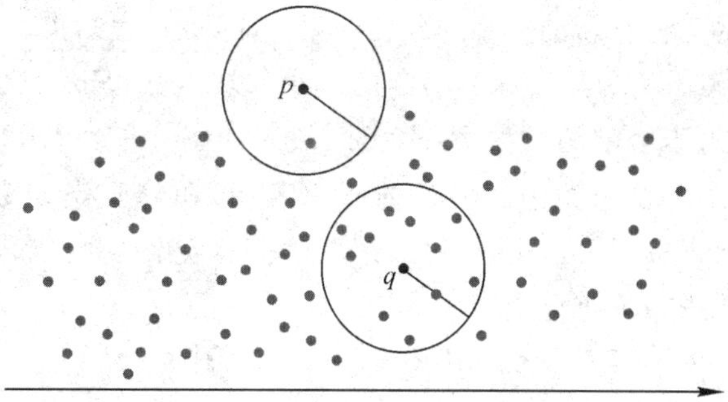

图2-5　异常点检测示例

(2)异常序列检测。不同的研究对子序列异常有不同的定义。Keogh等人提出了子序列异常,即子序列与最近的非重叠匹配之间的距离最大。有了这个定义,最简单的计算方法是计算每个长度为n的子序列与其他子序列之间的距离。当然,这种计算方法的时间复杂度非常高。在后来的研究中,Keogh等人提出了一种通过重新排序候选子序列的启发式算法,Wei等人提出了一个使用局部敏感哈希值的加速算法。在计算距离时,通常使用欧几里得距离,Keogh等人进一步提出了一种使用基于压缩的相似性度量作为距离函数的方法。如图2-6所示,数据被划分为多个子序列,这些子序列相互重叠。首先计算每个窗口的异常分数,然后根据每个窗口的非正常分数(AS)计算整个测试序列的非正常得分。与作为异常值的整个时间序列的直接输出相比,基于窗口的技术可以更好地定位异常。基于此技术的方法主要有两种。一种是维护一个正常的数据库,然后将测试序列与正常数据库中的序列进行比较,以确定是否异常;另一种是建立异常数据库,然后将测试序列与数据库中的序列进行比较,以检测其是否异常。

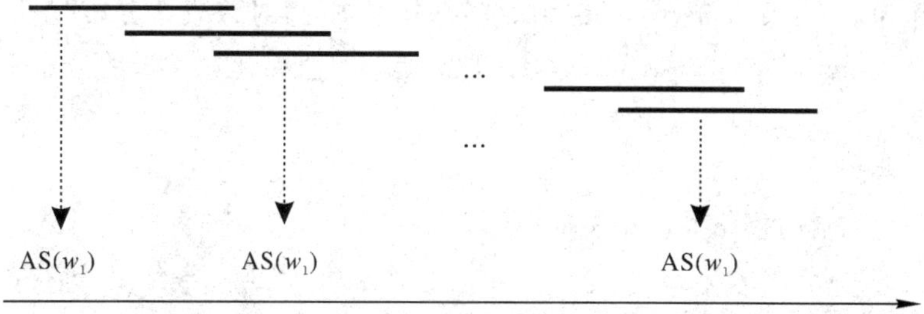

图2-6　异常序列检测示例

(3)基于密度的噪声应用空间聚类。DBSCAN(Density-Based Spatial Clustering of

Applicatioins With Noise)算法是一种基于密度可达关系的聚类方法,它将密度足够的区域划分为多个聚类,并在有噪声的空间数据库中找到任意形状的聚类,并将聚类定义为密度连接的最大点集。然后算法根据设置的密度阈值定义聚类作为划分聚类的基础,即当满足阈值时,可以将其视为聚类。

DBSCAN 算法的原理:①DBSCAN 通过检查数据集中每个点的 Eps 邻域来搜索聚类。如果点 p 的 Eps 邻域包含的点比 $MinPts$ 多,则创建一个以 p 为核心对象的簇;②然后,DBSCAN 迭代地聚合可以从这些核心对象直接访问的对象。这一过程可能涉及一些密度可达的集群的整合;③当没有新的点添加到任何集群时,该过程结束。

其中,$MinPts$ 是给定点成为邻域中核心对象的最小邻域点数,Eps 是邻域半径。例如,Eps 为 0.5,$MinPts$ 为 3,对于给定的数据集,聚类的效果如图 2-7 所示。可以修复一些噪波点,并将其聚集到与其相邻的类中。最近的研究表明,在修复错误数据后。他们还基于 DBSCAN对 GPS 数据进行了清理实验,可以提高对空间数据的聚类精度。但这种方法不能解决连续的错误,需要进一步改进。

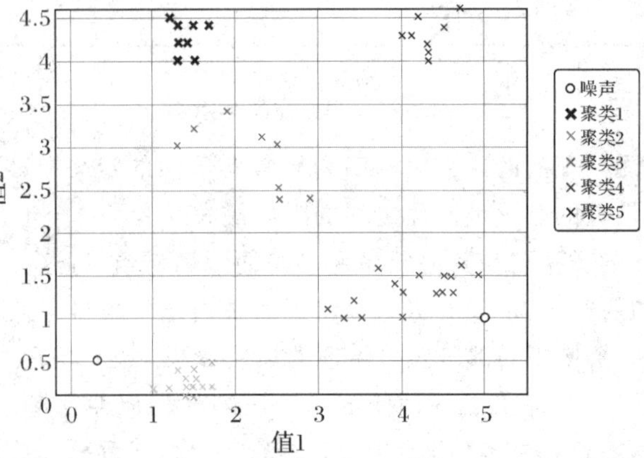

图 2-7　DBSCAN 聚类示例

(4)生成式对抗网络。随着机器学习技术的快速发展,越来越多的问题通过机器学习得到解决。李等人使用 GANs 网络(Generative Adversarial Networks)来有效地检测时间序列数据中的异常。GANs 同时训练两个模型,分别是用于捕捉数据分布的生成模型和用于区分数据是真实数据还是伪数据的判别模型,如图 2-8 所示。给定一个具有均匀分布概率的随机变量作为输入,我们希望生成输出的概率分布作为“对数概率分布”。生成匹配网络(Generative Matching Networks,GMNs)的理念是通过直接比较生成的分布和真实分布来训练生成网络,通过重复以下步骤来优化网络:

1)生成一些均匀分布的输入;

2)让这些输入通过网络并收集生成的输出;

3)将真实的“狗狗概率分布”与基于可用样本生成的“狗狗几率分布”进行比较(例如,计算真实狗狗图像样本与生成图像样本之间的 MMD 距离);

4)使用反向传播和梯度下降来计算误差并更新权重。这个过程的目的是最大限度地减少生成模型和判别式的损失。

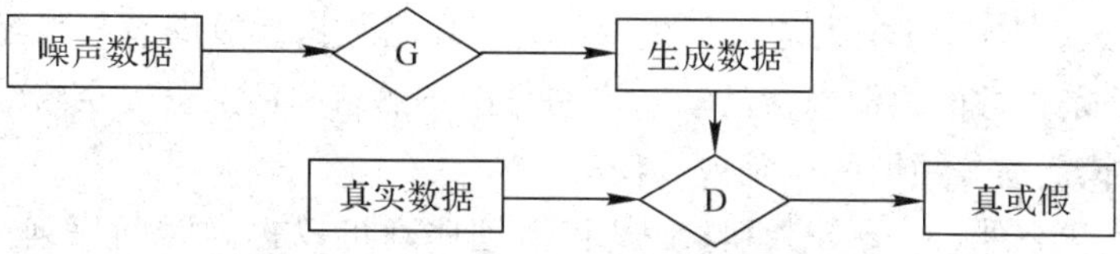

图 2-8　生成对抗性网络的简单流程图

李等人使用 GANs 来检测时间序列中的异常，想法是使用 GANs 网络来修复时间序列数据的缺失值。也许更多的机器学习算法正在等待时间序列误差值的清理。一个简单的想法是将检测到的异常数据视为缺失数据，然后进行修复。Sun 等人首先分析停车位数据和停车数据之间的相似性，然后使用递归 GANs 生成停车数据作为修复数据，这为解决时间序列数据修复问题提供了新的思路。Fang 等人提出了基于卷积神经网络（Convolutional Neural Networks，CNNs）和 GANs 的 FuelNet。FuelNet 用于修复不一致的燃油消耗率，并估算一段时间内的不完整燃油消耗率。

（5）长短期记忆。由于递归神经网络（Recurrent Neural Network，RNN）也存在梯度消失的问题，因此很难处理长序列数据。Gers 等人改进了 RNN，得到了 RNN 特例长短期记忆（Long Short-Term Memory，LSTM），可以避免规则 RNN 梯度的消失。它在工业中得到了广泛应用，部分学者使用 LSTM 对时间序列数据进行异常检测。

图 2-9 中左边是一个简单的 RNN 结构图，右边是一个简单 LSTM 结构图，其中给定的函数如下式所示：

$$F: h, y = f(h, x) \tag{2-16}$$

式中：x^t 是当前状态下的数据输入；h^{t-1}（隐藏状态）表示接收到的前一个节点的输入；y^t 是当前状态下的输出；h^t 是传递给下一个节点的输出。从图 2-9 中可以看出，输出的 h^t 与 x^t 和 h^{t-1} 的值有关。通常用来输入于一个线性层（主要用于维度映射），然后使用 softmax 对所需的数据进行分类。如图 2-9 所示，RNN 只有一个传递状态 h^t，LSTM 也有一个传递状态 c^t（细胞状态）。在 LSTM 中，有三个主要的阶段：

1）遗忘阶段。遗忘阶段主要是忘记从前一个节点传入的输入。一个简单的原则是：忘记不重要的，记住重要的。更具体地说，z^f 被计算为遗忘门，用于控制先前的状态 c^{t-1}，然后决定是保留数据还是遗忘数据。

2）选择性存储阶段。在这个阶段，输入被选择性地存储。主要是为了记住输入 x，越重要的数据需要保留得越多。

3）输出相位。该阶段确定哪些输出将被视为当前状态。与正常的 RNN 类似，输出 y^t 通常也通过 h^t 变化来获得。

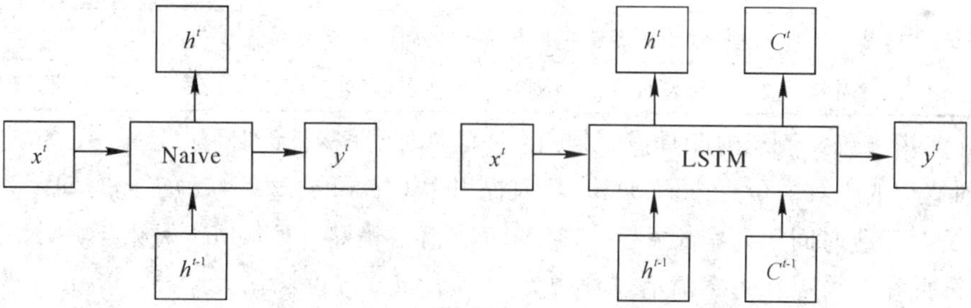

图 2-9　RNN 结构示意和 LSTM 结构示意

Filonov 等人和 Pankaj 等人通过提供网络时间序列数据来提供递归神经网络。递归神经网络理解什么是正常的预期网络活动。当网络中不熟悉的活动被提供给经过训练的网络时，它可以区分该活动是预期的还是被入侵的。

除了上述方法之外，Xing 等人研究表明，清理序列可以提高时间序列分类的准确性。Diao 等人设计了基于 LOF 的在线异常检测和清理算法。Zhang 等人提出了一种基于连续误差中误差时间序列时序相关性的迭代最小清洗算法，并在数据清洗中保持了最小修改的原则。该算法能有效地清除时间序列数据中的连续误差。Qu 等人首先使用基于聚类的方法进行异常检测，然后使用指数加权平均进行数据修复，用于在分布式环境中清理电力数据。Corizzo 等人使用基于距离的方法检测异常地理数据，然后使用梯度增强树(Gradient - boosted tree,GBT)来修复异常数据。

综上所述，异常检测算法在时间序列数据清理中发挥着重要作用。设计用于时间序列修复的异常检测算法也变得越来越重要。

三、清洗工具和评估标准

在本节中，我们首先简单介绍一些常用的清理时间序列的工具，然后给出与时间序列清理方法相关的评估标准。

1. 清洗工具

常用的时间序列数据清洗工具见表 2 - 2。

表 2 - 2　常用的时间序列数据清洗工具

名　称	使用方法	说　明
PIClean	基于统计	使用低秩近似生成概率错误和概率修复，近似隐式地发现并使用数据集列之间的关系进行学习
HoloClean	基于统计	学习概率模型，然后根据概率分布选择最终的数据清理计划
ActiveClean	基于统计	在统计建模问题中允许渐进和迭代清理，同时保留收敛性保证
Cleanits	异常检测	通过考虑工业时间序列和领域知识的特点，开发可靠的数据清理算法
MLClean	异常检测	数据清理技术和机器学习的结合设计了学习方法来生成无偏的清洁数据，用于训练准确的模型
ASAP	基于平滑	开发一种名为 ASAP 的新分析算子，通过自适应地优化降噪和趋势保持之间的权衡，自动平滑流化时间序列
EDClean	基于统计	对于社交网络数据，通过统计数据字段的特征进行检测和清理。
PACAS	基于统计	设计了服务提供商和客户之间的数据清理的框架
TsOutlier	异常检测	使用多种算法检测时间序列数据中的异常，并支持批处理和流处理

有许多用于数据清理的工具或系统，但它们在时间序列清理问题上并不一定有效。在时间序列清理的工具的研究方面，Ding 等人提出了 Cleanits，这是一种工业时间序列清洁系统，实现了在工业时间序列中检测和修复的集成清洁策略。Cleanits 提供了一个用户友好的界面，因此用户可以在每个清洁过程中使用结果和日志可视化。此外，Cleanits 的算法设计还考虑了工业时间序列和领域知识的特点。Rong 和 Bailis 提出的 ASPA 违反了最小修

改原则，扭曲了数据，不适合广泛使用。Wang 等人提出的 EDCleaner。是针对社交网络数据设计的，通过统计数据字段的特性进行检测和清理。Huang 等人提出了 PACAS，它是服务提供商和客户之间的数据清理框架。Huang 等人提出了 TsOutlier，这是一种检测异常值的新框架，并对物联网数据进行了解释。TsOutlier 使用多种算法来检测时间序列数据中的异常，并支持批处理和流处理。

2. 评估标准

对于误差清洗算法的有效性进行评估，通常用均方根（Root Mean Square，RMS）误差。设 x 表示由时间序列的真值组成的序列，$\bar{x}$ 表示由加上误差后的观测值组成的顺序，并且 $\hat{x}$ 表示由清洁后的修复值组成的次序。这里，RMS 误差被表示为如下式所示：

$$\Delta(x,\hat{x})=\sqrt{\frac{1}{n}\sum_{i=1}^{n}(x_i-\hat{x}_i)^2} \tag{2-17}$$

公式（2－17）测量真实值和清洗后的值之间的距离。RMS 误差越小，清洁效果越好。

其他标准包括错误数据和正确数据之间的误差距离、错误数据和清理结果之间的修复距离（如下式所示，涉及数据修复中的最小修改原则）。

$$\Delta(\bar{x},\hat{x})=\sum_{i=1}^{n}|\bar{x}_i-\hat{x}_i| \tag{2-18}$$

Dasu 和 Loh 提出了一种统计失真方法来评估清洁方法的质量。所提出的方法直接观察数据集中的数值分布，并根据不同清洁方法引起的分布变化来评估质量。

第二节　特征抽取

时间序列预测中的特征提取，是指从原始的时间序列数据中提取出有用的信息，帮助我们更好地理解数据的结构和规律，从而提升预测模型的性能。

时间序列数据通常包括一系列按照时间顺序排列的数据点。然而，仅仅使用原始数据进行预测可能无法捕获到隐藏在数据背后的所有信息，这时我们就需要进行特征提取。例如，原始的时间序列数据可能无法直接反映出数据的趋势、季节性、周期性等特点，但是通过特征提取，我们就能把这些特性转化为可以被模型使用的输入特征。

特征提取可以包括多种不同的方法，大致可概括为四大主流类别：基于统计学方法的特征提取，基于模型的特征提取，基于变换的特征提取，以及基于分形理论的特征提取。利用这些方式得出的特征向量，可以有效地实现优秀的分类提取效果。

一、基于统计学方法的特征提取

基于统计学方法的特征提取，涉及获取数据波形的各类统计特性，如均值、方差、极值、波段、功率谱和过零点等，这些统计特性代表着原始时序数据，并形成特征向量。在时域中，常见的基本统计特征包括均值、方差、极值、过零点、边界点、波段的长短峰值等，而在频域中，基本的统计方法包括功率谱、功率密度比、中值频率、平均功率频率等。在肌电信号（EMG）数据处理中，常用的时序统计特征有过零点数、积分肌电值、方差等，频域中常用的则是 EMG 功率谱的平均功率频率和中值频率。而在心电图（ECG）数据处理中，常用的特

征提取包括 $R-R$ 间隔的均值、熵值、变化值、功率谱密度等。对于脑电信号(EEG),常提取的特征有峰值、熵值、非线性能量等,或者提取 QRS 波的峰值、波长等,以及 QT 间隔、ST 间隔等统计特征。

利用基于统计学方法的特征提取方法获取的特征向量,可以构建线性判别分类器进行分类,或者使用神经网络进行分类,这两种方式都能取得不错的效果。此类方法特别适用于那些信号波形的统计特性较为显著的时序数据,例如医学数据中的脑电图(EEG)信号和心电图(ECG)信号等。

二、基于模型的特征提取

基于模型的特征提取方法指的是采用模型来描绘时序数据,随后提取模型的系数作为特征向量进行分类。对于稳定的时序数据,可以采用如通用 ARMA 模型(自回归滑动平均模型)、自回归模型、滑动平均模型(MA)或组合- ARMA 模型等进行适配。然而,对于非稳定的时序数据,首先需要对观测到的时序数据进行差分运算,将其转化为稳定的时序数据,然后使用适当的模型拟合这个差分序列。显然,不同的时序数据会有更适合其的模型进行特征提取。例如,对心电图(ECG)数据,一般会采用 AR 模型进行特征提取,而多通道的 ECG 数据则常用多元自回归(MAR)模型。AR 模型是一个线性的、二阶矩平稳模型,非常适合短数据分析,在 ECG 和肌电信号(EMG)数据中都具有优势。Graupe 在研究肌电信号进行动作识别时,已证实 AR 模型比 ARMA 模型更具有优势。最近的研究也显示,使用 AR 模型进行特征提取时,识别率非常高。然而,对于金融时序数据,常用的多元线性回归和 ARMA 模型可能不再适用。考虑到金融市场价格波动的聚集性,应使用 ARCH 模型(自回归条件异方差模型)。而对于金融数据中常见的"高峰厚尾"和"弱自相关"现象,结构向量自回归(SVAR)模型可能更为适用。

选取适当的模型进行特征提取,由此得出的模型系数被视为特征向量。通常,对于这类特征向量,使用简易的判别函数就能实现理想的分类效果。其中,二次判别函数(QDF)是最常被应用的一种。有时,也会利用最大似然的判定规则来进行分类。

三、基于变换的特征提取

通过转换使得便于分类的特性更加显现,这也是一种常用的特征提取策略。转换手段包括时频转换和线性转换。在时频转换中,具有代表性的方法有快速傅立叶变换、短时傅立叶变换、倒谱系数等。而对于线性转换,主要包括主成分分析(PCA)、独立成分分析(ICA)、奇异值分解(SVD)、线性判别式分析、因子分析、映射等。其中,最具代表性的是主成分分析(PCA)和 $K-L$ 变换,此外,还有知名的小波变换和小波包技术。

1. 基于时频变换的特征提取

时频变换是一种将信号从时域转化为频域的策略。在特征提取中,时序数据经常使用傅立叶变换、倒谱系数等时频变换手段。

傅立叶变换将时域信号转化为频域信号,这是通过将时域信号转化为由频率、振幅和相位的正弦波组合实现的。对时序数据进行傅立叶变换,并选择其系数作为特征向量,若选择前部的系数,那么就代表了信号的低频特性;选择较大的系数,那么就代表了信号的能量特性。在心电信号 QRS 波的识别中,使用傅立叶变换可以有效地降维和提取特征,然后使用神经网络进行分类,其灵敏度可以达到 98%。在股市中,运用傅立叶变换和逆变换,能有效去除噪声和简化数据;也可以通过傅立叶变换来获取功率谱,从而表征时序数据的统计特性。

为了降低傅立叶变换的计算量,我们可以使用快速傅立叶变换算法。它利用了 DFT 系数的对称性、周期性和可约性,将长序列的 DFT 分解为若干个短序列的 DFT 运算。

短时傅立叶变换(STFT)是在传统傅立叶变换的基础上发展起来的。其基本概念是用窗函数 $w(t)$ 截断信号 $s(t)$,然后让窗函数滑动在信号上,形成许多短时信号,然后对这些短时信号进行快速傅立叶变换进行频谱分析,这样可以更准确地观察信号的频谱变化。窗函数的长度决定了时频特性的表现(窗口越宽,频域性强,时域性弱)。

在特征提取中,倒谱系数也经常被用作信号的特征向量。倒谱分析也被称为二次频谱分析,包括实倒谱和复倒谱。实倒谱也叫作功率倒谱,其步骤是先将时序信号进行离散傅立叶变换,然后取自然对数,再进行离散傅立叶逆变换。复倒谱是通过对时序信号进行 Z 变换后取对数,然后求反 Z 变换得到的。倒谱系数在语音信号中的应用最广泛,包括梅尔倒谱和线性预测倒谱,这些都优于其他特征提取方法,其中梅尔倒谱又优于线性倒谱。对于倒谱提取出的特征向量,语音信号常用隐马尔科夫模型(HMM)进行分类识别。

2. 基于线性变换的特征提取

在线性变换中,主成分分析(PCA)和小波变换等方法是特征提取中的经典手段。

PCA,也就是主成分分析,与独立成分分析(ICA),$K-L$ 变换和奇异值分解(SVD)有着相似的功能,尤其在数据降维方面有着显著的效果。研究表明,通过 PCA 变换,我们可以在最小化信息损失的同时,用较少的成分来代替原来的高维数据,从而达到降维的效果,大大降低了数据处理的时间和成本。由于各主成分是相互垂直的,因此增大了类间距离,减小了类内差异,可以提高分类的准确度。然而,PCA 无法处理非线性特征提取问题。为了解决非线性数据,提出了核主成分分析,它通过一个非线性映射将输入数据映射到一个高维的特征空间,在特征空间上进行线性主成分分析,其优点是需要的数据量小,且具有很好的抗噪声能力。

应用 PCA 或核主成分分析进行数据降维后,通常会进一步进行特征提取,使数据进一步压缩。特别是核主成分分析,特征提取后的维度仍然很高,需要进一步找到降维的方法。对于用 PCA 进行特征提取后的特征向量,常采用最近邻方法、隐马尔科夫模型(HMM)进行分类,尤其是使用神经网络,可以达到较高的分类准确率。即使使用最简单的 BP 网络,也可以得到满意的结果。

小波变换是一种将信号分解到不同尺度的线性变换。基于小波变换的特征提取有多种方法,如提取模极大值特征、能量特征、熵特征,以及适应性小波网络的特征提取等。例如,在 ECG 信号的特征提取中,最常用的是基于模极大值的特征提取,它包含了原始信号的大部分重要信息,可以将其尺度参数 S、平移参数 T 及其幅值作为心电信号的特征量。

小波变换在所有的时序数据中都有广泛的应用,但在对不同的时序数据进行特征提取时,需要选择适合的小波基。常见的小波基包括 Haar 小波基、Daubechies 小波基系列、Coiflets 小波基系列、Symlets 小波基系列、Biorthogonal 小波基系列等。通常,在选择小波函数时,应遵循两个原则:①对复数信号应用复数母小波;②母小波的形状应与被分析的信号类似。例如,对心电信号进行模极大值特征提取时,我们通常会选择 Mexican hat 小波函数,因为它的形状与被分析信号相似且具有较好的时域分辨率。而在处理股市数据时,选用具有良好正交性和紧支撑性的 Daubechies 小波系、Coiflets 小波系、Symlets 小波系会比其他小波系效果更好。在处理地震波信号中,Dubieties 小波族中的 Db4 非常适合进行岩石声信号处理。另外,小波包技术与小波技术不同,它将频率轴分成不同大小的区间,这一特性特别适合处理地震波,因为地震波强度会随着传播频率显著衰减。在地震波特征提取中,运用小波包技术会优于傅立叶变换。同时,还可以将小波系数和核函数方法结合起来进行特征提取,识别率可以达到 100%。

对于通过小波技术提取出的特征向量,可以采用平面鉴别法、距离分类器等方法进行分类,但最常见的分类方法是神经网络和支持向量机(SVM),这两种方法都能取得较好的分类效果。

四、基于分形理论的特征提取

分形是指一种具有无限精细、极度不规则、无穷自相似结构和非整数的特性的点集。大自然中的海岸线、雪花、云雾等不规则形体都属于分形,即它们的部分与整体具有自相似性。分形学和混沌学紧密相关,它们是非线性科学的两大重要组成部分。虽然分形理论的真正发展仅有十余年的历史,但其在特征提取中的应用,特别是在时间序列中,已越来越广泛。然而,并非所有的信号都适合使用分形理论进行特征提取。需要根据信号在某个尺度下是否具有分形特性,也就是说,在不同状态下的分形维数是否不同,这样才具有可区分性。

分形理论在特征提取中的应用主要针对非线性信号,它的定量分析指标,即分维数,用于特征向量的生成。分维数描绘了空间的扩展程度,可以用分数表示,它可以对许多有争议的数据进行定量分析,例如难以精确测量的英国海岸线。分维数有多种类型,其中相似维数适用于严格相似的一小类集合,豪斯多夫维数难以计算,盒维数在稠密可列集上与集所在空间维数相等。对于一维的时间序列,关系维是最简单实用的方法。

分形理论是研究非线性时序变量的强大工具,可以揭示复杂系统下的干旱、洪水灾害时序变化的内在规律,也可以用于股票离群点的检测,采用多重分形特征对金融管理或风险预测数据进行分类。当用于心脏疾病分类时,准确率可以达到 99.49%。

分形维数提供了一个数值作为特征向量,利用这个特征向量,可以采用贪婪算法或设定阈值进行分类。当然,作为一个非线性参数,它也可以与李雅普诺夫指数、小波技术的参数一起组成特征向量进行分类。

以上四种类型的特征提取方法在分类过程中都被广泛应用。但是,针对具体的应用领域,我们应选择最适合该领域数据的特征提取方法,以便能更好地提取数据特征。此外,对于不同的特征提取方法得到的特征向量,也有相对更适合且常用的分类方法。

第三节 时间序列数据的表示方法

时间序列数据通过处理可以被转化到低维空间来描述其特征。这样的数据表示不仅能够保留原始序列中的关键信息，从而为准确地检测异常提供支持，而且还可以减少数据的维度，使得时间序列的异常检测更为高效。简言之，对时间序列进行高效的数据转换和压缩，同时保留其关键特征，对进一步的数据分析和异常检测十分有益。

时间序列的数据表示从不同的角度存在不同的表示方法，常见的表示方法有：频域表示方法、时域表示方法、基于模型的表示方法、分段线性表示方法、非数据适应性表示方法、数据适应性表示方法和基于符号的表示方法等。其中基于符号的表示方法又包含基于趋势的符号表示方法、基于聚类或进化计算的符号化方法、基于文本的符号表示方法和基于频率域的符号表示方法。

一、频域表示方法

频域表示法利用信号处理技巧将时间序列从时域转移到频域。这种转换通常使用的方法包括离散傅里叶变换（Discrete Fourier Transform，DFT）和离散小波变换（Discrete Wavelet Transform，DWT）。

离散傅里叶变换（DFT）将时间序列转换为频率域，并通过变换后的前几个系数来描述原始数据。由于能量守恒原理，DFT 的前几个系数能够保留原始数据的大部分能量，使其对时间序列的整体特征描述得较为准确，但可能遗漏一些细节信息。而离散余弦变换（Discrete Cosine Transform，DCT）则专注于实数信号，与 DFT 相比，它减少了大量的计算工作。

为了更全面地捕捉时间序列的时域和频域特性，Chan 等研究者从香港中文大学提议使用离散小波变换（DWT）来表示数据。DWT 通过小波系数描述原始时间序列，利用多个小波函数实现了对时间序列的多尺度分析。在这种方式下，高频部分细致地描述了时间信息，而低频部分细致地描述了频率信息。因此，DWT 在捕捉时间序列的局部特点上表现出色，并且在计算速度上超越了 DFT。但值得注意的是，DWT 的效果受到所选小波类型的影响，并且对数据的长度有特定要求。

二、时域表示方法

加利福尼亚州河滨大学的 Keogh 团队于 1996 年在时间序列表示方面提出了一种创新的分段聚合近似表示方法（PAA）。该方法通过用每个子序列的平均值来表示等长分割后的原始时间序列，实现过程简单且有效降维，但也存在对分段长度依赖较大和容易模糊重要信息的缺点。此外，他们还发展了自适应分段常量近似方法（APCA），该方法通过小波分析将时间序列分为不等长的子序列，并利用子序列的平均值和右端点时间值作为特征，从而在提高拟合效果的同时放宽了对窗口长度的限制，但付出了更高的计算复杂度。另有逐段回归近似方法（PRA），其准确度较高但特征缺乏直观性，限制了窗口大小，不利于进一步分析和使用。最后的逐段线性近似方法（PLA）根据突变点分段并用线性关系拟合每段数据，虽然能很好地模拟原始序列，但其计算复杂度较高，不适合大规模数据处理。

三、基于模型的表示方法

数据表示的模型方法涵盖了如 ARIMA、ARMA、马尔科夫模型，以及在人工智能中的神经网络模型和向量机模型等。这些基于模型的策略通常先假设时间序列是基于某种特定模型生成的，然后用模型参数来描述这些序列。为了构建一个适合的模型，通常要经历四个阶段：模型猜测、参数估计、参数验证和参数评估。在选定模型后，我们会用训练数据来构建模型，并依赖模型参数来描述时间序列。但是，对于大规模复杂数据，依赖单一模型可能计算繁琐且准确性不足。特别是在数据存在大量噪声和不确定性时，最大的挑战是选择合适的模型，而且计算负担也较重。

为了提高预测精度和效率，研究人员提出了混合模型的策略，它整合了多种类似的模型来预测时间序列，从而找到最优的策略并适应不同场景。另外，还有一种模型组合方法，专为多维时间序列设计，它根据多维数据间的关系，将一个模型的输出作为另一个模型的输入，从而得到综合预测结果。

四、分段线性表示方法

为了适应时间序列的特性，学者们设计了一种名为分段线性表示(PLR)的方法。这种方法通过确定的切割准则找到拟合点，并利用这些点连结形成直线，从而实现时间序列的线性分段。简单来说，PLR 方法就是通过 n 条相邻的直线来近似表示一个长度为 $N(n \gg N)$ 的原始时间序列。假设原始时间序列标记为 $X=\{x_1, x_2, \cdots x_n\}$，分段之后的序列标为 $\{x_{t_1}, x_{t_2}, \cdots x_{t_N}\}$，其线性分段表示记作 $X_L=\{f_1(x_1, x_{t_1}), f_2(x_{t_1+1}, x_{t_2}), \cdots, f_N(x_{t_{N-1}+1}, x_n)\}$，这意味着在 $f_i(x_{i-1}, x_{t_i})(i=1,2,\cdots,N)$ 的区间上，利用分段线性函数来逼近该段的原始子序列。图 2-10(a)表示原始的时间序列，而图 2-10(b)展现了经过分段处理后的拟合序列。这种展示方式明确地展示了 PLR 方法不仅能维持原始序列的主要特征，同时也有效地降低了数据维度，实现了时间序列数据的高效压缩。

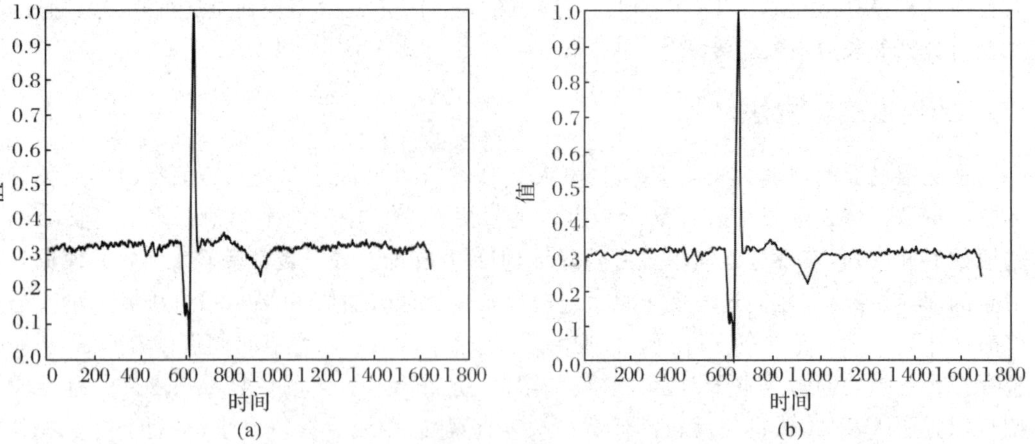

图 2-10　原始时间序列和拟合时间序列

(a)原始时间序列；(b)拟合时间序列

1. 限制分段数 K

这个方法正是我们之前提到的分段累积近似(PAA)。原始时间序列被一系列相邻的连续直线段替代。PAA 方法未完全考虑到序列的实际形态,只是简单地采用等分的方式,这可能会损失原始序列的一些重要特性。

2. 限制分段误差

这种方法并未预先确定分段的数量,而是根据分段的误差来选择合适的分段。在每个分段中,它采用线性回归或线性插值的方式来逼近原始数据。进一步地,这种方法可以细化为三个代表性的算法:

基于滑动窗口的方法(Sliding Window,SW):此方法首先设定一个误差阈值。按时间顺序,将起始点与当前点连接,并计算当前的误差,然后判断这个误差是否超过了设定的阈值。如果超过了,当前点会被设置为下一个起始点,并重置误差为 0。这一流程会持续进行,直到遍历完整个序列。因为 SW 方法可以实时分割时间序列,所以在医疗领域应用较多,如实时监测心电图。但 SW 方法的拟合效果可能并不理想。

自上而下的方法(Top - Down,TD):首先,TD 方法也设定一个误差阈值。按照时间序列的顺序,开始粗略地计算时间序列的线性表示,初步用线段对序列进行拟合。接下来,会计算这个线段上各特征点与整个时间序列的偏移距离,找出距离最大的点,通常这是一个极值点。这个点然后被用作分割点,把序列分为两部分。之后,再分别计算这两部分与原始序列的误差。如果误差低于设定的阈值,分割停止;反之,会继续在子序列上递归这个过程,直到所有的子序列误差都低于阈值。这种方法是由 Duda 等人首先提出的,后来 Park 等人对其进行了改进,他们使用时间序列的极值点作为分裂点,并与 TD 方法相结合。

自底向上(Bottom - Up,BU)算法:首先设定一个误差阈值。按照时间序列的顺序进行,开始时将每两个相邻的点连接成最小的线性片段,作为基础的子段表示。在此基础上,计算相邻子段之间的拟合误差。这一过程会持续进行,直到误差超出预设的阈值为止,此时分段终止。

除了之前讨论的传统分段线性方法,还存在着基于特定标准的分段策略,如选取一些显著的特征点作为基准,据此进行线性分段。进而通过定义的拟合误差来衡量原始序列与分段后序列的相似度,进一步实现高质量的 PLR 展示。这些策略的关键在于如何恰当地选取分段点以最小化拟合误差,同时要确保不产生过度的细分。

当前的分段线性方法大致分为两类:一种是由 Keogh 在其论文中提出,该方法的核心在于让原序列与其拟合版本之间的残差平方和最小化。另一种由孙志伟提出,其主要是首先确定拟合误差,然后优先对重要的部分进行预分段。在此过程中,该方法会尤其关注序列的最大值和最小值点,从而增强固定点分段的效果。虽然这种从底部开始的策略在分段质量上表现出色,但其时间复杂度相对较高,并且不适合在线处理。

另外一些方法主要侧重于全局限制和标识关键节点。例如,Pratt 等人推出的基于关键点的分段表示方法(IP_PLR)主张,关键点是那些在局部范围内与其端点的比值超出 R 参数的极值点,这些点被用来进行分段。简单地说,这种方法保留了明显的特征点并过滤掉了不太重要的点。

廖俊在其研究中提出了一个侧重于趋势转换点的分段线性表示方法(ITTP_PLR)。该方法强调的是识别并保留那些表示明确趋势变化的关键转折点,例如序列中的明显拐点或极值点。具体来说,它包括六种情境:上升-稳定、上升-下降、稳定-上升、稳定-下降、下降-稳定、和下降-上升。

陈帅飞的方法则是根据时间序列中的极值点和显著变化的点来确定关键节点的分段线性策略。这种方法首先按照定义的关键点序列对时间序列进行初步分段。接着,它会根据关键点序列的时间跨度进行评估,以进一步筛选并确定最终的关键点集合。

肖辉提出了一种基于时态边缘算子的时间序列分段表示。这种方法的核心是为时间序列特性设计一个时态边缘算子,从而确定时序的边缘点集。这些点再被用于进行分段线性表示。

五、非数据适应性表示方法

在非数据特定表示方法中,所有时间序列使用相同的转换参数。频域分析是非数据特定表示的常见方法之一。Agrawal 等人首先使用离散傅里叶变换(DiscreteFourier Transform,DFT)将时间序列转换为频域,并利用 R * tree 进行索引和相似性搜索。这种方法成功地解决了时间序列数据挖掘中"完整的特征提取"和"维度爆炸"这两大挑战。自 DFT 应用于时间序列后,许多研究者使用欧几里得距离来度量转换后的时间序列。但 Bagnall 等人引入了一个基于似然估计的距离度量,用以评估经 DFT 处理后的时间序列相似性。

Chan 等人首次提议使用离散小波变换(Discrete Wavelet Transform,DWT)来处理时间序列数据。与仅表示频域信息的 DFT 不同,DWT 可以同时表达时间序列的时域和频域信息。Popivanov 和其团队对比了各种小波变换在时间序列相似性搜索中的效率,证明了 Daubechies 小波与 Harr 小波相比有更高的效率。Liabotis 等人使用小波变换降低时间序列的维度,并使用 X - Trees 进行索引。由于采用的小波变换更接近原始时间序列,实验证明该方法比 DFT 更有效。

除了频域分析,还有其他专门为时间序列设计的表示方法。例如,Keogh 等人提出了一种基于分段线性方法来表示时间序列形态,这种方法支持高速时间序列分类、聚类和关联分析等任务。后续,Keogh 进一步提出了一个新的维度降低技术,称为 PAA(Piecewise Aggregate Approximation)。与传统的奇异值分解(Singular Value Decomposition,SVD)、DFT 和 DWT 相比,他揭示了 PAA 在时间序列相似性度量和索引方面的优越性。

六、数据适应性表示方法

数据特定表示方法在进行数据转换时,转换参数会根据时间序列数据的内容而调整。与此相反,非数据特定表示方法在数据转换时不依赖于特定数据,但它可以被扩展为数据特定的方法。例如,基于 PAA,Keogh 等人进一步提出了一种自适应的维度降低方法,名为 APCA(Adaptive Piecewise Constant Approximation)。

处理高维数值型时间序列数据本身具有挑战性。但当这些数据转换为符号序列而非实值序列时,更容易从中挖掘和识别有趣的模式。Lin 及其团队提出了一种称为 SAX (Symbolic Aggregate approXimation)的表示方法,它能够将原始的高维实值数据转换为离散的低维符号数据。如图 2 - 11 所示,一个 150 维的时间序列可以通过 SAX 表示转换为一个10维的符号序列，如“*aaacddcbba*”。在这样的低维离散数据上搜索更加高效。更进一步，经SAX处理后的数据更易于处理，研究者可以借鉴文本处理或生物信息处理的技术，如随机映射，并利用哈希表、后缀树等数据结构。

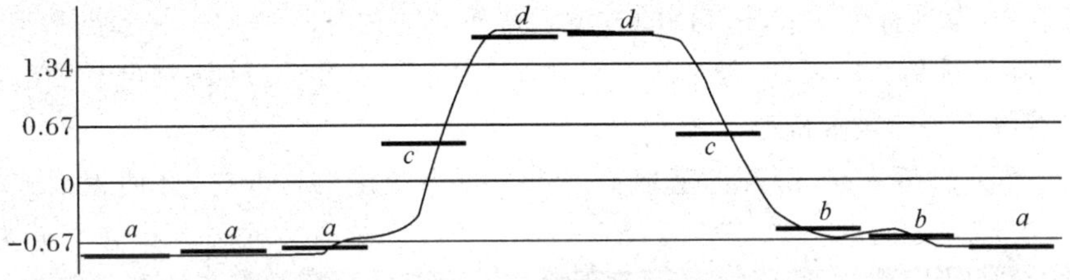

图2-11　SAX表示

时间序列shapelets代表了在时间序列中能最好地区分不同类别的子序列。这种表示方法的核心目标是简明地突显数据的主要特征，与时间序列表示的初衷完全吻合。时间序列shapelets的概念由Ye等人首次提出，而Esling等人进一步指出，此方法有效地缩小了时间序列与形状分析之间的距离。

七、基于符号的表示方法

时间序列符号表示法将高维且含有多噪声的连续数据转化为简洁、直观的低维符号序列，同时确保保留了原始数据的核心特征。这种表示方法不仅高效、简单、离散，而且有效地剔除了噪声，提高了时间序列的可读性。这样的表示还为研究者打开了一扇门，使其能够使用来自文本处理、信息检索和生物信息学等领域的技术。利用符号化的表示，时间序列的分类更具准确性和效率。

1.基于趋势的符号表示方法

Lin及其团队提出的SAX（Symbolic Aggregate approXimation）是时间序列符号化表示中的经典方法。SAX的工作原理是先对标准化的时间序列（其均值为0，标准差为1）进行分段平均，然后假设这些PAA值遵循高斯分布，并根据高斯分布下的界限点将它们映射到符号空间中。尽管SAX方法在捕捉时间序列的全局趋势方面表现出色，它依然存在一些局限性。例如，它可能不能很好地捕捉时间序列的细微特征，并可能为完全不同的时间序列生成相似的符号表示。

在对SAX进行改进方面，许多研究者已经做出了贡献。例如，为了改进SAX中的距离测量，Fuad等人提出了UMD距离（The Updated Minimum Distance），该距离考虑了字母之间的差异，它的性能超过了SAX的MINDIST距离。而Bai等人则提出了rSAX（Random Shifting based SAX），它通过稍微调整分段点的位置，来优化边界紧密性。Lkhagva等人提出的ESAX（Extended SAX）使用每个分段的平均值、最大值和最小值进行描述，而Malinowski等人则采用线性回归的方法来表示每个分段的趋势，其分类效果比SAX更优。

为了适应更长的时间序列，Yin等人提出了TFSA（Trend Feature Symbolic Approximation）方法，该方法首先对长时间序列进行切割，然后基于这些分段的趋势特性进行符号化。相比之下，Hatwar等人提出的SPTA（Symbolic Piecewise Trend Approximation）方法则侧重于将时间序列转化为相邻数据点的比率序列，并基于这些趋势将其符号化。然而，这种方法在处理某些时间序列时可能存在问题，例如当时间序列的变化特性不太明显时。

在较短的分段中，趋势往往近似于线性，因此，可以通过分段的起点和终点近似地描述其趋势。Sun 等人根据分段的起点、终点和均值的偏差来定义趋势距离，并与 Li 等人的 SAX 距离结合，得到称为 SAX－TD 的方法。尽管该方法在描述均值与起点和终点相同的分段的局部趋势时具有局限性，但与原 SAX 方法相比，SAX－TD 具有更紧密的欧式距离下界，并显著提高了分类准确率。

另一方面，Zan 等人在 SAX 的基础上引入了每个分段的标准差，并使用欧式距离来测量每个分段标准差之间的差异，得到了 SAX－SD 方法。这种方法显著提高了分类准确率，但并没有将分段的标准差进行符号化，因此它是一种符号与数值混合的表示方法。

李海林及其团队则采用了描述局部形态特征的一阶导数序列，并与 SAX 结合。他们使用 DTW 来测量一阶导数序列之间的距离，并与 SAX 距离结合，得到了 NSM 方法。但 Wlcoxon秩检验显示，NSM 与 Sun 等人的 SAX－TD 在分类性能上并没有显著差异。与 SAX－SD 类似，NSM 也没有对一阶导数序列进行符号化，是一种符号与数值的混合表示方法。

Zhang 等人提出了 FAD 方法，这也是基于导数序列的。与 NSM 不同，FAD 考虑的是时间序列每个数据点与其相邻两点之间差值的一半作为导数序列，并使用阈值来将导数序列符号化。但根据 Wilcoxon 秩检验，FAD 在分类性能（F 值）上与 SAX 并没有显著差异。

大多数前述方法主要采用了最近邻算法来对符号序列进行分类。Sharabiani 等人首先使用 SAX 将时间序列转换为符号序列，并在此基础上应用贝叶斯规则和概率链规则来建立 BCM 模型。接着，他们使用 BCM 对待测的符号序列进行分类。但是，与直接使用欧式距离在原始时间序列上进行 1NN 分类的方法相比，BCM 的分类准确率并没有显著的差异。

近年来，基于时间序列的趋势（或形态特征）的符号表示方法研究已取得了很大进展。SAXTD、SAX－SD 和 NSM 在分类性能上都明显优于 SAX。但是，这三种方法都混合使用了符号与数值的表示方式，这意味着它们不能直接应用于文本处理、信息检索、生物信息学等领域的算法。此外，SAX 及其改进方法都基于一个假设，即标准化后的时间序列服从高斯分布。这种假设过于简化了问题，可能导致分类过程中的较大误差。

2. 基于聚类或进化计算的符号化方法

Pham 等人创新地将 SAX 与 kmeans 聚类算法融合，推出了自适应时间序列表示法 aSAX(adaptive SAX)。该策略不仅能寻找到自适应的符号分段点，而且无论数据集是否具有高斯分布性质，其在下界度量的紧凑性、剪枝能力和分类表现都优于传统 SAX。

Barnaghi 等人引入了一个新的符号表示法 EN－SAX。这种方法的特点是将分段的最大值、最小值和均值组合为一个数值向量，并使用余弦相似性方法来衡量数值向量之间的相似性。他们运用 Kmeans 聚类确定符号区域。尽管 EN－SAX 能够有效地捕获金融时间序列数据的关键模式，但在符号表示时间序列时，它需要计算每个分段与每个符号之间的距离，导致其计算复杂度增高。而通过 Wilcoxon 秩检验，发现 EN－SAX 与 SAX 在分类性能上并没有显著差异。

Passos 等人提出了基于 Kmeans 聚类的三种符号表示策略，分别为 R－Kmeans、SAX－Kmeans和 ESAX－Kmeans。这些方法的核心理念在于，在利用 PAA 分段求均值之前，首先使用 Kmeans 聚类算法对时间序列进行聚类。这样，每个类中的时间序列在符号表示时都会有自适应的分段点。但这些方法在分类性能上与 SAX 相比并没有显著差异。

Sevcech 及其团队选择使用了一种增量聚类方法。他们首先对时间序列的子序列进行聚类。当出现一个新的子序列与已有类别差异较大时，他们会为其创建一个新的类。然后，通过类标号将时间序列转化为符号序列。此方法在处理流数据时具有一定的优势，但在处理长时间序列时，可能会产生没有实际意义的簇，字母表的大小难以控制。而且，如何选择合适的符号长度、聚类半径等参数在实践中成为了一个问题，限制了其在实际应用中的广泛性。

SAX 虽然能够捕捉到时间序列的均值，但它并未保存时间序列的局部斜率信息，也没有对符号的时间顺序进行处理。为了解决这些问题，Zalewski 等人提出了一种名为 EFVD (Equal Fixed - Values Discretization)的方法，该方法可以保留时间序列的特征斜率。在此方法中，首先利用 PAA 计算每个分段的均值，然后对连续分段均值的一阶差分进行 K 均值聚类，形成 k 个类。每个类中心都与一个符号相对应，其中 k 表示符号的数量，由聚类中心得出的斜率称为特征斜率。还有一些研究者计算一阶差分序列的移动平均值(窗口大小为 3)，并将这些移动平均值分为 k 组。每组的中心与一个符号相关联。为了计算这些中心，研究者采用了三种不同的离散化方法：等固定值(EFVD)、等宽(EWD)和等频(EFD)。在 20 个数据集的实验中，EFVD、EWD 和 EFD 在 1 近邻分类上的性能显著优于 SAX 和 ESAX。Zalewski 等人在使用 EFVD 对时间序列进行符号化后，考虑了符号的时间顺序，这是通过符号的出现频率或符号转换的出现频率来表示的。但是，这种方法在分类性能上与 SAX 和 EFVD 相比，并没有显著的差异。

Fuad 研究了两种采用进化算法来确定 SAX 最佳分段点的符号化方法：GASAX(基于遗传算法的 SAX)和 DESAX(基于差分进化算法的 SAX)。在 GASAX 方法中，每一个染色体都代表了一种解决方案向量，每个染色体的变量都受到类似下式的约束条件所限制：

$$f_\alpha < \beta \Rightarrow l_\alpha < l_\beta \quad \forall \alpha, \beta \in \sum \tag{2-19}$$

在该公式中，是我们使用的字母表的集合，而 l_α 和 l_β 分别表示相邻符号区间的分段点位置。但考虑到各种交叉和变异操作，为确保分段点在染色体所有可能的变化中保持稳定，上述约束条件应当被调整为形如下式的形式：

$$f_\alpha < \beta \Rightarrow \max l_\alpha < \min l_\beta \quad \forall \alpha, \beta \in \sum \tag{2-20}$$

上式中，确保字母表中的一个字母代表的最大值不超过其后面的字母代表的最小值。算法运行过程中，这些相邻字母的分段点会被自动确定，并以此来为数据进行符号化。

基于差分进化算法的 DESAX 在确定分段点的方法上与 GASAX 类似，但其优化性能明显优于 GASAX。与 SAX 相比，这两种方法不需要预设数据的分布，因此它们的适用性更强且分类精度更高，但计算成本也随之上升。Fuad 还提出了 PSOWSAX(Particle Swarm Optimization of Information - Content Weighting of SAX)方法，该方法根据各分段的信息内容使用粒子群优化为它们分配不同权重，并利用加权最小距离 WMD(Weighted Minimum Distance)来衡量符号序列之间的相似度。虽然 PSOWSAX 在分类性能上与 GASAX 相当，但其收敛更快且所需参数更少。

Kamath 及其团队首先采用 SAX 技术将时间序列转化为符号，随后使用 EFG(Evolutionary

Feature Generation)技术从这些符号序列中挖掘出有区分能力的特征。对于二元分类任务,SAXEFG 的效果超越了其他基于核和统计方法。而在处理多分类任务时,EFG 采用组合策略以提高准确性。

当前基于聚类或进化算法的符号时间序列分类策略主要都是在 SAX 的框架内,通过利用聚类或进化算法确定符号区间的分段点。此类方法对于不确定分布的数据有更好的兼容性,从而拓宽了 SAX 的应用领域。但选择适当的聚类数量、种群规模、进化代数等参数很有挑战性。此外,这些方法往往需要更大的存储空间并具有较高的时间复杂度。

3. 基于文本的符号表示方法

将时间序列转化为符号表示的优势在于,我们可以把样本中的单个字母或字符串视为一个词。这种方法使得在文本分类中常用的分类算法能够应用于时间序列分类。这不仅为时间序列分类提供了新的解决策略,而且增强了分类的准确性和效率。

BOW(Bag Of Words,词袋模型)在文本挖掘和信息检索领域得到了广泛的应用。受其启发,Lin 等学者提出了一种基于直方图的时间序列表示方法,称为 BOP(Bag Of Patterns 词袋模式)。此方法开始时利用滑动窗口从时间序列中提取固定长度的子序列,然后通过 SAX 将这些子序列转化为字符串(也叫作 SAX 词)。每个 SAX 词代表时间序列中的某一模式。利用这些 SAX 词,可以构建一个词序列矩阵 $\boldsymbol{M}$。在 M 中,每一行代表一个 SAX 词,每一列代表一个时间序列样本,$M_{i,j}$ 的元素存放的是第 i 个词在第 j 个时间序列样本中出现的次数。为了更容易地比较不同长度的时间序列,会对每个时间序列的直方图进行标准化(数值范围为 0～1),这种标准化后的直方图被称作时间序列的 BOP 表示。BOP 不仅在分类性能上超越了许多现有的方法,而且具有以下几个显著特点:由于使用子序列构建 BOP,因此它既能反映时间序列的局部特点,也能反映其全局特征;通过 BOP 的直方图,我们可以直观地看到模式的分布情况;由于能够增量计算直方图的频率向量,BOP 很适合处理流式数据;此外,BOP 在图形匹配过程中具有旋转不变性。

Senin 及其团队结合了 SAX 与基于 tf - idf(term frequency - inverse document frequency,词频-逆文档频率)的向量空间模型,创造了 SAX - VSM 时间序列模型。在 SAX - VSM 中,首先构建了一个词频矩阵,其中每一行代表一个 SAX 词,每一列代表一个类别,矩阵中的元素记录了每个词在每个类别中出现的频率。随后,计算每个元素的 tf - idf 权重,从而得到每个类别的词频权重向量。根据测试时间序列的词频权重向量和每个类别的词频权重向量之间的余弦相似度,将测试时间序列进行分类。尽管训练阶段的计算复杂度较高,但 SAX - VSM 在分类阶段能够提供快速、准确和可解释的分类。

宋伟及其团队将时间序列的 BOP 表示与 1NN 结合,使用 AdaBoost 算法进一步提升了 BOP 的分类性能。然而,BOP 并没有考虑词在时间序列中的出现顺序(或连接信息)。为了解决这个问题,Boer 及其团队使用图形来表示序列中的符号和连接信息,并利用编辑距离对符号序列进行分类,其分类性能超越了 BOP 模型。

线性序列分类器(SEQL)采用贪心的梯度下降策略,在由所有训练集子序列形成的空间中寻找有区分力的子序列。BOP 模型的一个局限性是它固定了 word 的长度。针对这一问题,Nguyen 及其团队对 SEQL 进行了改进,并推出了 SAX - VSEQL 和 SAX - VFSEQL 模型。SAX - VSEQL 通过学习可变长度的 word,有效地解决了 X 轴的偏移问题;而 SAX - VFSEQL

则通过学习模糊的可变长度符号词，同时解决了 X 轴和 Y 轴的偏移问题。尽管这些新方法的分类性能与现有方法相当，但它们的优势在于构建的分类器既简单又容易理解。

在多变量符号序列分类的研究中，Baydogan 及其团队推出了一种基于向量量化的多变量时间序列符号表示方法，称为 SMTS。SMTS 综合考虑了 MTS 的全部属性，并通过有监督的方式学习得到符号。该方法利用基于树的符号生成机制来考虑 MTS 各属性之间的相互作用，并且确保数据的时间顺序在模型中得到体现。实际的测试结果显示，此方法在多变量时间序列的分类准确性和计算效率上均有很好的表现。

Ordonez 等人则尝试将单变量时间序列的 BOP(Bag of Pattern)概念延伸至 MTS，并提出了多变量 BOP 和堆叠式 BOP。多变量 BOP 方法将每个时间点的所有变量符号所组成的字符串定义为 BOP 词向量，而堆叠式 BOP 则是将每个变量的字符串按顺序堆叠形成词向量。研究者在生理数据分类上应用了这两种方法，从而提高了分类准确率。然而，对于拥有众多变量的时间序列数据，BOP 词向量的长度会随着变量数量的增加而急速增长，这使得计算变得复杂。

文本式的符号表示技术可以全面地分析数据样本的宏观结构和微观特点。这种方式能有效降低位移和杂讯对分类效果的干扰，提供了较高的分类速度和准确性。同时，它也为应用文本处理、信息查询和生物信息学等领域的方法提供了可能性。然而，此类技术在训练过程中往往伴随较高的时间复杂性，同时也需要更多的存储空间。

4. 基于频率域的符号表示方法

基于频率域的符号化技术主要通过离散傅里叶变换或离散小波变换将时间序列转换到频域上，再对转换后的系数进行符号化处理，进而把时间序列转化为符号序列。

离散傅里叶变换在本质上为时域和频域数据之间的转换。通过这种转换，大部分的信息都集中在首几个系数中，这些系数涵盖了时间序列的整体信息。Schafer 等人提出了一种名为 SFA(Symbolic Fourier Approximation)的方法，基于离散傅里叶变换。在 SFA 中，每个时间序列先经过 DFT 处理，然后选择前 w 个 Fourier 系数来代表该时间序列。接着，采用等深或等宽策略为每个系数定位切分点，并将这 w 个 Fourier 系数转换为一个长度为 w 的字符串，称之为 SFA Word。

Schafer 将 SFA 技术与 Li 等人的词袋模型结合，提出了名为 BOSS(Bag - of - SFA - Symbols)的模型。在 BOSS 中，使用滑动窗口技术从时间序列中抽取子序列，然后对每一个子序列使用 SFA 方法得到一个字符串，也被称作 SFA 词。利用这些 SFA 词的频率直方图来描述时间序列的特点。尽管 BOSS 综合分类器的分类准确度超越了之前的方法，其计算复杂度与 DTW 相当，这使得它在处理大数据集时受到限制。接着，Schafer 进一步将 BOSS 模型拓展到向量空间，提出了 BOSS VS 模型。此模型为每一个类别建立了 tfidf(词频-逆文档频率)向量，并根据待分类的时间序列的 SFA 词的词频与各类的 tfidf 向量的余弦距离进行分类。BOSS VS 在分类性能上不仅大幅领先于 DTW，而且其计算速度比其他已有方法快了四个数量级。

Schafer 等研究者推出了名为 WEASEL(用于时间序列分类的词提取)的方法。在此方法中，他们使用 SFA 技术对子序列进行 DFT，并选取前 w 个 Fourier 系数来表示子序列。接着，他们利用单因素方差分析的 f - test 从这 w 个 Fourier 系数中选取最具有辨识力的 l 个系数，其数量 l 小于 w。随后，这些 Fourier 系数经过信息增益评估后得到适当的分割点并进行符号化。WEASEL 的表现几乎与集成分类器持平，但其计算复杂度相对较低，因此即使在中等规模的数据集上，它也比集成方法更具优势。相对于最佳的非集成分类器，WEASEL 不仅更加准确，而且在分类和训练时的时间效率也高出数个数量级。

对于维度较高的 MTS，直接应用 WEASEL 容易导致过拟合问题。为解决此问题，Schafer 推出了 WEASEL+MUSE，它是 WEASEL 在 MTS 数据上的一个扩展版本。此方法考虑了 MTS 的每一维度，并将导数值(即相邻数据点的差值)引入 MTS 中。利用滑动窗口技术，它从 MTS 的每一个维度中提取子序列，并经过 DFT 得到 SFA 词。然后，这些词与它们的窗口长度标识以及所在变量的标识相结合作为特征。基于这些特征的出现频率，建立了 BOP 模型。在 20 个 MTS 数据集的测试中，其分类准确率超过了之前的方法。

离散小波变换在保留原始时间序列的局部特点上有着优势，并对时间序列的多级分析表现出较好的实用性。Shao 及其团队引入了一种基于小波变换的无参数符号化表示方法，称为 NSAR(non parametricsymbolic approximate representation，无参数符号近似表示)。这个方法采用小波变换来确定相似系数，并从这些系数中提取关键点序列。之后，依据关键点的变化趋势进行符号化表示。NSAR 在降低维度的同时成功保留了时间序列的形状信息。此外，它对输入时间序列的长度、采样率、维度和缺失值等并没有严格限制。相较于 SAX 方法，NSAR 在分类准确度上表现得更好，尽管其计算效率有所降低。

在频率域内，每个维度都概括了整个时间序列的近似数据。增加维度数量可以增强表示序列相似性的能力。因此，依赖频率域的时间序列符号化表示法能有效地解决分类任务中的“维度灾难”问题。此外，这种方法可以在某种程度上揭示时间序列的总体变化模式。但值得注意的是，将时间序列映射到频率域可能会把某些关键的局部极值平滑化，导致重要信息的丢失。同时，对整个时间序列进行离散傅里叶变换之后，很难将频率域的特性对应回到具体的时间域段中。

第四节　相似性度量

时间序列数据相似性度量(Time Series Similarity Measurement)是指度量两个或多个时间序列数据之间相似性的方法。在很多数据分析和机器学习的场景中，我们需要确定两个时间序列是否相似，或者哪一个时间序列最接近给定的模式。

相似性度量在时间序列数据处理很多方面都有重要的作用。在模式识别和数据挖掘挖掘中，度量相似性可以帮助我们发现数据中的重复模式或者趋势。例如，如果在股市数据中发现一个价格变化模式，我们可以用这个模式去搜索历史数据，找到所有相似的时间段。在数据的异常检测方面，度量相似性也可以帮助我们找出异常的时间序列。假设我们有一个正常操作的时间序列模型，我们可以比较新的时间序列与该模型的相似性，如果差异过大，则可能是一个异常。在预测和推断方面，如果我们有一段时间序列，我们可能想知道它的未来趋势。通过比较这段时间序列和历史数据的相似性，我们可以找到历史上与其最相似的时间段，然后查看该时间段之后的数据，作为对未来的预测。在聚类分析方面，在一些应用中，我们可能需要将相似的时间序列分为一组，例如在客户细分或市场细分中。通过度量时间序列的相似性，我们可以将相似的时间序列聚集在一起，进行更深入的分析。在填充缺失值方面，在有些情况下，我们可能需要填充时间序列中的缺失值。通过找到和当前序列相似的其他序列，我们可以用相似序列的对应值来填充缺失值。这些都是时间序列数据相似性度量在实际工作中的应用，选择合适的度量方法和算法，能够帮助我们更好地理解和利用时间序列数据。

相似性度量的数学定义：设两个时间序列 $S=\{s_1,s_2,\cdots,s_n\}$，$Q=\{q_1,q_2,\cdots,q_m\}$，其中，n 和 m 分别为这两个时间序列的长度。同时设定相似度距离阈值为 ε，若满足 S 和 Q 的相似性距离 $Dist(S,Q)$，则认定时间序列 S 和 Q 是相似的。其中，$Dist(S,Q)$ 为时序的相似性度量函数。该 $Dist$ 函数的取值通常范围在(0,1]，即该取值代表了两个时间序列的相似度，取值越大，表示这两个序列就越相似。

通常情况下，时间序列的相似性度量定义需要满足下列条件：①相似性度量应支持快速索引；②相似性度量支持粗略匹配，即支持时间轴拉伸操作，如时间轴不对齐匹配；③相似性度量的计算复杂度要低；④相似性度量的适用性应较为广泛，可以用于不同领域的时间序列的度量，如心电序列、地震波形等；⑤相似性度量用于其他挖掘任务的开展：如时序的相似性搜索和查询、异常检测等挖掘任务。现如今，对于时间序列的相似性度量相关问题，已有很多方法被研究者所提出。

相似性度量方法有很多，每种方法都有其优缺点，选择哪一种方法取决于具体的应用场景和数据特性。这里，介绍几种常用的相似度量方法。

一、欧氏距离

欧氏距离是一种最简单的度量方法，就是计算两个时间序列在同一时间点上的数值之间的平方差，然后求和，最后取平方根。这种方法假设两个时间序列的长度相同，并且都已经对齐。这种方法对待测序列有严格的要求，即这些序列必须等长并且全部为数值型数据。其数学定义可以表述如下：

假定存在两条时间序列 Q，C，且它们的长度均为 n。其欧几里得距离为

$$d(Q,C)=\sqrt{\sum_{i=1}^{n}(q_i-c_i)^2} \tag{2-21}$$

如图 2-12 所示的是对两条等长序列进行欧氏距离度量的例子。如果两个时间序列总体上比较相似，但在时间轴上没有对齐，那么使用欧氏距离进行度量可能会难以得到有效的结果。

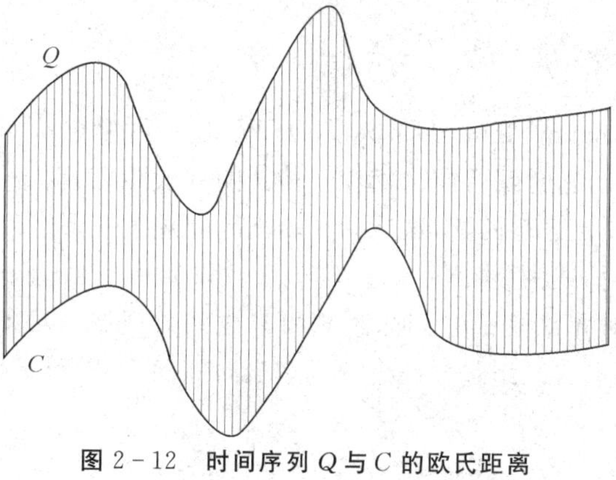

图 2-12　时间序列 Q 与 C 的欧氏距离

二、编辑距离

编辑距离(Edit Distance on Real Sequence，EDR)是一种主要用于比较两个字符串的度量策略。这种方法定义了把一个字符串变为另一个字符串所需的最少编辑操作次数。因此，在利用编辑距离之前，我们通常通过阈值模式对时间序列特征值进行量化处理，以计算最终的编辑距离。编辑距离方法常见于快速模糊匹配输入字符串、外文写作辅助等自然语言处理(Natural Language Processing，NLP)的基础文本相似度度量场景。此方法能有效地降低时间序列的噪声，减少序列位移和误差的敏感度。通过阈值模式，时间序列元素可以被量化为0/1，这降低了时间序列的噪声，使其在处理离群值时具有较好的鲁棒性。但是，此方法难以满足三角不等式，且将时间序列转换为字符串的精度较难控制。同欧氏距离一样，如果时间轴存在偏移，编辑距离的度量效果可能会受到影响。

三、最长公共子序列

最长公共子序列(Longest Common Subsequence，简称LCSS)度量方法将时间序列按照特定规则进行序列的符号化，也就是说把序列变为字符串，然后根据动态规划得到其最长公共子序列，并将最长公共子序列长度与原时间序列中较长的时间序列长度进行相除，得到的结果就为两条时间序列的相似度。该方法数学形式如下：

给定两个时间序列 $Q=\{q_1,q_2,\cdots q_n\}$，$C=\{c_1,c_2,\cdots c_m\}$。设 $S=\{s_1,s_2,\cdots,s_l\}$ 为 Q 和 C 的公共子序列且为最长。最长公共子序列方法需要初始化一个 $n\times m$ 的矩阵，记为 F。F 中在 (i,j) 处的特征值表示的是 Q 的第 i 位和 C 的第 j 位之前的最长公共子序列的长度，因此序列 Q 和 C 的LCSS的公式如下：

$$\left.\begin{array}{l}F[0][0]\\F[i][j]=\max\{F[i-1][j-1]+\text{same}(i,j),F[i-1][j],F[i][j-1]\}\end{array}\right\}\tag{2-22}$$

若 Q 的第 i 位与 C 中的第 j 位相同时，$\text{same}(i,j)=1$；不相同则为0。

此时，$F[i][j]$中的最大值就为这两个度量序列的LCSS长度。根据该数组进行回溯，可得到他们的LCSS。

该方法通常对于噪声的处理能力比较好，但对处理时间轴的振幅平移和伸缩问题有待于改进，而且不支持三角不等式。

四、动态时间规整

动态时间规整(Dynamic Time Warping，DTW)是一种精度高且鲁棒性强的时间序列相似性度量手段，也叫动态时间弯曲。相较于传统的欧式距离，动态时间规整能有效地对两个时间序列的波峰和波谷进行匹配，这展示了动态时间规整在形态度量方面的优越性。

DTW算法的数学描述为：设 $X=\{x_1,x_2,\cdots x_R\}$ 和 $Y=\{y_1,y_2,\cdots y_C\}$ 是两条长度分别为 R 和 C 的时间序列。对齐路径 π 用于描述 X 和 Y 之间数据点的对齐关系，它被定义为包含 K 个二元组的集合，每个二元组包含两个分别来自时间序列 X 和 Y 的数据点下标。π 的表示如下所示：

$$\pi=\{(\pi_1^X,\pi_1^Y),(\pi_2^X,\pi_2^Y),\cdots,(\pi_k^X,\pi_k^Y),\cdots(\pi_K^X,\pi_K^Y)\}\tag{2-23}$$

π 遵循如下条件：

(1)边界性：$(\pi_1^X,\pi_1^Y)=(1,1)$，$(\pi_K^X,\pi_K^Y)=(R,C)$。

(2)单调性：若给定$(\pi_k^X,\pi_k^Y)=(i,j)$、$(\pi_{k+1}^X,\pi_{k+1}^Y)=(i',j')$，则有 $i'\geqslant i,j'\geqslant j$。

(3)连续性：若给定$(\pi_k^X,\pi_k^Y)=(i,j)$、$(\pi_{k+1}^X,\pi_{k+1}^Y)=(i',j')$，则有 $i'\leqslant i+1,j'\leqslant j+1$。

在满足上述条件的限制下，我们可以得到所有可能的对齐路径的集合，记为 A。每条对齐路径 $\pi\in A$ 确定了两条时间序列各个数据点之间的映射关系。在距离函数 $\mathrm{dis}(x_i,y_j)$用于计算数据点间距离的情况下，DTW 的目标是最小化两条时间序列中所有对应数据点的距离之和，以此作为序列间的度量值，其定义如下：

$$\mathrm{DTW}(X,Y)=\min_{\pi\in A^{X,Y}}\sum_{(i,j)\in\pi}\mathrm{dis}(x_i,y_j) \tag{2-24}$$

式中：

$$\mathrm{dis}(x_i,y_j)=\|x_i-y_j\|_w \tag{2-25}$$

一般 w 取值为 2，即 dis 为欧氏距离。

DTW 采用的是动态规划方法，建立一个 $R\times C$ 代价矩阵 $\boldsymbol{M}$，然后用递归方式将以上问题转换为对 X 和 Y 子序列问题的求解：

$$\mathrm{DTW}(X_R^1,Y_C^1)=\mathrm{dis}(x_R,y_C)+\min\begin{cases}\mathrm{DTW}(X_{R-1}^1,Y_C^1)\\ \mathrm{DTW}(X_R^1,Y_{C-1}^1)\\ \mathrm{DTW}(X_{R-1}^1,Y_{C-1}^1)\end{cases} \tag{2-26}$$

式中：X_R^1 表示 X 起点为 1，终点为 R 的子序列。考虑到子序列问题相互交叠，如果直接采用递归方式计算，将会产生大量的重复计算，因此 DTW 通过建立一个 $R*C$，累计代价矩阵 $\boldsymbol{M}$，并按行计算其中的矩阵元素，从而来避免重复计算。如图 2-13 所示。最终 X 和 Y 之间的 DTW 距离为 $\mathrm{DTW}(X,Y)=\boldsymbol{M}[R][C]$。由于需要计算 $R*C$ 这个矩阵元素，所以 DTW 的时间复杂度为 $O(R\cdot C)$。

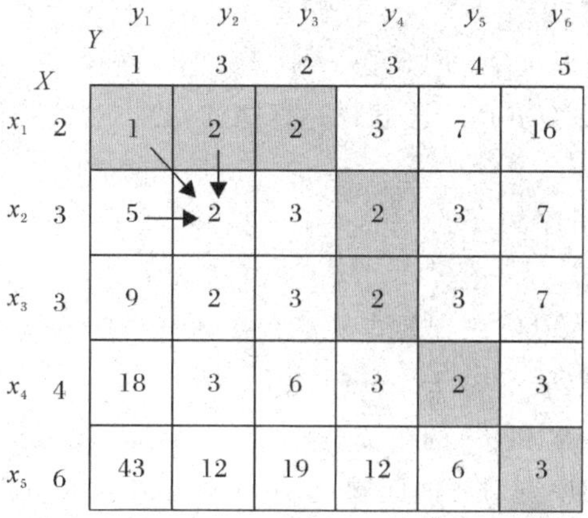

图 2-13　DTW 计算累计代价矩阵示意图

五、基于动态时间规整的相关方法

在 DTW 的基础上，很多学者根据实际的应用情况，研究了多种基于 DTW 的算法，包括：shapeDTW、Derivative Dynamic Time Warping(DDTW)、窗口约束的动态时间规整

DTWsc、限制对齐路径长度的动态时间规整 LDTW、DTW－D 距离等。

1. shapeDTW

DTW 算法在某些限制条件下找到了全局最优的对齐方式，这提升了度量效果，但它并未充分考虑时间点上局部结构信息的匹配。ShapeDTW 算法将每个时间点周围的局部形状信息融入动态规划匹配过程中，从而生成更具语义含义的对齐结果，即倾向于匹配具有相似局部形状的时间点，而不太可能匹配具有不同局部形状的点。ShapeDTW 主要由两个步骤构成：①设计形状描述符以表示每个时间点；②通过 DTW 来对齐两个形状描述符序列。

设有一条单变量时间序列 $T=(t_1,t_2,\cdots t_L)^{\mathrm{T}}$，其中 $T\in R^{\mathrm{L}}$。ShapeDTW 利用一种形状描述符 $d_i\in R^m$ 来捕捉时间点 t_i 周围的结构信息，并对此信息进行编码。由此，原始的实值序列 $T=(t_1,t_2,\cdots t_L)^{\mathrm{T}}$ 被转换为同样长度的形状描述符序列 $D=(d_1,d_2,\cdots d_L)^{\mathrm{T}}$，其中 $d\in R^{L\times m}$。接下来，ShapeDTW 使用 DTW 来对齐转换后的多变量形状描述符序列 d。最终，形状描述符的对齐路径会被映射到原始时间序列的对齐路径上。

首先，从每个时间点 t_i 开始，我们提取出长度为 l 的子序列 s_i。这个子序列 s_i 以 t_i 为中心，其长度 l 应远小于原始时间序列的长度 L，即 $l\ll L$。对于在时间序列的起始和结束时间点提取的子序列，长度应设为 $l/2$，以确保端点处子序列的明确定义。由此，我们得到了子序列集 $S=(s_1,s_2,\cdots s_L)^{\mathrm{T}}$，其中 $S_i\in R^L$，且 s_i 对应于时间点 t_i。

接下来，我们设计形状描述符，使得形状相似的子序列具有相似的描述符，而形状不同的子序列则拥有独特的描述符。子序列 s_i 的形状描述符能够编码时间点 t_i 周围的局部结构信息，也被视为时间点 t_i 的形状描述符。

我们的任务归结为设计映射函数 $F(\cdot)$，它将子序列 $S_i\in R^{\mathrm{L}}$ 映射到形状描述符 $d_i\in R^m$，即 $d_i=F(s_i)$。这样，我们可以通过欧几里得距离来简单地衡量描述符之间的相似性。不同的映射函数代表着不同的形状描述符。

定义形状描述符计算函数 $F(\cdot)$，我们将子序列集 S 转换为形状描述符序列 $D=(d_1,d_2,\cdots d_L)^{\mathrm{T}}$，其中 $d_i\in R^m$，$D=F(S)=[F(s_1),F(s_1),\cdots,F(s_L)]^{\mathrm{T}}$。

最后，使用 DTW 算法对齐两个形状描述符序列，并将对齐路径反映到原始单变量时间序列上。

给定两条单变量时间序列 $P=(p_1,p_2,\cdots,p_{Lp})^{\mathrm{T}}$，$P\in R^{Lp}$，$Q=(q_1,q_2,\cdots,q_{Lp})^{\mathrm{T}}$，$Q\in R^{L_Q}$，让 $D^P=(d_1^P,d_2^P,\cdots d_{L_P}^P)^{\mathrm{T}}$，$d_i^P\in R^m$，$D^P\in R^{L_P\times m}$ 和 $D^Q=(d_1^Q,d_2^Q,\cdots d_{L_Q}^Q)^{\mathrm{T}}$，$d_i^Q\in R^m$，$D^Q\in R^{L_Q\times m}$ 是这两个单变量的时间序列各自的形状描述符号序列。shapeDTW 对齐就等价于解决一个优化问题，其可以表示为：$\mathrm{argmin}_{l,\widetilde{w}^P\in\{0,1\}^{l\times\xi P},\widetilde{w}^Q\in\{0,1\}^{l\times\xi Q}}\|\widetilde{w}^P\cdot d^P-\widetilde{w}^Q\cdot d^Q\|_{1,2}$。

这里的 $\widetilde{w}^P$ 和 $\widetilde{w}^Q$ 是 d^P 和 d^Q 的规整矩阵，而 $\|\cdot\|_{1,2}$ 代表的是矩阵的 l_1/l_2 范数。该公式表示的是多变量时间序列对齐的问题，这个问题可以通过动态规划进行有效解决，其时间复杂度为 $O(L_p\times L_Q)$。

区别 shapeDTW 和 DTW 算法的关键点在于：DTW 使用欧式距离 $|p_i-q_i|$ 来衡量 p_i 与 q_i 的相似性，而 shapeDTW 则使用欧式距离 $\|d_i^P-d_j^Q\|_2$ 来度量时间序列的形状描述符序列的相似性。由于 shapeDTW 从 DTW 算法中派生，它在本质上处理局部的非线性扭曲，另一方面，它倾向于匹配具有相似区域结构的时间点，而非具有相似值的点。

2. Derivative Dynamic Time Warping(DDTW)

如果 DTW 试图对齐除了时间轴上的局部加速和减速之外相似的两个序列，则该算法很可能是成功的。当两个序列在 Y 轴上也不同时，该算法存在问题。影响整个序列的全局差异，如不同的均值（偏移平移）、差异定标（幅度定标）或线性趋势。然而，这两个序列在 Y 轴上也可能存在局部差异，例如，一个序列中的谷可能比另一个时间序列中相应的谷更深。以图 2-14 为例。双重序列将清楚地产生一对一比对。但是，如果我们稍微改变一个局部特征，在这种情况下是山谷的深度，DTW 试图解释时间轴上的差异，并产生两个奇点。

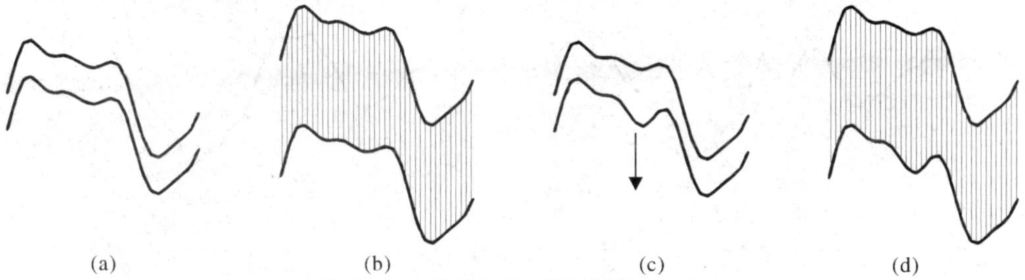

图 2-14　使用 DTW 算法缺陷示意图

在图 2-14 中，使用 DTW，两个相同的序列(a)将清楚地产生一对一的排列(b)。但是如果我们稍微改变局部特征，在这种情况下是谷的深度(c)。DTW 试图用时间轴来解释差异，并产生两个奇点(d)。

DTW 的缺陷在于它所考虑的功能。它只考虑数据点的 Y 轴值。例如，考虑两个数据点 q_i 和 c_i，它们具有相同的值，但是 q_i 是上升趋势的一部分，c_i 是下降趋势的一部份。DTW 认为这两点之间的映射是理想的，尽管直觉上我们不希望将上升趋势映射为下降趋势。为了防止这个问题，提出了一种 DTW 的修改，它不考虑数据点的 Y 值，而是考虑“形状”的更高级别特征。通过考虑序列的一阶导数来获得关于形状的信息，这种算法称为导数动态时间 Warping(DDTW)。

假设我们构造了一个 $n\times m$ 矩阵，其中矩阵的(i^{th}，j^{th})元素包含两点 q 之间的距离 $d(q_i,c_i)$；q_i 和 c_i 对于 DDTW，距离测量 $d(q_i,c_i)$不是欧氏距离，而是 q 的估计导数的差的平方；q_i 和 c_i 虽然有复杂的方法来估计误差，尤其是如果对生成数据的基本模型有所了解，为了简单和通用，我们使用以下估计。

$$D_x[q]=\frac{(q_i-q_{i-1})+[(q_{i+1}-q_{i-1})/2]}{2}\quad 1<i<m \tag{2-27}$$

该估计简单地是线通过点查询及其左邻居的斜率以及线通过左邻居和右邻居的斜率的平均值。从经验上讲，这种估计比只考虑两个数据点的任何估计对异常值都更稳健。请注意，没有为序列的第一个和最后一个元素定义估计，而是分别使用第二个和倒数第二个元素的估计。对于有噪声的数据集，在尝试估计导数之前，我们使用指数平滑。

DDTW 的时间复杂度为 $O(mn)$，与 DTW 相同。由于导数估计步骤，增加了一些常数因子，但不需要去除偏移平移，这是 DTW 的必要步骤。从经验上看，这两种算法花费的时间大致相同。

3. 窗口约束的动态时间规整 DTW_{sc}

动态时间规整算法虽然比传统锁步度量方法更具备优势，但其也存在缺陷，“病态对齐”现象制约了其度量性能。

如图 2－15 所示，病态对齐现象发生的根本原因在于序列 B 的某些数据点与序列 A 的大量数据点进行了匹配，而这些序列 A 的数据点的索引与序列 B 的数据点索引的差距非常大。为此，Sakoe 等人为了限制这种病态对齐现象，提出了采用窗口限制的动态时间规整算法 DTW_{sc}。在 DTW 算法的基础上，该算法用窗口的大小来确定时间序列中数据点的对齐次数和对齐的数据点索引范围。举例来说，如图 2－16(a)所示，如果窗口长度被设置为 3，那么数据点 x_3 最多只能对齐三次，并且只能选择数据点 y_2、y_3 和 y_4 中的一个或多个进行对齐。

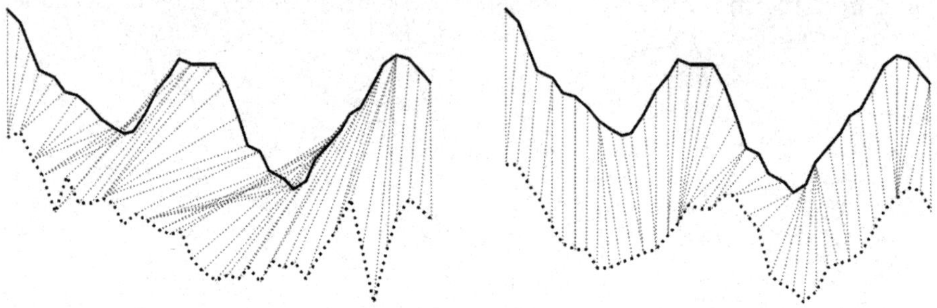

(a)　　　　(b)

图 2－15　病态对齐现象示意图

(a)不同类序列 A 和序列 B 对齐结果，DTW(A,B)＝5.09，弯曲路径长度 K＝54；

(b)同类序列 A 和序列 C 对齐结果，DTW(A,C)＝5.12，弯曲路径长度 K＝51

在运算过程中，尽管该算法还是需要构建二维的累积代价矩阵，并且根据公式(2－27)按行进行元素的计算，但并不是每一行的所有元素都需要被计算。公式(2－28)具体指定了需要计算的元素的范围。

$$\max\left(0, i-\frac{n}{2}\right) \leqslant j \leqslant \min\left(i+\frac{n}{2}, R\right) \tag{2-28}$$

式中：i 和 j 分别表示累积代价矩阵的行索引和列索引，n 是窗口长度，通常这个值与时间序列长度是正相关的，而 R 代表了序列的长度。通过这种方式的约束，累积代价矩阵中被计算的元素被限制在图 2－16(b)中的阴影格子中显示的范围内。最后生成的对齐路径也只能在这个范围内产生，从而有效地避免了病态对齐现象的出现。同时，由于减少了需要计算的矩阵元素数量，也相应降低了计算的时间开销。

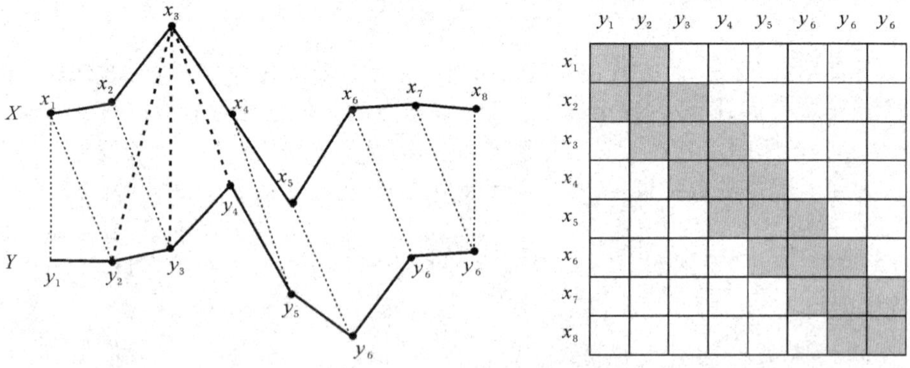

(a)　　　　(b)

图 2－16　窗口约束的动态时间规整示意图

(a)限制数据点之间的对齐范围和次数；(b)窗口约束下的累计矩阵

虽然动态时间规整的窗口约束能有效降低病态对齐现象，但这种约束并未考虑窗口范围之外可能存在的合适的对齐情况，这导致约束过于严格，因此在度量效果方面，相比于原始的 DTW 算法，其并未表现出明显的优越性

4. 限制对齐路径长度的动态时间规整 LDTW

由于对时间序列中所有数据点进行统一对齐的要求，过于严格的窗口约束缺乏足够的灵活性。为了有效地控制病态对齐现象并有效地提升度量效果，我们需要开发能够灵活地限制对齐路径的方法。在 DTW 算法中，当出现病态对齐现象时，对齐路径的长度 K 也随之增大。因此，限制对齐路径长度的动态时间规整算法(LDTW：Dynamic Time Warping Under Limited Warping Path Length)旨在通过限制对齐路径的总长度 K 来控制病态对齐现象。

在动态时间规整算法的对齐规则中，两个时间序列中数据点间可以进行的最少对齐次数，也就是最短对齐路径长度是 $\min S=\max(R,C)$。当对齐路径长度达到最小时，其对齐方式就是欧氏距离中的“一对一”对应。而数据点之间最多可以进行 $R+C-1$ 次对齐，即产生的最大对齐路径长度为 $\max S=R+C-1$。需要注意的是，存在多种可以进行相同对齐次数的对齐策略，同样的，长度相等的对齐路径也有多条。在设定对齐路径长度上限之后，LDTW 会找出在所有允许的长度下，使得数据点间距离值总和最小的对齐路径，并从所有的最小距离值总和中选取最小值作为两个序列之间的度量值。LDTW 距离的正式定义如下：

给定时间序列 $X=\{x_1,x_2,\cdots,x_R\}$ 和 $Y=\{y_1,y_2,\cdots,y_C\}$，对齐路径长度上限 L_{UB}，$A_l^{X,Y}$ 代表所有长度为 l 的对齐路径集合，则序列 X 和 Y 之间的 LDTW 距离如下式(2-29)所示：

$$\text{LDTW}(X,Y,L_{UB})=\min_{l\in[\min S,L_{UB}]}\ \min_{\pi\in A_l^{X,Y}}\sum_{(i,j)\in\pi}|x_i-y_i|^2 \tag{2-29}$$

为了计算公式(2-29)中的最小值，LDTW 算法和 DTW 算法一样，使用了动态规划的思想，将这个问题转化为求解子序列问题。为了避免重复计算子问题，LDTW 建立了一个 $R\times C\times L_{UB}$ 的累积代价矩阵 $\boldsymbol{M}$ 来存储各个子问题的解，然后按照状态转移式(2-29)来逐步计算矩阵元素。

$$M[r][c][l]=|x_i-y_i|^2+\min\begin{cases}M[r-1][c-1][l-1]\\M[r-1][c][l-1]\\M[r][c-1][l-1]\end{cases} \tag{2-30}$$

上式中，每个元素三个下标分别与两个子序列的结束唯一和子序列之间的对齐路径长度上线相对应。

子序列的长度不同会导致 $\min S$ 和 $\max S$ 值的不同，即可能产生的对齐路径长度范围也会有所不同，并非所有矩阵元素都需要计算。例如，当时间序列 X 和 Y 的长度为 4 时，它们之间允许的对齐路径长度范围为[4,7]。而由数据点 x_1、x_2 构成的子序列 X_2^1 和由数据点 $y_1\sim y_3$ 构成的子序列 Y_3^1 之间，允许的对齐路径长度范围为[3,4]。其他子序列的情况如图 2-17(a)所示。当 LDTW 要求 X 和 Y 之间的对齐路径长度小于等于 6 时，X 和 Y 之间的对齐路径长度范围缩减为[4,6]，相应地，各子序列间的对齐路径长度范围也需要进行调整，调整后的对齐路径长度范围如图 2-17(b)所示。在图中，阴影部分表示范围缩减后无需计

算任何长度下距离值的子序列。为了避免计算这些子序列问题所对应的矩阵元素值，LDTW 会在计算前先确定子序列间对齐路径长度的范围，即矩阵的第三维度范围，然后按照第一维度优先、第二维度次之、第三维度最后的顺序来计算矩阵 **M** 的元素。

	y_1	y_2	y_3	y_4
x_1	1	2	3	
x_2	2	2,3	3,4	4,5
x_3	3	3,4	3,4,5	4,5,6
x_4	4	4,5	4,5,6	4,5,6,7

(a)

	y_1	y_2	y_3	y_4
x_1	1	2	3	
x_2	2	2,3	3,4	4
x_3	3	3,4	3,4,5	4,5
x_4		4	4,5	4,5,6

(b)

图 2－17　不同 L_{UB} 限制下各子序列间的对齐路径长度范围

(a) $L_{UB}=7$；(b) $L_{UB}=6$

计算完成所有必要的矩阵元素后，LDTW 从序列 X 和序列 Y 间所有对齐路径长度小于 L_{UB} 的距离值中挑选最小的一个作为最后的距离值。这样做，由于对应的对齐路径长度肯定小于 L_{UB}，因此减少了病态对齐现象。然而，由于 LDTW 算法需要计算一个三维的累积代价矩阵，其时间复杂度为 $O(n^3)$，所以在公共数据集的分类过程中，它产生的时间消耗远超过原始的 DTW 以及其派生的算法。

5. DTW－D 距离

在半监督的时间序列学习环境中，仅依赖欧式距离或动态时间扭曲距离可能不总是给出最佳的结果。如示例图 2－18 所示，假设我们有已标记的数据集 P 和未标记的数据集 U。目标是从 U 中选出一个样本进行标记，然后加入到 P 数据集中。从图形上看，很明显 U_2 与 P_1 属于同一类别，而 U_1 则是另外的类别。

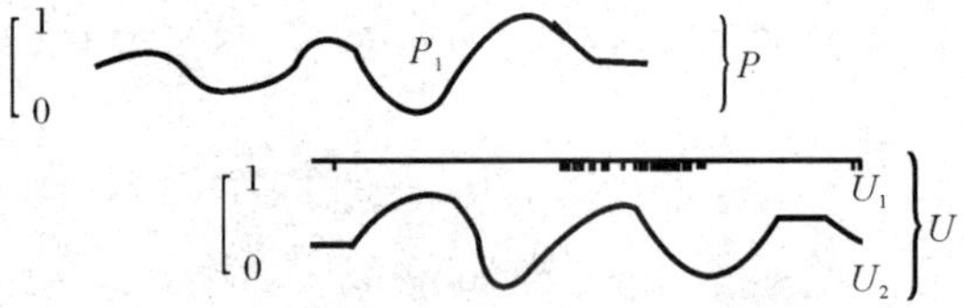

图 2－18　时间序列半监督学习情形举例

但是，表 2—3 显示的 ED 和 DTW 之间的距离告诉我们一个不同的故事。不论是采用 ED 还是 DTW，都似乎暗示 U_1 与 P_1 之间的距离较近，从而错误地将 U_1 加入到 P 数据集。

表 2－3　P 和 U 样本间的 ED 距离和 DTW 距离

	ED			DTW		
	P_1	U_1	U_2	P_1	U_1	U_2
P_1	0	6.2	11	0	5.8	6.1
U_1		0	6.8		0	6.5
U_2			0			0

为了解决这个问题，Chen 及其团队提出了一个结合了欧式距离和动态时间扭曲距离的新的相似度度量方法，称为 DTW－D。这在半监督学习中已被证明是非常有效的。其计算方法如下：

$$D_{\text{DTW-D}}(S,T)=\frac{D_{\text{DTW}}(S,T)}{D_{\text{ED}}(S,T)+\varepsilon} \tag{2-31}$$

式中：$D_{\text{ED}}(S,T)$表示 S 和 T 之间的 ED 距离，而 $D_{\text{DTW}}(S,T)$代表 S 和 T 之间的 DTW 距离。小的正数 ε 确保不会出现除以零的情况。使用 DTW－D 度量时，表 2－4 展示了 U_1、U_2 与 P_1 之间的距离。这时，系统能够正确地从 U 数据集中选择 U_2，并标记它为与 P_1 相同的类别。

表 2－4　P 和 U 样本间的 DTW－D 距离

	DTW－D		
	P_1	U_1	U_2
P_1	0	0.93	0.55
U_1	—	0	0.95
U_2	—	—	0

第五节　数据增强

对于“数据增强”，虽然它尚无固定的定义，但通常被视为一种利用有限样本生成更多样本，以扩展数据量的技术。以计算机视觉领域为例，其应用数据增强的方式尤为普遍：通过对图像进行旋转、翻转、裁切等操作，单一图像可以被转化为多个版本。假如对整个数据集的图像都采取这种处理方式，那么数据量可以扩大数倍。

数据增强的实践常常在训练数据上进行，并在模型训练之前完成。有两种主要方法来应用数据增强：线下增强（Offline Augmentation）和线上增强（Online Augmentation）。线下增强是首先对整个数据集进行增强，然后再将其输入到机器学习的后续步骤中，这样会实际地增大数据集的体积，更适用于数据较少的场景。而线上增强则是针对每批输入模型的数据进行实时转换，从而避免了额外占用存储空间的问题。目前，许多机器学习框架中的图像增强技术大都采用线上增强，并利用 GPU 进行加速。

一、时间序列数据增强基础方法

与图像数据不同，序列数据中的样本具有时间序列的特性，这意味着在进行数据增强时，我们必须确保新生成的样本保持正确的时序关联性。序列数据涵盖了多种类型，例如连续的时间序列数据、离散的文本数据和音频数据等。虽然这些数据的性质各异，但在进行数据增强时，其背后的策略思想是相似的，比如可以采用翻转、伸缩或加入噪声等方法。

时间序列数据增强的基础方法包括：几何变换、窗口裁剪、添加噪声、在频率域变换、基于分解或混合的方法和异常标签扩展。

1. 几何变换

几何转换是一种普遍且简单的数据增强手段。这些转换包括翻转、缩放以及时间维度上的窗口调整，如图 2-19(b)～(d)所示。图中的蓝色虚线代表原始数据序列，而红色实线代表经过转换后的序列。我们也可以在时间维度上进行翻转，这一操作称为“时间镜像”。某些操作，如窗口调整和下采样，会导致序列长度的改变，可能需要采取额外的步骤以确保序列的长度保持不变。使用不同的几何转换会得到不同的输出。例如，在异常检测任务中，缩放可能会将异常数据调整到正常范围，而窗口调整则不会；窗口调整和下采样可能导致丢失异常数据点；翻转操作并不适用于预测任务，因为这完全改变了原始序列的趋势。总的来说，几何转换是一种直观、简单的方法，可以根据具体任务来决定使用哪种操作，但这种方法通常只对单一序列进行操作，而不考虑整个数据集的分布。

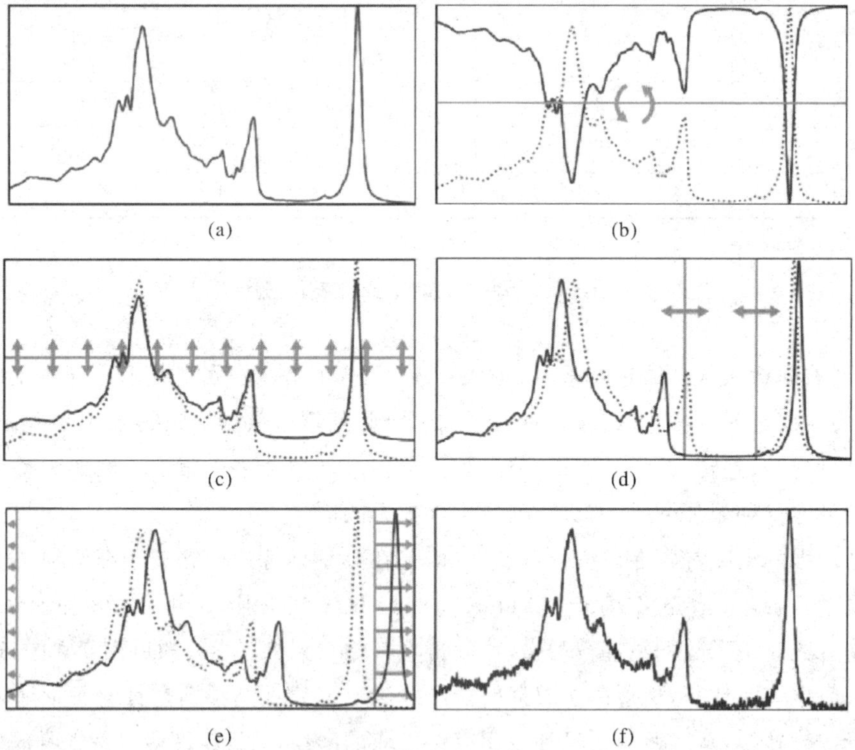

图 2-19　应用在时间序列上的一些数据增强方法

(a)原始序列；(b)翻转；(c)缩放；(d)窗口规整；(e)窗口切片；(f)添加噪声

2. 窗口裁剪

对序列数据的裁减可以称为窗口裁剪或窗口切片。这种方法使用一个滑动窗口在序列上进行滑动采样，从而产生多个更短的新序列。如图 2-19(e)所示，可以将这些新序列扩展至与原始序列同样的长度；或者在采样时引入随机元素，只选择一部分新序列。在应用此方法于异常检测任务时，需要注意是否将异常点裁剪掉。对于自然语言文本，一个相似的操作是随机删除。许多针对文本的数据增强技术会导致文本长度的改变，但自然语言处理模型通常对文本长度变化不敏感，因此长度的改变不会妨碍其进入下一阶段的训练过程。

3. 添加噪声

向训练数据中引入噪声是一种防止机器学习模型出现过拟合的策略。对于数值序列，可以随机地为每个值添加微小的噪声来形成新的序列，同时保持整体特性和标签信息不变，如图 2－19(f)展示的那样。高斯噪声是添加噪声的常用方式。

除了在时间域上进行操作，我们还可以在频率域上进行。将时间域的序列通过傅立叶转换，我们可以得到其振幅谱和相位谱。我们可以在振幅谱上选择某个区间，并使用基于原始振幅的统计参数来产生一段新的信号进行替换，如图 2－20(b)展示的那样；在相位谱上，我们可以随机选择一个区间并添加白噪声，如图 2－20(c)所示。图 2－20(a)显示了这种方法在时间域上的效果对比。此方法能够保持序列的总体特性。

对于音频，也可以添加噪声以模拟嘈杂的背景，通常使用信噪比(signal to noise ratio，SNR)进行量化。对于自然语言文本，我们可以利用双向语言模型生成新词，替换原文中的某个单词。这样，基于语言模型生成的单词仍然能够确保文本的语法和语义不受损害。一种简化版本是通过查找同义词进行替换，简化了整个过程并降低了计算成本。还有其他方法，如随机交换和同义词随机插入。连同先前提到的随机删除和同义词替换方法，这些方法统称为简易数据增强 EDA(easy data augmentation)技术。尽管在文本分类上已证明其有效性，但与文中后续方法相比，EDA 的数据生成过程相对简单。

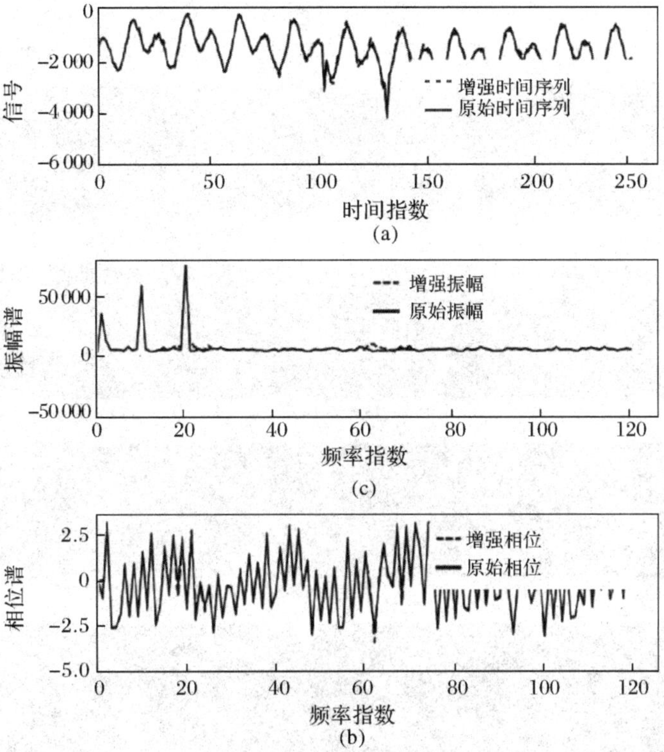

图 2－20　在频率域进行数据增强

(a)在频率域进行数据增强的前后效果对比；(b)与(a)对应在振幅谱上进行的操作；(c)与(a)对应的在相位谱上进行的操作

4. 在频率域变换

时频转换是信号分析的常用策略，也可以用于数据增强。其中，添加频率域的噪声是一个常见的做法。一些研究人员首先对传感器数据进行短时傅里叶变换（Short Fourier Transform，STFT）以获得与时间相关的频谱特性，然后在此基础上采用两种数据增强策略：一种是对每个特性进行局部平均，并将这些平均值的序列连接到原始数据后面；另一种是打乱时间顺序以增加数据的变异性。这些策略会改变数据的维度。因为 STFT 产生的频谱特征仍然与时间有关，所以这种数据增强被视为在时-频域上的操作。

赋值调整傅里叶变换（Amplitude Adjusted Fourier Transform，AAFT）及其改进版本 IAAFT（Improvedamplitude Adjusted Fourier Transform）专注于频率域的数据增强。Lee 及其团队将这些方法用于信号分类，并发现它们能将原始的 45%～60%的准确率提高到超过 80%。这些方法在保留时域和频域特性方面表现出色，但对短周期信号可能不太适用。

对于音频数据，SpecAugment 是一种在时一频域上进行数据增强的方法，其操作是基于信号的对数梅尔频谱（log Mel Spectrogram）。图 2－21(a)显示了一个信号的对数梅尔频谱，其中横坐标表示时间，纵坐标表示频率。在时间轴上，可以采用时间规整（Time Warping）或时间掩蔽（Time Masking），如图 2－21(b)和图 2－21(c)所示。时间变形涉及随机选择一个时间点，并拉伸或压缩这一点的前后部分，确保整体长度保持不变；而时间掩蔽则是使用一个特定的值填充序列中的随机部分。在频率轴上，可以执行类似的操作，形成图 2－21(d)的效果，这被称为频率掩蔽。实验证明，这种方法可以大大降低语音识别任务中的字错误率（Word Error Rate，WER）。上述所有方法都专注于对单个数据序列的增强，这样可以更高效地生成数据，但它们只利用了序列自身的特性，没有考虑整个数据集的分布特性。

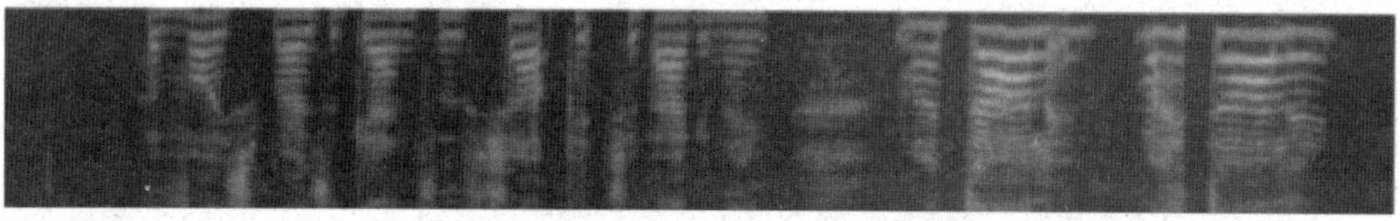

(a)

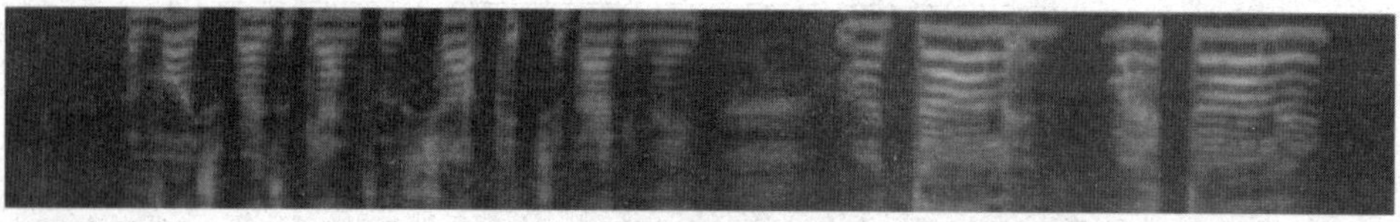

(b)

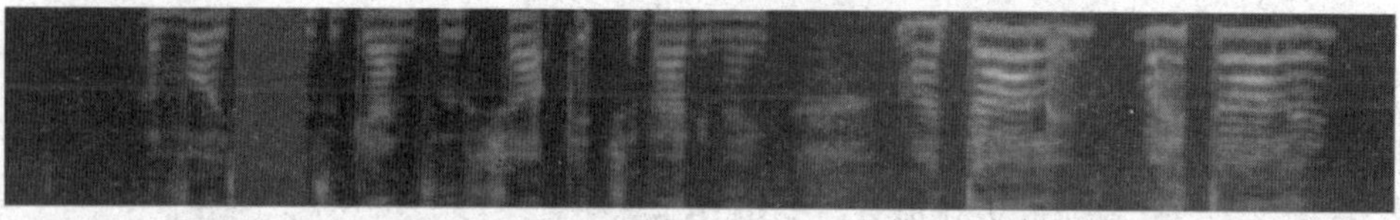

(c)

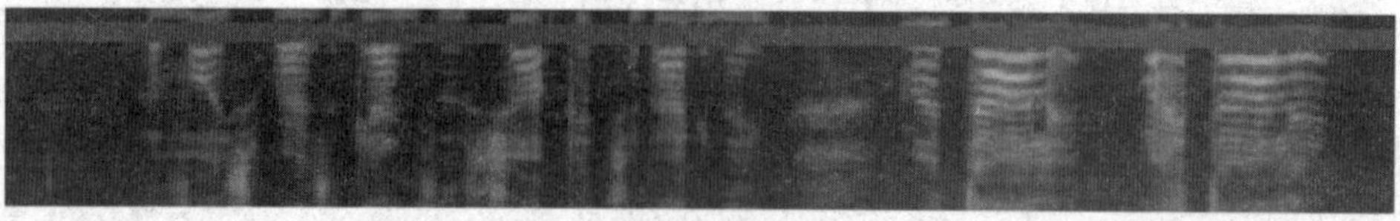

(d)

图 2－21　对信号的对数梅尔频谱图进行数据增强

(a)原始信号；(b)时间规整；(c)时间掩蔽；(d)频率掩蔽

5. 基于分解或混合的方法

时间序列分析中常采用STL(Seasonal and Trend Decomposition Using Loess)方法，该方法将时间序列拆分为基线、趋势、季节性和残差四部分，其中，前三部分是确定性的，包含了原序列的主要信息。Kegel等研究者利用相似性矩阵(Similarity Matrix)和最近邻搜索，为各个部分赋予权重，从而组合生成新的时间序列。而残差部分则通过其分布和自相关性进行重建。

与此同时，Bergmeir及其团队提出了另一种方法，它首先将时间序列拆分以获取趋势和季节性之外的剩余项(Reminder)。然后，通过有放回地对这些剩余项进行重复采样(Boot - Strap)，获得新的余项序列，再与趋势和季节性部分结合生成新的时间序列。这种方法很好地保留了原始时间序列的特性。实验表明，在M3数据集上，该方法在月度数据的预测准确性上表现最佳，但在短序列数据上的表现一般。

两种方法的主要差异在于：第一种方法在数据集级别上产生新的序列，而第二种方法在单一序列级别上产生新的序列。因此，第一种方法更能从整体数据集的分布中受益，避免了第二种方法可能出现的对非典型序列的增强。

在音频数据中，混响(Reverberation)可以被视为一种基于混合的数据增强手段。混响描述了在特定环境(如音乐厅)中，声音由于多次反射和吸收产生的声音效果。计算机可以通过合成多个不同强度和有时间延迟的音频来模拟这种效果，从而实现数据增强。与SpecAugment相比，混响在数据集级别上产生新的数据，但并没有考虑数据间的内在联系。为了解决这一问题，研究者们后来引入了基于深度学习的方法。

6. 异常标签扩展

异常标签扩展是专为异常检测设计的数据增强技巧。为了解决类别不平衡问题，研究者们期望增加稀有的异常标签的实例数量。Gao及其团队充分利用了异常数据的不确定性和连续性特点，选择了与已标记为异常的数据在时间和特征值上都相近的点，将其重新标注为异常，以增强异常数据的数量。图2-22展示了异常标签扩展前后的数据对比。这种技术简单实用，并在雅虎数据集上的测试中证明了其有效性。

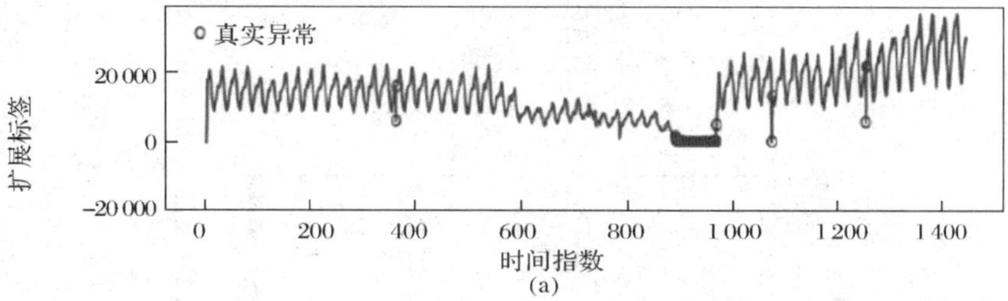

(a)

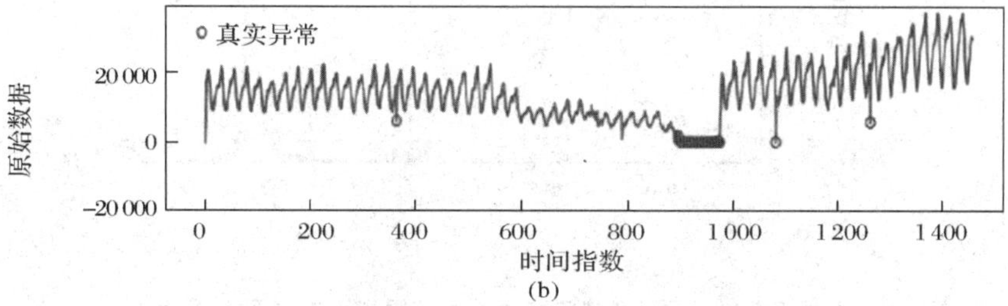

(b)

图2-22　异常标签扩展示例

(a)原始序列数据；(b)异常标签扩展后的生成数据

二、基于形状变换的序列数据增强方法

基于形态调整的序列数据增强手段直接对初始序列进行调整，通过修改其形态来创造新的数据样本。这种手段是对序列数据增强的最直观的方法，其中包括窗口切割、时间调整、振幅调节以及添加噪声，如图 2-23 所展示。

利用窗口切割的数据增强方式，是通过移动窗口在原始序列中随机取出多个子集，再在测试时对每个子集进行评估，并通过集合投票策略确定最后的评估结果。在这种方法中，移动窗口的大小是关键的超参数。

时间调整的数据增强手段是在原始序列选取一个随机的时间段，并用预定的调整函数对其进行扩展或缩短，同时保持其他时间段不变。对于这种方法，调整函数的定义很关键。

振幅调节的数据增强是通过一个随机数对序列的幅度进行调整，这些随机数可以基于不同的数学模型产生。

通过在序列中添加微小的噪声而不改变其标签也是一种经常使用的数据增强策略。典型的噪声形式有高斯噪声、尖锋噪声等，而噪声的平均值和方差是关键的超参数。

基于形态调整的序列数据增强具有明了和直观的特点。但是，这种方法在超参数的实证设置上比较敏感，其普适性也有待提高。

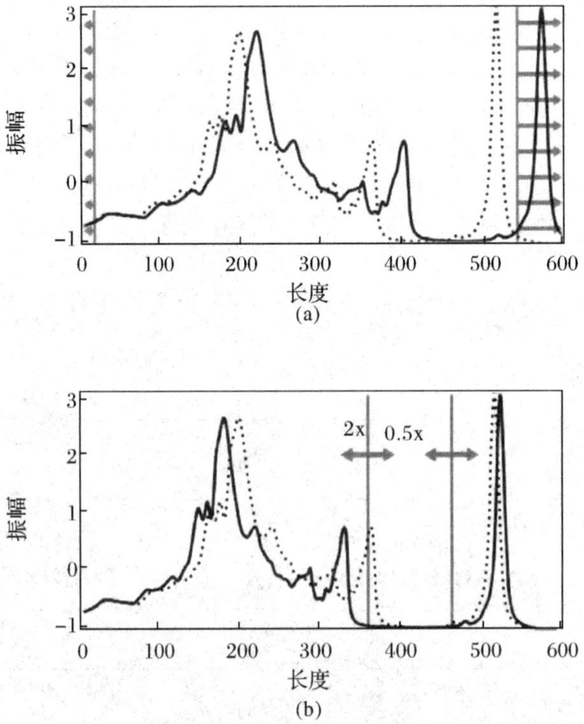

图 2-23　基于形状变换的序列数据增强方法示意图

(a)窗口裁剪；(b)时间扭曲

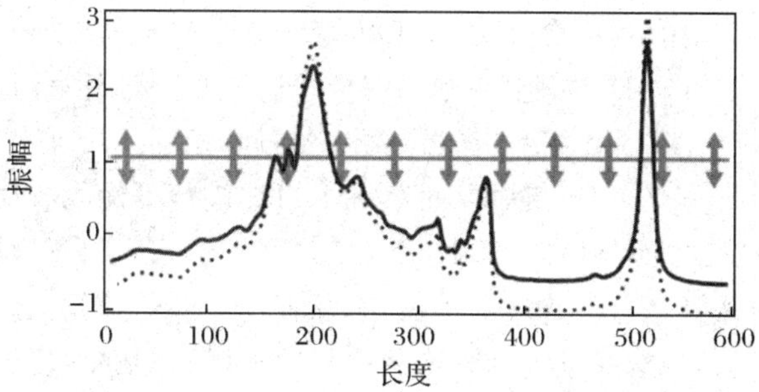

(c)

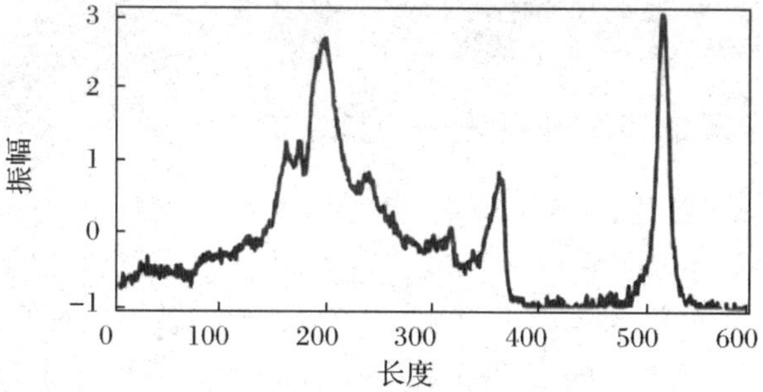

(d)

续图 2-23　基于形状变换的序列数据增强方法示意图

(c)幅度缩放;(d)增加噪声

三、基于频域变换的序列数据增强方法

基于频域转换的序列数据增强手段,首先将初始序列数据投射到频域,然后改变频域特性以产生新的样本。这类方法的相关研究目前尚不丰富,主要工作包括以频谱振幅和相位扰动为基础的数据增强(Amplitude and Phase Perturbations Based Data Augmentation, APP)以及基于 STFT 的数据增强(STFT based data augmentation,STFT - Augment)。

APP 方法首先将原始序列数据进行离散傅里叶变换(DFT),随后在振幅和相位谱特性中的部分片段随机替换成高斯噪声,最终通过频谱反变换得到新的样本。这种方式在异常检测数据集上提高了分类效果。

与之相对,STFT - Augment 则是先用 STFT 将序列数据进行转换,然后在频谱特性上运用局部平均和随机时间调整两种增强方式,以增加频谱的多样性,最后执行频谱反变换以得到新样本。与 APP 相比,STFT - Augment 保留了部分时间信息。

基于频域转换的序列数据增强通常更适合周期性信号,例如心电图和声学信号。然而,当面对其他类型的信号时,这种方法的泛化能力相对较弱,可解释性也不尽人意。

四、基于多样本混合的序列数据增强方法

基于组合策略的序列数据增强手段,是通过组合多个近似的数据样本来创造新的数据点。这些策略之间的主要差异在于如何选择样本和如何融合。代表性的工作有少数类样本合成技术(Synthetic Minority Over - Sampling Technique,SMOTE)和基于 DTW 重心平均的数据增强(DTW Barycenter Averaging Data Augmentation,DBA - Augment)。

SMOTE 是众所周知的样本组合方法，其工作原理是首先从少数类样本中随机选取一个基准样本，并在该基准样本的 KNN 中随机选取另一个样本。接下来，计算两者之间的向量差值，然后对这个差值进行随机加权，将加权后的向量差与基准样本相结合，从而产生新的数据点。

而 DBA - Augment 则在时间扭曲方面对 SMOTE 进行了优化。在选择基准样本之后，它采用 DTW 距离而非欧式距离来计算 KNN，接着利用 DTW 距离为所有的 KNN 样本加权，最终使用 DBA 算法计算所有样本的中心点，从而产生新的数据点。

通过组合多个近似样本，基于组合策略的序列数据增强能够富化训练数据的分布，从而提高分类模型的效果。但是，对于包含多个簇的类别，这些方法可能效果不佳。另外，这些方法的可解释性有限，并且计算成本较高。

五、基于深度学习的序列数据增强方法

采用数据增强策略的目的是为了防止模型在有限的原始数据上产生过拟合现象。就如同中小学教辅材料中对难题的特训一样，我们可以制定一些模型难以掌握的数据，通过让模型在这部分数据上加强学习，能够提升模型的“解题水平”，从而实现更高的准确率。基于生成对抗网络（Generative Adversarial Network，GAN）的一系列技术即是为了这个目标而生，它们能生成看似真实、难以区分，但可能导致模型判断出错的数据。

生成对抗网络最初是为计算机视觉设计的，而将其应用于序列数据可以看作是方法的延伸。因此，在本节中，我们将探讨一些关于图像数据的研究成果，以助于读者更深入地了解这种基于深度学习的数据增强策略。

1. 生成式对抗网络

生成式对抗网络直接生成能“以假乱真”的与训练数据非常接近的新数据。Goodfellow 等人在 2014 年提出的 GAN 是后续深度卷积 GAN（Deep Convolutional Generative Adversarial Network，DCGAN）、CycleGAN 等各类衍生结构的基础。GAN 由生成器（generator）和判别器（discriminator）组成，如图 2 - 24 所示。判别器判断样本是原始数据集的还是模型生成的，而生成器尽可能地最大化判别器判断错误的概率，整个模型的优化是一个二元极大极小博弈（Mini - Max Two - Player Game）。如今深度神经网络已经成为了生成器和判别器的默认选择，整个 GAN 的优化都通过反向传播来实现。

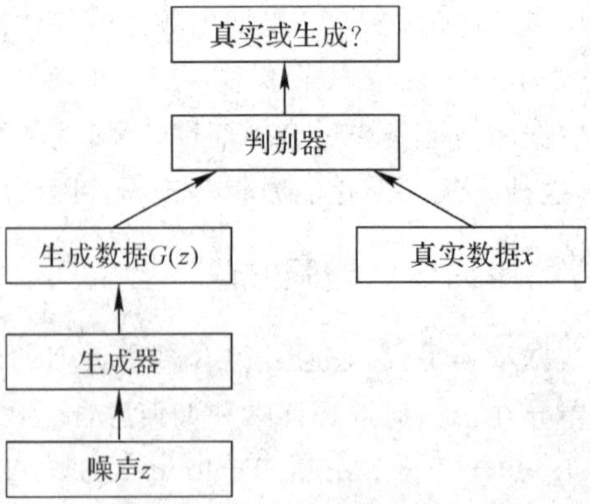

图 2 - 24　生成式对抗网络

生成器把一个简单的分布映射到一个和真实数据集相近的复杂分布，这一简单的分布可以视作一种隐分布。如果同时得到把复杂分布映射回一种隐分布的方法，这种方法就可以被用来做特征表示，双向 GAN(Bidirectional GAN，BiGAN)就是出于此目的而被发明的一种无监督方法。其学习到的特征表示不仅可以用作后续监督学习模型的输入，从数据增强的角度，GAN 也可以在这个特征空间生成新的数据，而不一定在原始的输入空间生成。有人认为 GAN 是最值得期待能用于数据增强的生成式建模方法。

2. 基于 CNN 的 GAN

DCGAN 结合了 CNN 的特征提取优势，而条件 GAN(Conditional GAN，CGAN)为生成器和判别器加入了附加的条件输入，从而使模型能生成特定标签的数据。此外，设计师们为 GAN 结构定制了不同的损失函数，如 CycleGAN、StarGAN 及其派生版本。

虽然 RNN 及其衍生版本被视为处理序列数据的首选，但实践证明 CNN 在处理序列数据上也有出色的表现，并且具有并行处理的优点。这促使人们考虑使用基于 CNN 的 GAN 来生成序列数据。例如，利用一维卷积的 T-CGAN(Time-Conditional GAN)是 CGAN 的扩展，它将时间戳纳入条件输入，从而处理不规则的时间间隔。另一个应用一维卷积的例子是 ehrGAN，它被用于增强电子健康记录数据，通过引入半监督学习使生成的样本的类别与原始样本更加匹配。还有些研究者考虑结合 RNN 和 CNN 在生成对抗网络中：BiLSTM-CNN GAN 的设计是在生成器中使用 RNN，而在判别器中使用 CNN。这样，RNN 在生成时间序列时可以充分挖掘时序依赖性，而使用 CNN 的判别器通过并行处理可以更快地进行判别。

对于音频数据，有研究者参照在频率域的数据增强技术，视频谱图为图像，并利用 DCGAN生成新的频谱图，例如 SpecGAN。而 WaveGAN 则是将 DCGAN 扩展为一维，直接在音频信号上应用一维 CNN。从不同评价标准看，SpecGAN 和 WaveGAN 各有长处：SpecGAN 能更好地捕捉数据的内部关联，而 WaveGAN 简化了增强流程，使生成数据与原始数据更为接近。但是，它们都只能生成大约 1 秒的短音频，与实际应用尚有距离。

对于文本数据，字和词的离散性使得在自然语言处理任务上应用 GAN 变得更为复杂。这是因为通常的方法主要针对实值的连续数据。当生成文字时，最终步骤是选择最大可能性的词，而这一选择操作是不可导的。因此，如果直接使用现有的语言生成模型作为生成器，整个模型就无法进行反向传播。一种解决方法是采用自编码器，并利用 GAN 来生成连续的编码表示。但是，高效的自编码器需要大量的真实数据进行训练，这与数据增强的初衷相违背。

3. 基于 RNN 的 GAN

DCGAN 和 CGAN 的思路启发了研究者，他们融合 RNN 与 GAN，发明了循环 GAN (Recurrent GAN，RGAN)和循环条件 GAN(Recurrent Conditional GAN，RCGAN)，目的是为了生成实值的多维时间序列数据，如图 2-25 所示。在 RGAN 中，每一个时间点都会基于一个独特的随机种子生成一个随机值，此值再交由生成器产生时间序列；而判别器会对每个时间点的序列进行真伪评估，最后利用投票机制得出结论。RCGAN 在 RGAN 的基础上加入了条件输入。在医学界的二分类问题中，RGAN 生成的数据训练效果可能不如直接使用真实数据，但考虑到医学数据的获取难度，这种方法仍具备实际价值。

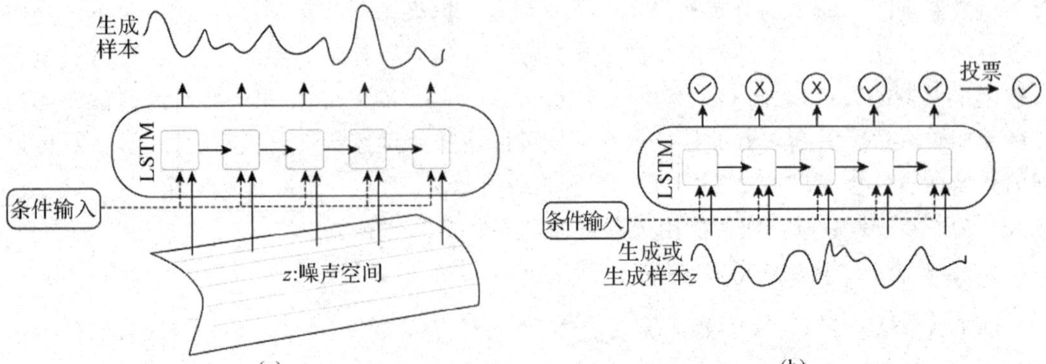

(a)　　　　　　　　(b)

图 2-25　RGAN 和 RCGAN 示意图

(a)生成器;(b)判别器

时间序列 GAN(Time-Series GAN,TimeGAN)则进一步创新,它在 RNN-based GAN 的基础上增设了一个可学习的嵌入空间,并采用监督学习与对抗学习共同优化模型。这种结合有监督的损失函数方式,能引导模型更好地学习时间点之间的条件分布,而不仅仅是对序列的真伪进行判断。另外,嵌入网络的作用是降低对抗学习的空间维度。多个数据集,如股票和能源,证明了 TimeGAN 的性能明显优于 RCGAN,其中 TimeGAN 的三大特点:有监督的损失函数、嵌入网络及其共同训练机制,都对性能提升起到了关键作用。

在真实场景下,一个数据集可能由多种不同的分布生成的时间序列组成。一种策略是将数据划分为多个子集,并为每个子集使用一个单独的 GAN 来生成相应特征的数据,最后整合所有生成的数据。这种多个 GAN 的组合策略在多个数据集上已被证实为有效,但需要注意,它会增加计算的负担。

RNN 结合 GAN 在音频领域的应用大部分集中在音乐创作上。因为音乐可被解释为离散的音符序列,所以它在生成上与自然语言文本面临同样的导数问题。为了应对这个问题,C-RNN-GAN 使用了 RNN 作为生成器和判别器,将每个时刻的音乐特征转换为连续值。而 SeqGAN 则融合了强化学习的策略梯度技巧,但只在生成器中应用了 RNN。G-RNN-GAN用于人声与背景音乐的分离,它的判别器采用了简化的多层感知机,这有助于提升效率,但其优越性尚未被充分证实。而 DCRGAN(Deep Convolutional Recurrent Generative Adversarial network)结合了 RNN 的生成器与 CNN 的判别器,被用于语音增强任务。相对于 CNN,RNN 在音频处理中的应用较少,主要是作为生成器,而并行的结构如 CNN 作为判别器有助于提高效率。

自然语言增强也面临不可导的挑战。前文提到的自编码器方法也可以在编码层面结合 RNN,但仍然带有一些缺陷。一种简化方案是采用 Gumbel-Softmax 函数来代替传统的 argmax 操作,这种方法更容易融合到现有模型中,但目前只在简单的符号序列中被证实为有效。总体来看,利用 GAN 进行文本生成的技术尚在发展中,距离实际工业级应用还有一段距离。

时间序列数据的增强方法比较如下表 2-5 所示。

表 2-5　时间序列数据的增强方法比较

方　法	描　述	优缺点	适用场景
几何变换、窗口裁剪、添加噪声等基础方法	翻转、缩放、窗口规整、时间镜像、下采样、窗口切片、在时间域或频率域添加噪声等	简单直观，方便判断标签的保持性，但未考虑数据集整体的分布特点	通用
异常标签扩展	将与实际异常点在时间上和属性取值上都接近的点也标注成异常点	操作方便，但仅针对异常检测任务	运维数据
STEVEN	一是对特征数据进行局部平均作下采样，二是打乱时序顺序	数据尺寸会发生变化，方法的通用性有待后续研究	可穿戴设备传感器信号
AAFT、IAAFT	对傅里叶变换后的数据在振幅谱上进行调整	可以很好地保留时域和频域特征，但傅里叶变换应用在短周期信号上会损失信息	医疗时间序列
FBG	将序列分解为不同成分，再为不同成分分配权重，组合新的时间序列	基于特征集的方法可以生成更相似的样本，但特征的选取和特征数据集的制作需要进一步研究	通用
Bagged. BLD. MBB. ETS	有放回地重复采样剩余项，和趋势项与季节项混合	以序列为单位产生新的序列，在长度较短的序列数据上表现一般	通用
T-CGAN	使用一维卷积的 CGAN，条件输入是时间戳，时间戳可以是间隔不等的	可以针对时间间隔不规则的情况	通用
ehrGAN	用一维卷积 GAN 生成医疗时间序列，引入了半监督学习	半监督学习让生成样本和原始样本的类别更有可能一致	医疗时间序列
BiLSTM-CNNGAN	将 RNN 用于生成器，CNN 用于判别器	RNN 充分利用了时序依赖性，CNN 可以加快判别速度，是应用创新，模型本身的创新点不明显	心电图
RGAN、RCGAN	生成器和判别器都使用 RNN 结构，后者还引入了条件输入	并行化程度不足，只强调在医疗领域的应用，有待探索模型的通用性	医疗时间序列
TimeGAN	基于 RNN，用可学习的嵌入网络降低对抗学习空间的维度，引入监督学习让模型学习到每一时刻的条件分布	结合了无监督范式和有监督训练对数据生成的约束作用，不只是判断数据真假，生成的数据关注了时间步之间的时序关系	通用
混合多个 GAN	用多个 GAN，每一个生成特定标签的数据	数据生成有针对性，可基于严重不平衡的数据集生成，但计算量大	医疗时间序列
应用 DisturbLabel 的方法	对标签做数据增强，随机修改一部分标签	方法新颖，但在序列数据上的应用研究有待继续探索	通用

第三章 时间序列分类

时间序列分类(Time series classification,TSC)是对按时间顺序收集的数据序列进行识别和归类的技术。其意义在于能够揭示隐藏在数据中的模式和趋势,为预测未来变化、检测异常、支持决策、优化资源分配等提供关键见解。本节就时间序列数据分类问题,详细介绍分类器、时间序列分类方法和早期时间序列的分类方法。

第一节 分 类 器

在时间序列数据分类问题中,分类结果是否准确是一个非常重要的考量指标,因此,构建适合时间序列的分类器是一个基本问题。根据不同的数据很多学者提出了许多不同的分类器,包括基于 k - NN 分类器、基于 SVM 分类器、基于决策树分类器、基于神经网络分类器、基于 *HMM* 分类器等。

一、基于 k - NN 分类器

k 近邻(k - NN)是一种实例化的学习技术:它评估与已知分类的样本的相似程度,从而预测未知样本的分类。对于时间序列数据,由于其有序性、高维度、大量噪音和长度不一致的特性,如何选择适当的距离度量来衡量相似度是时间序列分类中的关键问题。

一种常见的度量方式是欧氏距离,它代表了锁步测量法,这种方法将两个时间序列的每个时间点进行点对点的比较。在数据点标记较少时,使用欧氏距离能提升 1 - NN 分类器的表现。而动态时间规整(DTW)代表了弹性测量方法,它旨在创建非线性映射来调整时间序列,并允许进行一对多的比对。

为了应对复杂时间序列在同一类别中的不同全局特性,原继东及其团队提出了一种基于局部加权 DTW 的 k - NN 分类器。这种分类器能够识别同类复杂时间序列中的共性和不同类别之间的差异。因其既有解释性又有效,该方法还被应用于多变量时间序列分类中。Jeong 等人考虑到由于相位差可能造成的形状误判,因此推出了加权 DTW 方法。Berndt 等人成功地将原本用于语音识别的 DTW 技术转移到了时间序列模式识别领域。另外,Chen 等人以欧氏距离的 1 - NN 为基线,和不同的 DTW 变形窗口进行对比。总的来说,锁步测量在处理噪声多和有相位差的数据时可能会比较敏感,而弹性测量则更能适应时间数据的变形。实验数据表明,DTW 的测量方法普遍表现优异,是难以匹敌的选择。

二、基于 SVM 分类器

支持向量机(SVM)是 Vapnik 在 20 世纪 90 年代基于统计学习理论引入的学习方法。它的核心策略是寻找一个能正确分隔训练数据且具有最大几何间隔的超平面。对于非线性数据集，SVM 能够通过非线性变换将其映射到更高维度的特征空间，并在这个空间中执行线性分类。结构风险最小化的理念使 SVM 在处理小样本、非线性和高维数据上展现出了出色的泛化能力。

Tay 等研究者为了适应非平稳金融时间序列中的动态变化，调整了 SVM 的正则化风险函数，提出了"C - ascending"SVM 模型。他们强调了近期错误与远期错误的不同惩罚，确保对近期更敏感。

与此同时，不少学者探索了新的方法，使原始时间序列数据与 SVM 结合。例如，李翔宇等推出了一个基于改进核函数的 SVM 算法，将样本与特定空间基的时间序列的相互关系距离用作新样本映射，以此优化线性核函数。Jalalian 等则提出了 DTW - SVM 分类器：首先利用 DTW 将原始时间序列转为特征向量，再输入 SVM 模型。在此基础上，Kate 提议了受限的 DTW 窗口大小的特征向量 $DF_{DTW\text{-}R}$ 和基于欧氏距离 DF_{ED} 提取的特征，以根据特征向量进行分类。

三、基于决策树分类器

决策树是机器学习中一个经典的分类算法，它以树结构的方式对数据进行划分。这种算法对于噪声数据表现稳健，并且在构建完成后，新数据的分类速度非常快。受到决策树的启示，数据挖掘领域发展出了众多改进算法，以应对各种线性和非线性的预测问题。

在处理时间序列数据时，Yamada 等人是最早将决策树思维引入的学者，他们设计了一个二叉分类树。这个模型的特点是寻找信息增益最大的一段或一对时间序列作为分裂节点，而且这个评估过程使用了 DTW 方法来衡量时间序列之间的相似性。后来，Douzal 等人提出了一个新的时间序列分类标准，它综合了趋势和数值的相似度，并以此建立了一个新的决策树模型。而施沫寒团队则探索了将子序列与决策树结合的方法，提出了 Random Pairwise Shapelets Forest(RPSF)模型，这个模型尤其适用于生物特征的分类任务，兼具了解释性和低计算成本的优势。徐雷和他的团队则在多变量时间序列中考虑了数据的自相关性，并引入了"序列熵"来替代传统的信息熵，基于此概念，他们设计了时间序列决策树(TSDT)。此外，XGBoost 是一种高效的基于梯度提升方法的决策树改进算法，它能够处理回归和分类问题，并在性能和效率上都进行了优化。

四、基于神经网络分类器

理论上，神经网络具有出色的能力来表示复杂的非线性映射，这使其拥有卓越的非线性适应能力。其自我学习、自我调整和并行处理的特点，使其在金融、自然语言、图像处理等多个领域中得到了广泛应用。

Cui 等研究者首次为时间序列分类问题引入了神经网络。考虑到时间序列具有的多时间尺度特性，他们设计了一种名为多尺度卷积神经网络(MCNN)的端到端模型。这种模型整合了特征提取和分类功能，通过其创新的多分支层次结构和可调的卷积层，能够自动化地提取各种尺度和频率的特征。与传统的基于特征的分类方法相比，卷积神经网络(CNN)能够自动识别并提取关键的内部结构，并通过卷积和池化操作来自动构建输入时间序列的深层特征。实验数据显示，相比于 SVM 和 1－NN 时间序列分类方法，CNN 表现更为优越。Wang 等人进一步提出了一个端到端的基准模型，该模型是一个完全卷积的超深神经网络（FCN），且其性能超过了 MCNN、COTE(Collective of Transform－Based Ensembles)、SE1(Shapelet Ensemble)、BOSS(Bag－of－SFA－Symbols)等方法。为了提高网络的融合速度，Ulyanov 等人引入了实例标准化技术，通过这种技术在每个训练实例的每一层上学习均值和标准差。

此外，循环神经网络(Recurrent Neural Network，RNN)也是一个被广泛应用的深度学习模型。有研究采用了 RNN 自动编码器来学习潜在特征，并基于这些特征来训练分类器预测时间序列数据的类别。长短期记忆(Long Short－Term Memory，LSTM)是 RNN 的一种扩展，它的主要优点是可以学习长时序的依赖关系，并解决了 RNN 在处理长时间序列时可能遇到的梯度消失问题。为了解决 LSTM 在预测股票收盘价时可能出现的不足，包振山等人将遗传算法引入到 LSTM 结构中，确保了预测的稳健性。

五、基于 HMM 分类器

隐马尔可夫模型(HMM)是基于马尔可夫模型进化而成的统计学方法，它包含了若干隐藏的状态，从而能够有效地揭示时间序列数据中的依赖和关联性，具有很好的预测性能。一个 HMM 可以通过一个三元组来描述，这个三元组包括：

$$\Lambda=(\boldsymbol{A},\boldsymbol{B},\boldsymbol{\Pi}) \tag{3-1}$$

式中：$\boldsymbol{A}$ 表示状态间的转移概率矩阵；$\boldsymbol{B}$ 是各状态下观测值出现的概率矩阵；而 $\boldsymbol{\Pi}$ 描述了各状态的初始概率分布向量。

Gupta 等人在交通系统中识别室外环境的多变量时间序列上采用了 HMM。他们基于带有不同标签的 MPL 来训练这些变量的 HMM：其中，各状态与时间序列的样本标签相对应，构成了一个包含 l 个状态的集合，记作 $S=\{S_1,S_2,\cdots S_l\}$；相应的状态转移矩阵则被记为 $A=(a_{ij})_{l\times l}$。

其中，

$$a_{ij}=P(\text{state } S_j \text{ at } t+1 \mid \text{state } S_i \text{ at } t) \tag{3-2}$$

于是，他们确定了输入样本中最可能的隐藏状态序列，然后采用 MPL 策略进行进一步的分类。Xing 等人提出了一个结合生成模型和判别模型的混合方法。在这种方法中，他们选择 HMM 作为生成模型，选取的不等长度和非交叉的子序列作为 HMM 的输入，而 HMM 的输出则作为判别模型的输入来进行模型训练，这种策略在某种程度上实现了数据的降维。此外，一些学者从分类器的构建角度思考，制定了激励对时间序列进行早期分类的策略，研究了如何基于分类器实现对早期时间序列的分类。例如，Antonucci 等人提出了一种基于 HMM 的不完全模型(iHMM)，在计算状态概率的过程中加入了额外的约束条件。

第二节　单变量时间序列分类方法

时间序列描述了数据随时间的变化模式，它由在等间隔的时间点上观测到的数据点构成。在这里，我们称这种间隔为“时间步长”。时间序列的总时长可以由其中的时间步长数量来表示，我们称之为“序列长度”。此外，每个时间步长上可能有一个或多个观测值，这些观测值的数量称为时间序列的“维度”。

基于维度，我们可以将时间序列分类为单变量和多变量。单变量时间序列在每个时间步长上只有一个观测值，因此其维度为 1。相反，多变量时间序列在每个时间步长上有多个观测值，所以其维度高于 1。单变量时间序列可以视为维度为 1 的多变量时间序列的特例。

一个单变量的数据序列 x^n 包括了 T 个有序的观测点，即 $x^n=(x_1^n,x_2^n,\cdots x_T^n)(n\in\{1,2,\cdots N\})$。这些观测点都是实数，而且它们大多数是以同样的频率采样得到的。每一个这样的数据序列都有一个与之相关的类别标签 y^n。如果有 C 个不同的类别标签，那么 $y^n\in\{0,1,2,\cdots C-1\}$。当有一组未被标记的单一变量数据序列时，分类的目标就是将这些数据序列分配到预先定义好的类别标签中。

单变量序列数据的分类也可被描述为时间序列分类，简称 TSC。这里的“时间”一般指的是序列数据的横向值，不只是时间点，还可以是其他如光谱频率、采样编号等。我们可以将现行的分类技术划分为四大类：基于形状信息、基于频率信息、基于上下文信息和基于信息融合。

一、基于形状信息的单变量时间序列分类方法

序列数据包含了一系列按顺序排列的观察点，这些点连结起来形成一条可视化的曲线，这条曲线清晰地描绘了数据的轮廓或形状。由于不同种类的序列数据在外观上存在差异，许多方法都选择直接依赖这种形状特征进行分类。这种依赖形状的分类策略在 TSC 领域获得了深入的研究。基于这些方法针对的范围，当前的研究可以被划分为两类：聚焦于整体形态的分类方式与聚焦于局部形态的分类方式。接下来，我们将对这两种方式进行详细的探讨。

1. 基于整体形状信息的分类方法

序列数据的整体形状是指按照顺序排列的数值点所形成的总体轮廓。鉴于不同的数据类别在总体轮廓上往往有所不同，依赖整体形状特征的分类策略常常是通过计算目标序列与参考模板序列之间的相似度来进行分类。根据所采用的距离计算方法，这种策略又可以进一步划分为基于等步长距离的分类方式与基于可变长度距离的分类方式，具体可以参见图 3－1 和图 3－2。

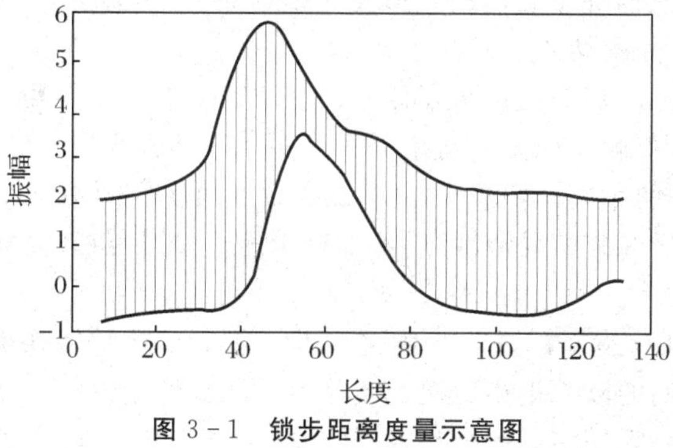

图 3－1　锁步距离度量示意图

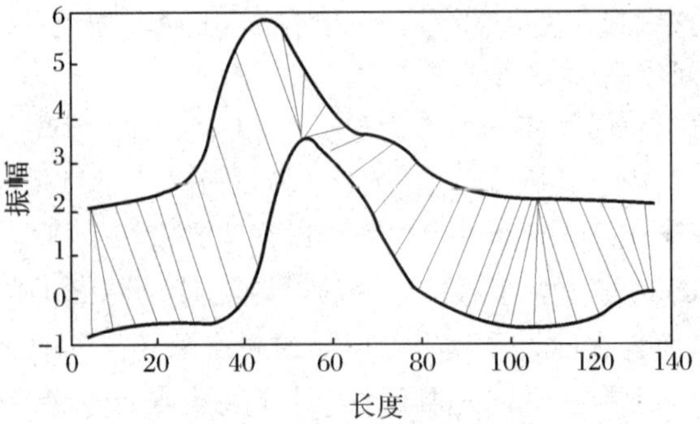

图 3-2 弹性距离度量示意图

(1)基于锁步距离度量的分类方法。锁步距离计算是序列数据中最直观的距离测量手段。这种方法首先计算目标序列和参考模板序列之间的向量差,接着测量这个差向量的 L_p 范数(常见的是 L_2 范数或 L_∞ 范数)来得出两个序列的距离。在这种测量中,由于两个序列的时间点需要完全对齐,因此这种计算方式被称为"锁步"距离计算,如图 2-10 展示的那样。尽管"锁步"的方法在计算速度上有优势,但它对序列数据时间上的偏移、移动和在幅度上的噪声或缩放都相当敏感。

(2)基于弹性距离度量的分类方法。为了更好地应对序列数据在形态中的变形和比例调整,从 20 世纪 90 年代开始,基于弹性距离的测量技术受到了广大的关注和研究。这种方法在估算距离时并不强求两个序列的时间点完全匹配,而是灵活地调整以适应数据的变动,这也有效地解决了基于锁步距离测量法所遭遇的问题。目前为止,常用的弹性距离测量技术主要分为编辑距离和 DTW 距离两大类。

1)基于编辑距离度量的分类方法。这类方法从字符串匹配中借鉴了概念,并将其应用到 TSC 中,利用与字符串匹配相似的操作来进行相似性测量。主要的测量方法包括:最长公共子序列(Longest Common Subsequence,LCSS)距离度量、基于实序列的编辑距离(Edit Distance on Real Sequences,EDR)度量、基于实惩罚的编辑距离(edit Distance With Real Penalty,ERP)度量以及基于移动分割融合(Move Split Merge,MSM)的编辑距离度量,这些方法之间存在紧密的递进关联。

LCSS 度量最初是为了处理模式匹配中经典的 LCSS 问题而提出的。在序列分类的场景中,它通过设定一个距离阈值 θ 来判断待测序列的某个点是否与模板序列的某个点匹配。值得注意的是,被认为匹配的点在位置上并不需要完全对齐,这使得方法能够"弹性"地寻找两条序列间的 LCSS,从而评估它们的相似性。尽管 LCSS 度量能够量化待测序列与模板序列之间的相似性,但它并未纳入它们的差异。

为了补足这个不足,EDR 度量应运而生。它借鉴了字符串匹配中编辑距离的理念,在给定匹配标准后,统计待测序列为了与模板序列完全匹配所需的最少替换、插入和删除操作数,并据此计算两者间的距离。EDR 度量不仅考虑了两序列的相似性还包含了它们的差异性。但由于其受到编辑距离的局限性,它不能精确地衡量点与点之间的差异,因此在某些方面可能显得不够精细。

ERP 度量是对 EDR 度量的进一步优化。不同于简单统计转换操作的次数,ERP 度量会直接测算点与点之间的欧几里得距离。当两点不匹配时,ERP 在对应的待匹配点位置上插入一个零值作为一种惩罚措施。最后,将转化后的两个序列的所有匹配点的距离累加起来，得到整体的序列距离。虽然 ERP 度量为序列间的距离提供了更为精确的量化，但采用零值作为惩罚可能会导致某些偏见。

与此相对，MSM 度量被视为更先进的编辑距离方法。当面对不匹配的点对时，MSM 度量更为精细地调整了惩罚策略。它会在待匹配点及其邻近点中选择一个与模板点距离更近的点，并将其插入到相应的位置。接着，再计算两个转化后的序列间的距离。实际上，这种处理方式与接下来要介绍的 DTW 度量极为相似。

(2)基于 DTW 距离度量的分类方法。虽然编辑距离度量为匹配点在时间轴上提供了一定的动态调整空间，但它还是基于一对一的点匹配模式，意味着模板序列中的未匹配点只与待比较序列中新生成的点相匹配。与此不同，DTW 距离度量的特点在于它支持一点对多点的匹配方式，更能适应序列数据的特性。

DTW 技术最初是为了在语音识别领域实现单词之间的对齐和匹配而发展的。BERNDT 是首个将 DTW 方法应用于 TSC 的人，旨在测量不同序列间的相似度。目前基于 DTW 距离的分类方法主要有两大类。第一类集中于深化对 DTW 本身的研究和优化，并经常与简单的 KNN 分类器相结合。第二类则注重利用 DTW 来提取高阶分类特征，以便与更先进的分类技术相结合。

A. DTW 度量＋KNN。长期以来，DTW 距离度量与 KNN 组合的分类性能都是一流的。受益于其卓越的度量能力，DTW 在 TSC 领域已经成为了研究的焦点。但是，DTW 在处理长序列数据或其计算效率上仍有不足之处。为了解决这些问题，研究者提出了多种改进策略，以下将详细描述这些策略。

长时间序列数据可能导致匹配的点在时间轴上产生显著的偏移，从而产生不理想的匹配。为了应对这一挑战，研究者主要从两个方向着手：设置约束窗口或引入约束权重。其中，典型的方法有加窗 DTW(Window Constrained DTW，WCDTW)和加权 DTW(Weighted DTW，WDTW)。WCDTW 使用约束窗口来限制 DTW 的匹配路径，从而有效地减少了匹配的偏差。这种策略尝试了线性和非线性两种窗口，并利用交叉验证技术来确定窗口的参数。图 3-3 描绘了这两种窗口类型，其中 C 和 Q 代表了两个进行匹配的序列。实验数据显示，面对长时间序列时，WCDTW 相对于传统 DTW 具有更好的分类效果。

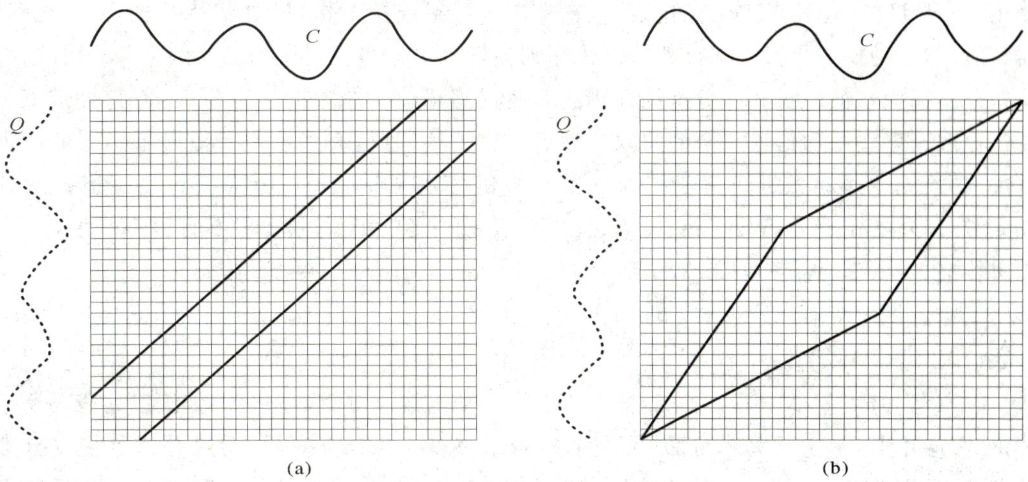

图 3-3　DTW 度量的两种约束窗示意图

(a)为线性约束窗口；(b)为非线性约束窗口

WDTW 提出的观点是，WCDTW 通过使用约束窗口来切断匹配路径可能会遗漏某些特殊情况。因此，WDTW 采纳了一种更为渐进的匹配路径约束策略。

$$w(a)=\frac{w_{\max}}{1+e^{-g\cdot(a-m/2)}} \tag{3-3}$$

这种策略利用式(3－3)为时间距离较远的点对分配较小的权重，而为时间距离较近的点对分配较大的权重，从而确保匹配点在时间轴上不会产生过大的偏移。WDTW 被视为 DTW 优化方法中的佼佼者之一。

高计算复杂度[$O(n^2)$]使得 DTW 在处理大型 TSC 数据集时遇到挑战，因此众多研究围绕提高 DTW 的计算效率进行。目前，为减少 DTW 的计算负担，策略主要分为两大类：设定距离的下限和减少匹配模板的数量。其中，典型的策略有制定 Keogh 的下界距离(Lower Bounding Function of Keogh，LB－Keogh)以及创建 DTW 的平均质心(DTW Barycenter Averaging，DBA)。

构造下界距离的核心观点在于，其计算代价较低且永不超过真实的 DTW 距离。因此，当待比较序列与模板序列之间的下界距离超出一定值时，可以避免进行费时的 DTW 计算。以 LB－Keogh 距离为例，该方法通过逐段确定模板序列的上下界，并与待比较序列计算距离，从而得出下界距离。由于 LB－Keogh 距离只需 $O(n)$的复杂度，它大幅减少了 DTW 的计算负担。

关于缩减匹配模板数量的策略，它的核心是寻找每个分类中的代表性“原型序列”。在实际应用中，待匹配的序列只与这些原型进行比较，从而显著减少计算任务。例如，DBA 方法采用了知名的动态中心平均技巧来确定每个分类的中心点。这种方法将 K－means 聚类中的欧氏距离替换为 DTW 距离，从而增强了对于数据形态变化的容忍性。此外，为了考虑类别内部的多样性，DBA 还会在每个类别中寻找多个中心点。

B. DTW 度量特征＋现代分类器。多年来，结合 DTW 度量和 KNN 分类器的方法表现出色，难以被其他方法超越。但随着 DTW 度量改进的逐步深入，一个新的策略逐渐浮现：使用 DTW 度量来抽取特征，并配合更先进的分类器进行工作，以替代传统的 KNN 分类器。通常，这种特征提取方法计算待分析序列与训练数据集所有序列之间的 DTW 距离，将这些距离视为特征向量。尽管这种方法能够捕捉到整体系统中的样本模式，但它也带来了特征提取速度缓慢和信息冗余的问题。为了解决这些问题，有些研究者提出了不同的改进方法，如采用高斯动态时间扭曲核的支持向量机(Potential Support Vector Machine with Gaussian Dynamictime Warping Kernel，GDTW－P－SVM)、增强 SVM 的 DTW 快速下界距离特征方法(DTWs Fast Lower Bound Function Feature Classification Using Enhanced SVM，LBF－SVM)以及结合 AdaBoost 的原型选择方法(Prototype Selection with AdaBoost，PS－AdaBoost)。

GDTW－P－SVM 是第一个试图将 DTW 特征与高级分类器整合的方法。它在高斯核 SVM 中使用 DTW 度量取代了欧氏距离，接着通过多个二分类 SVM 分类器来处理多分类任务，最后汇总各个 SVM 的预测结果进行投票。尽管 GDTW－P－SVM 融合了 DTW 度量的形状适应性和 SVM 的卓越分类效果，但其因 DTW 的计算复杂性而在时间消耗上较大。

LBF－SVM的核心是降低特征提取的时间消耗，它采用之前提到的LB－Keogh下界距离来代替GDTW－P－SVM中的DTW距离构造特征。这一改变虽然使得分类的准确性稍有降低，但在训练和测试的速度上取得了明显加快。

PS－AdaBoost结合了Adaboost分类器进行分类工作，它为DTW特征的每一维都设定了权重的弱分类器，并通过优化各分类器的权重进行筛选。这种方式削减了多余的信息，从而使得PS－AdaBoost在分类准确性和计算效率上都有所提升。

3)集成多种弹性距离度量的分类方法。在近年的TSC研究中，大量的弹性距离度量方法应运而生，每种方法都有其独特之处，适合于特定的分类场景。尽管如此，至今仍没有一种方法能在分类精度和适用性上同时胜出。为此，有些研究者选择综合多种弹性距离度量，以期提高分类的效果和适应性。其中，基于多种弹性距离度量集成的(Ensembles of Elastic Distance Measures，EE)分类方法和基于Proximity Forest的方法值得一提。EE利用KNN分类器，对包括LCSS、MSM、DTW、WDTW等11种常见的弹性距离度量进行了深入的比较。结果显示，这些度量在分类效果上差距不大，并且各适其场。因此，EE决定通过决策层对这11种方法进行加权整合。尽管EE方法利用了各种度量的优势，但计算量也相应增大。

Proximity Forest方法在每个分类树节点上构建了R种不同的分支策略。每种策略中都包含一种从EE中随机选取的弹性距离度量，以及从各个类别中随机选择的序列数据原型。之后，该方法寻找每个节点最佳的分支策略，递归地构建分类树和整体的分类森林。Proximity Forest不仅优化了EE的分类效果，还加速了计算过程，使其成为当前TSC领域中的佼佼者之一。

2.基于局部形状信息的分类方法

序列数据中的局部形状特征是指其有序的幅度曲线中某个片段的形态。尽管许多实际的序列数据在大体形态上有许多相似之处，但影响其分类的局部形态特征可能完全不同，如心电图中的异常波动或电器设备的监控数据。当受到噪声的影响时，如DTW度量这样基于整体形态信息的分类方法很难捕获这些关键的局部信息。因此，自2010年起，利用局部形状信息的分类方法逐渐受到TSC领域的关注。本文将这些方法划分为基于Shapelets、基于区间特征和基于卷积神经网络(CNN)的三大类，并将对每一类进行详细描述。

(1)基于Shapelets的分类方法。Shapelets可以理解为序列中具有很强分类能力的子序列部分。基于Shapelets的分类方法，是通过利用一个或几个核心Shapelets与整个序列数据之间的距离(即Shapelets与相同长度子序列之间的最短距离)来构造特征，并据此进行分类，从而将距离测量概念应用于局部序列。以叶片分类为例来解释Shapelets，如图3－4所示，两种树的叶片在大体上非常相似，但主要的差异在于叶颈和叶体连接的角度。当我们将这两种叶片的外形转化为序列数据后，这种微小的局部差异很难被那些基于整体形态进行分类的方法所识别。但Shapelets凭借其对局部模式和相位不变性的灵敏度，却能够捕获并突显出这种差异。

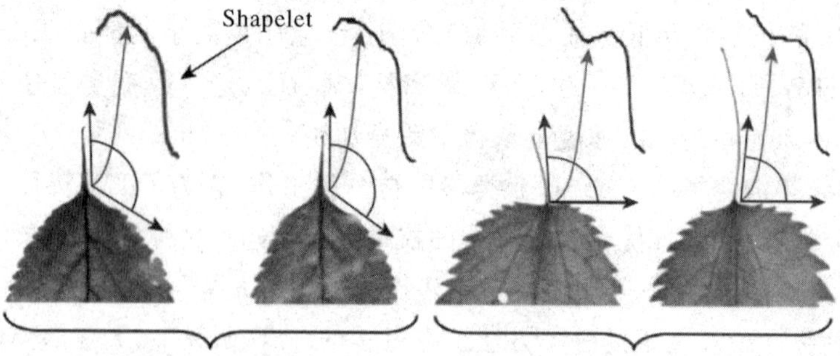

图 3-4　Shapelets 示意图

（左图为马鞭草叶片的 Shapelets，右图为寻麻叶片的 Shapelets）

Shapelets 首次由 YE 提出。这个方法通过对训练集进行遍历，寻找所有达到预设长度的子序列作为潜在的 Shapelets。接着，它初始化一个决策树。在决策树的每一个节点，它会计算每个潜在 Shapelet 与所有序列样本之间的最小距离。通过一个特定阈值 d_{th}，该方法将样本序列分类为两种类型。最终，通过信息增益，为每个节点找到最合适的 Shapelet 与阈值 d_{th} 组合，完成分类决策树的构建。这种方法的分类效果与 DTW-1NN 相当接近，但它的计算复杂度高达 $O(n^2m^4)$（其中 n 是训练集中的序列数量，m 是序列的长度），这使得它在实际应用中受到限制。尽管原始 Shapelets 方法具有局部感知、位移不变性和较强的解释能力等优势，但它也存在如高计算复杂度、分类特征与分类器紧密耦合等问题。由于这些优势和挑战，自提出以来，Shapelets 迅速在序列分类领域引起了广泛关注。后续研究主要聚焦于加快 Shapelets 的搜索速度、使用 Shapelets 进行特征提取以及自主学习 Shapelets 等三个主题，这三者之间存在明显的关联性。接下来，我们将对这三个方向进行详细的介绍。

1)加快 Shapelets 的搜索速度。Shapelets 大量的候选子序列使得这种方法在实际应用中变得难以操作，因此急需快速而高效地找到 Shapelets。为此，大多数方法采用了符号聚合近似(Symbolic Aggregate Approximation，SAX)技术，将序列数据转化为词汇形式，并从 SAX 词汇中寻找 Shapelets，从而显著提高了搜索的速度。这其中的研究包括快速 Shapelets (Fast Shapelets，FS)和基于关键点的 FS 搜索方法(FS Discovery With Key Points，FS-KP)。

FS 方法通过 SAX 技术将原始数据转化为低纬度、分离幅度的 SAX 词汇。接着，它为每个类别建立一个词汇匹配表，寻找每类中最具区分性的 k 个 SAX 词汇。这些词汇随后被转化回原数据，成为潜在的 Shapelets，并用于构建决策树以完成分类任务。这种方法不仅维持了较高的分类准确性，还将计算复杂度降至 $O(nm^2)$。

FS-KP 则进一步优化了 FS 的搜索过程。它采用关键点筛选技术，认为 Shapelets 通常包含序列的关键点，如拐点、局部最大值和最小值等。这些关键点被用于对子序列进行初步筛选，再通过 FS 从筛选后的子序列中找到可能的 Shapelets。结果表明，FS-KP 在保持了分类准确性的同时，相较于 FS 提升了 4 倍的计算效率。

2)Shapelets 特征+现代分类器。尽管决策树是一种经典的分类方法，但在众多领域中，它的分类能力已经被如 SVM、随机森林等更先进的分类器所超过。但传统的 Shapelets

使用策略似乎限制了这些高级分类器的应用。一个直观的方法是利用 Shapelets 与原始序列的距离作为分类特征，并用更高效的分类器来处理这些特征。其中，基于 Shapelets 变换(Shapelet transform，ST)的分类方法和基于 FS 选择的 ST(FS selection for ST，FSS－ST)方法是两个代表性的工作。

ST 首次采用 Shapelets 提取分类特征，它首先使用假设检验技术确定区分能力最强的 k 个 Shapelets。之后，这些筛选出的 Shapelets 用于从每个数据序列中提取距离特征。随后，如 SVM 这样的分类器被用于处理这些 Shapelets 特征。与原始的 Shapelets 方法相比，ST 在分类性能上有了明显的提升，并为后续的 Shapelets 研究提供了新的思路。

FSS－ST 则提出了一种更加高效的 Shapelets 筛选策略。它首先从每个类别中挑选出多个原型序列，并基于关键点数量进行初步筛选。然后，从这些经过筛选的原型序列中提取出 Shapelets，从而完成分类任务。与 ST 相比，FSS－ST 在计算速度上有显著提升，同时也在分类精度上有所增强。

3)自主学习 Shapelets。自主式 Shapelets 学习基本上还是 Shapelets 的搜索方法。但与传统方法不同，这种方法使用深度学习网络自动提取 Shapelets，避免了复杂的手动搜索过程。更进一步地说，理想的 Shapelets 可能不一定存在于训练数据中，但自主式学习可以探索这种可能性。由于这些优点，自主式 Shapelets 学习已经成为时间序列分类(TSC)领域的热门研究方向。其中，代表性的研究有学习时间序列的 Shapelets(Learning Time Series Shapelets，LTS)、三重 Shapelets 网络(Triple Shapelet Network，TSN)及学习可解释的 Shapelets(Learning Interpretable Shapelets，LIS)。

LTS 是第一个提出自主式 Shapelets 学习的方法。它开始时会初始化一组 Shapelets，然后使用它们提取分类特征。这些特征被馈送到单层感知机分类器，并通过反向传播对 Shapelets 进行优化。LTS 不仅解决了 Shapelets 特征提取的非微分性问题，而且在分类性能上超越了 ST 方法。

TSN 则提出 LTS 可能偏向于训练数据中样本量较大的类别，且所学习的 Shapelets 可能不足以捕捉各样本的个性化特点。为了应对这些问题，TSN 在 LTS 的基础上加入了两个额外的学习层。这三层分别针对总体特性、特定类别和特定样本的 Shapelets 特征。TSN 目前被视为最先进的 Shapelets 分类方法之一。

LIS 注意到，通过学习得到的 Shapelets 可能与数据集中的实际序列段有所偏离，导致失去了其解释能力。为了解决这个问题，LIS 引入了生成对抗网络技术，确保学习到的 Shapelets 更接近实际的子序列。这不仅确保了分类的准确性，还增强了方法的可解释性。

(2)基于区间特征的分类方法。基于区间特性的策略是将原始的连续序列划分为多个段落，并从这些段落中抽取人为定义的特征，为分类任务做准备。代表性的方法有基于序列数据森林(Time Series Forest，TSF)、基于序列数据特征袋(Time Series Bag of Features，TSBF)和基于 SAX 向量空间模型(SAX－Vector Space Model，SAX－VSM)的方法。

TSF 是一种结合时间序列区间特性和随机森林分类器的策略。在随机森林的每棵树上，TSF 会随机选取不同长度的子序列，并使用这些子序列的平均值、标准差和斜率作为特点。然后,找出最佳的子序列特征分割点来构建每棵树,并在所有树中合并其决策以进行分类。尽管 TSF 能减少原始数据的特征维度并提供多尺度特征,但它提取的子序列特征相对较为简单。

TSBF 是对 TSF 的进一步扩展。它从每个时间序列中随机选择一些子序列,并提取其特征来创建一个特征数据集。接着,使用两个随机森林分类器:第一个分类器基于类概率估计来生成一个密码本特征,而第二个分类器使用这个密码本特征来进行分类。但 TSBF 的问题是,它生成的分类特征不具有平移不变性。

SAX - VSM 通过一种直方图特征来解决上述问题。首先,利用 SAX 技术将时间序列转换为单词表示,接着计算各个类别中特定单词的出现频率,形成一个类别的直方图原型。最后,通过比较待分类的时间序列与各个类别原型之间的相似度来完成分类任务。SAX - VSM 的直方图特征具有良好的平移不变性,并且相对于 TSBF,其分类速度也有所提高。

(3)基于 CNN 的分类方法。近年来,卷积神经网络(CNN)在多种应用中都展现出了惊人的表现。在时间序列分类(TSC)领域,以 CNN 为基础的分类策略也逐渐受到关注。CNN 采用滑动卷积核来获取形状特性,这与 Shapelets 在特征抽取上的思路有诸多相似之处,都强调了局部形状信息的重要性。其中,显著的 CNN 相关研究有多尺度 CNN (Multi - Scale CNN,MCNN)、面向 TSC 的深度网络基准,以及名为 InceptionTime 的基于 Inception 网络的整合分类器。

MCNN 是早期尝试将 CNN 技术应用于 TSC 的尝试之一。它通过数据增强技巧,如尺度和频率调整,将单一变量时间序列扩展到多变量,随后使用多通道 CNN 从各变量中抽取特征进行分类。尽管 MCNN 为时间序列数据提供了一种创新的增强策略,但它的网络结构存在一些冗余。

Wang 提出了一个深度网络的 TSC 基准,这包括了三种经典的网络架构:多层感知器(Multi Layer Perceptron,MLP)、全卷积网络(Fully Convolutional Network,FCN)和残差网络(Residual Network,ResNet)。FCN 是一个仅有三层卷积的神经网络,而 ResNet 则通过残差连接将其深化到九层。FCN 和 ResNet 广泛被视为 TSC 的标杆网络,它们都通过摒弃池化层来保存时间信息,并利用全卷积架构来避免过度拟合,为后续的 TSC 网络设计提供了有价值的启示。

InceptionTime 结合了一个六层的 ResNet 和 Inception 模块(一种并行结构,具有多个尺度的卷积核)以强化其多尺度特征提取。它通过五次训练迭代并整合五个模型的决策输出来增加稳定性,尤其是在浅网络初始化时。借助于多尺度特征的捕捉和决策输出的整合,InceptionTime 在基于 CNN 的方法中取得了更为出色的分类表现。

二、基于频率信息的单变量时间序列分类方法

频率表示了一个序列在单位时间内完成的周期性变化次数,它展现了序列的变化速度。复杂的时间序列可以解析为多个不同振幅和频率的谐波组合,这种解析方式通常被称为频谱分析。针对整个时间序列的全局频谱转换如 DFT,能够帮助我们理解整体的频率分布;

而对于局部的频谱分析，如 STFT 和 DWT，它们主要专注于揭示局部时间序列的频率特性。这些频率细节为我们提供了深藏在时间序列形态中的关键信息，对于时间序列分类(TSC)来说，它们的作用不可或缺。

1. 基于整体序列频率信息的分类方法

整个时间序列的频率特性揭示了它的整体形态的变化速度。从频率维度来看，这些特性提供了与时间序列整体形态相辅相成的关键分类信息。DFT 是最常用的频谱分析技术，而基于频率的分类策略通常采用 DFT 的转换系数作为特征或进一步从这些系数中提取关键特征。然而，由于 DFT 在转换过程中可能丧失时间和局部特性，近年来它已不再是时间序列分类(TSC)领域的焦点。

SCHÄFER 提出了一种基于符号傅立叶近似(Symbolic Fourier Approximation, SFA)特征的策略。此策略首先提取时间序列的前 M 个频谱系数，并对每个频率点的值进行划分。然后，为每个划分区域分配一个字母标识，形成多系数区间映射(Multiple Coefficient Binning, MCB)。利用 MCB 映射，时间序列可以被转化为字符串形式的特征，如图 3-5 所示。最终，利用前缀树分类器，可以对这些字符串特征进行分类。SFA 方法有效地降低了噪声和相位偏移的影响，并在基于整体频率信息的分类策略中达到了最优的分类效果。

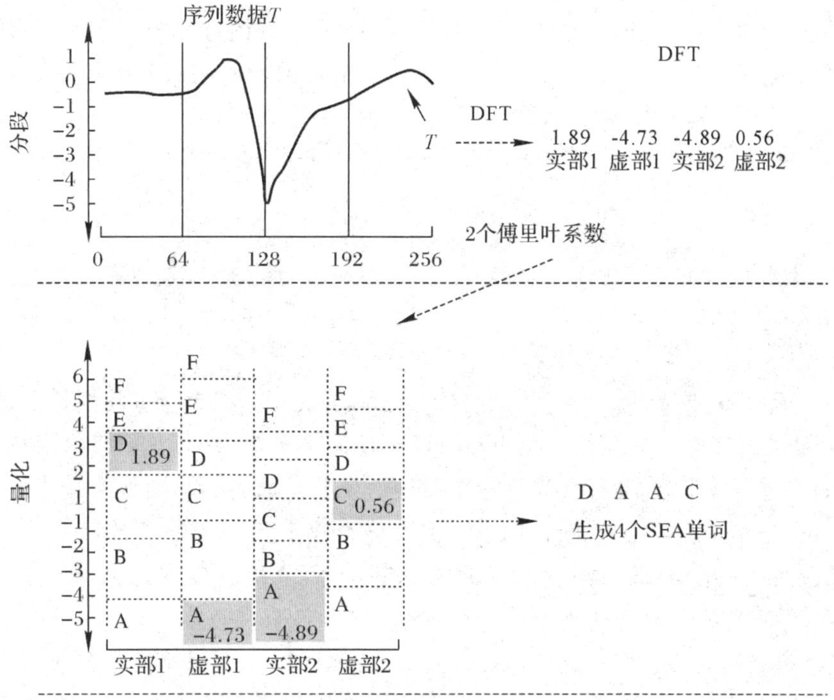

图 3-5 DFT 参数与字符串特征映射关系示意图

2. 基于局部序列频率信息的分类方法

局部时间序列的频率属性体现了特定区域内形态的变化速度，而这些细微的局部形态变化往往是确定时间序列类别的关键因素。例如，在许多心电图周期中，心脏病患者可能仅在其中一个周期中表现出异常;类似地,强烈的外部刺激可能会使人脑电波在短时间内发生剧烈的变化。这些瞬间的关键信号变化,在被噪声干扰的情况下,可能在整体时间序列的频率表现中被掩盖。但通过对局部时间序列的频谱分析,我们可以揭示这些关键的变化。STFT 和 DWT 是常用的局部频谱转换技术,接下来将详细描述它们。

(1)基于 STFT 特征的分类方法。STFT 是基于 DFT 的扩展,专门设计来分析非稳态时间序列数据中各个局部区间的频率组成。在这里,"非稳态"指的是频率随时间变化的数据序列。由于许多实际应用中的数据都是非稳态的,DFT 在这方面表现得并不理想:它只能捕获时间序列的整体频率组成,但无法确定这些频率成分出现的具体时间点;同时,DFT 也难以捕获时间序列中局部的频率信息。为解决这些问题,STFT 采取的策略是假定在特定的窗口大小内,时间序列是近似稳态的。因此,STFT 计算每个滑动窗口内的功率谱(Power Spectrum,PS),从而同时保留了时间和局部信息。在时间序列分类(TSC)研究中,已经提出了许多基于 STFT 的方法,其中包括使用 SFA 字符袋(Bag of SFA Symbol,BOSS)的方法、利用向量空间的 BOSS(BOSS in Vector Space,BOSS - VS)方法以及基于 TSC 单词提取(Word Extraction for TSC,WEASEL)的方法。
其中,BOSS 方法利用 STFT 替代 SFA 中的 DFT。它首先计算时间序列的 STFT 系数,接着利用 MCB 映射表将这些系数转换成字符串形式。之后,通过统计这些字符串的频率来形成时间序列的直方图,如图 3 - 6 所示。接下来,利用直方图计算距离度量,并使用 KNN 分类器分类。最后,综合各种窗口大小下的 STFT 结果进行最终的分类。BOSS 在分类表现上显然优于 SFA,但也带有较高的计算复杂度这一缺点。

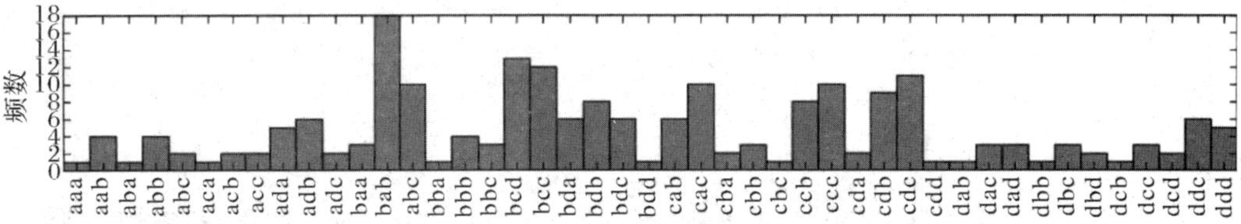

图 3 - 6 字符串直方图示意图

BOSS - VS 在减少 BOSS 的计算成本方面进行了优化。在 BOSS 的框架下,这个方法采用了文档频率技术来选取每个分类中最具区分性的字符串,并将它们转化为直方图形式作为分类的原型。接下来,通过计算目标序列与每个分类原型的相似性来完成分类。虽然 BOSS - VS 在分类准确性上略逊于 BOSS,但其分类速度得到了显著的提升。另一方面,WEASEL 方法从特征选择的角度对上述方法进行了完善。它首先选择了有区分性的 STFT 系数,并将这些系数转化为字符串。接着,统计各个字符串及其相邻组合的出现频率,将时间序列转化为直方图形态的特征。随后,将不同的直方图特征组合起来,并在去除冗余特征后,采用 SVM 分类器进行分类。在基于 STFT 特征的分类策略中,WEASEL 展现出了最佳的表现。

(2)基于 DWT 特征的分类方法。STFT 由于使用固定大小的滑动窗口,不太能满足复杂的非平稳时间序列对时间与频率分辨率的双重需求。为此,DWT 被引入到 TSC 领域,它不仅沿袭了 STFT 的局部化思维,而且进一步优化了固定窗口大小适应性的不足。DWT

通过调整尺度函数和小波函数的伸缩与平移,得以灵活关注时间序列的特定部分,从而使其成为进行时间序列时频分析的首选工具。基于 DWT 的 TSC 策略主要有两个方向:构建 DWT 系数的距离度量和从 DWT 系数中提取特征。接下来,我们将深入探讨这两个方向。

1)基于 DWT 系数构造距离度量的分类方法。鉴于 DWT 具有优越的去噪能力,一种直观的方法是使用低频 DWT 系数替代原始的时间序列数据以构建距离度量。这种策略在 DWT 特征度量(DWT Feature Measure,简称 DWT - FM)的分类方法中得到了典型的体现。

DWT - FM 详细研究了如何基于 DWT 系数构建距离度量。这种方法采用了 Haar、Daubechies - 20、Symlets - 20 和 Coiflets - 5 等七种经典小波函数,对时间序列数据进行一次性的分解。然后,分别结合每个小波函数的低频变换参数,利用 FastDTW 分类器进行分类。在 UCR 数据集上的实验结果显示,与原始数据相比,多数 DWT 的低频参数提供了更好的分类效果。然而,不同的小波函数在不同的数据集上的分类表现有显著的差异,最终建议根据具体的 TSC 问题选择或设计适当的小波函数。

2)基于 DWT 系数提取特征的分类方法。DWT 因其在数据压缩领域的显著效果而受到关注,这激发了将 DWT 的压缩编码技术应用于 TSC 领域的想法。通过对 DWT 系数进行编码压缩,这些方法大大减少了特征维度并消除了多余信息。在一个具体的方法中,开发者使用了三个阶段来压缩 DWT 系数:首先利用香农熵筛选 Haar 小波的多尺度变换系数,接着应用压缩编码技术进一步降维 DWT 系数获得分类特征,最后设定阈值以滤除被视为噪声的特征部分。当该策略在股票价格时间序列数据集上进行实验时,其分类表现超越了基于 DFT 的度量。

然而,尽管基于 Haar 小波的特征显示出良好的分类性能,其小波基的非平滑特性产生的阶梯效应却降低了特征提取的效率。为了解决这一问题,POPIVANOV 采用了具有更高压缩效率的 Daubechies - 12、Symlets20 等正交或双正交小波基。再次利用 DWT 的压缩方法,他提取了分类特征,并采用决策树来进行分类。在多个数据集,如湖泊的历史水位和股票的收盘价格上,他比较了这些不同的小波基。实验结果显示,大部分小波基的分类能力都超过了 Haar 小波。

尽管神经网络能够自动化地捕获分类特性,从而减少了对复杂手动特征设计的需求,但诸如 CNN 这类网络容易受到噪声的影响。因此,近年来,将 DWT 与 CNN 结合的策略已经引起了人们的关注,并逐渐成为 TSC 研究领域的一个热门议题。代表性的研究包括 Wavelet - FCN(Wavelet Based FCN)和 mWDN(Multilevel Wavelet Decomposition Network)。

Wavelet - FCN 结合了不同分辨率下 DWT 系数的深度特征。在此方法中,首先使用 Haar 小波对原始时间序列数据执行多分辨率分解。接着,通过多路 FCN,从原始时间序列数据和不同分辨率的 DWT 系数中分别提取特征。最终,整合这些多路的深度特征以得到最后的分类输出。在 UCR 数据集上的实验表明,该策略的分类效果优于单纯使用 FCN 的效果。

另一方面,mWDN 是一种将小波分解集成到神经网络中的策略,如图 3 - 7 所示。这允许网络自动地学习与当前分类任务相适应的小波基。该策略首先使用 Daubechies4 小波基作为待学习小波基的初始点，随后对输入数据进行三层的 DWT 分解。每一层的高频和低频参数都被送入相应的分类网络进行处理。最终，利用决策融合技术综合各个分类器的输出，得到最后的分类结果。mWDN 通过 CNN 自适应地学习当前任务的最佳小波基，为 DWT 和 CNN 的融合提供了一种新的方法。在 40 个 UCR 数据集上的测试显示，它的分类准确率稍微优于 Wavelet - FCN。

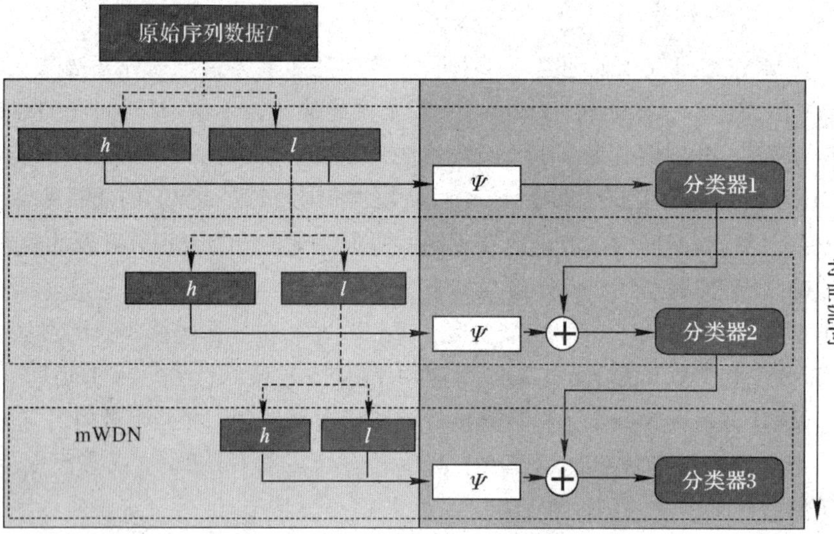

图 3 - 7　mWDN 框架示意图

三、基于上下文信息的单变量时间序列分类方法

在 TSC 研究中，所谓的上下文信息通常指的是一些关键时间段内对分类有决定性影响的相互关联的信息。这种上下文信息不是直接从一个单独的时间片段中获取的，而是来自于这个片段与其他片段间的相互联系。例如，在动作识别中，不同的动作组合会决定一个特定的行为类型；而在机器翻译中，一个词可能根据其上下文有着不同的解释。根据提取上下文特性的方式，基于上下文信息的分类策略可以被归为两类：一类是基于自相关特性，另一类则是基于上下文关联模型。前者利用特定的操作（如向量运算或距离度量）建立上下文的联系，而后者则采用更复杂的线性或非线性模型来学习这些关系。

1. 基于自相关特征的分类方法

分类方法基于自相关特性构建序列数据的不同时间段之间的联系，并通过这种联系进行分类。根据相关性范围的差异，这些方法可以被划分为基于整体自相关特征和基于局部自相关特征的分类策略。前者利用自相关函数（Auto Correlation Function，ACF）描述整体序列数据在不同延迟时间下的相关性；而后者侧重于描述序列数据中局部点或片段在不同延迟时间下的相关性。接下来，我们将详细探讨这两种策略。

（1）基于整体序列自相关特征的分类方法。分类方法基于整体序列的自相关特性经常采用序列数据的自相关系数作为特征来实现。这些系数通过 ACF 变换从序列数据中获取，目的是量化在不同的延迟时间下观测值的关联程度。无论是在平稳序列数据还是在非平稳序列数据(本文中,非平稳序列数据指随时间变化的均值和方差的数据)的分类中,使用自相关系数作为特征的方法都被广泛探索。

BAGNALL 首先尝试对其生成的平稳序列数据使用自相关系数进行分类。他利用多种自回归(Auto Regressive,AR)模型产生了不同的序列数据类别。接着,他计算了这些数据的 ACF、DFT 系数和 AR 模型参数,从而得到了原始序列的三种不同表现形式。之后,他利用欧式距离、DTW 等方法来对原始和变换后的数据进行分类。研究结果显示,自相关系数的分类性能仅次于 AR 模型系数。

鉴于实际生成的序列数据大部分为非平稳,CAIADO 深入研究了自相关系数在平稳和非平稳序列数据分类中的表现。在这项研究中,他利用 AR 滑动平均(AR Moving Average,ARMA)模型产生了大量的平稳序列,而用整合移动平均 AR(AR Integrated Moving Average,ARIMA)模型产生了大量的非平稳序列。他构建了一个包括平稳和非平稳两种序列数据的数据集,随后计算了这些数据的 ACF、偏 ACF(partialA CF,PACF)和 PS 变换系数。利用距离度量,他对这些系数以及原始序列进行了分类。研究发现,自相关系数在平稳与非平稳序列数据分类上的性能超过了其他方法,并且随着序列长度的增加,分类准确性也提高了。

BAGNALL 在涵盖大量实际数据的 UCR 数据集中应用了自相关系数作为分类特征。他先是使用 ACF、PS 和 PCA 对原始序列进行了转换,然后结合欧氏距离和 1NN 分类器,对这三种变换系数以及原始序列进行了分类。实验结果显示,基于 ACF 的分类效果优于其他两种变换,但稍逊于原始序列数据的分类效果。

(2)基于局部序列自相关特征的分类方法。局部序列自相关特征的分类方法利用滑窗技巧,将不同滞后时间的序列数据点或片段通过特定的计算进行关联,从而将 ACF 表示的全局自相关性细化到局部范围。根据其处理的数据范围,这种方法可以进一步细分为点对点自相关特征分类和段对段自相关特征分类。接下来,我们将详细讨论这两种策略。

1)基于点对点自相关特征的分类方法。点对点自相关特征的分类方法侧重于构建序列数据中各个时刻点间的关系来捕获上下文信息。近期的研究中提出了一个有趣的思路,即将序列编码成图像来形成这些关联。代表性的图像转换策略有格兰姆角场(Gramian Angular Fields, GAF)和马尔可夫转换场(Markov Transition Fields,MTF)。

GAF 先是把序列数据转化为一个二维反余弦角度场,接着利用余弦和正弦函数将这个角度场分别映射为格拉姆合角场(Gramian Summation Angular Fields,GASF)和格拉姆差角场(Gramian Difference Angular Fields,GADF)。而 MTF 则通过统计序列中任意两点的转换概率,从而把序列数据映射到一个概率场上,接下来再通过分位数框架进行概率场的转换。GAF 主要捕捉了序列数据的幅度信息,而 MTF 则是描述了序列数据的趋势变化信息,这两者之间具有显著的互补性。

为利用 GASF 和 MTF 的优势,某篇文献提出了将序列数据转化为双通道图像,然后使用平铺的卷积神经网络(Tiled CNN,TiledCNN)从这些图像中提取特征进行分类。这种方法在 10 个 UCR 数据集上的表现明显优于 DTW＋1NN。考虑到基于余弦函数生成的

GASF 可能丧失了相位信息，WANG 进一步加入了 GADF，把序列数据转换为三通道图像，并采用 TiledCNN 进行分类。经过在 20 个 UCR 数据集的实验验证，相较于早期的研究，这种方法的分类准确率有所提高。尽管 GAF 和 MTF 从幅度和趋势的角度提供了转换图像的新思路，但由于多通道图像所带来的高计算成本和相对不足的分类效果，近年来它们在 TSC 领域的热度已经有所降低。

2）基于段对段自相关特征的分类方法。段对段自相关特征的分类方法侧重于揭示序列数据中各时间片段的相互关系以获取上下文信息。此种方法经常采用递归图（Recurrence Plot，RP）将序列数据转化为图像，为我们提供了一个分析序列数据中的周期性、混沌特性和非平稳性的视角。这个方法的工作原理是将序列数据映射到高维的相空间，并对这些空间中的状态（代表子序列）之间的欧式距离进行计算，以确定转换图像中的像素值。

现有的方法有多种，包括基于递归模式压缩距离（Recurrence Patterns Compression Distance，RPCD）的分类、基于递归模式袋（Bag of Recurrence Patterns Model，BoR）的分类、利用深度卷积神经网络进行的 RP 分类（RP Classification Using Deep CNN，RP－CNN），以及结合 Inception 结构的多尺度符号 RP 分类（Multi－Scale Signed RP Classification Using Inception Architectural Networks，MS－RP－Inception）。

RPCD 方法是首个将 RP 融入时间序列分类的策略，它转化序列数据为 RP 图像，接着应用 Campa－Keogh 距离测量不同 RP 图像之间的相似度，并采用 1NN 分类器进行分类。得益于 RP 图像所展现的丰富纹理特性，此方法在 38 个 UCR 数据集上表现出了比 DTW＋1NN 分类器更优越的性能。

BoR 方法整合了先进的图像特征抽取策略。它从每个 RP 图中分离出 K 个尺度不同的图像片段，并采用 SIFT 技术从这些片段中抽取纹理信息。随后，从这 K 个特征向量中进行 M 个聚类，并应用局部约束线性编码将这 M 簇特征向量转化为直方图描述符。最后，该描述符使用线性 SVM 进行分类。在 45 个 UCR 数据集中，BoR 显示出比 RPCD 更好的分类效果，并且还有潜力通过采用图像分类领域的更高级的特征抽取和分类技术来进一步优化。

RP－CNN 对 BoR 的方法进行了优化，将 CNN 应用于 RP 图像分类。通过设计一个包含两个卷积层、两个全连接层以及池化层的简洁网络结构，RP－CNN 在 20 个 UCR 数据集上展示了超越 BoR 的分类性能。

MS－RP－Inception 在 RP－CNN 的基础上做了两方面的创新。首先，考虑到 RP 在处理序列数据的尺度变化时的局限性以及其趋势判断混淆的问题，它提出了多尺度有符号 RP（Multi－Scale Signed RP，MS－RP）作为改进。然后，为了克服 CNN 在多尺度特征抽取上的不足，它引入了 Inception 模块到 FCN 中，以增强其多尺度特征抽取的能力。MS－RP－Inception 在 85 个 UCR 数据集上展现了基于 RP 图像转换的最佳分类性能。

2. 基于上下文关联模型特征的分类方法

基于上下文关联模型特征分类方法，依赖于复杂的线性模型，如 AR、ARMA 和 ARIMA 模型，或非线性模型，如递归神经网络，来自动捕获上下文联系。接下来，我们将分别深入探讨这两类模型在 TSC 领域的相关研究。

(1)基于线性模型的上下文关联建模。利用线性模型对上下文关系进行建模的策略针对三种数据类型:平稳序列、受噪声影响的平稳序列和非平稳序列。这些策略分别使用AR、ARMA 和 ARIMA 模型来进行建模,并提取这些模型的参数作为 TSC 的特征。

使用 AR 模型的参数作为特征可以有效地区分不同类别的平稳序列。其分类效果明显优于 ACF、PS 等特征和原始数据。

实际产生的平稳序列经常受到外部噪声的影响。例如,桥梁的振动响应可以显示其健康状况,但外部振动会干扰对桥梁的观察。CARDEN 采用 ARMA 模型来处理这种数据,通过计算序列数据的 AR - MA 模型参数,并使用 χ^2 测试来评估待检验数据与训练数据之间模型参数的相似性进行分类。实验显示,这种方法可以有效地区分健康和非健康状态的桥梁振动响应信号。

BAGNALL 在含有大量实际数据的 UCR 数据集上对 ARMA 模型的分类效果进行了检验。首先,这种方法分别计算了序列数据的 ACF 系数、PACF 系数和 ARMA 模型参数,共三种变换表达。接着,它构建了一个集成分类器,分别对上述三种变换和原始数据进行分类。但实验显示,ARMA 模型参数在四种方法中的表现最差。原因可能是 ARMA 模型并不适合处理非平稳序列。

为了更好地处理非平稳信号,引入了 ARIMA 模型。该模型可以通过多重差分将非平稳序列数据转化为平稳信号。CORDUAS 采用了 ARIMA 模型来建模序列数据,先计算了逆 ARIMA 模型的参数,并找到训练数据中每一类的中心。之后,计算了待分类样本与各个类别中心之间的距离,最终使用 1NN 分类器进行分类。这种方法在两个小数据集上都获得了不错的表现。鉴于许多实际的序列数据都是非平稳的,ARIMA 模型在 TSC 任务中显示了线性模型中的卓越泛化能力。

(2)基于非线性模型的上下文关联建模。相比线性模型,非线性模型具有更出色的适应性,它可以处理各种类型的序列数据,无论是平稳还是非平稳。一些基于非线性模型的代表性研究包括基于学习模式相似度(Learned Pattern Similarity,LPS)的策略、传统的循环神经网络(RNN)、长短时记忆网络(LSTM)以及时间扭曲不变的回声状态网络(Time Warping Invariant Echo State Network,TWIESN)。

LPS 方法使用回归森林来捕捉序列段之间的关系。它首先通过滑动窗口将整体序列切分为多个子序列,然后串联这些子序列。接下来,它利用随机回归森林训练模型,建立子序列间的连接。最终,统计每个序列在森林中落入的各个叶节点的数量,作为新的特征表示,并采用欧氏距离和 1NN 分类器进行分类。尽管 LPS 通过回归森林为整体序列样本建立了局部非线性关联,但由于所建立的非线性关系较为简单,其分类表现并不理想。

在最近几年中,RNN 因其在构建时间序列关联中的卓越能力而在 TSC 中受到重视。RNN 通过神经元的递归链接捕获序列数据的时间动态。在数据被顺序输入网络后,RNN 进行递归操作并最终输出一个类别标签。但是,传统的 RNN 由于其递归性质在处理长序列时容易遭遇梯度消失问题。为解决这一问题,LSTM 引入了遗忘门、输入门和输出门三个关键结构,以有效地缓解梯度消失,使其更适合处理长序列数据。

而 TWIESN 则介绍了一种称为回声状态网络(Echo State Network,ESN)的结构,它的心脏是一个稀疏连接的随机 RNN,被称为“库空间”。每个时刻的序列数据都可以在库空间中被映射到一个更高的维度。接着,利用一个线性回归分类器判断每个时刻的序列数据类别,通过综合所有时刻的分类预测来决定整个序列的最终类别。TWSEIN 能够维护序列内部的时间关联,并在某种程度上处理序列的时间扭曲,但对于长序列数据,其表现仍然不尽人意。

四、基于信息融合的单变量时间序列分类方法

对于许多 TSC 任务来说,即便是采用了最佳的序列数据转换形式,一个单独的转换形式可能仍然不足以提供完整的分类信息。结合多种转换形式能够从不同的视角揭示序列数据的特征,因此整合这些转换形式的分类信息是提高分类效果的关键。同时,因为各种转换都具有明确的物理内涵,基于信息整合的分类方法往往也更易于解释。主要的研究工作包括:基于多转换集成的(Transformation - Based Ensembles,TE)分类方法、基于多转换决策整合的(Collective of Transformation - Based Ensembles,COTE)分类方法、基于层级投票的(Hierarchical Vote Collective of Transformation－Based Ensembles,HIVE - COTE)分类方法以及基于时间序列的异构和集成嵌入方法(Time Series Combination of Heterogeneous and Integrated Embedding Forest,TS - CHIEF)。

TE 方法从时间关系、形态特性和频率信息三个角度来捕捉序列数据的分类信息。它引入了 ACF、PCA 和 PS 三种不同的转换形式,这些转换分别对应于上述的三种信息。之后,使用线性 SVM、贝叶斯网络等分类器分别对这三种转换形式进行分类,并将这三种转换的分类决策进行整合以得到最终的分类结果。尽管 TE 方法通过整合多种转换形式的信息显著提高了分类效果,但这三种转换并不一定完全匹配上述的三种信息的物理内涵。

COTE 方法集成了 Shapelets、PS 和 ACF 三种转换形式,这些转换形式更加与 TE 中提到的三种分类信息相契合,如图 3 - 8 展示的。该方法先对序列数据进行上述三种转换,然后构建出包含三种转换形式的集成分类器(其中包括 KNN、线性 SVM 等 8 种主流分类器)。这三种集成分类器与 EE 分类器一起形成了 COTE 的集成框架。最后,基于 COTE 的 35 种分类器的加权融合,输出最终的分类结果。COTE 在 72 个 UCR 数据集上的表现是当时的领先水平,但该方法在分类器的异构性及偏向全局信息方面存在一些不足。

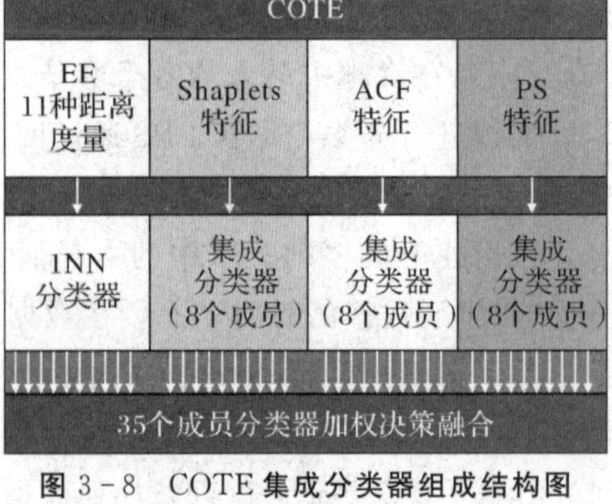

图 3 - 8　COTE 集成分类器组成结构图

HIVE-COTE方法通过集成多种异构分类器来弥补COTE的不足，如图3-9所示。该方法整合了5种不同的分类组件：基于全局形态的EE分类器、基于局部形态的Shapelets分类器(其中有8种不同的分类器)、基于多尺度形态特征的TSF分类器、基于多尺度频率特征的BOSS分类器，以及基于多尺度自相关特征的RICE分类器。HIVE-COTE对上述5种分类组件及其内部的各种分类器进行加权，构建了一个分层的加权决策融合框架来完成分类任务。尽管HIVE-COTE比COTE取得了更好的效果，但其分类决策仍然偏重于形态信息，并且因其复杂的框架造成了很高的计算成本。

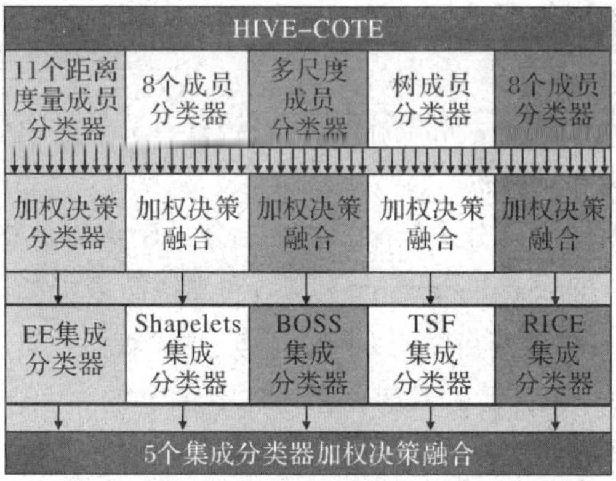

图3-9　HIVE-COTE集成分类器组成结构图

TS-CHIEF方法优化了HIVE-COTE，移除了TSF和Shapelets组件，从而克服了HIVE-COTE在形态信息偏见上的问题。此外，TS-CHIEF采取了与ProximityForest相似的集成策略，以减少计算需求。在构建分类树时，每个节点会随机选择一个类别原型，并利用EE、BOSS、和RICE生成多个分支策略。接着，该方法确定每个节点的最佳分支策略，并递归生成分类树和森林。实验证明，与HIVE-COTE相较，TS-CHIEF在分类效果和运算速度上都有所优化，成为当前最先进的传统分类策略。

第三节　多变量时间序列分类方法

单变量时间序列数据分类仅关注对象的一个特征，并为其分配一个标签。但在当前技术进步的社会，由于尖端的传感器技术，多变量数据的采集变得日益普遍。尽管单变量时间序列分类已经被深入研究，但由于多变量时间序列在数据结构和变量间关系上更为复杂，对其的探索显得尤为重要。因此，本节将讨论多变量时间序列的各个方面。

多变量时间序列数据集中，我们可以使用一个张量(N,Q,M)来描述这些数据。其中，N代表时间序列样本的总数，Q代表所有样本中具有的最大时间步长数量，而M则代表在每个时间步长中的变量数量。当我们说到单变量时间序列时，实际上是指$M=1$的情境。

在一个多变量时间序列数据集中，各数据的序列长度并不总是一致的。也就是说，在N个样本中，每个样本的序列长度可能会有所不同。Q表示这些样本中最长的时间序列的长度。此外，时间序列自带的时间顺序性和多变量时间序列的高维特性，使得处理这类数据变得更为复杂和具有挑战性。

为了准确分类多变量时间序列数据，全球的研究者已深入探讨了多年，产生了大量的分类算法。通过对相关文献的搜集和分析，我们可以简要地将这些方法分为七大类。接下来，我们将详细探讨这些分类方法的相关研究。

一、基于距离的多变量时间序列分类方法

基于距离的多变量时间序列分类方法，依赖于距离公式来确定序列间的相似性，再利用这种相似性来构建分类器对数据进行分类。现有多个函数可以衡量多变量时间序列的相似性，如基于数据误差分布的距离函数(Data Error Distribution Distance Function，EDF)和欧式距离(Euclidean Distance，ED)。其中，DEDF方法将多变量时间序列视为概率分布，而欧式距离则更适用于均匀分布的数据。

基于距离的多变量时间序列分类策略旨在创新新的距离测量技术。这些技术一旦开发完成，常与K-近邻(K-Nearest Neighbor，KNN)和支持向量机(Support Vector Machine，SVM)等经典分类器配合，对多变量时间序列进行分类。动态时间规整(DTW)被广泛认为是这方面的顶尖基准方法，特别是用于多变量时间序列分类。基于DTW，研究者们推导出许多变种来评估序列的相似度。例如，部分学者提出了一种结合时间扩展的方法，该方法利用离散支持向量机(Temporal Discrete Support Vector Machine，TDVM)将时间数据模型化为特定的形状。有些学者引入了一个结合马哈拉诺比斯距离(Mahalanobis Distance，MD)的DTW，名为MDDTW，其优化了DTW的局部距离测量函数。

尽管这些基于距离的方法已经在减少时间和提升效率上做出了贡献，但它们仍然需要通过距离公式计算样本间的距离，并据此构建分类模型。这意味着在某种程度上它们仍然需要面对计算成本的挑战，并没有从本质上解决算法效率的问题。

二、基于特征的多变量时间序列分类方法

基于特征的多变量时间序列分类策略是通过特征向量来描述原始数据，并依据这些特征构建分类模型，如KNN分类器。这种方法的效果与特征向量的描述能力密切相关。根据特征描述的方式，这类方法可以进一步分为：手动描述和学习描述。

某些研究者提出了利用奇异值分解(SVD)的方法手动提取特征，通过SVD获得多变量时间序列的特征矩阵，进而采用SVM分类器实现分类。基于SVD，还有研究者引入了2DSVD方法来抽取多变量时间序列的特征，这能更直观地捕捉MTS样本的二维特性。此方法通过计算样本的行间与间协方差矩阵的特征向量进行特征抽取，随后用KNN分类器实现分类。另外，也有研究者提出了局部保持投影(LPP)方法来分类多变量时间序列，这使得数据样本可以投影到低维空间，并确保与相似样本的接近性。但这些方法对噪声和异常值相当敏感，且在特征提取时并未考虑样本的标签。为了更有效地利用标签信息，一些学者提出了具有监督学习特征的方法，例如基于新符号表示的多变量时间序列分类(SMTS)。SMTS方法整体考虑了多变量时间序列的属性，而非分别处理，以捕获关系中的信息。这种

方法并不需要预设符号，而是从特征的监督算法中学习，从而减少噪声的影响。还有一些研究者提出了隐单元逻辑模型（HULM）用于多变量时间序列分类，这种方法通过二值随机隐单元来模拟数据中的时间相关性。

前述基于特征的多变量时间序列分类策略在实施和解析上相对直观，但它们受到了时间序列维度对分类效果的制约，尤其在处理效率上。当面对时间和变量维度较高的多变量时间序列时，这种方法的计算效率下降，需花费更多时间，这种局限性制约了它们的广泛采纳。

三、基于模型的多变量时间序列分类方法

自回归模型是最简单的基于模型的方法，采用自回归核的距离度量方法对多变量时间序列加以分类。自回归滑动平均模型是对自回归模型的拓展，用于对多变量时间序列响应加以拟合，并将 ARMA 系数反馈给相应分类器。这两种方法的缺陷是序列必须满足平稳假设，这在实际广泛应用中受到了严重限制。为解决该问题，引入了隐马尔可夫模型，对非平稳序列进行建模，该方法可以有效地发现数据之间的因果关系，但并不是变量之间的依赖关系，因此该方法更适用于序列预测问题。高斯混合模型可以处理可变长度的序列样本，是一种高效的多变量时间序列分类方法，通过选择合理的参数以近似表征所有的样本数据。但是，该方法的缺陷是需要事先知道混合模型的数量，这在分类问题中是事先不可预料的，因此更适合于聚类问题。

自回归模型作为最基础的模型化方法，利用自回归核的距离来对多变量时间序列进行分类。而自回归滑动平均模型则拓展了自回归模型，旨在拟合多变量时间序列的响应，并将其系数输入到分类器中。这两者的局限在于要求时间序列满足平稳性，这在实际应用中受到了一定的制约。隐马尔可夫模型为非平稳序列提供了一种建模方式，尽管它可以有效地揭示数据间的因果链，但并不强调变量间的相互作用，因此它更偏向于序列预测。高斯混合模型适应可变长度的序列，并为多变量时间序列分类提供了高效的手段，通过选择合适的参数来近似描述所有样本。但它的缺点是需要预先确定混合模型的数量，这在分类场景中是不确定的，因此它更倾向于聚类任务。

适当的模型能够有效地捕获多变量时间序列的特性，强调原始数据的关键特点，从而提升分类的准确性。但对于来源和类型各异的多变量时间序列，选择恰当的模型需要进行大量的实验性工作，并且在模型构建之前，还需要依赖于某些专业知识，这带来了局限性。基于模型的分类方法往往为特定数据量身定制，而对于新数据的适应性不足。更进一步地说，基于模型的策略与基于特征的策略在某种程度上是相似的，因为模型的参数估计本身也可以被视为是对原始多变量时间序列的一个表征。

四、基于深度学习的多变量时间序列分类方法

在过去的数十年中，随着计算机技术的飞速进步，深度神经网络已经在多个研究领域中展现出了其卓越的性能。许多研究者开始尝试将深度学习应用于时间序列分析，因为它能够自动提取数据中的关键特征。通过网络结构中的连续层次转换，这些模型可以将原始时

间序列数据映射到另一个特征空间，并在此基础上进行端对端的分类。从某种意义上说，这种方法也可以视为一种特征驱动的策略。

目前，广泛使用的基于深度学习的方法主要集中在卷积神经网络(CNN)和循环神经网络(RNN)以及它们的相关变种上。CNN模型的设计使其能够通过整合局部信息来识别特征，但在初级的CNN结构中，对序列中的长期依赖特征捕获能力有限。相对地，RNN则是依靠前一个时间步的隐藏状态来提取特定时间点的特征。尽管深度CNN和RNN模型都能较好地捕获时间序列中的依赖性，但当处理具有较长时间跨度的数据时，这些模型仍可能遇到难题。此外，它们在研究变量之间的交互性上还未深入探讨。

因此，研究者们纷纷设计出多种基于CNN和RNN的改进网络结构。例如，Yang等研究者早期就对使用深度卷积网络处理用于人类活动识别的多变量时间序列进行了尝试。有些学者则专注于采用全卷积网络(FCN)和残差网络(ResNet)来对时间序列数据进行深入分析。他们在单变量时间序列分类中实现了卓越的性能，并通过类激活图(CAM)技术来增强FCN和ResNet的可解释性，进而揭示了原始时间序列中对某一类别至关重要的时间点。此外，也有研究者设计出了一种被称为编码器(Encoder)的网络模型，这种模型的创新之处在于，它将全局平均池化层替换为注意力层，以更好地融合特征映射，而网络的最后一个注意力权重层则专注于学习时间序列中与分类任务最为关联的部分。Karim及其团队提出了一种将长短期记忆(LSTM)与全卷积网络融合的双分支模型，该模型在提高单变量时间序列分类效果上表现出色，尽管其在网络的末端仅执行了简单的特征合并。随后，Karim和其他研究者们在此基础上进一步发展，提出了MLSTM-FCN网络。通过添加压缩和激励模块，他们将这一网络从单变量时间序列分类任务扩展到了多变量时间序列分类任务。不仅如此，还有其他研究者们也开发了针对多变量时间序列分类的深度学习方法。

MC-DCNN是一种多通道深度卷积神经网络，它能够从每个通道的单一时间序列中独立提取特征。这些从各个通道中学习到的特征最后会被综合起来，构建成一个综合特征表示，用于对多变量时间序列进行分类。有研究者引入了名为TapNet的注意原型网络，专门用于处理多变量时间序列分类问题。TapNet结合了多层卷积网络与随机置换方法，使其能够从多变量时间序列数据中学习低维特征，同时，它也采用了一个全新的注意原型网络设计，以应对训练数据中标签有限的挑战。更进一步，TapNet还能够利用未标记的数据，将模型应用于半监督的学习环境。此外，还有研究者提出了名为CA-SFCN的交叉注意稳定全卷积网络。这种网络结合了时间注意力和变量注意力，旨在捕获时间序列中的长短期相关性以及变量间的互动关系，从而更精确地进行多变量时间序列分类。

相对于传统技术，深度学习方法的优势在于其自动特征提取的能力，这使得我们在处理多变量时间序列数据时，不再过分依赖于领域专家的知识。这种自我学习的特性为其带来了更高的分类精度。然而，这类方法的主要挑战在于其解释性不足，以及对大数据集和强大硬件的依赖性。更重要的是，现有的深度学习方法还没有明确地建模多变量时间序列中可能存在的依赖关系。并且，因为这些模型通常要求输入为规范的网格数据，这进一步约束了它们的应用范围和模型的表示能力。

五、基于集成的多变量时间序列分类方法

一种简单的将单变量时间序列分类技术扩展到多变量的方法是在每个维度上独立地建立模型并进行集成。这种策略为我们提供了一个评估分类器有效性的基准，并且可以模拟维度之间的依赖关系。部分学者提出了名为 COTE(Collection of Transformation Ensembles)的方法，该算法通过集成 35 个子分类器来对多变量时间序列进行分类。尽管其性能出色，但算法复杂度相对较高。基于 COTE，进一步有学者设计了 HIVE - COTE(Hierarchical Vote Collective of Transformation - based Ensembles)算法，它采用了分层的结构并引入了概率投票机制。HIVE - COTE 整合了五种不同的数据表示法的分类器，共涵盖了 37 个子分类器，目前被认为是多变量时间序列分类的领先技术，并经常被用作其他方法的基准。

此外，也有研究者探索基于堆叠集成的策略，通过将多变量时间序列分解为多个单变量时间序列，并为每个单变量建立一个分类器。最后，这些分类器的输出被集成以产生一个多变量时间序列分类器。尽管深度学习已在这一领域取得了显著进展，但其效果仍然没有超过 HIVE - COTE。为此，有研究者提出了一个名为 NNE 的集成方法，它整合了 60 个深度学习分类器，不仅超越了 COTE 的性能，而且与 HIVE - COTE 相当。

相对于单一的分类方法，采用集成方法的多变量时间序列分类通常能获得更出色的效果。然而，集成多种分类器和模型导致计算效率降低且更为耗时。这种复杂性使得它们在实际场景中的大规模应用变得具有挑战性。

六、基于特征驱动的多变量时间序列分类方法

多变量时间序列数据本质上呈现为矩阵形态。鉴于许多模型不能直接处理这种原始数据，基于特征的方法通常首先对时间序列进行预处理。这涉及先人工地从高维的原始数据中提取或转换特征，从而将数据从原始空间映射到一个低维度的特征空间。接着，我们可以使用各种分类算法对这些特征数据进行分类。根据特征的性质，这类方法可以进一步划分为基于相似度的特征方法和基于结构性的特征方法。

基于相似度特征的策略主要是通过度量原始序列间的相似度来进行分类。这些相似度特征可以进一步细分为距离相似度和模型匹配相似度。在距离相似度中，时间序列样本被看作是向量，并使用特定的算法计算向量间的距离。基于这些距离，样本被归纳为某个类并赋予相应的标签。欧几里得距离和动态时间扭曲(Dynamic Time Warping，DTW)是两个广泛使用的距离度量方法。有学者对 DTW 进行了参数化的改进，通过整合多变量时间序列的 DTW 和其导数的 DTW 来分类。尽管这种改进的 DTW 在实验中显示出比传统方法更好的效果，但它仍受到时间间隔的限制，并在不知道变量间关系的情况下难以应用于多变量时间序列。因此，有些研究者基于 DTW 和主成分分析的相似度度量对多变量时间序列进行了分段处理，以维持序列间的相关性。

而模型匹配相似度则是将多变量时间序列看作特定的随机过程，并寻找适当的模型及其参数来拟合它。如果两个样本的拟合模型及其参数相近，那么这两个样本就会被归为同

一类别。ARIMA(Autoregressive Integrated Moving Average Model)模型是其中的一个常见例子。Kalpakis利用两个时间序列的ARIMA模型进行相似度度量,在时间序列聚类中得到了比传统方法更好的效果。选择适当的模型进行数据拟合是这种策略的核心环节。

基于结构特征的策略关注于从时间序列中抽取统计或结构化信息来进行分类。这类方法可能会提取如最大值、最小值、平均值、方差、频率、周期和Shapelets等统计信息。多变量时间序列的统计特征虽然简洁,但能有效地表示原始数据。例如,在DF平台DCIC大赛的一个混凝土泵车砼活塞故障预警任务中,我们采用梯度提升树来挖掘这些统计特征,得到了一个0.622 1的基准分数,与第一名(0.634 9)的差距仅为1个百分点。还有研究者考虑使用时间序列的均值和方差作为描述其特性的参数,为分类算法带来了更多的数据洞察。Liu及其团队设计了一种基于Shapelets来识别复杂人类行为的策略,该方法关注于提取最有代表性的子序列来进行分层识别。但由于Shapelets搜索子空间的挑战,该方法在计算上仍然较为昂贵。

转化时间序列的技术包括离散傅里叶变换(Discrete Fourier Transform,DFT)、离散小波变换(Discrete Wavelet Transform,DWT)、符号聚合近似(Symbolic Aggregate Approximation,SAX)和奇异值分解(Singular Value Decomposition,SVD)。Kavae及其团队采用短时间DFT来抽取癫痫患者脑电波的特征,成功地提高了癫痫预测的准确性。其他研究者使用DWT将脑电波信号划分为不同频段并提取有效特征。而Bilal等人在SAX方法的基础上,引入了新的字符标记将时间序列转化为字符序列。Weng及其团队利用了二维SVD策略来分析多变量时序数据的协方差矩阵,这在数据分类和聚类上都取得了更好的效果。

经过特征的提取和转换,我们可以将数据输入到传统的统计或机器学习模型进行分类。隐状态条件随机场和隐状态逻辑模型都能对时间的依赖关系进行建模,有效地处理复杂的分类边界问题。常见的机器学习方法包括k-近邻、支持向量机和随机森林等。尽管这些方法可以根据给定特征有效地分类数据,但数据的多样性和复杂的领域知识可能会制约其进一步的应用。而且,这些方法可能没有充分挖掘数据的全部特征。为了更全面地捕获原始序列的特点,我们可能需要整合不同的特征提取策略。但这也意味着更多的重复劳动和更高的时间成本。

七、基于数据驱动的多变量时间序列分类方法

为了解决传统方法的局限性并提升分类的速度和精度,深度学习在多变量时间序列分类领域受到了越来越多的关注。与传统方法不同,深度学习依赖数据来进行分类,并通过深层神经网络的强大非线性处理能力来自动发现数据中的隐藏规律。这样的方法不但降低了对数据多样性和专业知识的依赖,而且可以从多个维度全面捕获数据特征,具备优异的鲁棒性和泛化能力。当前,深度学习已广泛应用于多变量时间序列分类的各种场景中。

卷积神经网络(Convolutional Neural Network,CNN)因其出色的特征提取能力备受关注。这种网络能有效地过滤噪声,并能分层次地从简单到复杂地提取多变量时序数据的特征。Zheng及其团队提出了一个名为MC-DCNN的多通道深度卷积神经网络。该模型对

每个数据维度进行降维处理以单独提取其潜在特征，最终将这些特征整合进行分类。这种方法成功地解决了基于结构特征方法相对于基于相似性特征方法在效率和准确性上的短板。

与此同时，Yang 等人直接采用一维卷积来处理原始数据的时间维度，从而提取高维特征。每个卷积核的局部特征相互强化，显著提升了模型的表现。而 Yi 等人对时序神经网络的局限性提出了质疑，因为传统模型往往假设时序数据之间存在完全连接，这在高维情境下并不适用。为此，他们引入了 G - RCNN(Grouped - Recurrent Convolution Neural Networks)，这个模型基于多变量时间序列的协方差结构，将输入数据进行分组。

为了使 CNN(Recurrent Neural Network)更好地处理时间序列，一些研究者开发了基于 CNN 的传感器网络(SensorNet)，该方法直接对经过转换为图像的多变量时间序列进行特征提取。实验结果显示，该方法不仅速度快，而且效果出色。

此外，一些研究者尝试将股票的买入和卖出价格转换为二维图像，并用 CNN 来识别买卖之间的关系，从而获取有价值的交易信息。但也有学者指出，多变量时间序列与图像在本质上是有差异的，例如图像通常有颜色通道，而时间序列数据则没有；图像中的像素点没有时间关系，而时间序列数据恰恰相反。基于这些考虑，一些学者提出了 MVCNN，该网络利用不同尺度的卷积核对数据进行处理，以最大化地提取数据的相关性特征。

循环神经网络(RNN)以其保留时间序列信息的特点而著称，尤其擅长捕捉序列中的非线性特性。通过循环单元和它们之间的连接，RNN 能够理解序列中的时间依赖关系。一些学者已成功地利用含有 128 个长短时记忆(Long Short - Term Memory，LSTM)单元的双层网络对病患的健康状态进行判断。

为了更深入地挖掘序列的时间属性，有研究者使用回声状态网络(Echo State Network，ESN)和 LSTM 的编解码结构来编码和压缩原始的多变量时间序列，目的是分类。通过无监督的方式训练后，数据会更集中地展示有效特征，并减少对领域知识的依赖。

考虑到多变量数据降维的问题，有的研究者选择使用门控循环单元(Gated Recurrent Units，GRU)来模型化飞行器的传感器数据，以便识别其中的异常。测试结果显示，该模型对异常非常敏感，能有效地进行异常检测。

有观点认为 ESN 的强大之处在于其能够在数据的时间扭曲下保持稳定的泄漏整合神经元，从而能够捕捉多变量时间序列的动态变化。此外，有学者采用 LSTM 对工业机器的传感器状态数据进行分类，以预测并及时识别出机器的故障。

为了更明确地揭示多变量时间序列中的空间信息，有研究者结合 DWT 技术和注意力机制，提出了多尺度 LSTM 模型，并已成功地将其应用于网络流量的监控。

然而，也有声音提及，由于 RNN 及其衍生网络计算速度较慢且资源消耗较大，所以它们在实际应用中的研究成果相对较少。

除了 CNN 和 RNN，多变量时间序列分类还引入了其他的深度学习模型，如自编码器、限制玻尔兹曼机、残差神经网络和深度置信网络(Deep Belief Network，DBN)。每一种模型都有其独特之处，通过结合不同的模型可以更有效地提取隐藏信息，从而增强分类的精确性。例如，有学者将 DBN 与多层感知器相结合，以挑选股票组合。该研究中，输入数据是精心挑选的股价时间序列，显示了复杂的神经网络在领域知识上的优势。

还有研究者提出了基于 CNN 和 LSTM 的 DeepConvLSTM 模型，这种结合的学习模型能自动识别卷积处理后的时间依赖特性。但 DeepConvLSTM（Deep Convolutional Long Short - Term Memory）主要关注指定时间窗口的子序列，可能忽视了更高层的关系。为此，有研究者进一步提出了 LR - ConvLSTM（Long - Term Recurrent Convolutional LSTM network）模型，该模型首先结合 CNN 和 LSTM 提取时间和空间特征，然后进一步学习这些特征之间的映射关系。

另有学者提出了 MLSTM - FCN（Multivariate Long Short - Term Memory Fully Convolutional Network）模型，该模型使用 FCN 和 LSTM 分别从时间和变量维度提取信息，同时应用注意力机制提高 LSTM 的性能。此模型在多个数据集上的测试都展现出了很高的有效性。

有些学者则是将 Inception 和 GRU 结合起来，为 CNN 引入了更多的结构变化。实验证明，结合卷积层和循环层可以提升模型性能，因为卷积层可以捕获空间关系，而循环层则可以模拟时间关系。考虑到这一点，有研究者使用了 DDCN（Deep Dilated Convolutional Networks）来避免由于池化层引起的信息损失，同时还使用了 SRU（Simple Recurrent Unit）来简化 RNN 的计算，从而提高计算效率。

总体而言，各领域研究者根据其特定的数据集，如故障检测、健康跟踪和行为判别，已取得了众多成果。随着深度学习技术的进步，我们可以预期基于数据驱动的多变量时间序列分类的研究会持续扩展和深化。

第四章 传统时间序列预测方法

传统时间序列预测方法是在确定时间序列参数模型的基础上，求解出模型参数，并利用求解出的模型完成未来预测工作。传统时间序列预测方法基于统计学原来，其最初主要为单变量、同方差和线性时间序列设计。随着研究的深入，这些方法已逐渐能应对多变量、异方差和非线性的时间序列建模。

1927 年，英国的统计学家 George Udny Yule 引入了自回归(AR)模型，旨在模拟太阳黑子的活动情况。这标志了传统时间序列预测方法的萌芽。仅仅四年后，1931 年，Gibert Walker 提出了移动平均(MA)模型。接着，他进一步整合了 AR 和 MA，从而构建了自回归移动平均(ARMA)模型。AR、MA 和 ARMA 模型构建了时间序列预测的核心框架，并在单变量、同方差、线性的平稳序列预测中发挥了主要作用。即使在现今，ARMA 模型在特定领域依然备受推崇。例如，使用 ARMA 模型预测工业中齿轮的断齿故障强度；在噪音环境下采用 ARMA 模型预测风力发电的产量等。

1970 年，George Box 和 Gwilym Jenkins 在他们的经典著作 *Time Series Analysis Forecasting and Control* 中，介绍了差分整合移动平均自回归(ARIMA)模型。与 AR、MA 以及 ARMA 模型形成对比，ARIMA 的独特之处在于它能够处理非平稳序列。它首先通过差分手段将非平稳序列转为平稳状态，接着依赖自相关函数及偏自相关函数对这一平稳序列进行验证。根据这一验证结果，可以选取 AR、MA 或 ARMA 模型来适配该平稳序列。ARIMA 模型被广泛应用于众多领域，如电价预测、工伤死亡率的预测等。

不过，AR、MA、ARMA 和 ARIMA 这些模型均基于时间序列的单变量、同方差和线性特性。现实中，大量时间序列展现出多变量、异方差和非线性特征。因此，仅仅基于这些模型的预测策略已难以满足实际应用的复杂需求。

为了处理多变量时间序列，Cox 和 Jenkins 在 1976 年引入了动态回归模型 ARIMAX。尽管 ARIMAX 模型要求时间序列是平稳的，但当面对非平稳或平稳性不足的序列时，该模型可能导致虚假的回归结果。为了解决这一问题，1981 年，Granger 首次引入了“协整”这一概念。在 1987 年，他与 Engle 共同完善了协整的完整理论和方法框架。通过协整检验，多变量的非平稳时间序列回归问题得到了有效处理，大大降低了虚假回归的风险。

而针对时间序列中的异方差性，Engle 在 1982 年提出了自回归条件异方差(ARCH)模型，为传统的时间序列分析带来了可变方差处理的新方法。由于 ARCH 模型能够精确地捕捉时间序列中的波动性变化，它在金融领域得到了广泛应用，尤其是在市场决策和风险评估方面。然而，ARCH 模型在处理异方差函数的短期自相关上存在局限。为了克服这一挑战，Bollerslev 于 1985 年扩展了 ARCH 模型，提出了广义 ARCH(GARCH)模型，它更好地体现了实际数据中的长期依赖性。

在面对非线性时间序列时，1978 年，汤家豪及其团队引入了门限自回归(Threshold Autoregressive，TAR)模型。TAR 模型的核心理念是利用多个线性模型的组合来捕获非线性对象的动态特征。虽然 TAR 模型是一个参数化模型，但在其问世后，研究者们也逐渐提出了各种非参数模型，例如非参数自回归(Nonparametric Autoregressive，NAR)模型。

虽然传统的时间序列预测方法在某些场景中具备不错的预测效果，但它们往往忽略了外部因素和预测目标之间的潜在因果联系。这些方法主要是基于时间维度来建模预测对象，将所有潜在的影响因素都归结于时间进程上。因此，当某些关键影响因素出现显著变化时，这些传统方法的预测准确性可能会受到严重影响。

第一节　自回归模型

自回归模型(AR，Auto Regressive)是在 1927 年 Yule 的研究论文中提出的。这是一个回归模型，其中回归因子是响应变量 Z_t 的 p 滞后值，其中 p 被称为 AR 过程顺序。AR 过程描述为

$$Z_t=\phi_0+\sum_{i=1}^{p}\phi_i Z_{t-i}+\sigma\varepsilon_t \tag{4-1}$$

式中：项 ε_t 是 i. i. d. (0，1)白噪声过程(通常使用高斯白噪声)；p 是要固定的超参数；$\{\phi_0,\phi_0,\cdots,\phi_p,\sigma^2\}$是模型参数。

AR 框架将给定其过去值的 Z_t 的条件均值 f 建模为其 p 个过去值的线性回归，而其条件方差 g^2 是常数，等于 σ^2。众所周知，AR 过程是平稳的，当且仅当其特征公式$(1-\phi_1 y-\phi_2 y^2-\cdots-\phi_p y^p=0)$的根都在单位圆内，即$|y_i|<1,i=1,\cdots,p$。

必须注意的是，Z_t 独立于未来误差项$\{\varepsilon_{t'},t'>t\}$，并且通过其过去的值与过去的误差项$\{\varepsilon_{t'},t'<t\}$相关。例如，在 AR(1)模型中，$Z_t$ 取决于 Z_{t-1}，Z_{t-2} 本身取决于 ε_{t-1} 和 Z_{t-3}，依此类推。最终，Z_t 依赖于所有过去的误差项。

一、自协方差函数

AR 过程的一阶矩和二阶矩如下：

$$E[Z_t]=\phi_0+\sum_{i=1}^{p}\phi_i E[Z_{t-i}]\Rightarrow E[Z_t]=\frac{\phi_0}{1-\sum_{i=1}^{p}\phi_i} \tag{4-2}$$

$$\begin{aligned}\gamma(h)&=\mathrm{Cov}(Z_t,Z_{t+h})=\mathrm{Cov}\Big(Z_t,\sum_{i=1}^{p}\phi_i Z_{t+h-i}+\sigma\in_{t+h}\Big)\\&=\sum_{i=1}^{p}\phi_i\gamma(h-i),h=0,1,2,\cdots\end{aligned} \tag{4-3}$$

注意，如果 ϕ_0 为空，那么 Z 是一个零均值过程。此外，AR 过程具有有限均值，当且仅

当 $\sum_{i=1}^{p} \phi_i \neq 1$。

当AR过程是平稳的时，其自协方差函数 $\gamma(h)$ 具有指数衰减的无限范围，即 Z_t 与时间上的附近值的相关性比高阶滞后值更大。让我们展示AR过程的这个结果。很容易证明 $\gamma(h)=\gamma(0)(\phi_1)^h$。根据平稳性性质，当 h 变为无穷大时，$\gamma(h)$ 应该变为零，这意味着 $|\phi_1|<1$。这个结果可以推广到AR(p)模型，即 $|\phi_i|<1, i=1,\cdots,p$。

二、偏自相关函数

偏自相关(PAC)函数是 Z_t 和 Z_{t+h} 之间的自相关，其中 Z_t 对 Z_{t+1} 到 Z_{t+h-1} 的依赖性已被去除。从数学上讲，PAC没有提供任何关于所研究过程的新信息。在实践中，PAC通常用于识别AR过程的顺序，因为AR(p)过程的部分自相关从 $lag p+1$ 为零。基于样本PAC的估计对异常值很敏感。

三、参数学习算法

AR(p)模型有 $p+2$ 个参数，$\phi=\{\phi_0,\phi_1,\cdots,\phi_p\}$ 和 σ^2，这些参数必须根据观测 $\{z_t\}_{t=1}^{\mathrm{T}}$ 进行估计。此后公开的三种方法可以用于此目的。

1. 最大似然估计

p 阶自回归模型的条件似然函数 L_c 是观测样本 $\{z_t\}_{t=p}^{\mathrm{T}}$ 知道前 p 个值和参数(ϕ,σ^2)的概率。它写为

$$L_c(\phi,\sigma^2)=P(Z_p^{\mathrm{T}}=z_p^{\mathrm{T}} \mid Z_1^p=z_1^p;\phi,\sigma^2)=\prod_{t=p}^{T} P(Z_t=z_t \mid Z_{t-p}^{t-1}=z_{t-p}^{t-1};\phi,\sigma^2) \quad (4-4)$$

式中：$Z_t^{t'}=(Z_t,\cdots Z_{t'})$，其中 $t\leqslant t'$，条件概率 $P(Z_t=z_t \mid Z_{t-p}^{t-1}=z_{t-p}^{t-1};\phi,\sigma^2)$ 由残差 ε_t 定律方程给出。例如，当考虑高斯白噪声时，条件概率也是高斯的，平均值 $\phi_0+\sum_{i=1}^{p}\phi_i z_{t-i}$，方差 σ^2。

通过最大化 L_c 相对于参数(ϕ,σ^2)。这种最大化通常是由数字驱动的，但在高斯白噪声的情况下，可以导出分析表达式。

2. 普通最小二乘法

AR(p)参数可以用普通最小二乘法估计：

$$\hat{\phi}_{LS}=(D^t D)^{-1} ZD \quad (4-5)$$

式中：$D=\{D_{i,j}=z_{i-j}\}_{i=p+1,\cdots,T,j=1,\cdots,p}$ 是 $(T-p)\times(p+1)$ 设计矩阵。计算OLS估计器需要以 $O(p^3)$ 为代价的 $p\times p$ 矩阵求逆。但是如果 D^tD 是奇异的，可以考虑伪逆方法，代价是精度差。

3. 矩量法

该方法包括三个步骤：①建立 Z_t 的矩与模型参数之间的关系；②根据经验估计这些矩；③用通过②获得的估计值求解通过①获得的方程。公式(4-3)建立了 Z_t 的自协方差函数和参数 ϕ 之间的关系。在(4-3)中除以 $\mathrm{Var}(Z_t)$ 后，我们得到了自协方差函数 γ 被自相关函数 ρ 取代的相同关系：

$$\rho(h)=\sum_{i=1}^{p}\phi_i\rho(h-i),h=0,1,2,\cdots \tag{4-6}$$

上述公式的矩阵重表述为

$$\rho=R\phi \text{ with } \rho=[\rho(1),\cdots,\rho(p)]^t,R=\{R_{i,j}=\rho(i-j)\}_{i,j=1,\cdots,p'} \tag{4-7}$$

式中：ρ 是列向量，是 $p\times p$ 对称的半定正矩阵。公式(4－7)被称为 Yule－Walker 方程。

一旦从样本自相关中估计了 ρ 和 R，Yule－Walker 方程就可以通过矩阵反演($\hat{\phi}_{YW}=\hat{R}^{-1}\hat{\rho}$)以 $O(p^3)$运算为代价来求解，也可以使用 Levinson－Durbin 算法来求解，该算法需要与 ρ 成比例的运算次数仅限 p^2。后一种方法是一种迭代过程，它解决了一系列 AR(p')截断问题，其中 $0\leqslant p'\leqslant p$。在每一步，问题 p'的大小都会增加。

四、预测

一旦使用观测$\{Z_t=z_t\}_{t=1}^{T}$估计了 AR 模型参数，则执行如下一步预测：

$$\hat{Z}_{T+1}=\hat{\phi}_0+\sum_{i=1}^{p}\hat{\phi}_iZ_{T+1-i} \tag{4-8}$$

式中：$\{\hat{\phi}_0,\hat{\phi}_1,\cdots\hat{\phi}_p\}$是自回归系数估计。

当执行 h 阶超前预测($h>1$)时，以前的预测将用作预测因子。例如，在 AR(2)过程中，提前三步预测写入

$$\begin{aligned}\hat{Z}_{T+1}&=\hat{\phi}_0+\hat{\phi}_1Z_T+\hat{\phi}_2Z_{T-1}\\ \hat{Z}_{T+2}&=\hat{\phi}_0+\hat{\phi}_1\hat{Z}_{T+1}+\hat{\phi}_2Z_T\\ \hat{Z}_{T+3}&=\hat{\phi}_0+\hat{\phi}_1\hat{Z}_{T+2}+\hat{\phi}_2\hat{Z}_{T+1}\end{aligned} \tag{4-9}$$

其中未观察到的项 Z_{T+1}和 Z_{T+2}已被它们的预测值 $\hat{Z}_{T+1}$和 $\hat{Z}_{T+2}$取代。可以看出，这些替换增加了预测误差的方差。根据前面的示例，预测错误写入：

$$\begin{aligned}Z_{T+1}-\hat{Z}_{T+1}&=\in_{T+1},\\ Z_{T+2}-\hat{Z}_{T+2}&=\in_{T+2}+\hat{\phi}_1(Z_{T+2}-\hat{Z}_{T+2})=\in_{T+2}+\hat{\phi}_1?_{T+1},\\ Z_{T+3}-\hat{Z}_{T+3}&=\in_{T+3}+\hat{\phi}_1(Z_{T+2}-\hat{Z}_{T+2})+\hat{\phi}_2(Z_{T+1}-\hat{Z}_{T+1})\\ &=\in_{T+3}+\hat{\phi}_1\in_{T+2}+(\hat{\phi}^2{}_1+\hat{\phi}_2)\in_{T+1}\end{aligned} \tag{4-10}$$

由于$\in_t$ 是 i. i. d. $(0,\sigma^2)$，预测误差的平均值等于零，它们的方差为

$$\begin{aligned}&\text{Var}(Z_{T+1}-\hat{Z}_{T+1})=\hat{\sigma}^2,\\ &\text{Var}(Z_{T+2}-\hat{Z}_{T+2})=\hat{\sigma}^2(1+\hat{\phi}^2{}_1),\\ &\text{Var}(Z_{T+2}-\hat{Z}_{T+2})=\hat{\sigma}^2[1+\hat{\phi}^2{}_1+(\hat{\phi}_1^2+\hat{\phi}_2)^2]\end{aligned} \tag{4-11}$$

第二节　移动平均模型

移动平均(MA，Moving Average)是一个线性回归模型，其中回归因子是 q 预测误差项。该模型描述为

$$Z_t=\alpha_0+\sum_{i=1}^{q}\alpha_i\in_{t-i}+\in_t \tag{4-12}$$

式中：$\in_t$ 是误差项，即 i. i. d. $(0,\sigma^2)$(通常使用正态定律)；q 是 MA 过程阶数；$\{\alpha_0,\alpha_1,\alpha_2,\cdots,\alpha_q,\sigma^2\}$

是模型参数。

在 MA 模型中，给定其过去值的 Z_t 的条件均值 f 是过去 q 预测误差的线性函数，而其条件方差 g^2 是常数，等于 σ^2。

一、自协方差函数

MA 过程围绕由其均值定义的长期平衡振荡，其中振荡幅度取决于误差方差 σ^2。因此，从结构上讲，这个过程是静止的。它的一阶和二阶矩写法为

$$E[Z_t]=\alpha_0,\quad \mathrm{Var}(Z_t)=\sigma^2\left(1+\sum_{i=1}^{q}\alpha_i^2\right) \tag{4-13}$$

$$\gamma(h)=\mathrm{Cov}(Z_t,Z_{t+h})=$$

$$E\left[\left(\alpha_0+\sum_{i=1}^{q}\alpha_i\in_{t-i}+\in_t\right)\left(\alpha_0+\sum_{j=1}^{q}\alpha_j\in_{t+h-j}+\in_{t+h}\right)\right]-\alpha_0^2=$$

$$\begin{cases}\sigma^2\left(\alpha_h+\sum_{i=1}^{q-h}\alpha_i\alpha_{i+h}\right), & 0\leqslant h\leqslant q\\ 0 & h>q\end{cases} \tag{4-14}$$

注意，自协方差函数 $\gamma(h)$ 从滞后 $q+1$ 为零，也就是说，对于所有滞后 $\tau>q$，Z_t 和 $Z_{t+\tau}$ 是不相关的。这个性质表征了 MA 过程，并用于选择超参数 q。事实上，q 固定在 h 值上，使得 $\hat{\gamma}(h+1)$ 为零，其中，$\hat{\gamma}(h)$ 是样本自协方差。

二、无限自回归表示

众所周知，MA(q)过程具有无限自回归表示，其中自回归系数由递归方案定义(Galbraith 和 Zinde－WWalsh，1994)。该表示是通过对等式(4－12)中的误差项的连续替换而获得的：

$$Z_t=\in_t+\sum_{i=1}^{\infty}\phi_i Z_{t-i} \tag{4-15}$$

其中系数 ϕ_i 验证了以下关系：

$$\begin{aligned}&\phi_0=\alpha_0=0\\&\phi_1=\alpha_1\\&\phi_2=-\alpha_1\phi_1+\alpha_2\\&\vdots\\&\phi_q=-\alpha_1\phi_{q-1}-\alpha_2\phi_{q-2}-\cdots-\alpha_{1-1}\phi_1+\alpha_1\\&\phi_j=\sum_{i=1}^{q}-\alpha_i\phi_{j-i}(j=q+1,\cdots)\end{aligned} \tag{4-16}$$

式中：$\{\alpha_i\}$ 为 MA 过程的回归系数。

在 MA 过程具有非零均值($\alpha_0\neq 0$)的情况下，可以使用表示法(公式 5－15)将其居中。

需要强调的是，MA(q)过程可以很好地近似为 p 阶的有限自回归过程，其中 $p>q$ 选择得足够大，当且仅当 $|\alpha_i|<1, i=1,\cdots,q$(Durbin，1959)。事实上，这个条件保证了当 p 变为无穷大时，剩余项从 $p+1$ 的方差变为零。因此，对于 p 的大值，剩余项是可忽略的。

三、参数学习算法

在 MA(q)过程中，$q+2$ 个参数$\{\alpha_0,\alpha_1,\alpha_2,\cdots,\alpha_q,\sigma^2\}$必须根据训练数据集$\{Z_t\}_{t=1}^{T}$进行估计。在实践中，这是一项困难的任务，因为回归函数的随机性，取决于误差项$\in_t$。

一方面，矩估计已被证明在统计上是低效的(Whittle，1953)。另一方面，即使似然函数可以用样本协方差来表示(Whittle，1953)，其最大化也需要求解高阶非线性方程。Murthy 和 Kronauer(1973)提出了一种近似方法，该方法减少了数据存储和计算工作量，而不会显著损失最大似然的效率。

Durbin(1959)提出了一种渐近有效的估计方法。Durbin 方法是应用最广泛的 MA 拟合技术之一。该方法依赖于普通最小二乘法(OLS)，并实现两个步骤：

第一步：根据移动平均模型的无限自回归表示(公式 4－15)，MA(q)由 p 阶自回归模型近似，其中 $p>q$。因此，通过 OLS 方法(公式 4－5)将 AR(p)模型拟合到观测值$\{z_t\}$。设$\{\phi_i\}_{i=1}^{p}$为自回归系数$\{\hat{\phi}_i\}_{i=1}^{p}$的 OLS 估计。

第二步：使用公式(4－16)，形成了第二个自回归模型，其中$\{\hat{\phi}_i\}_{i=1}^{p}$是观测数据，MA($q$)参数($\alpha_1,\cdots\alpha_q$)是系数。然后，OLS 估计提供了一组估计$\{\hat{\alpha}_i\}_{i=1}^{p}$。

通常，p 被设置为 $2q$，或者通过 Akaike 的信息准则(AIC)或贝叶斯信息准则(BIC)来选择。

Sandgren 等人(2012)提出了一种通过去除第二步来简化 Durbin 方法的程序。因此，在第一次自回归拟合(Durbin 方法的第一步)之后，从式(4－16)中的第一个 q 关系直接计算 q 移动平均参数的估计。这种简单的估计量在小样本中似乎优于 Durbin 估计量，并且似乎对模型错误指定更具鲁棒性(Sandgren 等人，2012)。

最后，众所周知，当系数 α_1 接近单位圆时(即当$|\alpha_i|\to 1$)在这种情况下，已经提出了具有更高性能的替代方法(Sandgren 等人，2012)。然而，可以通过以更大的计算复杂性为代价增加 p 的值来提高 Durbin 估计器的性能(Sandgren 等人，2012)

四、预测

一旦使用观测$\{Z_t=z_t\}_{t=1}^{T}$估计了 MA 模型参数，就需要提前执行预测：

$$\hat{Z}_{T+1}\mid \in_{T+1-q}^{T}=\hat{\alpha}_0+\sum_{i=1}^{q}\hat{\alpha}_i\in_{T+1-i} \tag{4-17}$$

式中：$\{\hat{\alpha}_0,\hat{\alpha}_1,\cdots,\hat{\alpha}_q,\sigma^2\}$表示参数评估；$\in_t=Z_t-\hat{Z}_t$ 表示预测误差。

新的预测相对于 q 个最后的预测误差进行调整。例如，在 MA(2)过程中，提前三步预测写为

$$\begin{aligned}\hat{Z}_{T+1}&=\hat{\alpha}_0+\hat{\alpha}_1\in_T+\hat{\alpha}_2\in_{T-1}\\ \hat{Z}_{T+2}&=\hat{\alpha}_0+\hat{\alpha}_1\in_{T+1}+\hat{\alpha}_2\in_T\\ \hat{Z}_{T+3}&=\hat{\alpha}_0+\hat{\alpha}_1\in_{T+2}+\hat{\alpha}_2\in_{T+1}\end{aligned} \tag{4-18}$$

由于该序列只被观测到时间步长 T，$\in_{T+1}$和$\in_{T+2}$是未知的预测误差。在多步预测中，未知的预测误差通常被忽略，代价是预测误差的方差增加。因此，上面的例子可写为

$$\hat{Z}_{T+1}=\hat{\alpha}_0+\hat{\alpha}_1\in_T+\hat{\alpha}_2\in_{T-1} \text{ and } Z_{T+1}-\hat{Z}_{T+1}=\in_{T+1}$$
$$\hat{Z}_{T+2}=\hat{\alpha}_0+\hat{\alpha}_2\in_T \text{ and } Z_{T+2}-\hat{Z}_{T+2}=\in_{T+2}+\hat{\alpha}_1\in_{T+1} \tag{4-19}$$
$$\hat{Z}_{T+3}=\hat{\alpha}_0 \text{ and } Z_{T+3}-\hat{Z}_{T+3}=\in_{T+3}+\hat{\alpha}_1\in_{T+2}+\hat{\alpha}_2\in_{T+1}$$

式中：$\in_t$ 是 i. i. d. $(0,\hat{\sigma}^2)$，预测误差的平均值为零，其方差为

$$\mathrm{Var}(Z_{T+1}-\hat{Z}_{T+1})=\hat{\sigma}^2$$
$$\mathrm{Var}(Z_{T+2}-\hat{Z}_{T+2})=\hat{\sigma}^2(1+\hat{\alpha}_1^2) \tag{4-20}$$
$$\mathrm{Var}(Z_{T+3}-\hat{Z}_{T+3})=\sigma^2(1+\hat{\alpha}_1^2+\hat{\alpha}_2^2)$$

需要注意的是，预测误差的方差随着 $\sigma^2(1+\hat{\alpha}_1^2+\hat{\alpha}_2^2+\cdots)$ 的增加而增加。或者，未知的预测误差可以根据为误差项选择的定律模拟为 i. i. d. $(0,\hat{\sigma}^2)$ 过程。

第三节　自回归移动平均模型

由 Box 和 Jenkins 于 1970 年提出的 ARMA(Auto Regressive Moving Average)模型(也称为 Box - Jenkins 模型)是自回归 AR(p)和移动平均 MA(q)模型的组合(Box 等人，2015)。ARMA 模型描述如下：

$$Z_t=\phi_0+\sum_{i=1}^{p}\phi_i Z_{t-i}+\sum_{j=1}^{q}\alpha_j\in_{t-j}+\in_t \tag{4-21}$$

式中：$\in_t$ 是 i. i. d. $(0,\sigma^2)$ 的误差项(通常使用正规律)；(p,q) 是要固定的超参数，$\{\phi_0,\phi_1,\cdots,\phi_p,\alpha_1,\alpha_2,\cdots,\alpha_q,\sigma^2\}$ 是模型参数。

当 $q=0$ 时，公式(4-21)给出了 AR(p)过程，当 $p=0$ 时，它定义了 MA(q)模型。我们强调 ARMA(p,q)过程是平稳的当且仅当其 AR 分量是平稳的。如果 $\phi_0=0$，ARMA 过程的平均值将为零。

一、自协方差函数

MA(q)模型[分别为 AR(p)模型]适用于自协方差函数 $\gamma(h)$ 范围为 q(分别为指数递减)的平稳过程。作为 AR(p)和 MA(q)过程的总和，ARMA(p,q)模型可以使用较少的参数来处理更大范围的自协方差函数。将 AR 或 MA 模型拟合到数据动力学可能需要具有许多参数的高阶模型。混合 AR 和 MA 模型可以实现更简洁的描述。

众所周知，任何平稳 ARMA 过程都有一个无限阶移动平均 MA(∞)表示：

$$Z_t=\phi_0+\sum_{j=0}^{\infty}\beta_j\in_{t-j} \quad \text{with} \quad \sum_{j=0}^{\infty}|\beta_j|<\infty \tag{4-22}$$

ARMA 过程的自协方差函数写为

$$\gamma(h)=\sigma^2\sum_{j=1}^{\infty}\beta_j\beta_{j+h} \tag{4-23}$$

可以看出，对于 AR 过程中的自协方差函数，当 h 变为无穷大时，$\gamma(h)$ 呈指数下降。例如，在零均值 ARMA(1,1)过程中

$$Z_t=\phi_1 Z_{t-1}+\alpha_1\in_{t-1}+\in_t \tag{4-24}$$

将 $Z_{t-1}=\phi_1 Z_{t-2}+\alpha_1\in_{t-2}+\in_{t-1}$ 代入上式后，我们得到：

$$Z_t=\phi_1^2 Z_{t-2}+\phi_1\alpha_1\in_{t-2}+(\phi_1+\alpha_1)\in_{t-1}+\in_t \tag{4-25}$$

最后，在代入所有过去的值 $Z_{t-2}, Z_{t-3}, \cdots$，可以得到公式(4－22)，其中 $\beta_j=\phi_1^{j-1}(\phi_1+\alpha_1)$，$\beta_0=1$。因此，由于 $|\phi_1|<1, \beta_j\beta_{j+h}=\phi_1^{h+2j-2}(\phi_1+\alpha_1)^2\to 0$ 当 $h\to\infty$ 和 j 的值固定，因此随着 $h\to\infty, \gamma(h)\to 0$。

ARMA 过程的阶数(p,q)可以根据偏自相关函数来选择以及自相关函数，正如对 AR 和 MA 过程所做的那样(Box 等人，2015)。

二、参数学习算法

ARMA(p,q)过程拟合包括根据观测 $\{z_t\}_{t=1}^{T}$ 估计其参数 $\{\phi_0, \phi_1, \cdots, \phi_p, \alpha_1, \alpha_2, \cdots, \alpha_q, \sigma^2\}$。在本小节中，介绍了文献中提出的一些方法。

Jones(1980)提出了在高斯白噪声情况下 ARMA 模型的最大似然估计。该估计过程依赖于马尔可夫表示，马尔可夫表示是离散时间随机过程的未来和过去之间的信息接口，其存在性是为 ARMA 过程建立的(Akaike，1998)。在高斯白噪声假设下，马尔可夫表示为似然函数的递归计算提供了最小状态空间表示。

另一方面，为 ARMA 模型拟合设计了一种三步方法，包括自回归阶数和移动平均阶数(p,q)的估计(Hannan 和 Rissanen，1982；Hannan and Kavalieris，1984)。这三个步骤如下：

第一步：对于误差 $\hat{\in}_t$，是通过 AR(n)模型获得，对于更大的 n：

$$\hat{\in}_t=z_t+\sum_{i=1}^{n}\hat{\phi}_i z_{t-i} \tag{4-26}$$

式中：$\{\hat{\phi}_i\}_{i=1}^{n}$ 是通过 Yule－Worker 公式(4－6)估计的自回归系数。

第二步：使用 $\{z_t\}$ 和 $\{\hat{\in}_t\}$ 作为回归变量，ARMA(p,q)参数通过最小二乘估计方法，然后通过最小化以下准则来估计阶数(p,q)：

$$\log(\sigma^2)+\frac{(p+q)}{T}\log(T) \tag{4-27}$$

式中：$\hat{\sigma}^2$ 是 σ^2 的最小二乘估计；T 是观测次数(即时间步长)。当测试(p,q)值的宽网格时，此过程可能代价高昂。在 $p=q$ 的情况下，已经提出了一种递归计算 ARMA(p,q)回归序列的有效算法(Hannan 和 Rissanen，1982)。

第三步：一旦确定了(p,q)，就通过似然函数的迭代优化过程来估计 ARMA(p,q)参数。该函数用与步骤 2 识别的(p,q)相对应的 ARMA 参数初始化。

Franke(1985)将用于 AR 参数学习的 Levinson－Durbin 算法推广到 ARMA 模型拟合。

创新算法(Innovation algorithm)是一种用于计算 ARMA(p,q)模型参数的递归方法(Brockwell 等人)。创新被定义为时间步长 t 的观测值 z_t 与基于过去信息的该值的最优预测之间的差异。在参数估计框架中，创新算法背后的动机在于，在创新时间序列中，连续项彼此不相关，从而产生白噪声时间序列。直接评估 Z 的似然性涉及反转非对角协方差矩阵，该矩阵也可能是模型参数的繁琐函数。相反，(白噪声)创新序列有一个对角协方差矩阵，它更容易反演。Sreenivasan 和 Sumathi(1998)扩展了创新算法，以包括 ARMA 过程顺序(p,q)的选择。

三、预测

一旦根据样本$\{Z_t=z_t\}_{t=1}^{T}$估计了 ARMA(p,q)模型参数，则在地平线 h 处的预测为在同一地平线 h 处 AR(公式 4-8)和 MA(公式 4-17)分量的预测之和：

$$\hat{Z}_{T+h} \mid \in_{T+h-q},\cdots,\in_{T+h-1}=\hat{\phi}_0+\sum_{i=1}^{p}\hat{\phi}_i Z_{T+h-i}+\sum_{i=1}^{q}\hat{\alpha}_i \in_{T+h-i} \tag{4-28}$$

式中：当 $h-i>0$ 时，$Z_{T+h-i}=\hat{Z}_{T+h-i}$。对于 MA 模型省略了未知的误差项。

第四节　自回归综合移动平均模型

因为前述的模型都假设时间序列是平稳的，但在实际研究中，许多时间序列数据并不是平稳的，它们的均值和方差存在波动。为确保所估计的模型能在未来的某段时期内按照当前的模式和趋势继续进行，我们需将这些非平稳序列转化为平稳的。自回归综合移动平均(ARIMA，Auto-Regressive Integrated Moving Averages)模型属于加性趋势分解方案。ARIMA(p,d,q)过程具有非平稳平均值，适用于经过 d 次连续微分后可以去除趋势的时间序列，所得到的平稳分量是阶(p,q)的自回归移动平均过程。一般来说，我们会用差分法来处理这种情况。具体来说，一阶差分就是对连续的两个时间点的数据进行减法，例如两个连续时间点的序列的差分可以参考式(4-29)。

$$\nabla x_t=x_t-x_{t-1} \tag{4-29}$$

对于许多非平稳序列，当经过差分处理后表现出平稳的特性时，我们就可以利用 ARMA 模型进行预测和拟合。具体的模型结构可以参照式子(4-30)。

$$\begin{cases}\Phi(B)\nabla^d x_t=\Theta(B)\varepsilon_t\\ E(\varepsilon_t)=0,\mathrm{Var}(\varepsilon_t)=\sigma^2,E(\varepsilon_t\varepsilon_s)=0,\quad s\neq t\\ E(x_s\varepsilon_t)=0,\forall s<t\end{cases} \tag{4-30}$$

式中：$\nabla^d=(1-B)^d$，$\Phi(B)=1-\phi_1B-\phi_2B^2-\cdots-\phi_pB^p$ 是平稳可逆 ARMA(p,q)模型的自回归系数多项式；$\Theta(B)=1-\theta_1B-\theta_2B^2-\cdots-\theta_qB^q$ 代表平稳可逆 ARMA(p,q)模型的移动平均系数多项式。

原始序列经过 d 阶差分处理之后，可得到新序列，表示如下：

$$\nabla^d x_t=\sum_{i=0}^{d}(-1)^i C_d^i x_{t-i} \tag{4-31}$$

由此可知，ARIMA 模型实际上就是差分运算与 ARMA 模型的结合体，通常记为 ARIMA(p,d,q)。

为了减少数据的波动并追求其平稳性，我们需要对非平稳的时间序列数据执行差分操作。在这样的处理之后，如果序列变得平稳，就可以采用 ARMA 模型进行预测分析。而 ARIMA 模型的预测建模流程主要分为以下几个关键步骤：

一、平稳性检验

当时间数据的统计属性不因时间的推移而改变时，我们可以判定该数据为平稳。使时间序列平稳的目标是利用过去的数据来预测未来的走势。为了鉴定时间序列的平稳性，我们可以采用图示法或 ADF 单位根检验法。首先，我们可以根据时间序列绘制时序图，然后主观地观察序列是否有明显的趋势；接下来，我们可以检查序列中是否有单位根以判断其平稳性。如果找到单位根，那么说明该时间序列是非平稳的。

图示法是通过绘制时间序列的时序图来直观地评估序列的平稳性。如果图中明显展现出随时间上升或下降的趋势，那么这个时间序列可能是非平稳的。但如果图中的数据波动主要围绕一个常数均值，并且波动范围有限，那么可以认为这个序列是平稳的。不过，仅凭时序图来判断可能会有误差，因为这是基于主观观察的。为了更精确地判断，我们可以使用 ADF 单位根检验法来进行验证。

ADF 单位根检验的核心思想是查看时间序列中是否存在单位根。例如，对于一个 AR(p)过程

$$x_t=\phi_1 x_{t-1}+\cdots+\phi_p x_{t-p}+\varepsilon_t \tag{4-32}$$

特征方程的求解为：

$$\lambda^p-\phi_1\lambda^{p-1}-\cdots-\phi_p=0 \tag{4-33}$$

如果特征方程的所有特征根都在单位圆中，那么，

$$|\lambda_i|<1, i=1,2,\cdots p \tag{4-34}$$

这证明了序列(x_t)是平稳的。但如果(x_t)是非平稳的，这意味着序列中存在单位根。设这个单位根为 $\lambda_1=1$，那么在 AR(p)过程中，自回归系数的总和将为 1。

$$\lambda^p-\phi_1\lambda^{p-1}-\cdots-\phi_p=0\overset{\lambda=1}{\Rightarrow}1-\phi_1-\cdots-\phi_p=0\Rightarrow\phi_1+\phi_2+\cdots+\phi_p=1 \tag{4-35}$$

基于 AR(p)过程中自回归系数的总和是否为 1，我们可以判断序列的平稳性。设为 $\rho=\phi_1+\phi_2+\cdots+\phi_p-1$，如果($x_t$)序列是平稳的，那么 $\phi_1+\phi_2+\cdots+\phi_p<1$，这可以转化为 $\rho<0$。而如果(x_t)序列是非平稳的，那么它至少包含一个单位根，即 $\phi_1+\phi_2+\cdots+\phi_p=1$，这相当于 $\rho=0$。ADF 单位根检验的原假设和备择假设可以被明确定义为：

$H_0:\rho=0$，序列存在单位根是非平稳序列

$H_1:\rho<0$，序列不存在单位根是平稳序列

因此，可以构造 ADF 检验的统计量，如公式(4－36)所示：

$$\tau=\frac{\hat{\rho}}{S(\hat{\rho})} \tag{4-36}$$

式中：$S(\hat{\rho})$代表参数 ρ 的样本标准差。如果检验统计量 P 的值低于某一显著性水平 α，那么我们有 $1-\alpha$ 的概率拒绝原假设，并认为这个序列是平稳的。反之，我们会认为该序列是非平稳的。

二、纯随机性检验

检验一个序列是否为白噪声的常用方法是进行纯随机性检验。这种检验有时也被叫作白噪声测试。要定义一个白噪声序列，只需满足以下三个条件：

$$\left.\begin{aligned}&E(\varepsilon_t)=u\\&\mathrm{Var}(\varepsilon_t)=\sigma^2\\&\mathrm{Cov}(\varepsilon_t,\varepsilon_s)=0,t\neq s\end{aligned}\right\} \tag{4-37}$$

当一个序列被确定为白噪声，这意味着该序列是随机的、稳定的，并且它的各个部分之间没有相互关联。这样的序列没有可提取的信息，因此我们可以停止对它的相关性分析。对于白噪声检验，其原假设和备择假设如下：

$H_0:\rho_1=\rho_2=\cdots=\rho_m=0,\forall m\geqslant 1$，序列是白噪声序列

H_1：至少存在某一个 $\rho_k\neq 0,\forall m\geqslant 1,k\leqslant m$，序列不是白噪声序列

为了进行白噪声测试，我们需要建立一个检验统计量。常见的 LB 统计量是基于样本的不同延迟期数的自相关系数来计算的。相关的计算公式如式(4-38)展示的那样：

$$\mathrm{LB}=n(n+2)\sum_{k=1}^{m}\frac{\hat{\rho}_k^2}{n-k} \tag{4-38}$$

式中：n 表示序列的观测次数；$\hat{\rho}_k$ 代表样本的自相关函数；k 代表延迟的阶数，而 m 为我们选择的延迟次数。LB 统计量近似遵循自由度为 m 的卡方分布。当 LB 统计量的值低于指定的显著性水平 α 时，我们可以在 $1-\alpha$ 的置信度下拒绝原假设，判断该序列为非白噪声序列。反之，若高于此水平，则接受原假设，认为该序列为白噪声序列。

三、计算自相关系数和偏自相关系数

在对平稳时间序列进行模型识别时，通常是基于序列的自相关系数和偏自相关系数来确定。当我们探讨两个变量间的关系，并同时考虑其他变量的作用时，衡量这两个变量间关系强度的指标被称为相关系数。而在滞后 k 处的自相关系数的目的是为了估计序列数据在不同时间点之间的相互关联性。相关计算公式如式(4-39)所展示。

$$\hat{\rho}_k=\frac{\sum_{t=1}^{n-k}(x_t-\hat{u})(x_{t+k}-\hat{u})}{\sum_{t=1}^{n}(x_t-\hat{u})^2} \tag{4-39}$$

式中：$\hat{u}$ 表示总体均值。

当我们考察两个变量间的相互影响，而不考虑其他变量的作用时，这种关系的度量被称为偏相关系数。在排除中间 个随机变量的效应后，滞后 $k-1$ 处的偏自相关系数表示序列 x_{t-k} 对 x_t 的影响强度。其相关计算公式可以参照式(4-40)。

$$\rho_{x_t,x_{t-k}|x_{t-1},\cdots x_{t-k+1}}=\frac{E[(x_t-\hat{E}x_t)(x_{t-k}-\hat{E}x_{t-k})]}{E[(x_{t-k}-\hat{E}x_{t-k})]^2} \tag{4-40}$$

式中：$\hat{E}x_t=E[x_t|x_{t-1},\cdots x_{t-k+1}]$，$\hat{E}x_{t-k}=E[x_{t-k}|x_{t-1},\cdots x_{t-k+1}]$。

四、模型识别

通常，我们通过绘制序列的自相关图和偏自相关图，并根据它们的特性(如拖尾和截尾)来判断和识别 ARIMA 模型的类型。在这些图中，横坐标显示了不同的延迟期数，而纵坐标则显示了自相关和偏自相关的数值。拖尾意味着自相关函数和偏自相关函数始终不为零，即数值会一直在 0 附近波动而不会在超过特定阶数后迅速接近 0。截尾表示自相关或偏自相关函数在某一特定阶数后变为 0。当一个序列在进行 d 阶差分后达到平稳，并且它的偏自相关系数在 p 阶后截尾，那么 ARIMA(p,d,0)模型可能是合适的。如果它的自相关系数在 q 阶后截尾，那么 ARIMA(0,d,q)模型可能更为适用。但是，如果自相关系数在 p 阶拖

尾，偏自相关系数在 q 阶拖尾，那么我们应该考虑 ARIMA$(0,d,q)$模型。具体的模型识别标准可以参考见表 4-1。

表 4-1　ARIMA 模型识别原则

模　型	自相关系数(ACF)	偏自相关系数(PACF)
ARIMA$(p,d,0)$	拖尾	p 阶截尾
ARIMA$(0,d,q)$	q 阶截尾	拖尾
ARIMA(p,d,q)	p 阶拖尾	q 阶拖尾

在很多情况下，仅凭观察自相关图和偏自相关图来选择一个最优模型是困难的。这主要是因为样本数据的内在随机性使得理想的截尾情况难以出现。在实践中，我们通常根据表 4-1 的标准选择几个潜在的模型。之后，我们使用 AIC 和 BIC 准则来评估和选择最佳的模型。

AIC 准则用于评价模型与原始时间序列数据之间的匹配程度。它综合了两个方面的信息：一是似然函数的对数，这反映了样本信息如何表示整体信息，其值越大意味着模型的拟合效果越好；二是模型复杂度的惩罚项，这考虑了模型的参数数量。参数越少，模型的效果和可靠性通常越好。AIC 的计算公式可以参见下式：

$$\mathrm{AIC}=-2\ln(L)+2k \tag{4-41}$$

BIC，也被称作贝叶斯信息准则，是在 AIC 的基础上进行优化的，旨在减少模型的过拟合问题。与 AIC 相比，BIC 的惩罚项更大，这有助于避免因模型过于复杂而导致的过度拟合。BIC 的具体计算方法可以参照下式：

$$\mathrm{BIC}=-2\ln(L)+\ln(n)\times k \tag{4-42}$$

式中：L 代表模型的极大似然估计值；n 表示样本的数据量；而 k 则是模型中的参数数量。当评估一系列可能的模型时，我们通常选择具有最小 AIC 或 BIC 值的模型作为最优选择。

五、模型检验

在模型构建完毕后，我们必须对其及其参数进行有效性检验。模型参数的显著性检验旨在确认建立的模型是否尽可能简洁，以及模型中的所有未知参数是否明显地不为零。在这个检验过程中，我们要验证每个参数 β_j 是否不等于零。相关的检验假设如下：

$$H_0:\beta_j=0\text{，模型参数不显著}$$

$$H_1:\beta_j\neq 0\text{，模型参数显著}$$

对于参数 β_j 构造 t 统计量：

$$t=\sqrt{n-m}\,\frac{\hat{\beta}_j-\beta_j}{\sqrt{\sum_{t=m+1}^{n}\varepsilon_t^2}}\sim t(n-m) \tag{4-43}$$

在指定的显著性水平 a 下，如果检验统计值 t 超过分位点 $t_{1-\alpha/2}$ 或低于 α，我们将会拒绝原假设，并推断模型参数是显著的。反之，如果没有超过这些界限，我们会接受原假设，并推断模型参数不具显著性。

为了验证模型的显著性，我们首先使用该模型进行预测，然后计算预测值与实际值之间的残差，接着对这个残差进行白噪声测试。这一检验的核心是确定残差是否随机。如果残差呈现白噪声，这意味着模型已经充分捕获了原始数据的信息，没有遗留信息，从而预测效果良好。然而，如果残差并非白噪声，那么这表明在模型的预测之后，还有可提取的信息存在于残差中，说明模型并未充分挖掘信息，预测可能存在缺陷，此时我们可能需要考虑其他的模型。

ARIMA 模型的建立流程如图 4－1 所示。

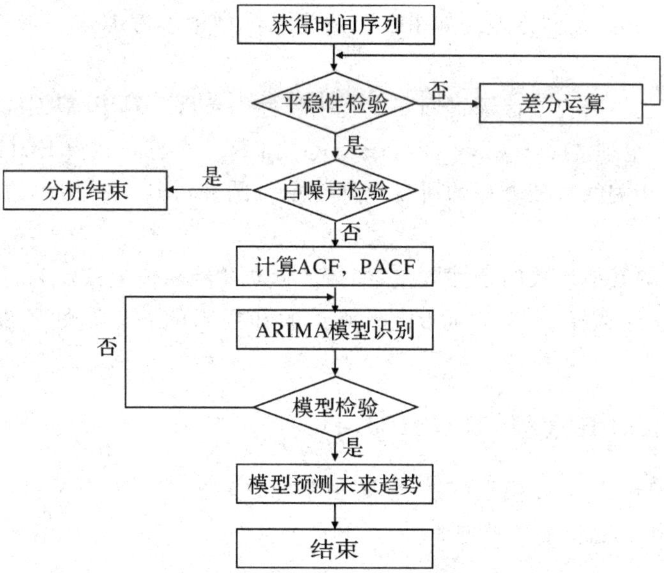

图 4－1　*ARIMA* 模型建模流程图

第五节　自回归条件异方差模型

在预测任务过程中，做出准确预测的能力可能会随着时间段的不同而变化。因此，由预测方差 g^2 表示的不同预测时期的不确定性可能会随时间而变化。然而，文献中介绍的大多数时间序列模型都假设有一个恒定的预测方差 g^2。为了放松这个约束并获得可靠的预测区间 $[f-g, f+g]$，Engle（1982）引入了 ARCH（Autoregressive Conditional Heteroskedasticity）模型。

在标准的 ARCH 模型中，条件均值 f 等于 0（因此无条件均值为零），预测条件方差 g^2 被模型化为过去 p 个值的二次函数。如果且仅当一个零均值过程 $\{Z_t\}$ 遵循标准的 ARCH 模型时，需满足：

$$Z_t=\sigma_t \in_t \tag{4-44}$$

$$\sigma_t^2 \mid Z_{t-1},\cdots,Z_{t-p}=\phi_0+\sum_{i=1}^{p}\phi_i Z_{t-i}^2 \tag{4-45}$$

式中：$\in_t$ 是独立同分布的（0，1）白噪声过程（通常使用正态分布法）；σ_t^2 是条件方差；$\{\phi_0,\phi_1,\cdots,\phi_p\}$ 是模型参数，而 p 是 ARCH 过程的阶数。

关于 ARCH 过程的识别，Engle 和 Bollerslev（1986）提出了一个统计测试，用于检查给定时间序列数据的 ARCH(p)的证据。一旦确定了 ARCH 的阶数,就可以通过最大似然法估计模型参数(Engle,1982)。

一个 ARCH 过程被认为是不稳定的,因为条件方差是随时间变化的,而无条件方差 Var(Z_t)被假定为随时间恒定。许多财务时间序列都表现出波动性。当 $\phi_0>0,\phi_1,\cdots,\phi_p\geqslant 0$ 时,对 Z_t 的大值观测会导致接下来的 p 个时间步骤有大的波动性(大的条件方差)。同样,对 Z_t 的小值观测会导致接下来的 p 个时间步骤有小的波动性。因此,一个 ARCH 过程倾向于聚集大的(或小的)条件方差。如果在时间序列模型中不考虑这一现象,波动性现象可能导致不准确的预测。

在前面,我们已经研究了保证自回归过程平稳性的条件。对于 ARCH 模型也有类似的条件(Engle,1982,定理 2):当 $\phi_0>0,\phi_1,\cdots,\phi_p\geqslant 0$ 时,一个标准的 ARCH(p)过程是平稳的,当且仅当与之相关的特征方程的所有根都在单位圆外(即,所有的根的绝对值都大于或等于 1)。

可以考虑 g^2 的其他形式的条件方差,如指数形式和绝对值形式。为了简化参数估计过程,Engle(1982)建议选择 g^2 为对称的、严格正的和规则的。规则性条件可以在(Engle,1982)中找到。

一、广义的 ARCH 模型-GACH(p,q)

GARCH 模型是 ARCH 模型的扩展,其中条件方差 σ_t^2 是自相关的(Bollerslev,1986b)。在 GARCH 过程中,公式(4-45)变为

$$\sigma_t^2 \mid Z_{t-1},\cdots,Z_{t-p},\sigma_{t-1}^2,\cdots,\sigma_{t-q}^2=\phi_0+\sum_{i=1}^{p}\phi_i Z_{t-i}^2+\sum_{j=1}^{q}\alpha_j\sigma_{t-j}^2 \tag{4-46}$$

式中:(p,q)表示 GARCH 过程的阶数;$\{\phi_0,\phi_1,\cdots,\phi_p,\alpha_1,\cdots,\alpha_q\}$是参数;满足 $\phi_0>0$,且 $\phi_1,\cdots,\phi_p,\alpha_1,\cdots,\alpha_q\geqslant 0$。

ARCH 模型对 GARCH 模型的扩展类似于 AR 对 ARMA 的扩展。类似地扩展允许对大阶 ARCH 过程进行更简洁的描述。GARCH($q=0,p$)和 ARCH(p)过程一致,并且 GARCH($p=0,q=0$)相当于白噪声过程。GARCH($p=0,q$)和 ARCH($p=0$)过程一致。

关于 GARCH 过程识别,即(p,q)的选择,Bollerslev(1986b)设计了一个依赖于平方过程$\{Z_t^2\}$的自相关函数和偏自相关函数的过程。值得注意的是,已经提出了一个类似的 ARMA 过程识别程序(Box 等人,2015)。除了这个非正式的图形程序外,在(Bollerslev,1986b)中还引入了一个统计测试,用于检查给定时间序列数据的 GARCH(p,q)证据。一旦(p,q)被固定,就像 ARCH 模型一样,GARCH 模型参数可以通过最大似然最大化来估计(Bollerslev,1986b)。

证明了当 $E[Z_t]=0$,满足 $\mathrm{Var}(Z_t)=\phi_0\left(1-\sum_{i=1}^{p}\phi_i-\sum_{j=1}^{q}\alpha_j\right)^{-1}$,$\mathrm{Cov}(Z_t,Z_{t'})=0$,$t\neq t'$,$\sum_{i=1}^{p}\phi_i+\sum_{j=1}^{q}\alpha_j<1$ 时,GARCH(p,q)过程是平稳的。

最后,GARCH 模型已与其他模型结合使用。在实践中,在假设恒定预测方差的模型中,通过合并通过 GARCH 过程建模的残差,放松了这一假设。从而获得了更好的预测区

间。例如，ARMA 和 ARIMA 模型已经用残差的 GARCH 模型进行了补充（Pham 和 Yang，2010；Xin 等人，2018）。

二、预测

设$\{\hat{\phi}_0,\hat{\phi}_1,\cdots,\hat{\phi}_p,\hat{\alpha}_1,\cdots,\hat{\alpha}_q\}$，根据观测$\{z_t\}_{t=1}^{T}$估计的 GARCH 模型参数。提前一步预测如下：

$$\hat{\sigma}_{T+1}^2=g^2(z_T,\cdots,z_{T+1-p})=\hat{\phi}_0+\sum_{i=1}^{p}\hat{\phi}_i z_{T+1-i}^2+\sum_{j=1}^{q}\hat{\alpha}_j\hat{\sigma}_{T+1-j}^2,$$
$$\hat{Z}_{T+1}\sim D(0,\hat{\sigma}_{T+1}^2) \tag{4-47}$$

式中：$\hat{\sigma}_T,\hat{\sigma}_{T-1},\cdots,\hat{\sigma}_{T+1-q}$，根据公式（4-46）和 $\mathcal{D}$ 白噪声误差的选定分布。在多步预测中，过去的预测值被用作新的观测值。

三、ARCH 模型的其他扩展

马尔可夫 ARCH 模型（Cai，1994）将 Hamilton 的切换状态模型（MSAR，Hamilton，1990）与 ARCH 模型相结合。这种 ARCH 扩展背后的动机是解决波动性持续性问题，即在相对较长的一段时间内波动性的恒定性。马尔可夫 ARCH 模型通过允许由马尔可夫过程控制的条件方差 g^2 的偶然变化来处理这个问题。也就是说，ARCH 运算发生在“制度”内，偶尔会在两个连续的“制度”之间发生跳跃，其特征是不同的条件方差。在同一行中，进一步的工作描述了 MS-CGARCH，即马尔可夫切换分量 GARCH 模型，其中通过两个 ARCH 模型的组合来建模波动性（Alemohammad 等人，2016）。

此外，还提出了一个平稳过渡 ARCH 模型，该模型结合了平稳过渡自回归（STAR）模型和 ARCH 模型（Hagerud，1996）。在该模型中，条件方差 g^2 是公式（4-43）中定义的条件方差，其中 ϕ_i 项取决于逻辑或指数转移函数和转移变量 $S_t=X_{t-d}$。最后，随机波动率模型为 ARCH-type 模型提供了更现实、更灵活的替代方案（Meyer 等人，2003）。其中，条件方差是随机的，即 g 是 Z 的过去值加上随机误差项的非线性函数。

第六节 指数平滑模型

指数平滑模型（Expinential smoothing model）的核心思想是对时间序列数据进行平滑处理，以消除其中的随机和不规则扰动。这种方法主要基于一个观念，即近期的数据对预测未来的信息更具有决定性意义。基于这一点，我们对数据进行加权平均，使得最近的数据获得更大的权重，而较早的数据则有较小的权重。这种处理方式不仅平滑了数据，还更好地突显了各数据对预测结果的影响程度。依据平滑的深度和需求，我们可以进行一次、二次或三次的指数平滑处理。

一、一次指数平滑法

1. 计算公式及平滑系数 a

假设时间序列为 $x_1,x_2,\cdots x_N$，一次指数平滑序列的公式为

$$\left.\begin{aligned}&S_t^1=ax_t+(1-a)S_{t-1}^1,\quad 0<a<1,1\leqslant t\leqslant N\\&S_0^1=x_1\end{aligned}\right\}\tag{4-48}$$

式中：S_t^1 代表第 t 时点的一次指数平滑值，而 a 则是我们称之为的平滑系数。对于递推公式(4-46)，其初始值 S_0^1 通常采用时间序列的首个数据点 x_1，特别是当我们拥有大量的历史数据，比如超过 50 个数据点时。但如果历史数据量较少，例如少于 15 或 20 个数据点，那么初始值 S_0^1 可以选择最开始的几个数据的平均值。这些选择方法往往基于经验和一定的主观判断。

将公式(4-48)展开可得：

$$\begin{aligned}S_t^1&=ax_t+(1-a)S_{t-1}^1=ax_t+(1-a)[ax_{t-1}+(1-a)S_{t-2}^1]=\\&ax_t+a(1-a)x_{t-1}+(1-a)2S_{t-2}^1=\cdots=\\&ax_t+a(1-a)x_{t-1}+a(1-a)2x_{t-2}+\cdots+a(1-a)t-1x_1+(1-a)tS_0^1\end{aligned}\tag{4-49}$$

可以看出，由于 $0<a<1$，x_i 的系数 $a\,(1-a)^i$ 随着 i 的增加而递减，这些系数的和为 1，即

$$\sum_{i=1}^{t}a\,(1-a)^{i-1}+(1-a)^t=a\,\frac{1-(1-a)^t}{1-(1-a)}+(1-a)^t=1\tag{4-50}$$

式中：S_t^1 代表样本值 x_1，$x_2\cdots$，x_t 的加权平均。当我们使用这个公式进行预测时，S_t^1 将被作为第 $t+1$ 时点的预测值。通过之前的描述，我们可以了解到，在预测 $t+1$ 时点时，最近的数据点 t 的值 x_t 具有最大的权重 a，而 x_{t-1} 的次大权重为 $a(1-a)$，…，x_1，以此类推。这明显显示了递推公式(4-50)的基本观点，即近期的数据对未来的影响较大，而更早的数据对未来的影响较小。

若平滑系数 $a=0$，则有 $S_t^1=S_{t-1}^1=\cdots=S_0^1(=x_1)$，这表示确定 $S_0^1(=x_1)$后，每个时点的平滑值都等于 S_0^1，此时，每个时点 i 的观察值 x_i 不起任何作用。

当平滑系数 a 为 1 时，$S_t^1=x_t$。这意味着平滑后的序列 S_t^1 与原始时间序列完全相同，也就是说原始时间序列并未经历任何修改或平滑。

对于平滑系数 a，除了上述两种极端情况外，是不可能出现 x_i 与 x_j 之间的系数相等的情况的。

总的来说，当 $0<a<1$ 且 a 接近 1 时，所计算的一次指数平滑值对原始历史数据的平滑程度较低，这样平滑后的 S_t^1 能够迅速反映原时间序列的真实变动。因此，对于变化大或具有明显趋势的时间序列，选择接近 1 的值作为平滑系数是适当的，例如 $a=0.95$ 或 0.90。

相反，如果 $0<a<1$ 且 a 的值接近 0，那么计算出的一次指数平滑值对原始历史数据的平滑程度就会很高，这会使得平滑后的数列对原时间序列的变化反应慢。对于变化不大或趋于稳定的时间序列，选择接近 0 的平滑系数是合适的，这样在平滑过程中各数据点的权重会更加接近。

2. 检验及预测

一次指数平滑法主要适合用于预测变化相对稳定的时间序列的短期趋势。按照递推公式(4-50)，第 $t+1$ 时点的预期值 y_{t+1} 就是第 t 时点的一次指数平滑值 S_t^1。也即：

$$y_{t+1}=S_t^1\tag{4-51}$$

与移动平均法相似，针对同一问题，不同的平滑系数可能产生多个一次指数平滑的预测

结果。因此，我们应该基于适当的评估标准来选取最优的平滑系数 a。实现这一目标的方法是：首先，根据一系列在原理上看似合适的平滑系数 a 计算出对应的平滑数列。接下来，分别为这些数列计算其均方差 MSE[如公式(4-51)所示]或平均绝对误差 MAD[如公式(4-51)所示]。然后，选取 MSE 或 MAD 最小的那个作为最佳的平滑系数，并使用其对应的预测值。

$$\mathrm{MAD}=\frac{1}{N}\sum_{t=1}^{N}|e_t|，而\ e_t=x_t-S_{t-1}^1=x_t-y_t \tag{4-52}$$

式中：e_t 代表误差，由 S_{t-1}^1 与 x_t 的差值决定，也就是说 $e_t=x_t-S_{t-1}^1=x_t-y_t$。这表示了在不同的时点，平滑值 S_{t-1}^1 与真实值之间的偏差。我们可以计算误差序列 e_t 的自相关系数 r_t。如果得到的统计量为

$$Q=(N-1)\sum_{t=1}^{m}r_t^2<\chi_\alpha^2(m-1) \tag{4-53}$$

则说明误差数列具有随机型，此时可以认为预测是有效的。

二、二次指数平滑法

对于展现线性趋势的时间序列，我们可以在一次指数平滑的基础上，使用相同的平滑系数 a 进行第二次平滑，这就是所谓的二次指数平滑。二次指数平滑数列 S_t^2 的递推公式定义如(4-54)，其中令初始值 $S_0^2=S_0^1=x_1$，则有

$$\left.\begin{aligned}S_t^1&=ax_t+(1-a)S_{t-1}^1\\S_t^2&=aS_t^1+(1-a)S_{t-1}^2\end{aligned}\right\} \tag{4-54}$$

从而更加清晰地呈现出时间序列的长期趋势。至于平滑系数的选择，其方法与一次指数平滑相似：首先，根据预设的逻辑选取几个看似合适的 a 值进行计算，从而得到不同的数列 S_t^1 和 S_t^2。然后，根据均方差 MSE 或平均绝对误差 MAD 的最小值原则来确定最合适的 a 值，并据此获得相应的二次指数平滑结果。

由于二次指数平滑主要强调长期趋势，因此这种方法特别适合处理带有线性趋势的时间序列。线性趋势预测的模型如下：

$$y_{t+T}=a_t+b_t\cdot T \tag{4-55}$$

式中：T 表示自 T 时间点起，向前预测的时间点数；a_t，b_t 满足：

$$a_t=S_t^1+(S_t^1-S_t^2)=2S_t^1-S_t^2,\ b_t=\frac{a}{1-a}(S_t^1-S_t^2) \tag{4-56}$$

检验预测模型的准确性的方法与一次指数平滑法相同。也就是说，我们可以通过自相关系数或 χ^2 检验方法进行验证。为预测具有线性趋势的时间序列，二次指数平滑法的基本步骤如下：

(1)根据历史数据(时间序列)，使用式(4-51)计算一次指数平滑值。

(2)使用公式(4-54)来计算二次指数平滑值。

(3)根据公式(4-56)计算参数 a_t，b_t，然后使用式(4-55)从当前时点开始计算之后 T 时期的预测值 y_{t+T}。

三、布朗非线性指数平滑法

对于呈现非线性趋势的时间序列，布朗(Brown)的非线性指数平滑法提供了一个有效的预测策略。其核心思想是，在一次和二次指数平滑的基础上再进行一次平滑，也就是三次指数平滑。接着，基于这种平滑来估算非线性模型(在此场景中指的是二次曲线模型)的参数，从而实现对非线性时间序列的预测。

假设我们有一个时间序列 $x_1, x_2, \cdots, x_N$。那么，我们可以按照以下递推公式来计算第 t 时点($t=1,2,\cdots,N$)的三次指数平滑数列 S_t^3：

$$\left.\begin{aligned} S_t^1 &= a x_t + (1-a) S_{t-1}^1 \\ S_t^2 &= a S_t^1 + (1-a) S_{t-1}^2 \\ S_t^3 &= a S_t^2 + (1-a) S_{t-1}^2 \end{aligned}\right\} \tag{4-57}$$

通常情况下，取初始值 $S_0^1 = S_0^2 = S_0^3 = x_1$，取同一个平滑系数 a。根据选定的比较合理的平滑系数 a 的计算结果 S_t^1，S_t^2 和 S_t^3，按下述公式计算系数。

$$\left.\begin{aligned} a_t &= 3S_t^1 - 3S_t^2 + S_t^3 \\ b_t &= \frac{a}{2(1-a)^2}\left[(6-5a)S_t^1 - (10-8a)S_t^2 + (4-3a)S_t^3\right] \\ c_t &= \frac{a^2}{2(1-a)^2}\left(S_t^1 - 2S_t^2 + S_t^3\right) \end{aligned}\right\} \tag{4-58}$$

选择合适的平滑系数 a 的方式与前述方法相似。也就是说，应基于最小的均方差 MSE 或平均绝对误差 MAD 来确定最优的平滑系数。如果使用 T 来表示从时点 t 开始的向前预测期数，那么此时的(布朗式)二次曲线预测模型可以表示为

$$y_{t+T} = a_t + b_t \cdot T + c_t T^2 \tag{4-59}$$

预测模型的有效性检验方法同前。即先计算预测偏差 e_t，数列及其自相关系数 r_k，再按 χ^2 检验法来检验。或通过 $r_k \leqslant 1.96/\sqrt{N}$ 是否成立来检验。

第五章 基于机器学习的时间序列预测方法

传统的时间序列预测技术在理论上很稳固，并且实施简单。然而，它们在处理非线性数据时面临挑战，因为这些方法大多基于线性分析。对于非线性数据的预测，更适合考虑数据之间的复杂关联。这一局限性推动了机器学习预测算法的发展。在近几十年里，已经有越来越多的证据表明，机器学习方法在处理季节性和非线性数据上具有优势，因为它们不依赖于复杂的数学模型并且更为灵活。基于机器学习的时间序列预测方法一般情况下包括：向量自回归模型、支持向量回归、梯度渐进回归树、隐马尔可夫模型等。

基于统计学习理论的 SVM(Support vector Regression)具备出色的泛化性能。值得注意的是，当 SVM 通过核函数映射到高维空间时，计算复杂性并未增加，这帮助它有效地应对“维数灾难”。当 SVM 被应用于时间序列的函数回归时，我们称其为支持向量回归(SVR)。SVR 在非线性时间序列预测上展现了稳健的能力。通过使用非线性函数，SVR 可以将数据 x 映射到一个高维的特性空间，并在这个空间中寻找一个函数 f，该函数准确地揭示了输入与输出数据之间的关系，从而通过回归分析来拟合和预测时间序列。

梯度提升回归树(Gradient Boosting RegressionTree，GBRT)融合了梯度下降的策略来处理回归问题。为了追求损失函数的最小化，GBRT 利用负梯度来进行迭代计算，从而确定最优模型。假设我们有训练样本集合：(x_1,y_1)，(x_2,y_2)，$\cdots(x_n,y_n)$，GBRT 的任务就是寻找一个函数 $f(x)$，使其对应的损失函数达到最小。提升回归算法的核心是利用一系列基函数的叠加来逐步逼近这个函数。GBRT 在处理异常值时表现得非常鲁棒，并且已经被广大研究者和实践者应用于时间序列的预测中。

隐马尔可夫模型(Hidden Markov Model，HMM)是一种基于统计的模型，为多变量时间序列预测提供了概率性的框架。它由两个主要组件构成：一是隐含的马尔可夫链，它含有多个状态但这些状态不直接观测；二是观测值，这些值是由隐藏状态通过某种概率过程产生的。在一个特定的模型 λ 下，给定观测序列 y，我们可以计算 $P(y|\lambda)$ 来估算 y 发生的概率，并从中选择最能描述观测数据的状态序列。HMM 可以被视为动态贝叶斯网络的基础版本，其中动态贝叶斯网络的进一步模型扩展了基础 HMM，允许包含更多的隐藏状态变量。

第一节 向量自回归模型

计量经济学的传统方法往往基于相关的经济学理论，努力通过模型揭示经济变量间的相互作用。例如，联立方程模型的强项是对每一方程的残差和解释性变量进行深入分析。然而，在实际应用中，考察自变量的滞后影响时，使用传统的联立方程模型并不容易。关键在于它需要确定变量是内部还是外部的，而且可能会忽略某些关键的滞后变量。与此相对，VAR 模型将所有变量视为内部变量，大大减少了因主观判断出错而导致的模型中的不确定性。接下来，我们将对 VAR 模型进行详细的探讨。

一、基本概念

向量自回归(Vector Autoregressive Model，VAR)模型是一种估算多变量间动态关系的非结构性模型。它考虑系统内每个内生变量作为其他所有内生变量的历史数据来建模，使得单变量自回归模型得以扩展为包含多个时间序列变量的“向量”自回归模型。例如，如果一个系统包含若干变量，VAR 模型会把每个变量当作因变量 Y，并使用系统中所有变量的过去值作为解释变量来构建方程。因此，系统中的每个变量都会有一个对应的方程，这些方程集合能够展示各变量间的动态互动。

VAR 模型经常被应用于预测时间序列系统的相互关联，以及分析随机干扰对多变量系统的影响，尤其在宏观经济学领域。它是分析和预测多个相关经济指标时最直接的模型之一。

值得注意的是，VAR 模型之所以能将每个内生变量视为系统中其他所有内生变量的滞后函数，是为了避免在结构性建模中必须明确每个内生变量与其他所有滞后内生变量之间的具体关系。

二、内生变量与外生变量

1. 内生变量

内生变量是一个具有特定概率分布的随机变量。它在联立方程系统中是由模型本身所确定并受到影响的，其参数是模型估计的组成部分。这些变量通常具有清晰的经济学意义。在大多数场景中，内生变量与模型中的随机误差项是相关的。在联立方程模型里，这些内生变量不仅是被解释的对象，同时也可能在其他方程中作为解释性的变量出现。

2. 外生变量

外生变量通常为确定性变量或拥有特定概率分布的随机变量，它们不是模型系统分析的核心组成部分。虽然外生变量会对系统产生影响，但它们自身并不被系统所影响。这些变量可能是经济指标、政策因子或是虚拟指标。在大部分情境中，外生变量与模型的随机误差项是独立的。一个变量是被视为内生还是外生，主要取决于其在经济学中的理论和意义，而非其数学特性。

三、基本步骤

1. 平稳性检验

在构建 VAR 模型之前，我们必须先对每个时间序列变量进行平稳性检测，例如使用 ADF 检验。只有当这些时间序列都是平稳的时，才能有效地建立 VAR 模型。如果不这样做，得到的模型可能会是伪回归。但值得注意的是，如果数据不是平稳的，但经过协整测试是有效的，那么仍然可以构建向量自回归模型。

2. 确定滞后阶数

当滞后时间过短时，误差项可能会显示出显著的自相关性，这可能导致参数估计的非一致性。在 VAR 模型中，适当增加 k 值（即增加滞后变量的数量）有助于消除误差中的自相关性。但同时，k 值也不能过高，否则会导致自由度降低，进而影响模型参数估计的可靠性。为了确定合适的滞后阶数，有两种主要方法：一种是考虑多种准则，如 AIC、SC、HQ、LogL 以及最终预测误差（FPE）等，选择使得对应准则值最小化的 k 值。另一种是通过似然比（LR）进行检验，这种方法可以避免第一种方法可能带来的不稳定结果。

3. 模型稳定性检验

VAR 模型的稳定性要求其所有特征值均位于单位圆之内（在一个以实数为横轴、虚数为纵轴的坐标系中，那个以原点为中心、半径为 1 的圆被称作单位圆）。满足此条件后，我们可以进一步进行脉冲响应和方差的分解分析。

(4)脉冲响应

该描述涉及 VAR 模型中，一个内生变量（即冲击源）对另一个内生变量（即受到冲击的对象）产生的效应。

(5)方差分解

VAR 模型中的方差分解提供了随机新闻的重要性度量。它主要是评估预测误差的标准偏差受到各种冲击的影响程度，也反映了各内生变量对这一标准偏差的贡献大小。

四、格兰杰因果检验

在时间序列分析中，有时会遇到所谓的伪相关现象，即两个实际上并无关联的变量却显示出高度相关性。为了解决这一问题，人们引入了格兰杰因果检验来确定两个时间序列是否真的存在相关性。这也是确定是否能够构建脉冲函数的基础。

值得注意的是，格兰杰检验中的“因果”与我们日常所说的因果并不完全相同。它更多的是指先发生的事件对后发生的事件产生影响，或者说，一个变量是否能增强对其他变量的预测准确性。简而言之，格兰杰的“因果”更像是预测的能力。核心思想是检查某一变量的历史值是否能够增强对另一变量的预测。

进行格兰杰因果检验时，通常采用以下步骤：

(1)估算由 Y 的历史值所解释的当前 Y 值的程度；

(2)检查在加入 X 的历史值后，Y 的解释程度是否有所增加；

(3)若第二步成立，并且 X 的滞后系数统计显著，则可以说 X 是 Y 的格兰杰原因。

需要强调的是，格兰杰因果检验是基于 VAR 模型的，因此 VAR 模型的合理性对检验结果有很大影响。比如说，VAR 模型的滞后期的选择是非常关键的。

第二节　支持向量回归

支持向量回归(Support Vector Regression，SVR)是支持向量机(SVM)的一个应用领域，它们的核心思路是一致的，即通过寻找最优的超平面来达到优化目标。1999 年，Mukherjee 及其团队首次证实了支持向量技术可以用于金融时间序列的研究。2001 年，Lijuan Cao 和团队开始探索支持向量回归在金融时间序列预测中的潜力。从此，许多研究者不断深化这方面的应用。例如，Huseyin Ince 及其团队通过使用 SVM 来估算股票价格，并发现其在风险溢价或均方误差方面都超越了传统的 ARIMA 模型和多层感知器。国内的研究者也持续对 SVR 在金融时间序列预测的能力进行探索。例如，杨一文和杨朝军采用 SVR 模型成功地预测了上证综指的趋势，而陈砚秋则尝试将决策树与 SVR 模型结合，证明了该方法在预测深证指数日收盘价和人民币汇率月均价上具有很高的准确性。

一、基本原理

SVR 是将 SVM 应用于时间序列的函数回归，它在预测非线性时间序列上展现出稳健的能力。SVR 通过非线性函数[如表示为 $\phi(x)$]将原始数据点 x_i 转化到高维特征空间。在这个高维空间中，SVR 会寻找一个线性函数 f，这个函数能够准确描述输入数据与输出数据之间的关联。这个函数即为我们所说的 SVR 函数。

$$f(x)=w^{\mathrm{T}}\phi(x)+b,\phi:R^n\to F,w\in F \tag{5-1}$$

为了达到最小化实际风险的目标，依据结构风险最小化的原理，对结构进行优化的风险目标函数为

$$R_{\mathrm{reg}}=\frac{1}{2}\|w\|^2+R_{\mathrm{emp}}=\frac{1}{2}\|w\|^2+\frac{C}{n}\sum_{i=1}^{n}|y_i-f(x_i)| \tag{5-2}$$

式中：$\|w\|^2$ 表示描述函数；C 表示经验风险和模型复杂度之间取的一个折中的常数；$|y_i-f(x_i)|$ 表示 ε 不敏感损失函数，即

$$|y-f(x)|_{\varepsilon}=\begin{cases}0, |y-f(x)|\leqslant\varepsilon;\\ |y-f(x)|-\varepsilon, \text{其他}\end{cases} \tag{5-3}$$

SVR 就是对公式(5-1)的优化问题的求解过程：

$$\begin{aligned}&\min\frac{1}{2}\|w\|^2+C\sum_{i=1}^{n}(\xi_i+\xi_i^*);\\ &\text{s. t.}\quad y_i-w^{\mathrm{T}}\Phi(x)-b\leqslant\varepsilon+\xi_i^*;\\ &-y_i+w^{\mathrm{T}}\Phi(x)+b\leqslant\varepsilon+\xi_i;\\ &\xi_i^*,\xi_i\geqslant 0,i=1,2,\cdots,n\end{aligned} \tag{5-4}$$

上式中，为了使公式有解，引入了松弛变量 ξ_i^*，ξ_i。通过拉格朗日函数，引入了拉格朗日乘子 a、a^*，把问题转化为对偶问题，对上式的求解进行优化：

$$\max z = \sum_{i=1}^{n} y_i(a_i^* - a_i) - \sum_{i=1}^{n}(a_i^* + a_i)\varepsilon -$$
$$\sum_{i=1}^{n}\sum_{j=1}^{n}(a_i - a_i^*)(a_j - a_j^*)K(x_i, x_j);$$
$$\text{s. t.} \quad \sum_{i=1}^{n}(a_i - a_i^*) = 0, \quad 0 \leqslant a_i \leqslant C;$$
$$0 \leqslant a_i^* \leqslant C, \quad i = 1,2,\cdots,n \tag{5-5}$$

上式中，当 $a_i - a_i^*$ 不等于 0 时，对应的训练样本就是支持向量。通过求解二次规划问题，可以求出 a 的值，与此同时，求出 w 的值为

$$w = \sum_{i=2}^{n}(a_i - a_i^*)\phi(x_i) \tag{5-6}$$

通过 KKT(Karush - Kuhn - Tucker)条件，可以计算出偏差 b：

$$b = y_j - \varepsilon - \sum_{i=1}^{n}(a_i - a_i^*)K(x_j, x_i),$$
$$b = y_j + \varepsilon - \sum_{i=1}^{n}(a_i - a_i^*)K(x_j, x_i), \tag{5-7}$$
$$a_i, a_i^* \in [0, C]$$

此时，可以得到回归函数 $f(x)$的表达式：

$$f(x) = \sum_{i=1}^{n}(a_i - a_i^*)K(x_i, x) + b \tag{5-8}$$

式中：$K(x_i,x)=\Phi(x_i)\Phi(x)$表示一个满足 Mercer 条件的核函数。SVR 的一个突出特性是能在不了解非线性变换具体形态的情况下，实现算法的非线性化。目前，在 SVR 的核函数中，最常用的是高斯径向基核函数(Radial Basis Function，简称 RBF)，其特点是具有 σ 宽度。

$$f(x) = \sum_{i=1}^{n}\left[(a_i - a_i^*) \times \exp(-\| x_i - x \|^2 / 2\sigma^2)\right] + b \tag{5-9}$$

二、最优化理论

支持向量回归模型的对偶形式属于凸优化问题的范畴。为了找到这个模型的最佳解决方案，我们通常会借助最优化理论中的相关概念来解决对偶问题。在本部分，我们会深入探讨最优化理论的若干核心概念，这包括凸优化问题、最优化条件，以及拉格朗日对偶性。

1. 凸优化问题

一个最优化问题如果具有凸集的可行域和凸的目标函数，那么它可以被分类为凸优化问题。当这个凸优化问题有全局最优解时，对于集合 M 中的任意两个元素 x 和 y，我们可以说集合 M 呈现凸性，如以下公式展示：

$$mx + (1-m)y \in M, 0 \leqslant m \leqslant 1 \tag{5-10}$$

如果 x 和 y 在 M 中，则 x 和 y 的凹组合也在 M 中。若在凸集 M 上的函数 F 是凸的，那么：

$$F[mx + (1-m)y] \leqslant mF(x) + (1-m)F(y) \tag{5-11}$$

式中：$0\leqslant m\leqslant 1, x, y\in M$。表示在连接点$[x,F(x)]$与$[y,F(y)]$的线段处于函数图像的里面或者上方。凸优化问题的形式化表达为

$$\min_{x\in M} F(x) \tag{5-12}$$

式中：M 表示凸集；F 代表 M 上的凸函数。根据凸优化问题的理论，如果 X 是该问题的局部最小值，那么 X 同时也是全局最小值。当目标函数严格地呈凸的，X 成为唯一的全局最小值。

2. 最优化条件

对于所有的 $x\in M$，都有

$$F(X)\leqslant F(x) \tag{5-13}$$

式中：点 X 表示在集合 M 中函数 F 的全局最小值。

不是所有的函数都保证存在一个有限的全局最小值。即便某个函数拥有全局最小值，也不能确定它一定具有一个严格的全局最小值。除非对该问题有额外的信息或假设，否则我们无法确保总能找到全局解。但如果集合 M 的函数呈凸状，那么确实有可能找到其全局解。

如果真的找不到全局解，我们仍然可以寻找一个相对于周边点更优的点。更具体地说，我们可以在 M 中找到 F 的一个局部最小值，这个点满足对于所有 $x\in M$，$\| x-X \| <\delta$，都有

$$F(X)\leqslant F(x) \tag{5-14}$$

式中：δ 表示小的正数，其值取决于 X。当满足前述条件时，点 X 被视为严格的局部最小值。在众多关键的场景中，我们可以通过 $x=X$ 的一阶和二阶导数来确定这一严格的局部最小值。

3. 拉格朗日对偶问题

每个线性规划问题都伴随着一个对应的对偶线性规划问题。原问题与其对偶问题间的关系可以概括为：①当原问题旨在求最小值时，对偶问题则追求最大值，反之同理；②对偶问题的对偶版本即为原问题。

在非线性规划中，拉格朗日乘子充当对偶变量的角色。若能预先知道最佳的拉格朗日乘子，那么优化问题的解决过程通常会变得更为简单。

假如非线性问题的形式为

$$\begin{aligned} &\min F(x) \\ &\text{s.t. } f(x)\geqslant 0 \\ &x\in S \end{aligned} \tag{5-15}$$

构造拉格朗日函数得到 $L(x,\lambda)=F(x)-\lambda^{\mathrm{T}} f(x), x\in S\subset R^n$ 并且 $\lambda\in R^m, \lambda\geqslant 0$。非线性的优化问题此时可以表示成最小和最大问题：

$$L^*(x)=\max_{\lambda\geqslant 0} L(x,\lambda)=\max_{\lambda\geqslant 0}[F(x)-\lambda^{\mathrm{T}} f(x)] \tag{5-16}$$

$$\min_{x\in S} L^*(x), L^*(x)=\begin{cases} g(x), & 若\ f(x)\geqslant 0 \\ \infty, & 其他 \end{cases} \tag{5-17}$$

采用最小一最大对偶性原理来构建对偶规划。对于任意的$\lambda \geqslant 0$,对偶函数定义如下：

$$L^*(\lambda)=\min_{x\in S} L(x,\lambda) \tag{5-18}$$

所以,此时的最小-最大对偶问题演变为$\max\limits_{\lambda\geqslant 0} L^*(\lambda)$,也即$\max\limits_{\lambda\geqslant 0}\min\limits_{x\in S}[F(x)-\lambda^{\mathrm{T}} f(x)]$。

三、v-支持向量回归模型

基于统计学习的方法,支持向量回归(SVR)是一个先进的机器学习算法。SVR,通过克服多项式模型可能出现的问题,把每一个数据点映射到更高的维度上,以在原始空间中完成非线性回归。这种方法的灵感来源于 Vapnik 所提出的支持向量机的思想。Vapnik 通过采用 ε-不敏感损失函数,将支持向量分类(SupportVector Classification,SVC)的方法扩展到回归分析上。如图 5-1 展示的,ε-支持向量回归的工作原理是基于最小化预测值和真实目标值之间的不敏感损失函数来构建回归模型。这种算法旨在寻找一个与训练目标之间的偏差 ε 最大的回归模型 $f(x)$,同时使得该模型尽量保持简洁。为了达到这个目标,我们优化以下的风险函数：

$$v[x,y,f(x)]=|y-f(x)|_{\varepsilon}=\begin{cases}|y-f(x)|\leqslant\varepsilon\\|y-f(x)|-\varepsilon,|y-f(x)|>\varepsilon\end{cases} \tag{5-19}$$

ε-支持向量回归机(ε-SVR)模型结构为

$$\begin{aligned}&\min\left\{g_{P_{\varepsilon\text{-SVR}}}=\frac{1}{2}\omega^{\mathrm{T}}\bar{\omega}+\frac{C}{l}\sum_{i=1}^{l}(\zeta_i+\zeta_i^{\phi})\right\}\\&\text{s.t.}\quad \omega^{\mathrm{T}}\phi(x_i)+b-y_i\leqslant\varepsilon+\zeta_i\\&y_i-\omega^{\mathrm{T}}\phi(x_i)-b\leqslant\varepsilon+\zeta_i^{\phi}\\&\zeta_i+\zeta_i^{\phi}\geqslant 0,i=1,\cdots,l\end{aligned} \tag{5-20}$$

式中:$C\geqslant 0$ 表示的是一个正则化因子,其目的是为了在训练误差和线性回归函数 $f(x)$之间进行折中,ζ_i 和 ζ_i^{ϕ} 是松弛变量,为松弛 ε 不敏感条件而引入的。$\sum\limits_{i=1}^{l}\zeta_i$ 表示经验风险。$\|\omega\|$ 表示表达能力。C 实际上是对经验风险和表达能力匹配的一个裁决。

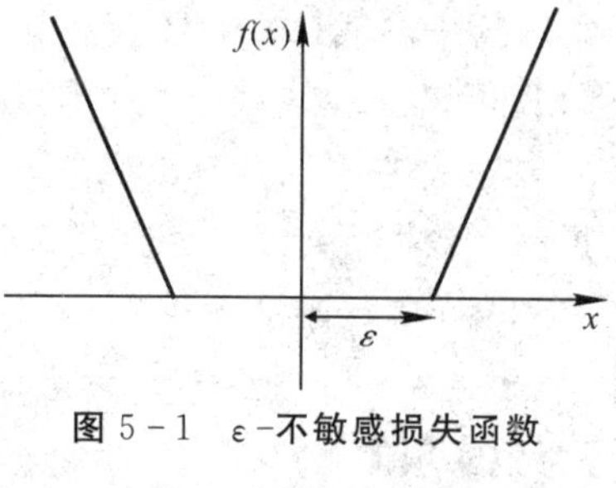

图 5-1　ε-不敏感损失函数

针对非线性回归问题,我们可以建立一个由 x 组成的正半定核矩阵,并通过核函数将输入数据映射到一个高维的特征空间中。常被采用的核函数是径向基函数(Radial Basis Function,RBF)。

Schǒlkpf 提出了 v-SVR 模型,其图解为

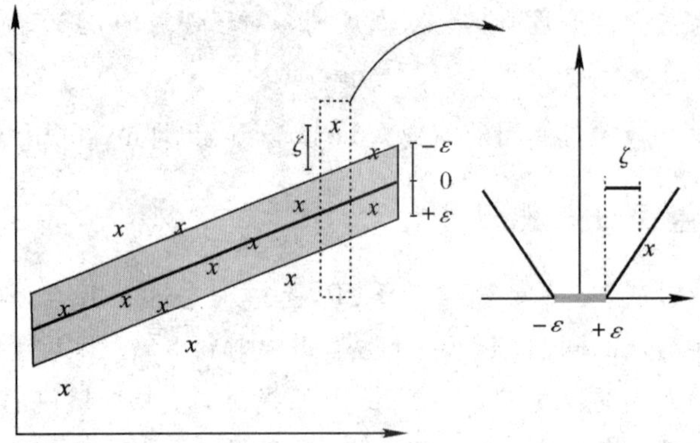

图 5-2　v-SVR 模型图解

v-SVR 模型结构可表示为

$$\left.\begin{aligned}&\min\left\{g_{P_{v\text{-SVR}}}=\frac{1}{2}\|\omega\|^2+C\cdot\left[v\varepsilon+\sum_{i=1}^{l}(\xi_i+\xi_i^*)\right]\right\}\\&\text{s.t. }\omega^{\mathrm{T}}\cdot x_i+b-y_i\leqslant\varepsilon+\xi_i\\&y_i-\omega^{\mathrm{T}}\cdot x_i-b\leqslant\varepsilon+\xi_i^*\\&\xi_i,\xi_i^*\geqslant 0,i=1,\cdots,l,\varepsilon\geqslant 0\end{aligned}\right\}\tag{5-21}$$

Vapnik 提出的 ε-SVR 以及 B. Schŏlkpf 推出的 v-SVR 模型在面对噪声时都表现出较高的敏感性，导致它们缺乏鲁棒性。当噪声损失在 ε 以下时，这些模型的预测结果可以达到满意的水平。但是，当噪声损失超过 ε 时，ε-SVR 和 v-SVR 的表现就无法满足实际应用的需求了。

鉴于计算的复杂性以及大规模训练数据的挑战，Suykens 和 Vandewalle 设计了一种融入误差容忍度平方的最小二乘支持向量机方法。当噪声损失遵循高斯分布时，采用最小二乘支持向量回归可以达到满意的预测效果。

四、最小二乘支持向量回归模型

如之前提到的，ε-SVR 模型因其计算复杂性并不能有效地预测累加率，同时还可能导致大量的计算资源消耗。为了解决这一挑战，LSSVR 模型在传统 SVR 模型的基础上被提出。与解决二次方程不同，LSSVR 可以处理线性方程。作为 SVR 的一个关键扩展，LSSVR 采用平方误差为其目标函数，这使得它不仅具有出色的拟合性能，还具备优越的泛化能力，大大简化了计算过程，从而提高了效率。最小二乘法已经被广泛应用于众多领域的数据处理。对于给定的数据 $D_l=\{(x_1,y_1),(x_2,y_2),\cdots,(x_l,y_l)\}$ 和 $x_i\in X=R^n$，$y_i\in R$，我们可以定义多元线性回归模型为 $f(x_i)=\omega^{\mathrm{T}}\cdot x_i+b+\varepsilon$。参数向量 $\varepsilon\in R^n$ 则由最小二乘回归模型确定，这是通过最小化目标函数实现的。

$$g_{LR}=\sum_{i=1}^{l}(y_i-\omega^{\mathrm{T}}\cdot x_i-b)^2\tag{5-22}$$

多元线性回归模型可以表示为矩阵形态的 $y=X\omega+\varepsilon$，其中参数为 $\omega=(X^{\mathrm{T}}X)^{-1}X^{\mathrm{T}}y$。若自变量 x_i 与其他自变量之间存在多重共线性，那么 ω_i 可能会变得非常不稳定，导致其具体数值与真实值之间存在显著偏差。

对于线性回归中的不稳定性问题，基于最小二乘法的方法可能表现得不尽人意。因此，许多学者针对这一问题，提出了很多新的回归算法。最小二乘支持向量回归模型的原始问题表示为：

$$\left.\begin{aligned} g_{LS\text{-SVR}} &= \frac{1}{2}\omega^{\mathrm{T}}\omega + C\sum_{i=1}^{l}\left[y_i - \omega^{\mathrm{T}}\cdot\phi(x_i) - b\right]^2 \\ \text{s.t.}\quad y_i &= \omega^{\mathrm{T}}\cdot\phi(x_i) + b + \xi_i \end{aligned}\right\} \tag{5-23}$$

式中：$\phi(\cdot)$是一个能够将输入数据映射到高维度空间的核函数。当损失的噪声遵循高斯分布时，使用最小二乘支持向量回归可以获得满足实际需求的预测值。

五、孪生支持向量回归模型

为了优化经典 SVR 的速度和广泛适用性，Peng 在 TWSVM 模型的基础上将其应用于回归问题，从而提出了一个称为“孪生支持向量回归机”(TSVR)的高效回归模型。与 SVR 的区别在于，TWSVM 旨在找到两个不平行的分类超平面，使一个超平面尽量靠近一类样本，而远离另一类样本。这种方法使用平方距离作为目标函数的度量方法。受 TWSVM 思想的启发，TSVR 在训练数据点的两侧形成一对非平行的函数，这对函数确定了回归函数的 ε-不敏感范围的上下界。不同于解决一个庞大的 QPP，TSVR 解决了一对 QPP，从而降低了模型的计算时间复杂度。因此，TSVR 的问题可以简化为解决以下的一对二次规划问题：

$$\begin{aligned} &\min\{g_{P_{\mathrm{TSVR}}} = \frac{1}{2}(y - \mathrm{e}\cdot\in_1 - (K(X,X^{\mathrm{T}})\omega_1 + \mathrm{e}\cdot b_1))^{\mathrm{T}}\cdot \\ &\qquad (y - \mathrm{e}\cdot\in_1 - (K(X,X^{\mathrm{T}})\omega_1 + \mathrm{e}\cdot b_1)) + C_1\cdot\mathrm{e}^{\mathrm{T}}\cdot\xi\} \\ &\text{s.t.}\quad y - [K(X,X^{\mathrm{T}})\omega_1 + \mathrm{e}\cdot b_1] \geqslant \mathrm{e}\cdot\in_1 - \xi, \xi\geqslant 0 \end{aligned} \tag{5-24}$$

$$\begin{aligned} &\min\{g_{P_{\mathrm{TSVR}}} = \frac{1}{2}(y + \mathrm{e}\cdot\in_2 - (K(X,X^{\mathrm{T}})\omega_2 + \mathrm{e}\cdot b_2))^{\mathrm{T}}\cdot \\ &\qquad (y + \mathrm{e}\cdot\in_2 - (K(X,X^{\mathrm{T}})\omega_2 + \mathrm{e}\cdot b_2)) + C_2\cdot\mathrm{e}^{\mathrm{T}}\cdot\eta\} \\ &\text{s.t.}\quad [K(X,X^{\mathrm{T}})\omega_2 + \mathrm{e}\cdot b_2] - y \geqslant \mathrm{e}\cdot\in_2 - \eta, \eta\geqslant 0 \end{aligned} \tag{5-25}$$

式中：$K(X,X^{\mathrm{T}})$代表核矩阵的元素 $k_{ij}=k(x_i,x_j^{\mathrm{T}})$；$x_j^{\mathrm{T}}$ 代表 X 的行向量；e 代表单位列向量；ξ 与 η 代表松弛变量。$k(x_i,x_j)=\phi(x_i)^{\mathrm{T}}\cdot\phi(x_j)$是核函数，计算出了高维特征空间 $\phi(x_i)$与$\phi(x_j)$的内积，一般 $\phi(\cdot)$是非线性的映射，可以把(x_i)映射到高维特征空间 $\phi(x_i)$中，$C_1,C_2>0$，$\varepsilon_1,\varepsilon_2\geqslant 0$ 是常数。通常在非线性的情况之下，可以通过使用核技术来求解 QPP。

通过 ALM 方法，求解公式(5-24)和(5-25)，可以得到 P_{TSVR}的对偶问题：

$$\begin{aligned} &\min\left\{g_{D_{\mathrm{TSVR}}} = \frac{1}{2}\alpha^{\mathrm{T}}H(H^{\mathrm{T}}H)^{-1}H^{\mathrm{T}}\alpha - g^{\mathrm{T}}H(H^{\mathrm{T}}H)^{-1}H^{\mathrm{T}}\alpha - g^{\mathrm{T}}\alpha\right\} \\ &\text{s.t.}\quad 0\leqslant\alpha\leqslant C_1\mathrm{e} \end{aligned} \tag{5-26}$$

$$\begin{aligned} &\min\left\{g_{D_{\mathrm{TSVR}}} = \frac{1}{2}\beta^{\mathrm{T}}H(H^{\mathrm{T}}H)^{-1}H^{\mathrm{T}}\beta + h^{\mathrm{T}}H(H^{\mathrm{T}}H)^{-1}H^{\mathrm{T}}\beta - h^{\mathrm{T}}\beta\right\} \\ &\text{s.t.}\quad 0\leqslant\beta\leqslant C_2\mathrm{e} \end{aligned} \tag{5-27}$$

式中：$H=[K(X,X^{\mathrm{T}}),\mathrm{e}]$，$g=y-\mathrm{e}\varepsilon_1$，$h=y+\mathrm{e}\varepsilon_2$。通过 ALM 方法，可以得到公式(5-26)的最优解 α 和公式(5-27)的最优解 β 的时候，最优的方向矢量和偏差为

$$(\omega_1,b_1)^{\mathrm{T}}=(H^{\mathrm{T}}H)^{-1}H^{\mathrm{T}}(g-\alpha) \tag{5-28}$$

$$(\omega_2,b_2)^{\mathrm{T}}=(H^{\mathrm{T}}H)^{-1}H^{\mathrm{T}}(h+\beta) \tag{5-29}$$

根据核 TSVR，可以得到两个非线性回归函数 $f_1(x)$和 $f_2(x)$，其中 $f_1(x)=\omega_1^{\mathrm{T}}K(X,x)+b_1$，$f_2(x)=\omega_2^{\mathrm{T}}K(X,x)+b_2$。此时，非线性 TSVR 的预测回归函数可表示为

$$f_{\mathrm{TSVR}}(x)=\frac{f_1(x)+f_2(x)}{2}=\frac{1}{2}(\omega_1+\omega_2)^{\mathrm{T}}K(X,x)+\frac{1}{2}(b_1+b_2) \tag{5-30}$$

其中，一个较为直观的 TSVR 的几何解释可如图 5-3 所示。在图 5-3 中，下界函数 $f_1(x)$ 为 Down_sinc(X)，上界函数 $f_2(x)$为 Up_sinc(X)，预测的回归函数 $f(x)$为 sinc(X)。

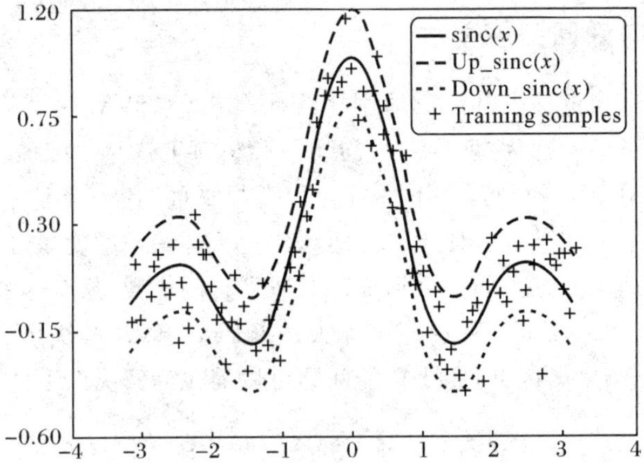

图 5-3 孪生支持向量回归的几何解释

六、孪生最小二乘支持向量回归模型

在公式(5-24)和(5-25)中，虽然 TSVR 模型采用了不等式约束，但 TLSSVR 模型对此进行了修改，将 TSVR 的不等式约束转换为等式约束。因此，其目标函数可以简化为两组线性方程。计算的复杂性与样本的维度成正比。当面对非线性场景时，TLSSVR 模型的主要问题表述为

$$\min\left\{g_{P_{\mathrm{ILSSVR}}}=\frac{1}{2}\omega_1^{\mathrm{T}}\cdot\omega_1+\frac{C_1}{2l}\sum_{i=1}^{l}v_i\cdot\xi_i^2\right\} \tag{5-31}$$
$$P_{\mathrm{TLSSVR}}:\text{s. t.}\quad y_i=\omega_1^{\mathrm{T}}\cdot\phi(x_i)+b_1+\xi_i+\in_1(i=1,\cdots,l)$$

$$\min\left\{g_{P_{\mathrm{TLSSVR}}}=\frac{1}{2}\omega_2^{\mathrm{T}}\cdot\omega_2+\frac{C_2}{2l}\sum_{i=1}^{l}v_i^*\cdot\xi_i^{*2}\right\} \tag{5-32}$$
$$P_{\mathrm{TLSSVR}}:\text{s. t.}\quad y_i=\omega_2^{\mathrm{T}}\cdot\phi(x_i)+b_2+\xi_i^*-\in_2(i=1,\cdots,l)$$

式中：ω_1,ω_2 代表超平面的法线向量；b_1,b_2 表示偏移量；ξ_i,ξ_i^* $(i=1,\cdots,l)$是预测残差；C_1，C_2 表示正则化参数。$v_i\geqslant 0$ 和 $v_i^*\geqslant 0$ 分别表示加权松弛误差 ξ_i,ξ_i^*。

通过增广拉格朗日乘子方法，求解公式(5-31)，可得到其解为

$$\begin{bmatrix}0 & \mathrm{e}^{\mathrm{T}}\\ \mathrm{e} & \widetilde{K}\end{bmatrix}\begin{bmatrix}b_1\\ \alpha\end{bmatrix}=\begin{bmatrix}0\\ y-\in_1\mathrm{e}\end{bmatrix} \tag{5-33}$$

式中：$\widetilde{K}_{ij}=k(x_i,x_j)+\frac{\delta_{ij}}{v_iC_1}$，$\delta_{ij}=1(i=j)$，或者 $\delta_{ij}=0(i\neq j)i,j=1,2,\cdots,l$。权重 $v_i=\rho(\alpha_i<0)$，或者 $v_i=1(\alpha_i\geqslant 0)$，$\rho>1$。通过公式(5-33)，可计算 α，对任何新测试样本 $x\in R^L$，可得 TLSSVR 模型的下界预测函数为：$f_1(x)=\sum_{i=1}^{l}\alpha_i k(x_i,x)+b_1$。

同样地，任何新测试样本 $x\in R^L$，通过公式(5-32)，可计算得到 TLSSVR 模型的上界预测函数为：$f_2(x)=\sum_{i=1}^{l}\alpha_i^* k(x_i,x)+b_2$。

在 LSSVR 模型中，拉格朗日乘子向量 α 与训练数据中的误差向量 ξ 是正相关的，这意味着 LSSVR 并不具备稀疏性特征。再者，当与 SVR 进行对比时，LSSVR 的鲁棒性较弱。这显示了相较于经典的 SVR，LSSVR 还存在一定的不足，因此需借助新策略来改进这些不足之处。值得注意的是，TSVR 和 TLSSVR 模型并未考虑到数据集的异方差性。

第三节　梯度提升回归树

梯度提升回归树是由三个核心组成部分构建的：残差树、梯度提升和学习速率调整。这是一个集成算法，其中基本的学习器是回归树。每一棵新的树都是针对前一棵树的残差进行拟合的，而这种对残差的持续拟合，使得这些回归树转变为残差树。通过梯度提升方法，我们努力减少这些残差。为了更深入地学习，该算法采用学习速率调整策略来增强其效果。

一、残差树

残差树其实就是回归树的一个特定应用。它的构建方法是，对于前一棵树所未能完全捕捉的信息（即残差），使用回归树进行学习。这种特定的用途使其得名为残差树。

回归树是一种分层的树形结构模型。在这种模型中，数据的局部区域可以通过几步的递归分割来确定。整个回归树由决策节点和叶节点组成。例如，在图 5-4 的年薪回归树模型中，“工龄”变量位于根节点位置，而“级别”和“表现”变量位于决策节点。而 15 万、30 万等的输出值则被放置在叶节点上。

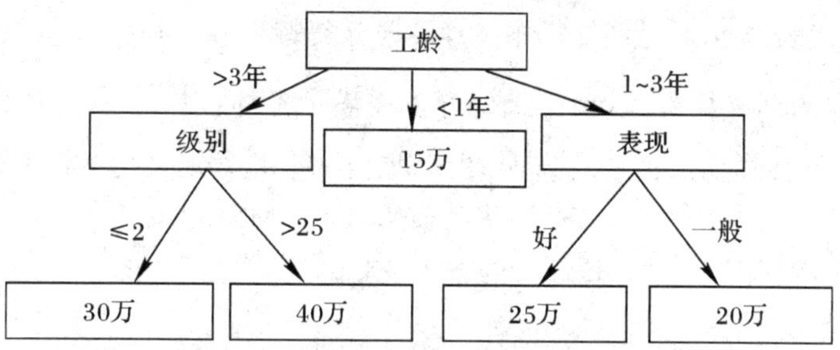

图 5-4　关于某部门员工年薪的回归树模型

回归树的基本理念是从根节点开始，基于使均方误差下降最大的原则，挑选当前节点的最佳分裂特征以及对应的分裂点。这样的操作会将训练数据分为两部分，从而产生两个决策节点。在这两个新节点上，算法继续分裂特征空间，这个过程会不断重复，直至所有决策节点均无法进一步分裂，此时就形成了叶节点。这样，我们得到了一棵完整的回归树。然而,完全生长的回归树很容易导致过拟合,这使得它在新样本上的预测效果并不理想。因此,通常会采用剪枝策略对完全生长的回归树进行修剪,以获得更为理想的模型。

在回归树的构建过程中,有四个主要组成部分:首先是如何表示节点的预测值;其次是如何度量训练样本的不纯度;再者是如何选择每个决策节点的分裂特征;最后是如何对回归树进行剪枝。

节点的预测值可表示为:

给定训练样本

$$T=\{(x_i,y_i)=(x_{i1},\cdots,x_{ip},y_i)\mid i=1,\cdots,n\} \tag{5-34}$$

其中,训练样本输入可记作:

$$x_i=(x_{i1},x_{i2},\cdots,x_{ip}),i=1,2,\cdots,n \tag{5-35}$$

在回归树的算法中,对节点 g,让 χ_g 代表训练样本中到达节点 g 的样本的集合。定义样本 x_i 达到节点 g 的示例函数为

$$b_g(x_i)=\begin{cases}1, x_i\in\chi_g\\0,\text{否则}\end{cases} \tag{5-36}$$

对于节点 g 的输出预测值,我们使用所有流向节点 g 的训练样本输出的平均值来表示。具体定义如下:

$$r_g=\frac{\sum_i b_g(x_i)y_i}{\sum_i b_g(x_i)} \tag{5-37}$$

在回归树算法中,我们使用训练样本的不纯度来衡量其不确定性,这通常通过输出变量的均方误差来实现。节点 g 上的均方误差定义为

$$\mathrm{MSE}_g=\frac{1}{N_g}\sum_i (y_i-r_g)^2 b_g(x^i) \tag{5-38}$$

其中,

$$N_g=|\chi_g|=\sum_i b_g(x^i) \tag{5-39}$$

内部决策节点上的分裂特征选择

让 χ_{g1} 与 χ_{g2} 代表节点 g 上训练样本 χ_g,根据分裂特征和对应分裂节点,进行二叉分裂后,两个分支对应的训练样本,这两个训练样本需满足条件:$\bigcup_{i=1}^{2}\chi_{gi}=\chi_g$,并且 $\bigcap_{i=1}^{2}\chi_{gi}=\varnothing$。在 χ_{g1} 和 χ_{g2} 上,需分开计算输出值的均方误差 MSE_{g1} 和 MSE_{g2},定义均方误差的下降为:

$$\triangle\mathrm{MSE}=\mathrm{MSE}_g-\mathrm{MSE}_{g1}-\mathrm{MSE}_{g2} \tag{5-40}$$

其中,最优的分裂特征即令△MSE 最大的输入变量。

回归树的剪枝

回归树的剪枝划分为先剪枝和后剪枝。先剪枝是在回归树生长过程中通过设定特定的停止准则来阻止其继续生长。比如,当某节点下的样本数量少于预设的阈值或均方误差的减少量不足一定界限时,该节点就停止分裂并直接作为叶节点。

相对地,后剪枝方法是首先完全生长出一棵树,然后从底部的叶节点开始向树的根部回溯,识别并修剪可能引起过拟合的部分。实现后剪枝的方法有多种,如交叉验证剪枝。这种

方法是通过留出一部分训练数据作为剪枝验证集，在模型的培训阶段不会使用这部分数据。对每一个节点，我们会比较在保留或剪去该节点时模型在剪枝验证集上的性能，若剪去节点后性能提升，那么就进行剪枝。还有一种称为复杂度惩罚剪枝的方法，其定义的复杂度代价为

$$Ra(\mathrm{Tree})=\mathrm{MSE}(\mathrm{Tree})+cp\cdot|\mathrm{Tree}| \tag{5-41}$$

式中：$Ra(\mathrm{Tree})$代表模型损失；$\mathrm{MSE}(\mathrm{Tree})$代表树的训练误差；$|\mathrm{Tree}|$代表树的叶子节点个数；$cp$ 代表复杂度参数。在进行复杂度剪枝时，目标是最小化 $Ra(\mathrm{Tree})$。当 cp 为 0 时，最小化 $Ra(\mathrm{Tree})$的树即为完全生长的树。但随着 cp 值的增长，最小化 $Ra(\mathrm{Tree})$的树会变得更小，部分决策节点可能被修剪。不同的 cp 值将产生不同剪枝程度的树。通过结合交叉验证技巧，我们可以选择出最合适的复杂度参数 cp，并据此获得最优回归树。Leo Breiman、Jerome Friedman、Richard Olshen 和 Charles Stone 已经证明，通过此方法训练得到的具有$|\mathrm{Tree}|$叶节点的树，其训练代价是所有具有相同叶节点数量的树中最小的。对比之下，虽然先剪枝的训练过程更快，但后剪枝能产生更为精确的回归树。

二、梯度提升

梯度提升是 Boosting 家族中的一员，其源于 Friedman 对 Adaboost 算法的数学分析后的结论。梯度提升的核心思路是，每建立一个新模型，都是基于前一个模型损失函数的梯度下降方向。这种方法可以加速模型的学习过程。损失函数衡量了模型的误差大小，值越大表示模型表现越差。如果损失函数值能够持续减少，那么模型正逐步优化。最佳的方式是使模型的损失沿其梯度方向连续减小，这不仅意味着模型正在优化，而且优化速度也是最大的。

若我们已有的训练样本和弱学习器为 $h(x)$，那么我们可以设定强学习器 $H(x;\rho)$为

$$H(x;\rho)=\sum_{j=1}^{M}\theta_j h(x;\alpha_j) \tag{5-42}$$

式中：$\rho=(\theta,\alpha)$代表的是模型的参数。

可以定义模型的损失函数：

$$L[y,H(x;\rho)]=L\left[y,\sum_{j=1}^{M}\theta_j h(x;\alpha_j)\right] \tag{5-43}$$

则，在训练样本 $T=\{(x_i,y_i)=(x_{i1},\cdots,x_{ip},y_i)\,|\,i=1,\cdots,n\}$基础上，计算在模型 $H(x;\rho)$下的总体损失为

$$\sum_{i=1}^{n}L\left(y_i,\sum_{j=1}^{M}\theta_j h(x_i;\alpha_j)\right) \tag{5-44}$$

其中，最优的参数是让总体损失最小的 $\rho^*=(\theta^*,\alpha^*)$，其参数都是 M 维，可表示为

$$(\theta^*,\alpha^*)=\operatorname{argmin}\sum_{i=1}^{n}L\left[y_i,\sum_{j=1}^{M}\theta_j h(x_i;\alpha_j)\right] \tag{5-45}$$

记 $H_{j-1}(x)$，表示前 $j-1$ 棵残差树的集成学习器，将上式改写为

$$(\theta_j^*,\alpha_j^*)=\operatorname{argmin}\sum_{i=1}^{n}L[y_i,H_{j-1}(x_i)+\theta h(x_i;\alpha)],j=1,2,\cdots,M \tag{5-46}$$

此时，可以定义梯度方向：

$$g_j=\left[\frac{\partial L(y,H(x))}{\partial H(x)}\right]_{H(x)=H_{j-1}(x)} \tag{5-47}$$

为了使 $H_j(x;\rho)$ 在梯度方向上，用最小二乘法优化以下公式，可得到

$$\alpha_j^* = \text{argmin}\sum_{i=1}^{n} [-g_j(x_i)+\theta h(x;\alpha)]^2 \tag{5-48}$$

基于 α_j^*，可得

$$\theta_j^* = \text{argmin}\sum_{i=1}^{n} L[y_i, H_{j-1}(x_i)+\theta h(x_i;\alpha_j^*)] \tag{5-49}$$

合并到模型中去，可得梯度下降方向上的模型：

$$H_j(x)=H_{j-1}(x)+\theta_j^* h(x;\alpha_j^*) \tag{5-50}$$

根据不同的应用场景，梯度提升算法可以采用各种损失函数，这会导致不同的梯度下降路径，从而得到不同的模型。这种强大的适应性使梯度提升算法在数据驱动的学习中非常有效，并在实际应用中获得了显著的成果。

三、缩减

缩减算法的核心观点是，逐步、小幅度地学习并接近目标通常比快速、大幅度地逼近更能防止过拟合。这种方法认为每棵决策树只能部分反映事实，因此对其信赖不足。只有当这些决策树的小部分知识累积起来，互相弥补时，我们才能更全面地学习和理解事实。

在残差树中个，第 i 棵树的残差可定义为

$$\text{res}_i = y^i - \hat{y}^i \tag{5-51}$$

式中：y^i 代表在第 i 棵树上的输出值；$\hat{y}^i$ 代表第 i 棵树对于输出变量的预测值。

基于缩减算法，可定义第 i 棵树的残差为

$$\text{res}_i = y^i - \lambda\hat{y}^i \tag{5-52}$$

式中：λ 代表残差缩减的步长。

对于第 $i+1$ 棵残差树，先更新其输出值：

$$y^{i+1} = \text{res}_i \tag{5-53}$$

我们继续训练残差树的残差 res_{i+1}，并计算第 $i+1$ 棵树的残差。这个过程会循环地进行。

缩减步长实际上决定了模型对残差的拟合速率。尽管我们仍然以训练样本输出的残差作为学习目标，但从残差中学习到的结果，我们只会加入其中的一小部分（即 $\lambda\hat{y}^i$）来逐步逼近目标。步长通常选择得较小，从而使各棵树的残差呈现出逐步的变化而非突变。从本质上看，这意味着为每一棵残差树分配了一个权重。在进行最终预测时，每棵树的预测值需要先乘以这个权重，然后再累加。这种做法有助于减少过拟合的可能性，尽管这个结论主要基于经验。Copas J B 在其作品《Regression，prediction and shrinkage》中，从实证的角度探讨了缩减算法在回归分析中的效果。

四、梯度提升回归树算法

通过前文的描述，我们已经对梯度提升回归树的三个核心组成部分有了深入了解。基于这三点，我们现在详细描述梯度提升回归树的算法流程。

首先，给定训练数据集 $T=\{(x_i,y_i)=(x_{i1},\cdots,x_{ip},y_i)\mid i=1,\cdots,n\}$，初始化输出值

$y^1=(y_1,y_2,\cdots y_n)$以及训练样本 $T_1=T$。接下来，使用回归树方法在训练集 T_j 上建立第 $j(j=1,2,\cdots,M)$棵残差树。利用该残差树预测训练样本的输出 $\hat{y}^j=(\hat{y}_1^j,\hat{y}_2^j,\cdots,\hat{y}_n^j)$，并结合缩减算法的步长 λ 来更新训练样本的输出值

$$y^{j+1}=y^j-\lambda\hat{y}^j \tag{5-54}$$

保持原本的输入值不变，可得到训练样本：

$$T_{j+1}=\{(x_i,y_i^{j+1})=(x_{i1},\cdots,x_{ip},y_i^{j+1})\mid i=1,\cdots,n\} \tag{5-55}$$

在新的训练样本 T_{j+1} 上，重复计算上述过程，直到得到最终的 M 棵残差树。在预测样本$(x_0,y_0)=(x_{01},x_{02},\cdots,x_{0p},y_0)$上，应用 M 棵残差树给出预测值 $\hat{y}_0$

$$\hat{y}_0=\hat{y}_0^M+\lambda\sum_{j=1}^{M-1}\hat{y}_0^j \tag{5-56}$$

式中：$\hat{y}_0^j$ 表示预测样本在第 j 棵残差树上的预测值。

在梯度提升回归树中，我们并未进行梯度的明确求导，而是通过迭代地训练输出值的残差来进行优化。这样做的原因是，当我们使用均方误差损失函数时，残差的方向恰好等同于负梯度的方向，因此不必再显式地进行梯度计算。

梯度提升回归树算法的步骤：

输入：训练样本 $T=\{(x_i,y_i)=(x_{i1},\cdots,x_{ip},y_i)\mid i=1,\cdots,n\}$

预测样本$(x_0,y_0)=(x_{01},x_{02},\cdots,x_{0p},y_0)$

残差树训练次数为 M，缩减步长 λ，复杂度参数为 cp

训练步骤：初始化训练样本 $T_1=T$，其中 $y^1=(y_1,y_2,\cdots y_n)$

For　$j=1,2,\cdots,M$

(1)依据复杂度参数 cp，在训练样本 T_j 上，训练第 j 棵残差树

(2)依据第 j 棵残差树，计算出训练样本的预测值 $\hat{y}^j=(\hat{y}_1^j,\hat{y}_2^j,\cdots,\hat{y}_n^j)$

(3)更新训练样本 T_j 上的输出变量值 $y^{j+1}=y^j-\lambda\hat{y}^j$，可得 T_{j+1}

END For

输出：$\hat{y}_0=\hat{y}_0^M+\lambda\sum_{j=1}^{M-1}\hat{y}_0^j$

第四节　隐马尔可夫模型

隐马尔可夫模型是一种处理时间序列数据的动态概率模型，能够描述多个随机变量间的关联。这一模型在语音识别、金融市场等多个领域均有着深入的应用。鉴于本文选择它作为预测模型，接下来的部分将对隐马尔可夫模型的核心定义和特点进行详细阐述。

一、隐马尔可夫模型介绍

隐马尔可夫模型可以被理解为一个隐藏的状态序列所形成的马尔可夫链，并且这些隐藏状态会生成可观测的序列。假设 Q 表示所有可能的隐藏状态集合，其中 Q 的元素数量为 N；而 V 代表所有可能的观测状态集合，其元素数量为 M。我们可以表示为：$Q=\{q_1,q_2,\cdots,q_N\}$，$V=\{v_1,v_2,\cdots,v_M\}$。如果序列的长度定义为 T，那么状态序列集合和观测

序列集合可以分别表示为 S 和 O，即：$S=\{s_1,s_2,\cdots,s_T\}$，$O=\{o_1,o_2,\cdots,o_T\}$。在这里，任何一个具体的隐藏状态都属于 $S_T\in Q$，而任何一个具体的观测状态都属于 $o_T\in V$。图 5-5 展示了隐马尔可夫模型的有向概率图结构。

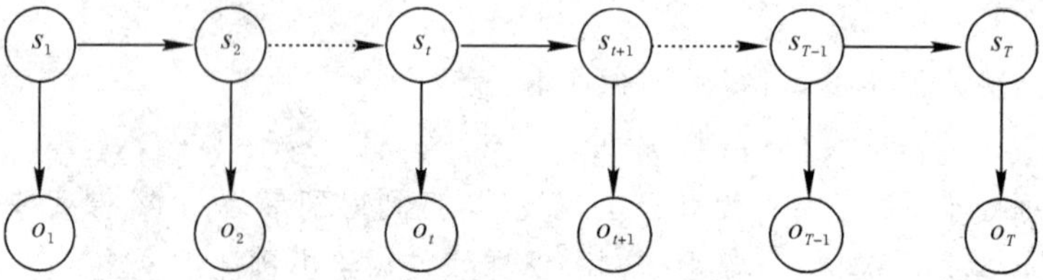

图 5-5　隐马尔可夫模型概率模型图

为了简化隐马尔可夫模型中变量的相互作用，模型基于以下两个核心假设：

(1)齐次马尔可夫链假设。为了使模型更易于解析和求解，我们假定在任何给定时刻的隐藏状态仅取决于其前一个隐藏状态。即，如果在时刻 t 的隐藏状态表示为状态 $s_t=q_t$，那么在时刻 $t+1$ 的隐藏状态则表示为状态 $s_{t+1}=q_j$。由此，从时刻 t 到时刻 $t+1$ 的隐马尔可夫模型的状态转移概率 a_{ij} 可以被定义为

$$a_{ij}=P(s_{t+1}=q_j\mid s_t=q_i),i=1,2,\cdots,N;j=1,2,\cdots,N \tag{5-57}$$

如此，a_{ij} 可以组成如图 5-6 所示的状态转移矩阵 $\boldsymbol{A}=[a_{ij}]_{N\times N}$。

	$s_2=q_1$	$s_2=q_2$	$\cdots$	$s_2=q_N$
$s_1=q_1$	a_{11}	a_{12}	$\cdots$	a_{1N}
$s_1=q_2$	a_{21}	a_{22}	$\cdots$	a_{2N}
$\vdots$	$\vdots$	$\vdots$		$\vdots$
$s_1=q_N$	a_{N1}	a_{N2}	$\cdots$	a_{NN}

图 5-6　状态概率转移矩阵示意图

(2)观测独立性假设。出于模型简化的需要，这一假设认为任意时间点的观测状态只与该时刻的隐藏状态有关。例如，如果在时刻 t 的隐藏状态为状态 $s_t=q_j$，其对应的观测状态是状态 $o_t=v_k$，那么此时刻的观测状态 v_k 在隐藏状态 q_j 下出现的概率为 $b_j(k)$，满足：

$$b_j(k)=P(o_t=v_k\mid s_t=q_j),j=1,2,\cdots,N;k=1,2,\cdots,M \tag{5-58}$$

因此，这些因子 $b_j(k)$ 可以构造出如图 5-7 展示的观测状态生成的概率矩阵 $\boldsymbol{B}=[b_j(k)]_{N\times M}$。

	$o_1=v_1$	$o_1=v_2$	$\cdots$	$o_1=v_M$
$s_1=q_1$	$b_1(1)$	$b_1(2)$	$\cdots$	$b_1(M)$
$s_1=q_2$	$b_2(1)$	$b_2(2)$	$\cdots$	$b_2(M)$
$\vdots$	$\vdots$	$\vdots$		$\vdots$
$s_1=q_N$	$b_N(1)$	$b_N(2)$	$\cdots$	$b_N(M)$

图 5-7　观测概率矩阵示意图

此外，在 $t=1$ 时刻的隐藏状态概率分布 $\pi=(\pi_i)$ 表达式为

$$\pi_i=P(s_1=q_i),\quad i=1,2,\cdots,N \tag{5-59}$$

在提到的参数中，因子 π 和 A 决定了状态序列 S，而 B 则决定了观测序列 O。所以，隐马尔可夫模型 λ 可以利用这五个参数进行描述，具体为

$$\lambda=(S,A,O,B,\pi) \tag{5-60}$$

二、隐马尔可夫模型的三个基本问题

隐马尔可夫模型主要解决以下三个基础问题：

(1)观测序列的概率计算问题。给定一个模型 $\lambda=(A,B,\pi)$ 和观测序列 $O=\{o_1,o_2,\cdots,o_T\}$，我们需要计算在模型 λ 下，观测序列 O 出现的概率 $P(O|\lambda)$ 是多少。为了解决这个问题，我们需要应用前向后向算法。

(2)模型参数的学习问题。假设我们有观测样本序列 $O=\{o_1,o_2,\cdots,o_T\}$，我们首先为每个参数设置一个初始值 π_i、a_{ij}、$b_j(k)$。然后，针对所有样本 $\{o_1,o_2,\cdots,o_T\}$，使用鲍姆-韦尔奇算法迭代更新参数，直至参数 π_i、a_{ij}、$b_j(k)$ 值稳定。目标是让概率 $P(O|\lambda)$ 达到最大值。此时，我们就得到了模型 $\lambda=(A,B,\pi)$ 的参数估值。

(3)预测(解码)问题。给定模型 $\lambda=(A,B,\pi)$ 和观测序列 $O=\{o_1,o_2,\cdots,o_T\}$，我们希望找到与此观测序列相匹配的最可能的状态序列。这对于诸如车辆历史轨迹数据的重建非常有用。

三、预测算法

在隐马尔可夫模型的预测(解码)问题里，当给出模型 $\lambda=(A,B,\pi)$ 和观测序列 $O=\{o_1,o_2,\cdots,o_T\}$，我们的目标是找到在给定的观测序列 O 下，最有可能的状态序列 $S^*=\{s_1^*,s_2^*,\cdots,s_T^*\}$，从而使 $P(S^*|O)$ 最大。接下来，我们将讨论两种主要算法：近似算法和维特比算法。

1. 近似算法

近似算法的方法是在每个时刻 t 确定观测序列 O 最可能的隐藏状态 i_t^*，从而得到一个估算的隐藏状态序列 $S^*=\{s_1^*,s_2^*,\cdots,s_T^*\}$。当给定模型 λ，且在时刻 t 的部分观测序列为 $o_1,o_2,\cdots,o_t$，状态为 q_i 时，我们称其为前向概率，记为

$$\alpha_t(i)=P(o_1,o_2,\cdots,o_t,s_t=q_t|\lambda) \tag{5-61}$$

当处于时刻 t 的状态为 q_i 时，从 $t+1$ 到 T 的部分观测序列为 $o_{t+1},o_{t+2},\cdots,o_T$ 的概率被称为后向概率，记为

$$\beta_t(i)=P(o_{t+1},o_{t+2},\cdots,o_T|s_t=q_t,\lambda) \tag{5-62}$$

在时刻 t 的状态 q_i 的概率记为

$$\gamma_t(i)=\frac{\alpha_t(i)\beta_t(i)}{P(O\mid\lambda)}=\frac{\alpha_t(i)\beta_t(i)}{\sum_{j=1}^{N}\alpha_t(j)\beta_t(j)} \tag{5-63}$$

在每一个 t 时刻最大的概率状态 s_t^* 为

$$s_t^*=\mathrm{argmax}_{1\leqslant i\leqslant N}[\gamma_t(i)],\quad i=1,2,\cdots,T \tag{5-64}$$

近似算法的简洁性是其优势，但由于在预测的状态序列中可能存在相邻隐藏状态之间的转移概率为0，这意味着该算法不能保证得到的是最有可能的整体状态序列。而且，它需要对每个时间点下的所有概率进行比较，这增加了计算的维度。为了改进这些问题，我们接下来将介绍维特比算法。

2. 维特比算法

维特比算法是一种普遍应用的解码方法，它基于动态规划的原理来寻找序列的最优路径。这种方法能够整体考虑隐马尔可夫模型的状态序列，从而改进近似算法的局限性。

对于给定的模型 $\lambda=(A,B,\pi)$ 和观测序列 $O=\{o_1,o_2,\cdots,o_T\}$，我们定义在时刻 t 隐藏状态为 s 的所有潜在的状态转移路径 $(s_1,s_2,\cdots,s_t)$ 中，最大概率值为

$$\delta_t(i)=\max_{s_1,s_2,\cdots,s_{i-1}} P(s_t=s,s_{t-1},\cdots,s_1,o_t,\cdots,o_1|\lambda),\quad i=1,2,\cdots,N \tag{5-65}$$

递推可得：

$$\delta_{t+1}(i)=\max_{s_1,s_2,\cdots,s_t} P(s_{t+1}=s,s_t,\cdots,s_1,o_{t+1},\cdots,o_1|\lambda)= \max_{i\leqslant j\leqslant N}[\delta_t(j)a_{ji}]b_i(o_{t+1}),\quad i=1,2,\cdots,N;\quad t=1,2,\cdots,T-1 \tag{5-66}$$

进一步定义在时刻 t，当隐藏状态为 s 时，所有单一状态转移路径 $(s_1,s_2,\cdots,s_{t-1},s)$ 中，概率最大的转移路径上，第 $t-1$ 时刻的隐藏状态为

$$\Psi_t(i)=\text{argmax}_{1\leqslant j\leqslant N}[\delta_{t-1}(j)a_{ji}],\quad i=1,2,\cdots,N \tag{5-67}$$

对 $t=1,2,\cdots,T$ 递推，找出其中最大概率 P^* 和对应状态节点 s_T^*：

$$P^*=\max_{1\leqslant i\leqslant N}\delta_T(i) \tag{5-68}$$

$$s_T^*=\underset{1\leqslant i\leqslant N}{\text{argmax}}[\delta_T(i)] \tag{5-69}$$

一次进行最优路径回溯，对 $t=T-1,T-2,\cdots,1$ 不同时间找出对应最优状态节点：

$$s_t^*=\Psi_{t+1}(s_{t+1}^*) \tag{5-70}$$

可求得最优路径 $S^*=\{s_1^*,s_2^*,\cdots,s_T^*\}$。

从上述过程中可以明显看到，当引入状态概率转移矩阵和观测概率矩阵后，我们只需对相邻的时间状态进行概率计算。与近似算法相比，这降低了计算的复杂性并确保了序列在时间维度上的连续性。

正如图 5-8 所示，从时刻 t_1 至 t_5，存在多种可能的路径。图示中展出了四种可能的状态序列 S：$\{q_1,q_2,q_2,q_{N-1},q_{N-1}\}$、$\{q_2,q_1,q_{N-1},q_1,q_{N-1}\}$、$\{q_{N-1},q_N,q_N,q_2,q_{N-1}\}$ 和 $\{q_N,q_{N-1},q_1,q_N,q_{N-1}\}$。假设第一条路径的概率 P^* 是最大的，那么这条虚线就代表了最优路径。从 q_{N-1} 反向推导到 t_1 时刻，我们可以确定最优路径为 $\{q_1,q_2,q_2,q_{N-1},q_{N-1}\}$。

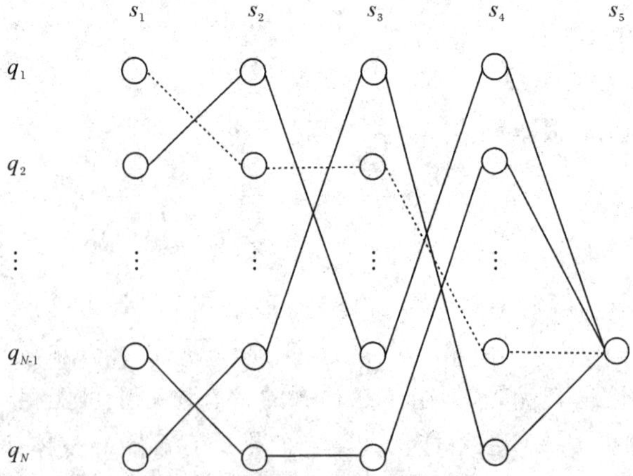

图 5-8　维特比算法示意图

第六章 基于卷积神经网络的时间序列预测方法

第一节 卷积神经网络

一、卷积神经网络结构

卷积网络(Convolutional Network),也叫作卷积神经网络(Convolutional Neural Network,CNN),是一种专门用来处理具有类似网格结构的数据的神经网络。例如时间序列数据(可以认为是在时间轴上有规律地采样形成的一维网格)和图像数据(可以看作是二维的像素网格)。卷积网络在诸多应用领域都表现优异。卷积网络表明该网络使用了卷积(convolution)这种数学运算。卷积是一种特殊的线性运算。卷积网络是指那些至少在网络的一层中使用卷积运算来替代一般的矩阵乘法运算的神经网络。

卷积神经网络主要由卷积层、下采样层、全连接层 3 种网络层构成(这里没有包含输入层和输出层)。上述 3 种网络层经过排列组合,就可以构建一个完整的卷积神经网络,如图 6-1 所示。

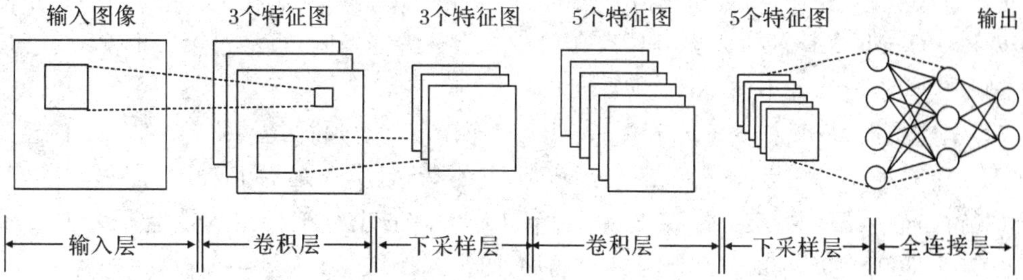

图 6-1 卷积神经网络基本模型

为了更好地理解卷积神经网络,这里暂且不管卷积层和下采样层的具体操作。同时,假设图像经过卷积层后的输出特征图大小与输入时的大小一致,把重心放在卷积神经网络的网络结构的组织上。

假设图 6-1 中的输入图像为灰度图 A,对应图像矩阵表示为(l,w,h),l 为单通道,w 和h 对应输入图像的长和高。首先把灰度图 A 作为输入层,然后接一个卷积层。第一个卷积层对输入的图像进行卷积操作后，得到 3 个特征图（Feature Map），每个特征图对应一个卷积核，此时网络模型中的数据存储结构变成$(3,w,h)$。因此，3 个特征图组成的矩阵也被称为“特征矩阵”，这里的 3 代表特征矩阵的深度。值得注意的是，卷积层操作产生多少个特征图是自由设定的，也被称为超参数（Hyper - Parameters）。

第一个卷积层后接的是下采样层（下采样层一般称为 Pooling 层），Pooling 层对输入的 3 个特征图（特征矩阵）进行下采样操作，得到 3 个更小的特征矩阵$(3,w/2,h/2)$。一般来说，对图像进行下采样操作得到的特征图，为输入 Pooling 层特征图的一半。

接下来到第二个卷积层，卷积操作之后产生 5 个特征图$(5,w/2,h/2)$。然后再接一个 Pooling 层，对 5 个特征图进行下采样操作，得到 5 个更小的特征图$(5,w/4,h/4)$。

在第二个 Pooling 层后面接的是两个全连接层。第一个全连接层的每个神经元与上一层的 5 个特征图中每个神经元（每个像素）进行全连接。下一个全连接层同样与上一层的每个神经元进行全连接。

在整个网络的最后一层是输出层（Softmax 层），对全连接后的特征向量进行计算，得到分类评分值。与普通神经网络类似，卷积神经网络模型中的卷积核都是通过对输入数据集经过梯度下降算法训练得到的。

通过上述例子介绍卷积神经网络，我们了解到卷积神经网络最简单的架构方式，及其数据的传递方式。输入一张图像到卷积神经网络中，经过若干卷积层和 Pooling 层，对图像进行计算操作得到特征图后传递给下一层，最后经过全连接网络输出该图像的分类评分结果。

下面我们逐层展开介绍卷积神经网络的网络结构，以图 6 - 1 的网络模型为例：输入层→卷积层→Pooling 层→卷积层→Pooling 层→全连接层→全连接层→Softmax 层。

（1）输入层（Input Layer）。假设输入图像[1,32,32]的灰度图，当然也可以输入彩色图。

（2）卷积层（Convolution Layer）。对输入卷积层的图像或者特征图进行卷积操作，输出卷积后的特征图。第一个卷积层有 3 个卷积核，因此卷积操作后得到的特征矩阵为[3,32,32]；第二个卷积层有 5 个卷积核，卷积操作后得到的特征矩阵为[5,32,32]。

（3）下采样层（Polling Layer）。Pooling 层对传入的图像在空间维度上进行下采样操作，使得输入的特征图长和宽均变为原来的一半，第一次卷积层后得到[3,32,32]大小的特征矩阵作为 Pooling 层的输入，输出[3,16,16]大小的特征矩阵，再经过第二个 Pooling 层后输出，则变成[5,8,8]大小的特征矩阵。

（4）全连接层（Fully Connected Layer）。全连接层与普通神经网络一样，每个神经元都与输入的所有神经元相互连接，然后经过激活函数进行计算。最后 Pooling 层得到[5,8,8]大小的特征向量，即一共有 $5\times8\times8=320$ 个神经元。假设全连接层的神经元为 100，那么全连接产生 $320\times100=32\,000$ 条连接线，后面的全连接层与 ANN 类似。

（5）输出层（Output Layer ）。输出层有时也被称为分类层，因为在最后输出时，将会计算每一类别的分类评分值。假设输出的图像分类选项有三项，那么输出层的输出为[1,3]大小的矩阵，最终的输出结果为[0.9,0.1,0.2]。输出层选择概率最高的选项，作为本次卷积神经网络的图像分类任务的预测结果（对应类别的预测概率）。

从上述的网络结构可以看出，卷积神经网络模型逐层对图像的每一个像素值进行计算，到最后经过卷积神经网络模型后，输出分类评分值。

二、卷积运算

在通常形式中，卷积是对两个实值函数的一种数学运算。为了给出卷积的定义，我们从两个可能会用到的函数的例子出发。

假设我们正在用激光传感器追踪一艘宇宙飞船的位置。我们的激光传感器给出一个单独的输出 $x(t)$，表示宇宙飞船在时刻 t 的位置。x 和 t 都是实值的，这意味着我们可以在任意时刻从传感器中读出飞船的位置。

现在假设我们的传感器含有噪声。为了得到飞船位置的低噪声估计，我们对得到的测量结果进行平均。显然，时间上越近的测量结果越相关，所以我们采用一种加权平均的方法，对于最近的测量结果赋予更高的权值。我们可以采用一个加权函数 $w(a)$ 来实现，其中 a 表示测量结果距当前时刻的时间间隔。如果我们对任意时刻都采用这种加权平均的操作，就得到了对于飞船位置的连续估计函数 s，如下所示：

$$s(t)=\int x(a)w(t-a)da \tag{6-1}$$

这种运算就叫作卷积(convolution)，卷积运算通常用星号表示：

$$s(t)=(x*w)(t) \tag{6-2}$$

在我们的例子中，w 必须是一个有效的概率密度函数，否则输出就不再是一个加权平均。另外，w 在参数为负值时必须为 0，否则它会涉及到未来，这不是我们能够做到的。但这些限制仅仅是对我们这个例子来说。通常，卷积被定义在满足上述积分式的任意函数上，并且也可能被用于加权平均以外的目的。

在卷积神经网络的术语中，第一个参数（在这个例子中，函数 x）叫作输入(input)，第二个参数（函数 w）叫作核函数(kernel function)。输出有时被称作特征映射(feature map)。

在例子中，激光传感器能够在任意时刻给出测量结果的想法是不现实的。一般地，当我们用计算机处理数据时，时间会被离散化，传感器会给出特定时间间隔的数据。所以比较现实的假设是传感器每秒给出一次测量结果，这样，时间 t 只能取整数值。如果我们假设 x 和 w 都定义在整数时刻 t 上，就得到了离散形式的卷积，如下所示：

$$s(t)=(x*w)(t)=\sum_{a=-\infty}^{\infty}x(a)w(t-a) \tag{6-3}$$

在机器学习的应用中，输入通常是高维数据数组，而核也是由算法产生的高维参数数组。我们把这种高维数组叫作张量。因为输入与核的每一个元素都分开存储，我们经常假设在存储了数据的有限点集以外，这些函数的值都为零。这意味着在实际操作中，我们可以统一地把无限的求和，当作对有限数组元素的求和来用。

最后，我们有时对多个维度进行卷积运算。例如，如果把二维的图像 I 作为输入，我们也相应的需要使用二维的核 K，如下所示：

$$S(i,j)=(I*K)(i,j)=\sum_m\sum_n I(m,n)K(i-m,j-n) \tag{6-4}$$

卷积是可交换的(commutative)，我们可以等价地写作：

$$S(i,j)=(K*I)(i,j)=\sum_m\sum_n I(i-m,j-n)K(m,n) \tag{6-5}$$

通常，下面的公式在机器学习库中更方便应用，因为它在 m 和 n 的有效范围内变化更少。

卷积运算可交换性的出现是因为我们相对输入翻转(flip)了核，这意味着当 m 增大时，输入的索引增大，但核的索引相应的减小。翻转核的唯一目的就是为了得到可交换性。尽管可交换性在证明时很有用，但在神经网络的应用中却不是一个重要的性质。与之不同的是，许多神经网络库会实现一个相关的函数，称为互相关函数(cross - correlation)，和卷积运算几乎一样但是并不翻转核：

$$S(i,j)=(I*K)(i,j)=\sum_m\sum_n I(i+m,j+n)K(m,n) \tag{6-6}$$

许多机器学习的库使用互相关函数但是叫它卷积。在这本书中我们遵循把两种运算都叫作卷积的这个传统，只有在用到核的翻转时才会在上下文中特别指明区别。在机器学习中，学习算法会在核合适的位置学得恰当的值，所以一个基于核翻转的卷积运算的学习算法所学得的核，是对未进行翻转的算法学得的核的翻转。单独使用卷积运算在机器学习中是很少见的，卷积经常和其他的函数一起使用，无论卷积运算是否翻转了它的核，这些函数的组合通常是不可交换的。

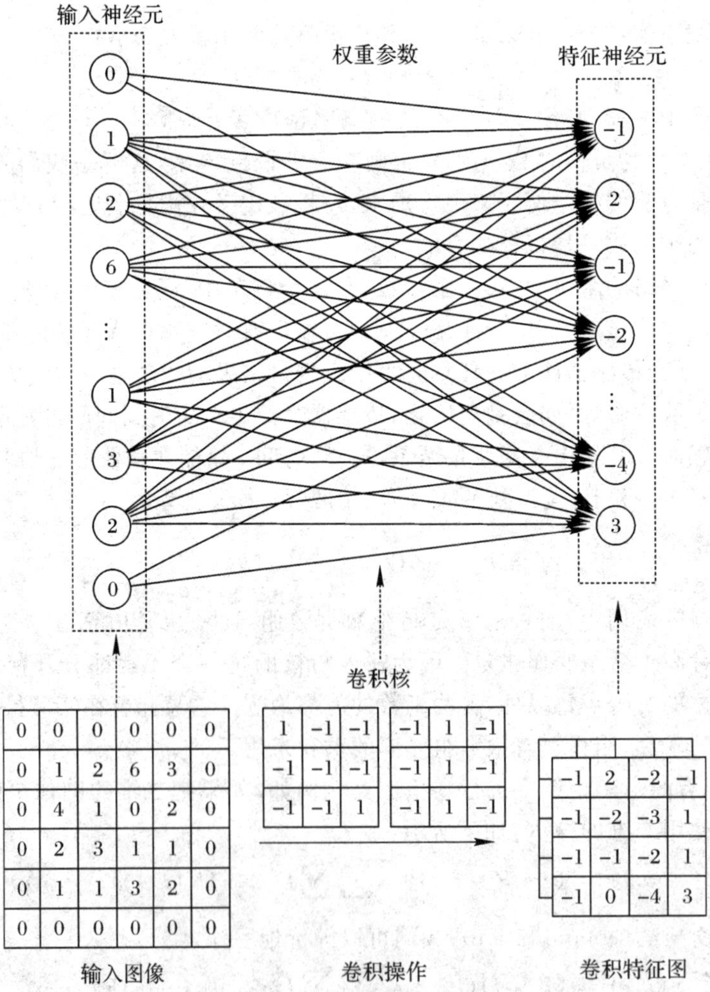

图 6-2　卷积神经网络对应图

离散卷积可以看作矩阵的乘法，然而，这个矩阵的一些元素被限制为必须和另一些元素相等。例如对于单变量的离散卷积，矩阵的每一行都必须和上一行移动一个元素后相等。这种矩阵叫作 Toeplitz 矩阵（Toeplitz matrix）。对于二维情况，卷积对应着一个双重块循环矩阵（doubly block circulant matrix）。除了这些元素相等的限制以外，卷积通常对应着一个非常稀疏的矩阵（几乎所有的元素都为零）。这是因为核通常要远小于输入的图像。任何一个使用矩阵乘法但是并不依赖矩阵结构的特殊性质的神经网络算法，都适用于卷积运算，并且不需要对神经网络做出大的修改。典型的卷积神经网络为了更有效地处理大规模输入，确实使用了一些专门化的技巧，但这些在理论分析方面并不是严格必要的。

人工神经网络使用的是全排列的方式，即神经元按照一维进行排列；而卷积神经网络每层神经元都是按照三维排列，每一层有其长、宽、高。其中长和宽代表输入图像矩阵的长度和高度，高代表该层网络的深度。虽然人工神经网络和卷积神经网络有着独自的排列方式，但是其内部实现原理都是由神经元模型组成的神经网络。

如图 6－2 所示，下半部分所示为卷积神经网络结构中的卷积层，上半部分为其对应的神经网络示例图。卷积层有 n 个卷积核对应输出有 n 个特征图：假设卷积层输入为一张 4×4大小的图像矩阵[对应输入神经元有 16(4×4)个]，设定卷积核为 2，经过卷积操作后产生 2 个 4×4 大小的特征图[对应输出特征神经元有 32(2×4×4)个]。其中，卷积核大小为 3×3(一个卷积核由 9 个神经元组合而成)，即对应的权重参数连接线有 18(2×3×3)条，输入神经元与特征神经元连接线均带有权值参数 w 和偏置 b，而该权值参数则由卷积核组成。

卷积神经网络的网络模型的卷积层和全连接层中的权重参数经过梯度下降算法（SGD）进行训练得到，最终使得卷积神经网络计算出的分类概率能和训练集中的图像标签吻合。

1. Padding 操作

卷积操作时会遇到在图像边界卷积造成图像信息丢失的问题，而 Padding 操作则是为了解决边界卷积问题而提出的，这里简单介绍 Padding 操作的工作原理。

Padding 操作可以分为 SamePadding、ValidPadding 和自定义 Padding3 种方法。SamePadding 是根据卷积核大小，对输入图像矩阵进行边界补充（一般填充零值），使得卷积后得到的特征矩阵与输入矩阵大小一致；ValidPadding 实际上不需要进行 Padding 操作；而自定义 Padding 生成的特征图大小根据下式计算而来：

$$\text{output}_h=(\text{input}_h+2\times \text{padding}_h-\text{kernel}_h)/\text{stride}+1 \tag{6-7}$$

$$\text{output}_w=(\text{input}_w+2\times \text{padding}_w-\text{kernel}_w)/\text{stride}+1 \tag{6-8}$$

式中：output 为输出矩阵大小；input 为输入矩阵大小；padding 为边界填充数量；kernel 为卷积核大小；stride 为步长大小。下标 w 为操作矩阵的宽，h 为操作矩阵的长。

图 6－3 展示了 Padding 操作的两种主要方式，图中输入为 5×5 大小的图像矩阵，卷积核大小均为 3×3。图 6－3(a)SamePadding 方法设置 padding 参数为 1，使得卷积的输出与输入矩阵大小一致。图 6－3(b)ValidPadding 方法设置 padding 参数为 0，使得输出特征矩阵比输入矩阵要小。一般默认卷积操作中使用 SamePadding 方法，也就是对输入图像矩阵的边缘填充零像素值，使得输入的图像经过卷积后得到的特征矩阵大小与输入的原图大小一致。默认使用 SamePadding 的好处是可以避免边界信息被忽略，把边界信息也纳入神经网络的计算范围内，否则随着神经网络层的深入，图像边缘信息的损失会逐渐增大。

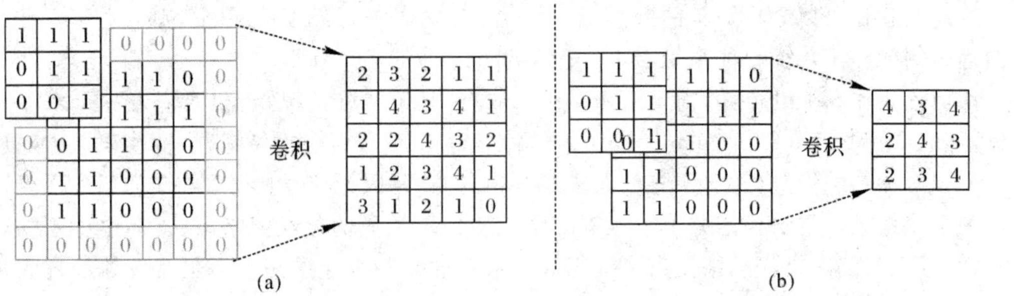

图 6-3　Padding 操作

(a) Same Padding 方法；(b) Valid Padding 方法

2. 滑动窗口卷积操作

在卷积操作的过程中，原始输入为一张图像，通过一个卷积核在输入图像上进行滑动，对滑动窗口与卷积核进行数值运算后，卷积后输出的为特征图。卷积神经网络中的卷积核由权重参数 w 组成，当网络中的权重参数改变时，意味着使用另外一个卷积核，生成另一个特征图。

假设一个卷积核窗口在输入图像上滑动，滑动窗口每次移动的步长为 stride，那么每次滑动窗口后，把求得的值按照空间顺序组成一个特征图。该特征图的边长分别为

$$\text{featuremap}_w = (\text{img}_w - \text{kernel}_w)/\text{stride} + 1 \tag{6-9}$$

$$\text{featuremap}_h = (\text{img}_h - \text{kernel}_h)/\text{stride} + 1 \tag{6-10}$$

式中：featuremap 为特征图矩阵的大小；img 为输入图像大小；kernel 为卷积核大小；stride 为步长大小；w 为矩阵的宽；h 为矩阵的长。

3. 网络卷积层操作

上面我们介绍了单个输入矩阵的卷积操作。那么卷积神经网络的层与层之间是如何进行卷积操作的呢？该问题可以转化为：在第 l 层网络有 C 个特征图作为输入，该卷积层有 k 个卷积核，如何进行卷积操作产生 k 个特征图作为输出呢？

假设在第 l 层卷积层输入为 C 个特征图，即该层输入 C 个矩阵，C 个矩阵的大小均为 $W\times H$，那么我们可以得到一个 $C\times(W\times H)$ 的特征张量，C 又称为输入矩阵的深度。该层设定有 Cout 个 $K\times K$ 大小卷积核，在使用 Same Padding 的情况下将会产生 Cout 个大小为 $W\times H$ 的特征图作为输出，即可以得到 Cout$\times(W\times H)$ 的特征张量作为输出。

4. 矩阵快速卷积

卷积操作是在图像中通过滑动窗口，逐像素进行矩阵计算，会耗费大量的计算资源去寻址和修改内存数据，因此最终的卷积操作并不是如上一节中的滑动窗口方法进行卷积操作，而是采用转换为矩阵的方式进行快速计算。矩阵操作能在计算机中快速运算并且方便移植到 GPU 中，在实际生产环境中可以通过两步来完成卷积操作：

(1) 使用 Image to column(Im2col) 算法把输入图像和卷积核转换成为规定的矩阵排列方式；

(2) 使用 GEMM 算法对转换后的两个矩阵进行相乘，得到卷积结果。

对输入图像矩阵进行 Im2col 算法操作。假设输入的图像大小为 $C\times H\times W$(其中，H 为图

像的长，W 为图像的宽，C 为图像的深度）。卷积核的大小为 $K \times K$，那么对应输入图像中一个卷积窗口可以表示为 $C \times (K \times K)$ 的向量，即对输入图像中的某位置的数据按照卷积窗口进行重新排列，得到 $C \times (K \times K)$ 的特征向量。

按照上述原理，以步长为 1(stride＝1)从输入图像的左上角开始对原图进行特征转换，最终得到特征图大小为 $(H \times W) \times (C \times K \times K)$。

三、卷积网络核心思想

卷积神经网络并不复杂，相比人工神经网络，卷积神经网络在性能和应用场景上带来了极大的提升。

在功能上，卷积神经网络引入了三大核心思想：

(1)局部感知；

(2)权值共享；

(3)下采样技术。

卷积神经网络的三大核心思想使得卷积神经网络能够提取图像物体的高维特征，感知图像中更丰富的信息。同时，经过权值共享和下来样操作，进一步减少网络的参数，让卷积神经网络模型能够在规定时间内和有限的内存硬件下完成计算。

在性能上，原来图像中基于滑动窗口的卷积操作，实际上可以使用矩阵来快速卷积代替，这极大地减少了卷积运算的时间。此外，GPU 强大的并行能力可以让庞大的数据量分布式并行计算，使得庞大的参数运算不再成为硬件性能的瓶颈。

通常来说，神经网络的层数越深，提取的数据维度越高，当全连接网络超过 3 层后，很容易引发数据过度拟合、梯度消散等一系列数学问题，所以传统神经网络的隐层数量设置一般不建议超过 3 层。

卷积神经网络的神奇之处就在于能够用自身独特的方式避免传统神经网络所引起的问题，其优点如下。

(1)局部感知：每一个神经元节点不再与下一层的所有神经元节点相连接(全连接的方式)，只与下一层的部分神经元进行连接。

(2)权值共享：一组连接可以共享同一个权重参数，或者多组连接共享同一个卷积核，不再是每条连接都有自己的权重。

(3)下采样 Pooling：通过 Pooling 技术对输入的数据进行下来样压缩操作，减少输出节点。

卷积神经网络通过局部感知和权值共享，保留了像素间关联信息，并且大大减少了所需参数的数量。通过 Pooling 技术，进一步缩减网络参数数量，提高模型的鲁棒性，让模型可以持续地扩展深度，继续增加隐层。因此“局部感知、权值共享、下来样”被誉为卷积神经网络的三大核心思想。

1. 局部感知

针对图像中的空间关系，一般是局部的像素联系较为紧密，而距离较远的像素之间相关性则较弱。因此没有必要对全局图像进行感知，只需要对图像局部信息进行感知，然后在更深层网络中继续提取图像的局部信息。随着网络层次的深入，图像的尺寸逐渐缩小，对图像特征的提取也从片面到整体，综合起来便能够得到图像的全局信息。

普通神经网络全连接方式，是全图像素(一个像素代表一个神经元节点)与下一层的所有神经元节点相连接，产生大量的连接。卷积神经网络的局部连接方式，是图像中局部区域的像素点只与下一层的某神经元节点相连接。

该局部区域的空间大小称为感知区域(Receptive Field)，该感知区域实际上就是卷积核的空间大小。每个隐层神经元节点只负责连接到图像某个局部区域，从而大大减少网络中的权值参数。

假设输入为1 000×1 000 大小的图像，按照一个像素值代表一个神经元节点，那么输入的神经元节点有 1 000×1 000＝1 000 000 个。继续假设下一层的隐层神经元节点数有1 000 个，从输入层到隐层，全连接的权重参数有 1 000×1 000×1 000＝1 000 000 000 个。从输入层到隐层，两层神经网络进行全连接产生上亿个权重参数。网络层数每增加一层，参数会呈指数式增长，当神经网络隐层到达 3 或 4 层时，会因为内存无法存下如此庞大的参数量而导致系统资源加载失败。

同样假设输入 1 000×1 000 大小的图像，设定感知区域大小为 10×10(即该感知区域由 10×10 个神经元节点组成的卷积核)，隐层的神经元节点同样为 1 000 个。那么经过局部感知后，每个感知区域对应一个隐层神经元节点，产生 10×10×1 000＝100 000 个权重参数。因此局部连接的方式参数数量是全连接的方式参数数量的千分之一。

由于每一层的输入图像和卷积核大小都不一样，因此会产生不同的感知区域，向下扩展网络的深度。另外，不同的感知区域能够感知图像中不同的纹理特征，从而随着卷积网络层的增加而获得更高维的图像特征。

2. 权值共享

如果说一个卷积核在图像的一小块区域可以得到一个特定的纹理特征，那么在该图像其他有类似特征的地方，同样也可以使用该卷积核。

为了找到图像建筑物上的特征，卷积核 A 和卷积核 B 需要分别检测各自滑动窗口位置上的特征。假设卷积核 A、B 两个滑动窗口都有着相同的纹理特征，那么实际上只需要一个卷积核 C 则可以代替卷积核 A 和 B 检测两个滑动窗口的特征。此时，可以共享卷积核 C(也就是共享相同的权值矩阵)，把卷积核 C 学习到的特征作为探测器，应用到输入图像的其他地方，从而减少神经网络中的参数(减少重复的卷积核)，该操作就是权值共享。

假设该输入为 1 000×1 000 的图像，每个神经元只与 10×10 个像素值连接，由于引入了权值共享，从而减少隐层的神经元节点数(如设定下一层隐层神经元为 100 个而不是1 000 个)，权值共享后卷积神经网络所需权重参数降为 10×10×100＝10 000 个。减少卷积核的数量，实际上等同于减少网络中的权重参数，另外可以让监测到的数据之间的联系更加紧密，减少冗余检测信息。

3. 下采样

在卷积神经网络中，输入给卷积层的图像可能很大，实际上并没有必要对原图进行操作，可以采用下采样 Pooling 技术，对输入的图像进行压缩，减少输出的总像素。

每个卷积层后都带有一个 Pooling 层，通过下采样操作来缩减图像的空间尺寸规模。

Pooling 技术带来的好处如下：

(1)减少过度拟合的可能性，当网络中权重参数过多时，很容易在训练阶段造成过度拟合；

(2)缩减图像尺寸，减少计算量，提升计算速度；

(3)进一步提取图像高维的统计特征。

常用的 Pooling 方法有如下两种。

(1)最大池化(MaxPooling)：取 Pooling 窗口的最大值作为 Pooling 特征。

(2)均值池化(MeanPooling)：取 Pooling 窗口的均值作为 Pooling 特征。

Max Pooling 算法实现

```
def max_pool_forward(x , pool_param):
  (N , C , H, W)= x. shape #获取输入矩阵的大小
  height = pool_param ['height']          # Pooling 窗口高度
  Width = pool_param ['width']            # Pooling 窗口宽度
  stride = pool_param ['stride']          # Pooling 窗口滑动步长
  H_prime = 1 + (H - height)/ stride     #向下滑动的次数,也为 pooling 输出的高度
  W_prime = 1 + (W - width)/ stride     #向右滑动的次数,也为 pooling 输出的宽度
  out = np. zeros((N , C, H_prirne , W_prirne))    #定义输出矩阵
#遍历 batch
for n in xrange (N):
  for h in xrange(H_prime):
    for w in xrange(W_prime):
      hl = h * stride    #(hl, wl)为 pooling 窗口左上角第一个点
      wl = w * stride
      h2 = h * stride + pool_height
      4.4 设计卷职棉经网络架构 I 115
      w2 = w * stride + pool_width    #(h2, w2)为 pooling 窗口最后一个点
      window = x[n , :, hl :h2 , wl :w2]     #获得当前 pooling 窗口
      win_l = window. reshape ( (C, pool_height * pool_width))
      out[n , :, h, w] = np. max(win_1 , axis=l)
return out
```

MaxPooling 算法主参数有：Pooling 窗口的大小、该 Pooling 窗口的滑动步长、输入矩阵。接着通过 Pooling 窗口大小和滑动步长，确定输出矩阵的大小。最后把 Pooling 窗口的最大值按照滑动次序填入输出矩阵当中。

在 max_pool_forward 函数中，首先分别获得 pool_param 字典里的参数和输入矩阵 x 的尺寸。计算出当前 Pooling 窗口在输入图像中按照步长 stride 能够向右和向下滑动的次数 H_prime 和 W_prime，同时 H_prime 和 W_prime 也可以认为是 Pooling 层输出图像的高和宽。

接下来在 for 循环中，计算出 Pooling 窗口左上角第一个点($h1,w1$)到右下角最后一个

点($h2$,$w2$)的位置,得到 Pooling 的窗口 window,然后通过 np.max()函数计算出 Pooling 窗口里的最大值,记录到输出矩阵对应位置。

四、池化

卷积神经网络的卷积层通常包含三级,如图 6-4 所示。在第一级中,卷积层并行地进行多个卷积运算来产生一组线性激活函数。在第二级中,非线性的激活函数如整流线性单元函数等作用在第一级中的每一个线性输出上。这一级有时也被称为探测级(detector stage)。在第三级中,我们使用池化函数(pooling function)来更进一步地调整卷积层的输出。

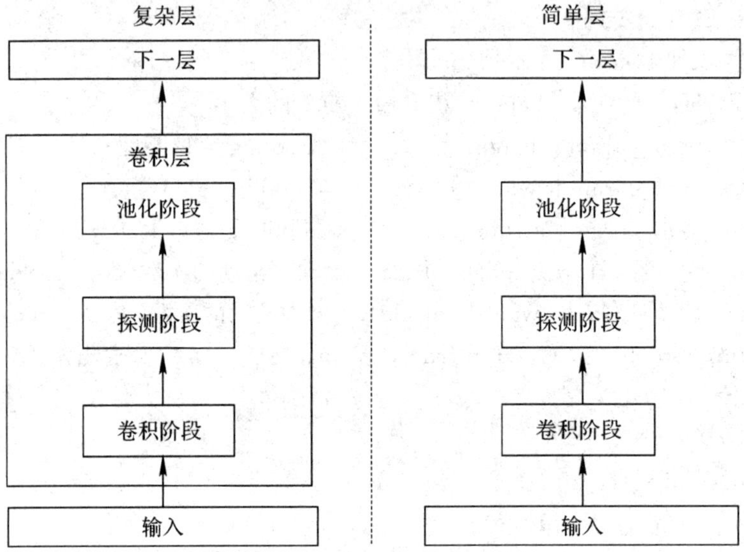

图 6-4　卷积神经网络的卷积层

池化函数使用某一位置的相邻输出的总体统计特征来代替网络在该位置的输出。例如,最大池化(max pooling)函数(Zhou and Chellappa,1988)给出相邻矩形区域内的最大值。其他常用的池化函数包括相邻矩形区域内的平均值、$L2$ 范数以及依靠据中心像素距离的加权平均函数。

不管采用什么样的池化函数,当输入作出少量平移时,池化能帮助我们的表示近似不变(invariant)。对于平移的不变性是说当我们把输入平移微小的量,大多数通过池化函数的输出值并不会发生改变。

局部平移不变性是一个很重要的性质,尤其是当我们关心某个特征是否出现而不关心它出现的具体位置时。例如,当判定一张图像中是否包含人脸时,我们并不需要知道眼睛的具体像素位置,我们只需要知道有一只眼睛在脸的左边,有一只在右边就行了。但在一些其他领域,保存特征的具体位置却很重要。例如当我们想要寻找一个由两条边相交而成的拐角时,我们就需要很好地保存边的位置来判定它们是否相交。

使用池化可以看作是增加了一个无限强的先验:卷积层学得的函数必须具有对少量平移的不变性。当这个假设成立时,池化可以极大地提高网络的统计效率。

池化对于空间区域具有平移不变性,但当我们对于分离参数的卷积输出进行池化时,特征能够学得应该对于哪种变换具有不变性。

因为池化综合了全部邻居的反馈，这使得池化单元少于探测单元成为可能，我们可以通过综合池化区域的 k 个像素的统计特征而不是单个像素来实现。这种方法提高了网络的计算效率，因为下一层少了约 k 倍的输入。当下一层的参数数目是其输入大小的函数时(例如当下一层是全连接的依赖矩阵乘法的网络层时)，这种对于输入规模的减小也可以提高统计效率并且减少对于参数的存储需求。

在很多任务中，池化对于处理不同大小的输入具有重要作用。例如我们想对不同大小的图像进行分类时，分类层的输入必须是固定的大小，而这通常通过调整池化区域的偏置大小来实现，这样分类层总是能接收到相同数量的统计特征而不管最初的输入大小了。例如，最终的池化层可能会输出四组综合统计特征，每组对应着图像的一个象限，而与图像的大小无关。

一些理论工作对于在不同情况下应当使用哪种池化函数给出了一些指导。动态地把特征池化在一起也是可行的，例如，通过针对特定属性的位置运行聚类算法。这种方法对于每幅图像产生一个不同的池化区域集合。另一种方法是先学习一个单独的池化结构，再应用到全部的图像中。池化可能会使得一些利用自顶向下信息的神经网络结构变得复杂，例如玻尔兹曼机和自动编码器。

五、时序卷积神经网络结构

时序卷积网络(Temporal Convolutional Network，简称 TCN)又称为时域卷积神经网络，由 Wan，MEI 提出，可以用来处理时间序列。TCN 模型以 CNN 模型为基础，并加入了因果卷积(Causal Convolution)、膨胀卷积(Dilated Convolution)和残差模块(Residual block)。

1. 因果卷积

依据 $x_1, x_2, \cdots x_t$ 来预测 $y_1, y_2, \cdots y_t$，定义 $F=(f_1, f_2, \cdots, f_k)$，同时 $X=(x_1, x_2, \cdots x_T)$，此时，在 x_t 的因果卷积为：$(F \cdot X)_{(Z_t)} = \sum_{k=1}^{K} f_k x_{t-K+k}$。加入最后输入层的解点分别为 x_{t-1}, x_t，第一个隐层最后一个节点为 y_t，滤波器 $F=(f_1, f_2)$，那么 $y_t = f_1 x_{t-1} + f_2 x_t$。

如图 6-5 所示，当我们以 2 为卷积核 k 时，时刻 t 的值仅依赖于上一层的 t 时刻及其之前的数据。因果卷积具有单向特性，不能预测未来信息，因此它提供了严格的时间依赖约束。

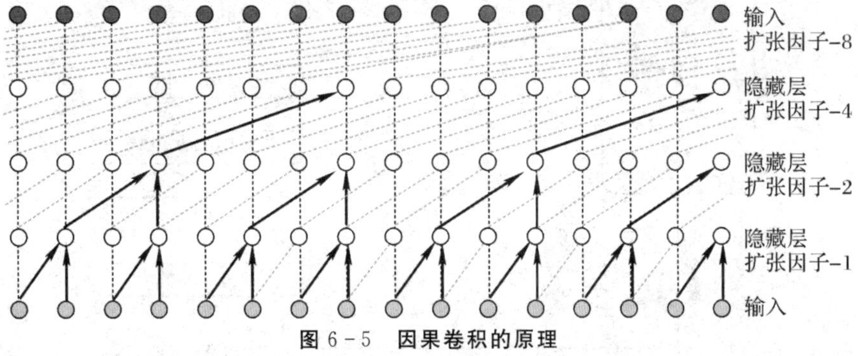

图 6-5　因果卷积的原理

2. 膨胀卷积(Dilated Convolution)

因果卷积的建模能力受到卷积核大小的限制，为了捕捉更远距离的依赖，通常需要线性地增加层数。但多层的累积可能导致信息损失。为了解决这一问题,膨胀卷积应运而生。它在卷积层中引入了空洞,使得在不进行池化和丢失信息的情况下,可以扩展其感知域,从而每个卷积能够捕捉更宽范围的信息。膨胀卷积还引入了一个名为扩张因子(dilation rate)的超参数,代表了卷积核之间的间隔数量(在常规 CNN 中,扩张因子为 1)。

图 6-6 为我们展示了标准卷积层(左)与膨胀卷积层(右)的信息提取差异。在图的右侧,我们可以看到扩张因子为 2 的膨胀卷积。

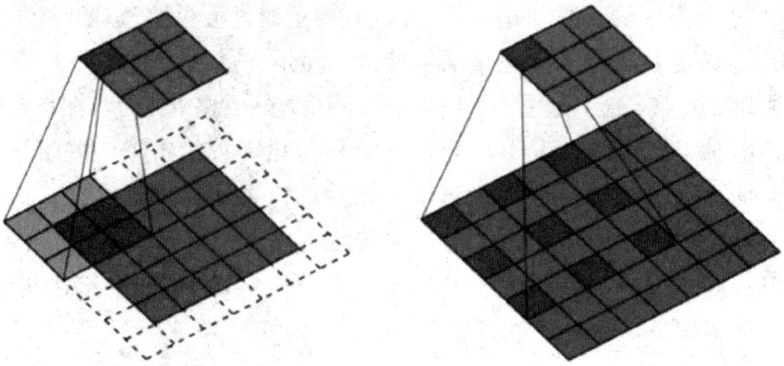

图 6-6 膨胀卷积原理

3. 残差块(Residual block)

每个残差模块包含两层膨胀因果卷积(Dilated Causal Convolution),权重归一化(Weight Norm),ReLU 激活函数以及 Dropout 处理。这些模块在长距离有效利用历史信息上展现出其关键作用,允许网络的每一层对信息进行适当的调整,特别是在深层结构中。详见图 6-7。

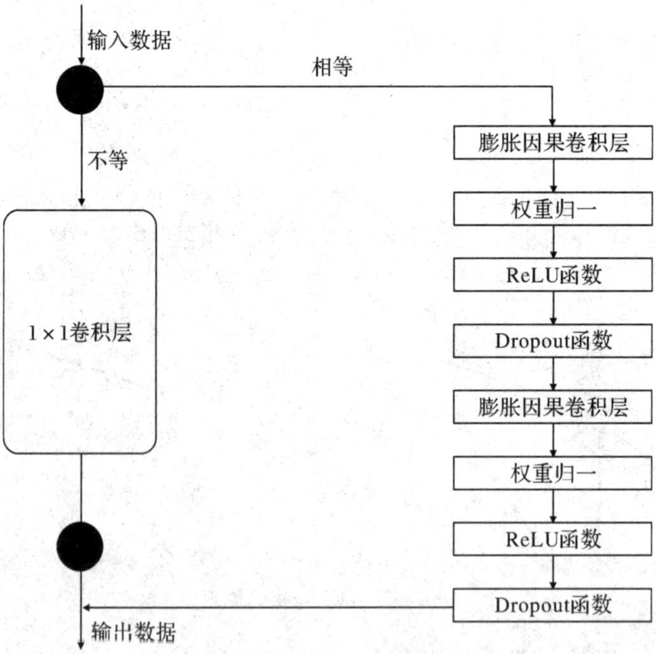

图 6-7 残差块结构

若输入的通道数与膨胀因果卷积输出的通道数存在差异，即两层膨胀因果卷积的滤波器数量不匹配时，我们可以选择引入一个 1×1 的卷积层来调整。这样的 1×1 卷积层的加入旨在调整残差张量的宽度，确保输入输出的维度匹配。此外，权重正则化有助于加速训练并提高模型的准确性。而 ReLU 激活函数在两个卷积层之后的设置则有效地防止了训练过程中的梯度消失问题。

第二节　循环神经网络

循环神经网络(Recurrent Neural Network，RNN)是一类用于处理序列数据的神经网络。就像卷积网络是专门用于处理网格化数据 X(如一个图像)的神经网络，循环神经网络是专门用于处理序列 $x(1),\cdots,x(t)$的神经网络。正如卷积网络可以很容易地扩展到具有很大宽度和高度的图像，以及处理大小可变的图像，循环网络可以扩展到更长的序列(比不基于序列的特化网络长得多)，大多数循环网络也能处理可变长度的序列。

从多层网络出发到循环网络，我们需要利用上世纪 80 年代机器学习和统计模型早期思想的优点：在模型的不同部分共享参数。参数共享使得模型能够扩展到不同形式的样本(如不同的长度)并进行泛化。如果我们在每个时间点都有一个单独的参数，我们不但不能泛化到训练时没有见过序列长度，也不能在时间上共享不同序列长度和不同位置的统计强度。当信息的特定部分会在序列内多个位置出现时，这样的共享尤为重要。例如，考虑这两句话："I went to Nepal in 2009."和"In 2009, I went to Nepal."如果我们让一个机器学习模型读取这两个句子，并提取叙述者去 Nepal 的年份，无 2009 年出现在句子的第六个单词或第二个单词，我们都希望它能认出 2009 年作为相关资料片段。假设我们训练一个处理固定长度句子的前馈网络。传统的全连接前馈网络会给每个输入特征分配一个单独的参数，所以需要分别学习句子每个位置的所有语言规则。相比之下，循环神经网络在几个时间步内，共享相同的权重，不需要分别学习句子每个位置的所有语言规则。

一个相关的想法是使用跨越一维时间序列的卷积。这种卷积方法是时延神经网络的基础。卷积操作允许网络跨越时间共享参数，但是浅层的。卷积的输出是一个序列，其中输出中的每一项是相邻几项的函数。参数共享的概念体现在每个时间步中使用的相同卷积核。循环神经网络以不同的方式共享参数。输出的每一项是输出前一项的函数。输出的每一项对先前的输出应用相同的更新规则而产生。这种循环导致参数通过很深的计算图共享。

为简单起见，我们说的 RNN 是指在序列上的操作，并且该序列在时刻 t(从 1 到 τ)包含向量 $x(t)$。在实践中，循环网络通常在序列的 minibatch 上操作，并且 minibatch 的每项具有不同序列长度 τ。我们省略了 minibatch 索引来简化记号。此外，时间步索引不必是字面上现实世界中流逝的时间，也可以是序列中的位置。RNN 也可以应用于跨越两个维度的空间数据(如图像)，并且当应用于涉及时间的数据时，该网络可具有在时间上向后的连接，前提是将整个序列提供给网络之前能观察到整个序列。

一、计算图

计算图是形式化一组计算结构的方式，如那些涉及将输入和参数映射到输出和损失的计算。本节，针对展开(unfolding)递归或循环计算得到的重复结构进行解释，这些重复结构通常对应于一个事件链。展开(unfolding)这个图导致深度网络结构中的参数共享。

例如，考虑动态系统的经典形式：

$$s^{(t)}=f[s^{(t-1)},\theta] \tag{6-11}$$

其中，$s^{(t)}$称为系统的状态，s在时刻t的定义需要参考时刻$t-1$时刻时同样的定义，因此式(6-11)是循环的。

对有限时间步τ，$\tau-1$次应用这个定义可以展开这个图。例如，如果我们对式(6-11)关于$\tau=3$展开，可以得到

$$s^{(3)}=f(s^{(2)},\theta)=f[f(s^{(1)},\theta),\theta] \tag{6-12}$$

以这种方式重复应用定义，展开等式，就能得到不涉及循环的表达。现在可以使用传统的有向无环计算图表示这样的表达。

式(6-11)和式(6-12)的展开计算图如图6-8所示。

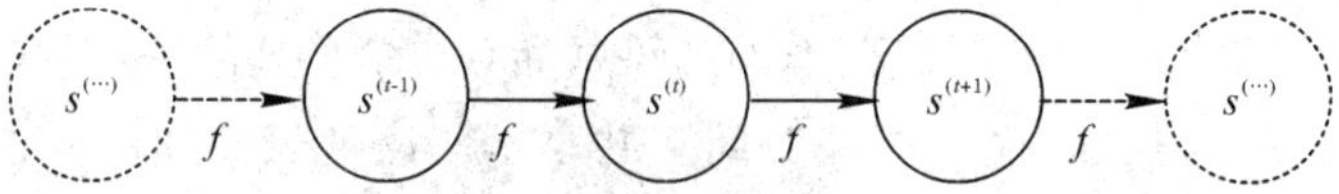

图6-8 展开计算图

作为另一个例子，让我们考虑由外部信号$x(t)$驱动的动态系统，如下所示：

$$s^{(t)}=f[s^{(t-1)},x^{(t)},\theta] \tag{6-13}$$

可以看到，当前状态包含了整个过去序列的信息。

循环神经网络可以通过许多不同的方式建立。就像几乎所有函数都可以被认为是前馈网络，基本上任何涉及循环的函数可以被认为是一个循环神经网络。

很多循环神经网络定义隐藏单元的值，为了表明状态是网络的隐藏单元，我们使用变量h代表状态重写式(6-13)：

$$h^{(t)}=f[h^{(t-1)},x^{(t)},\theta] \tag{6-14}$$

如图6-9所示，典型RNN会增加额外的架构，如读取状态信息h进行预测的输出层。

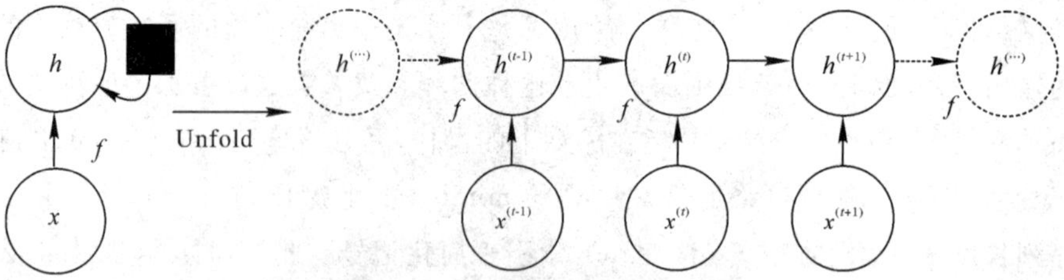

图6-9 没有输出的循环网络

当训练循环网络根据过去预测未来时，网络通常要学会使用$h(t)$作为过去序列(直到t)与任务相关方面的有损摘要。此摘要一般而言一定是有损的，因为其映射任意长度的序列

$[x(t), x(t-1), x(t-2), \cdots, x(2), x(1)]$，到某一个固定长度的向量 $h(t)$。根据不同的训练准则，摘要可能选择性地精确保留过去序列的某些方面。例如，如果在统计语言建模中使用的RNN，通常给定前一个词去预测下一个词，可能没有必要存储 t 前输入序列中的所有信息；而仅仅存储足够预测句子其余部分的信息。最苛刻的情况是我们要求 $h(t)$ 足够丰富，并能大致恢复输入序列，如自动编码器框架。

式(6-14)可以用两种不同的方式绘制。一种方法是为可能在模型的物理实现中存在的部分赋予一个节点，如生物神经网络。在这个观点下，网络定义了实时操作的回路，其当前状态可以影响其未来的状态。在本章中，我们使用回路图的黑色方块表明在时刻 t 的状态到时刻 $t+1$ 的状态单个时刻延迟中的相互作用。另一个绘制RNN的方法是展开的计算图，其中每一个组件是由许多不同的变量表示，每个时间步一个变量，表示在该时间点组件的状态。每个时间步的每个变量绘制为计算图的一个独立节点。我们所说的展开是将左图中的回路映射为右图中包含重复组件的计算图的操作。目前，展开图的大小取决于序列长度。

我们可以用一个函数 $g(t)$ 代表经 t 步展开后的循环：

$$h^{(t)}=g^{(t)}[x^{(t)},x^{(t-1)},x^{(t-2)},\cdots,x^{(2)},x^{(1)}]=f[h^{(t-1)},x^{(t)},\theta] \tag{6-15}$$

函数 $g(t)$ 将全部的过去序列 $[x(t),x(t-1),x(t-2),\cdots,x(2),x(1)]$ 作为输入来生成当前状态，但是展开的循环架构允许我们将 $g(t)$ 分解为函数 f 的重复应用。因此，展开过程引入两个主要优点：

1)无论序列的长度，学习好的模型始终具有相同的输入大小，因为它指定的是从一种状态到另一种状态的转移，而不是在可变长度的历史状态上操作。

2)我们可以在每个时间步使用相同参数的相同转移函数 f。

这两个因素使得学习在所有时间步和所有序列长度上操作的单一模型 f 是可能的，而不需要在所有可能时间步学习独立的模型 $g(t)$。学习单一的共享模型允许泛化到没有见过的序列长度(没有出现在训练集中)，并且估计模型所需的训练样本远远少于不带参数共享的模型。

无论是循环图和展开图都有其用途，循环图简洁。展开图能够明确描述其中的计算流程。展开图还通过显式的信息流动路径帮助说明信息在时间上向前(计算输出和损失)和向后(计算梯度)的思想。

二、循环神经网络结构

基于图展开和参数共享的思想，我们可以设计各种循环神经网络。

循环神经网络中一些重要的设计模式包括以下几种：

(1)每个时间步都有输出，并且隐藏单元之间有循环连接的循环网络。

(2)每个时间步都产生一个输出，只有当前时刻的输出到下个时刻的隐藏单元之间有循环连接的循环网络。

(3)隐藏单元之间存在循环连接，但读取整个序列后产生单个输出的循环网络。

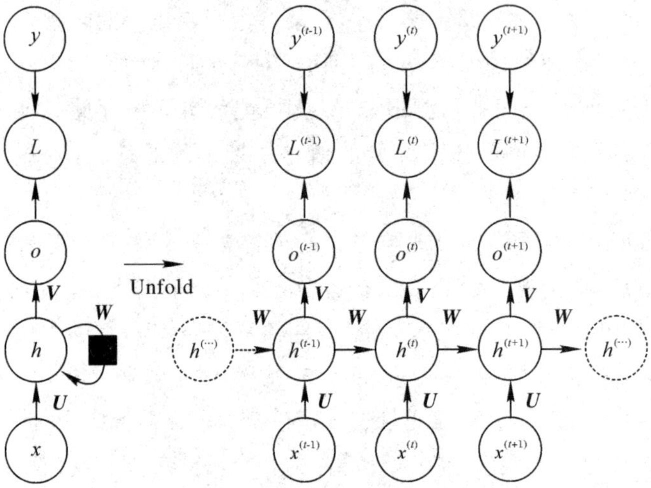

图 6-10　计算循环网络

其中，损失 L 衡量每个 o 与相应的训练目标 y 的距离。当使用 softmax 输出时，我们假设 o 是未归一化的对数概率。损失 L 内部计算 $y=\mathrm{softmax}(x)$，并将其与目标 y 比较。RNN 输入到隐藏的连接由权重矩阵 $\boldsymbol{U}$ 参数化，隐藏到隐藏的循环连接由权重矩阵 $\boldsymbol{W}$ 参数化以及隐藏到输出的连接由权重矩阵 $\boldsymbol{V}$ 参数化。上图左半部分使用循环连接绘制的 RNN 和它的损失。右半部分同一网络被视为展开的计算图，其中每个节点现在与一个特定的时间实例相关联。

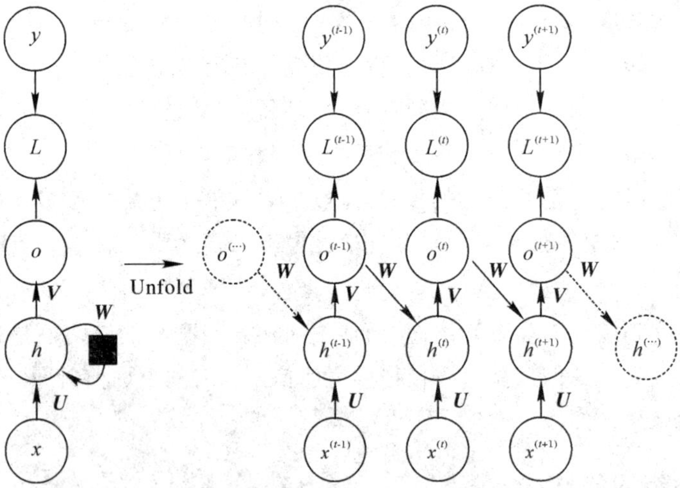

图 6-11　循环网络的反馈连接

其中，在每个时间步 t，输入为 $x(t)$，隐藏层激活为 $h(t)$，输出为 $o(t)$，目标为 $y(t)$，损失为 $L(t)$。上图左半部分为回路原理图，右半部分为展开的计算图。可以选择将其想要的关于过去的任何信息放入隐藏表示 h 中并且将 h 传播到未来。该图中的 RNN 被训练为将特定输出值放入 o 中，并且 o 是允许传播到未来的唯一信息，此处没有从 h 前向传播的直接连接。之前的 h 仅通过产生的预测间接地连接到当前，o 通常缺乏过去的重要信息，除非它非常高维且内容丰富。这使得该图中的 RNN 不那么强大，但是它更容易训练，因为每个时间步可以与其他时间步分离训练，并且允许训练期间更多的并行化。

任何图灵可计算的函数都可以通过这样一个有限维的循环网络计算。RNN 经过若干时间步后读取输出，这与由图灵机所用的时间步是渐近线性的，与输入长度也是渐近线性的。由于图灵机计算的函数是离散的，所以这些结果都是函数的具体实现，而不是近似。RNN 作为图灵机使用时，需要一个二进制序列作为输入，其输出必须离散化后提供二进制输出。利用单个有限大小的特定 RNN 计算在此设置下的所有函数是可能的。图灵机的输入是要计算函数的详细说明(specification)，所以模拟此图灵机的相同网络足以应付所有问题。用于证明的理论 RNN 可以通过激活和权重(由无限精度的有理数表示)来模拟无限堆栈。

假设图指定隐藏单元的激活函数是双曲正切激活函数，输出是离散的，如用于预测词或字符的 RNN。一种代表离散变量的自然方式是把输出 o 作为每个离散变量可能值的非标准化对数概率。然后，我们可以应用 softmax 函数后续处理后，获得标准化后概率的输出向量 y。RNN 从特定的初始状态 $h(0)$开始前向传播。从 $t=1$ 到 $t=\tau$ 的每个时间步，我们应用以下更新公式：

$$a^{(t)}=b+Wh^{(t-1)}+Ux^{(t)} \tag{6-16}$$

$$h^{(t)}=\tanh[a^{(t)}] \tag{6-17}$$

$$o^{(t)}=c+Vh^{(t)} \tag{6-18}$$

$$y^{(t)}=\mathrm{softmax}[o^{(t)}] \tag{6-19}$$

其中，参数的偏置向量 b 和 c 连同权重矩阵 $\boldsymbol{U}$、$\boldsymbol{V}$ 和 $\boldsymbol{W}$，分别对应于输入到隐藏、隐藏到输出和隐藏到隐藏的连接。这个循环网络将一个输入序列映射到相同长度的输出序列。与 x 序列配对的 y 的总损失就是所有时间步的损失之和。例如，$L(t)$为给定的 $x(1),\cdots,x(t)$后 $y(t)$的负对数似然，则：

$$L[\{x(1),\cdots,x(\tau)\},\{y(1),\cdots,y(\tau)\}]=\sum_t L^{(t)}=-\sum_t \log p_{\mathrm{model}}[y^{(t)}\mid\{x(1),\cdots,x(t)\}] \tag{6-20}$$

其中，pmodel 需要读取模型输出向量 $y(t)$中对应于项，损失函数的各个参数计算是昂贵的操作。梯度计算涉及执行一次前向传播，是由右到左的反向传播。运行时间是 $O(\tau)$，并且不能通过并行化来降低，因为前向传播图是固有循序的；每个时间步只能一前一后地计算。前向传播中的各个状态必须保存，直到它们反向传播中被再次使用，因此内存代价也是 $O(\tau)$。应用于展开图且代价为 $O(\tau)$的反向传播算法，称为通过时间反向传播(back - propagation through time，BPTT)。

第三节　长短期记忆网络

长短时记忆网络(Long Short - Term Memory，LSTM)是循环神经网络(RNN)的进化版本，创立的主要目的是为了解决 RNN 在处理长序列时遇到的长期依赖问题。LSTM 设计得可以在长时间跨度内存储信息，并能随时提取使用。这种长时间的存储能力不仅仅来源于模型的训练，而是LSTM的固有特性。尽管传统的RNN容易受到梯度消失的影响，但LSTM成功地解决了这一难题，为神经网络注入了长时记忆能力，确保信息在传递过程中不会丧失。得益于这些优势，LSTM在自然语言处理和数据挖掘等领域都取得了卓越的成果。

LSTM的核心机制是在RNN的隐藏层引入了一种特殊的结构，称为单元状态（cell state），它可以持续传输和保存序列信息。为了精准控制这个状态，LSTM设计了三个门结构，它们分别负责调节信息流。这三个门确保了我们可以精准地控制信息的保存、遗忘和更新。每次有输入时，LSTM都会对其内部状态进行适当的调整，以保证始终输出最为关键的信息。

一、LSTM原理结构

RNN网络由多个重复的神经网络单元组成。当RNN的设计较为基础时，这个单元可能仅仅是一个tanh神经层，如图6－12所示的普通RNN内部构造。相比之下，LSTM的基本框架与RNN相似，但其内部不只是一个tanh层。而是由四个相互关联的网络层组合而成，这如图6－13所示。

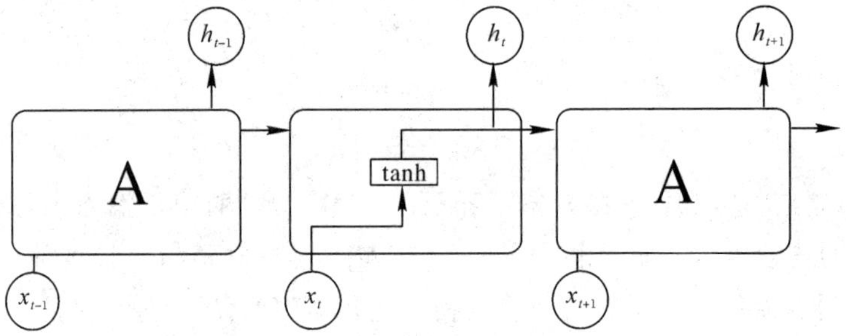

图6－12　普通RNN内部结构

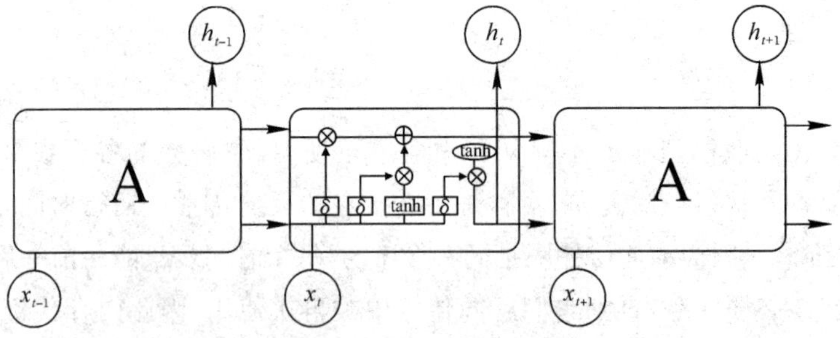

图6－13　LSTM内部结构

在这些网络结构示意图里，每一条线路都表示向量的流动，从一个节点传递至另一个节点；圆形代表按元素操作，例如向量之间的加法；长方形代表具体的神经网络层；当线路交汇，意味着向量数据的聚合，而当线路分叉，则表示向量被复制并分发至多个位置。

LSTM的核心在于其单元状态以及这些状态的流动。在结构示意图中，顶部的水平线，形似传送带，承载着单元状态的传输，以保持信息流的连续。图6－14展示了传送带的设计。在这张图里，C_{t-1}代表在$t-1$时刻的输出以及t时刻的输入；而C_t则指t时刻的输出。

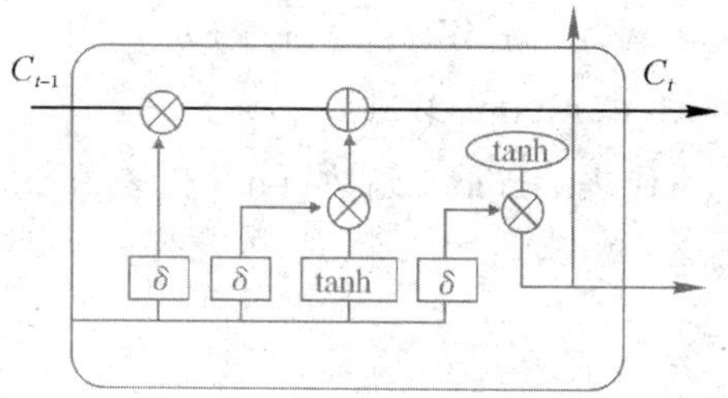

图 6-14　传送带结构

传送带式结构负责信息的流动。为了在流动中加入或移除信息，我们采用了特定的门机制。这些门是由 sigmoid 神经层和按元素乘法操作共同构成，从而实现信息的选择性流通。其详细构造可以参见如图 6-15 所示。

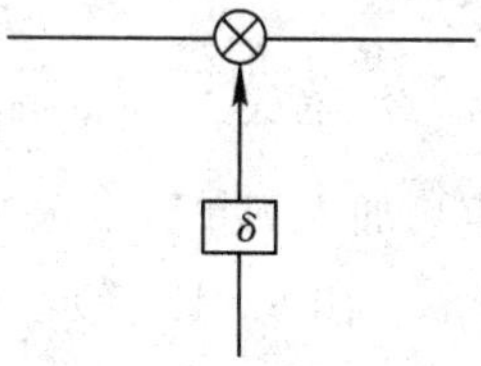

图 6-15　门结构(Sigmoid 层)

在 LSTM 的构造中，每个神经网络层都配备了三个门机制来对信息进行维护和管理。这三个门分别是遗忘门、输入门和输出门。

1. 遗忘门

LSTM 首先需要决定哪些信息将在单元中流通。这个决策由遗忘门完成。该门的输入包括 h_{t-1} 和 x_t，其输出通过公式(6-21)来确定。f_t 的输出范围在 0～1 之间，代表着 C_{t-1} 中各个部分信息的传递权重。相关的结构细节可以在图 6-16 中查看。

$$f_t=\sigma[W_f(h_{t-1},x_t)+b_f] \tag{6-21}$$

式中：f_t 代表遗忘门的输出；σ 代表 sigmoid 函数；W 代表权重；b 代表偏置。

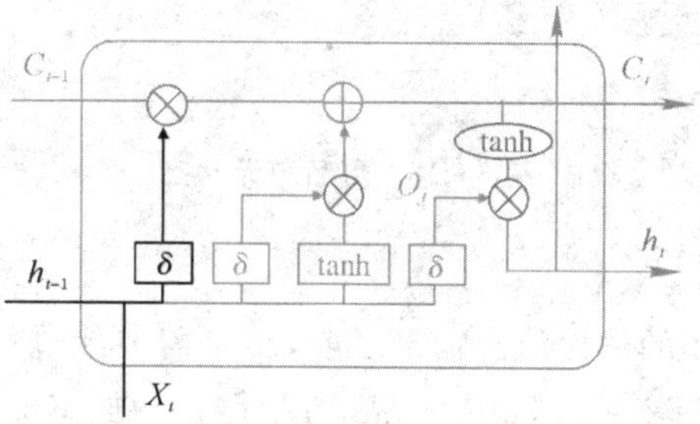

图 6-16　遗忘门(forget gates)

2. 传入门

接下来的步骤是更新单元的信息状态，这主要涉及两个阶段：首先，传入门的 sigmoid 层选择哪些信息需要更新，而 tanh 则产生更新所需的内容 $\tilde{c}_t$；接着，将这两个部分融合，从而完成单元状态的刷新。图 6-17 展示了传入门的设计，而公式(6-22)描述了如何选择更新的信息，公式(6-23)则指明了如何计算更新的内容。

$$i_t = \sigma[W_i(h_{t-1}, x_t) + b_i] \tag{6-22}$$

$$\widetilde{C}_t = \tanh[W_c(h_{t-1}, x_t) + b_c] \tag{6-23}$$

式中：i_t 代表传入门的输出；σ 代表 sigmoid 函数；tanh 代表 tanh 函数；W 代表权重；b 代表偏置；$\widetilde{C}_t$ 代表更新之后的内容。

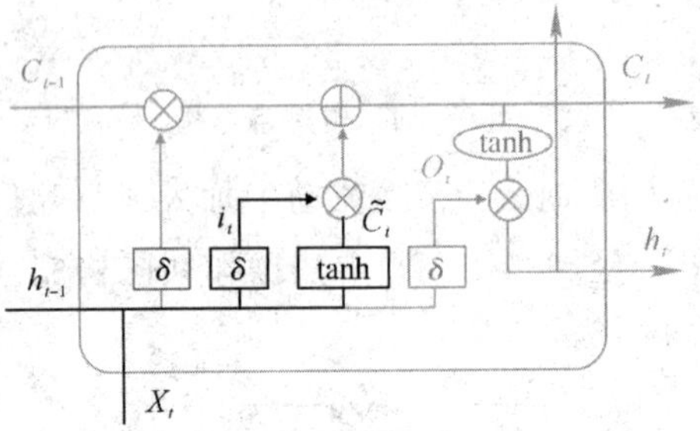

图 6-17　**传入门**(input gates)

在做出预测时，我们要把新的信息加入到单元状态中，并对原有的状态信息进行更新。通过传入门，我们可以从 c_{t-1} 更新至 c_t。图 6-18 揭示了单元状态的这一更新机制：先将旧状态 c_{t-1} 与 f 相乘，从而丢弃一些不再需要的信息，然后加上 $i_t * C_t$，即要注入的新信息部分。具体的更新计算由公式(6-24)给出。

$$C_t = f_t * C_{t-1} + i_t * C_t \tag{6-24}$$

式中：C_t 代表更新后的状态；f_t 代表遗忘门的输出；C_{t-1} 代表之前的状态；i_t 表示传入门的输出。

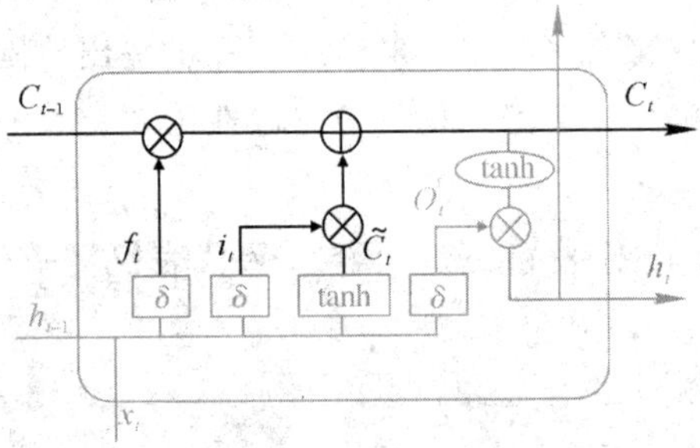

图 6-18　**更新单元状态**

3. 输出门

最终，我们要确定具体的输出值。输出之前，结果需要经过一系列的筛选。首先，明确 c_t 中要输出的部分。接着，将 c_t 通过一个 tanh 层进行处理，并将该层的输出与 sigmoid 层产生的权重系数进行相乘，从而获得最后的输出。这一过程在图 6-19 中有所描述。公式(6-25)展示了筛选过程的计算，而公式(6-26)则定义了最终输出的计算方法。

$$o_t = \sigma[W_o(h_{t-1}, x_t) + b_o] \tag{6-25}$$

$$h_t = o_t * \tanh(C_t) \tag{6-26}$$

式中：o_t 代表输出门的输出；h_t 代表最终的输出结果；σ 代表 sigmoid 函数；tanh 代表 tanh 函数；W 代表权重；b 代表偏置。

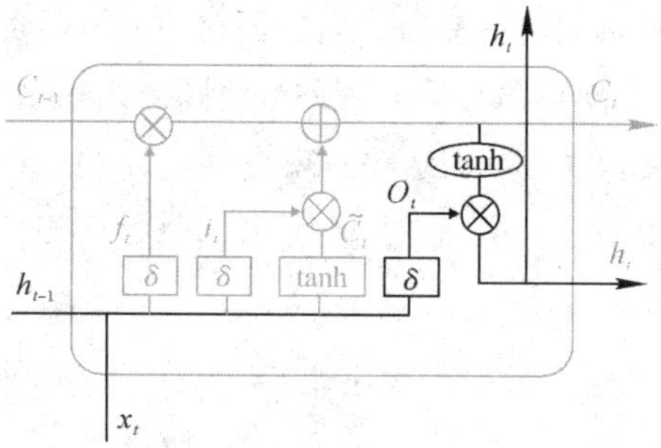

图 6-19　单元输出

总的来说，通过这三个门的调控，LSTM 模型将时序数据中的前后时间点联系起来。这确保了在当前的时间步骤，模型不仅能够选择和回顾之前的数据特征，还能预测下一步骤甚至更长时期的数据趋势。

二、LSTM 多元时间序列预测模型架构

为了让 LSTM 模型更好地吸纳外部的影响，本节对 LSTM 模型做了两方面的优化。首先，在输入层与 LSTM 单元层之间插入了一个全连接层；其次，在最终的结果输出之前，加入了另一个全连接层。在整个神经网络中，全连接层扮演着“分类器”的角色，能够将学习到的“分布式特征”映射至样本的标签空间。具体结构可以如图 6-20 所示。

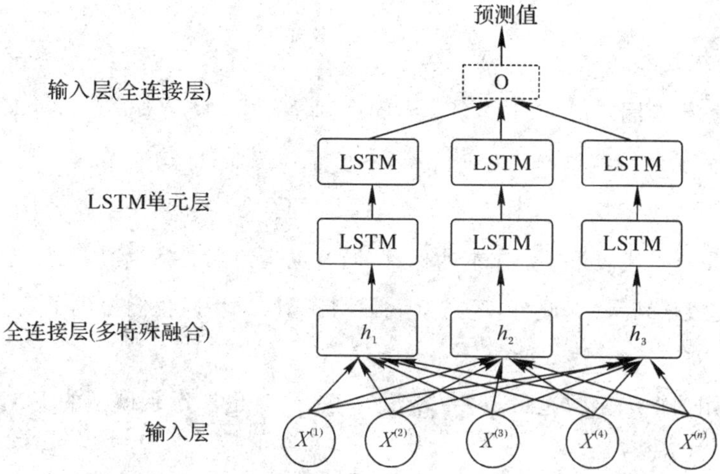

图 6-20　LSTM 多元时间序列预测模型架构

本研究对 LSTM 模型做了一些调整，为了让其能够更好地融合外部影响因素，我们在输入层与 LSTM 单元层之间引入了一个全连接层。全连接层的核心思想是从一个特征空间进行线性映射到另一个特征空间。在目标空间中，每一维度都被认为会受到源空间的所有维度的影响，这可以理解为目标向量是源向量各维度的加权组合。因此，如图 6-20 所示的全连接层旨在解析当前时间点负荷受到的外部因素特征，解析后的特征与收集的历史负荷数据结合，形成新的特征集，然后被输入到下一个 LSTM 单元层。

考虑到 LSTM 模型的记忆单元有长时间记忆的特质，我们在 LSTM 的输出部分又增

设了一个全连接层。这一层的目的是整合来自不同时间段的历史数据对预测点的影响。经过这一层的整合处理,输出的实值将作为模型的最终预测结果。

在原始的 LSTM 预测模型中,数据结构呈现为$\{x_1, x_2, \cdots, x_i, \cdots, x_T\}$的形式,这里的$x_i$代表第$i$个时间点的数据,并且$x_i$是一个$d$维向量,其中$d$代表特征数量。经过本研究的改进,LSTM 模型的输入结构变成了$\{X^{(1)}, X^{(2)}, \cdots, X^{(d)}\}$的形式。在这里,$X^{(1)} = \{x_1, x_2, \cdots, x_i, \cdots, x_T\}$表示第一个样本的输入数据。相应地,$X^{(1)}$是一个$T$维的向量,其中$T$代表时间序列的长度。

以图 6 - 20 为例,如果输入层包含四个神经元,每一个神经元都代表一个特定的影响因素。全连接层会对这些因素进行特征抽取和解析。接着,通过线性整流函数(ReLU)生成类似$\{h_1, h_2, h_3\}$的时间序列。ReLU 是当前深度学习中广泛使用的激活函数,它可以有效地减少梯度消失的问题,并优化对数据多维特征的学习。完成这步后,模型会学习到预测时间点的外部影响因素特征,并将这些特征输入到 LSTM 单元结构中。

此 LSTM 网络由两层单独的 LSTM 组成。与单层的 LSTM 网络相比,这种双层结构可以增强模型的学习能力。最后,输出层通过一个全连接层整合不同时间点的数据,评估这些数据在下一个时间点的影响,并将这些影响集成成一个预测值进行输出。

三、LSTM 多元时间序列预测模型训练

1. 总体训练过程

在考虑多种影响因素的 LSTM 多元时间序列模型中,假定总共有m个样本。基于上节构建的数据集呈现为$\{x_1, x_2, \cdots, x_i, \cdots, x_T\}$的形态。然而,在这一节里,我们在原始数据集的基础上引入了时间步长T和样本标签,从而得到了$\{(x_1, x_2, \cdots, x_i, \cdots, x_T), y^{(i)}\}$的数据集结构。在这里,$y^{(i)}$代表第$i$个样本的标签,同时也是预测目标(利用长度为$T$的数据预测$T+1$时间点的数据结果)。此外,经过这一预测模型的学习,我们得到了真实标签$y^{(i)}$的预测值$y\hat{}^{(i)}$。

该模型采用的损失函数是最小平方代价函数,同时也考虑了模型的$L2$正则化,具体内容可以参见公式(6 - 27)。

$$\operatorname{loss}(\hat{y}, y) = \frac{1}{2}\sum_{j=1}^{m}[y^{(i)} - \hat{y}^{i}]^2 + \frac{1}{2}\lambda\sum\theta^2 \tag{6-27}$$

式中:$\frac{1}{2}\sum_{j=1}^{m}[y^{(i)} - \hat{y}^{i}]^2$代表最小平方代价函数;$\frac{1}{2}\lambda\sum\theta^2$代表模型的$L2$正则化;$\lambda$代表正则化系数;$\sum\theta^2$代表权重参数的平方和。

接下来,模型采用反向传播和梯度下降方法进行训练。具体的培训步骤如下:

(1)通过前向传播计算每个神经元的输出。式(6 - 28)描述了向量化后的前向传播计算过程。

$$
\begin{aligned}
&Z^{[1]}=W^{[1]}X+b^{[1]}\\
&A^{[1]}=g^{[1]}(Z^{[1]})\\
&Z^{[2]}=W^{[2]}A^{[1]}+b^{[2]}\\
&A^{[2]}=g^{[2]}(Z^{[2]})\\
&\vdots\\
&A^{[L]}=g^{[L]}(Z^{[L]})=\hat{Y}
\end{aligned}
\tag{6-28}
$$

式中：Z 代表每一层权重的输出，W 代表权重系数，b 代表偏置系数，X 表示输入，A 代表激活函数的输出，g 代表激活函数。

(2)通过反向传播算法，我们可以计算出每个神经元的误差值。在 LSTM 中，误差传播涉及两个方向：一个是时间反向传播，另 个是误差项向前一层的传播。式(6－29)展示了经过向量化的反向传播计算过程。

$$
\begin{aligned}
&\mathrm{d}Z^{[L]}=A^{[L]}-Y\\
&\mathrm{d}W^{[L]}=\frac{1}{m}\mathrm{d}Z^{[L]}A^{[L]^{\mathrm{T}}}\\
&\mathrm{d}b^{[L]}=\frac{1}{m}np\,\mathrm{sum}(\mathrm{d}Z^{[L]},\ \mathrm{axis}=1,\ \mathrm{keepdims}=\mathrm{True})\\
&\mathrm{d}Z^{[L-1]}=\mathrm{d}W^{[L]^{\mathrm{T}}}\mathrm{d}Z^{[L]}g^{[L]}(Z^{[L-1]})\\
&\vdots\\
&\mathrm{d}Z^{[1]}=\mathrm{d}W^{[L]^{\mathrm{T}}}\mathrm{d}Z^{[2]}g^{[1]}(Z^{[1]})\\
&\mathrm{d}W^{[1]}=\frac{1}{m}\mathrm{d}Z^{[1]}A^{[1]^{\mathrm{T}}}\\
&\mathrm{d}b^{[1]}=\frac{1}{m}np\cdot\mathrm{sum}(\mathrm{d}Z^{[1]},\ \mathrm{axis}=1,\ \mathrm{keepdims}=\mathrm{True})
\end{aligned}
\tag{6-29}
$$

式中：$\mathrm{d}Z$ 代表权重输出的导数；$\mathrm{d}W$ 代表权重系数的导数；$\mathrm{d}b$ 代表偏置的导数。

(3)基于计算出的误差项，我们可以求得每个权重的梯度。式(6－30)展示了权重和偏置更新的计算公式。

$$
\left.
\begin{aligned}
w&=w-\alpha\frac{\partial}{\partial w}J(w,b)\\
b&=b-\alpha\frac{\partial}{\partial b}J(w,b)
\end{aligned}
\right\}
\tag{6-30}
$$

式中：α 代表学习率；$\frac{\partial}{\partial w}J(w,b)$代表对 J 求 w 的偏导；$\frac{\partial}{\partial b}J(w,b)$代表对 J 求 b 的偏导。

2. 梯度截断

在神经网络的训练中，梯度消失和梯度爆炸是常见的问题。尽管我们在上节中使用了 ReLu 函数作为激活函数以减少梯度消失，LSTM 内部仍然使用了 sigmoid 和 tanh 作为其激活函数，这导致其仍然容易受到梯度消失或梯度爆炸的影响。由于 LSTM 的特殊的三门设计，其反向传播的梯度计算从连续乘法转变为累加，这有助于减轻梯度消失的问题。然而,梯度爆炸仍然是一个挑战。为此,本研究引入了梯度截断技术,以防止在 LSTM 多元时间序列模型的训练过程中出现梯度爆炸。具体的实施步骤如下:

(1)确定一个梯度截断值。

(2)在反向传播时,计算所有参数的梯度,并获取这些梯度的 $L2$ 范数。

(3)接着,对比这个 $L2$ 范数和预先设定的截断值。

(4)如果 $L2$ 范数超过了截断值,按照公式(6-31)进行梯度裁剪。

$$\hat{g}=\frac{\text{threshold}}{\|\hat{g}\|^2}\hat{g} \tag{6-31}$$

式中:threshold 代表设置的梯度阈值;$\|\hat{g}\|^2$ 代表梯度的 $L2$ 范数。

3. 超参数优化

在深度学习中,超参数的选择关键于模型的表现。为了达到最优化的效果,必须经过反复的参数调整。然而,并非所有的参数在学习中都同等重要。为了找到最佳的参数组合,我们需在高维空间中进行搜索,确保在验证和测试集上达到理想的效果。目前,主流的超参数调优方法包括网格搜索和随机搜索。

网格搜索是一种穷尽式的搜索方式,它通过预先设定的值,对每个参数进行等间距的选择,组合各参数的所有可能,进行模型训练,并根据验证集的性能选择最佳的参数组合。例如,如果有两个待调整的参数,并且我们对每个参数选择了 5 个值,那么总共会有 5*5=25 种不同的参数组合。这种方法在参数较少时很有效,但随着参数数量的增加,它的计算复杂度会急剧上升。

与网格搜索不同,随机搜索不是测试所有可能的参数组合,而是随机选择参数并进行评估。这种方法在高维参数空间中更为高效,因为它不尝试所有的组合,而是在给定的迭代次数内随机选择参数组合。

随机搜索法采用随机策略选取参数,从而在参数空间内探索更广泛的组合。举例来说,使用均匀采样的方式,每个参数可能只有 5 种取值;但当我们采用随机选择,每个参数的取值可能性可以达到 25 种,从而增加了找到最优参数组合的机会。此外,随机搜索法还可以更好地区分参数的重要性,有助于优化模型的性能。

对于本研究中构建的模型,涉及的超参数包括:学习率、学习速率衰减因子、批量训练的样本大小、动量因子、神经网络的层数以及每层的神经元数量。开始时,我们可以基于经验或者文献提供的建议来确定参数的大致范围。接着,采用随机搜索的方法来探索这些范围内的各种参数组合,同时根据模型在验证集上的表现来评估它们的效果。经过反复试验和对比,我们可以确定出最适合模型的超参数组合。

第四节　门控循环单元

门控循环单元(Gated Recurrent Unit,GRU)是 Cho 等学者于 2014 年提出的,作为 LSTM 的简化版本。与 LSTM 相比,GRU 少了一个门控机制,这使得其参数更少,训练起来更为高效,同时仍然能够获得与 LSTM 接近的性能。

一、GRU 的结构

GRU 结构综合了 RNN 和 LSTM 的特点。从外观上看，GRU 与传统的循环神经网络的输入和输出方式是一样的：每个神经单元都接收两个输入，一个是当前的输入数据，另一个是前一个单元的输出。在单元内部经过一系列计算后，会产生一个输出向量，这个向量既用于当前的输出，也会作为下一个神经单元的输入。GRU 的结构示意图如图 6-21 所示：

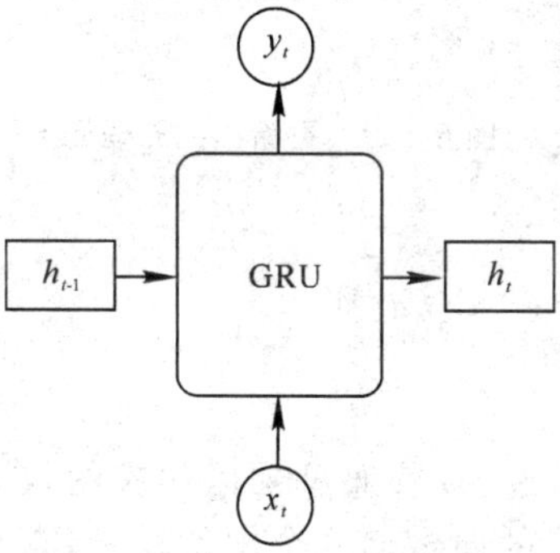

图 6-21　GRU 单元的拓扑结构

GRU 递归神经网络内部门控结构如图 6-22 所示：

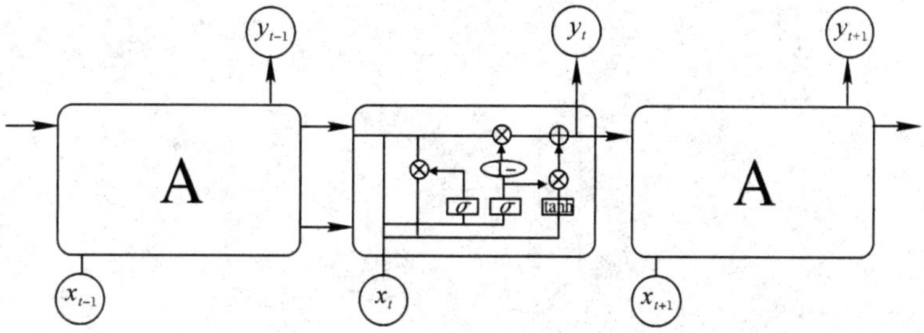

图 6-22　GRU 的内部门控结构

GRU 是基于 LSTM 设计的，它简化了门控机制，并减少了神经元内部的运算复杂度，从而实现了高效的训练。

二、GRU 的前向传播

在 LSTM 中，存在遗忘门、输入门和输出门来控制记忆、输入及输出的流动。而 GRU 将这三个门控简化为两个：更新门和重置门。更新门决定前一个时刻的状态信息有多少会传递到当前状态，如果更新门的值大，则前一时刻的信息留存得越多。而重置门决定前一个状态的信息在多大程度上被纳入到当前的候选隐藏状态中，若重置门值较小，则之前的信息影响较少。

1. 更新门控

将 h_{t-1} 和 x_t 拼接成一个向量后，通过乘以权重矩阵并使用 Sigmoid 激活函数处理，得到的结果是一个元素值在 0～1 范围内的向量，这被称为更新门(Update Gate)。详细的工作机制如下所述：

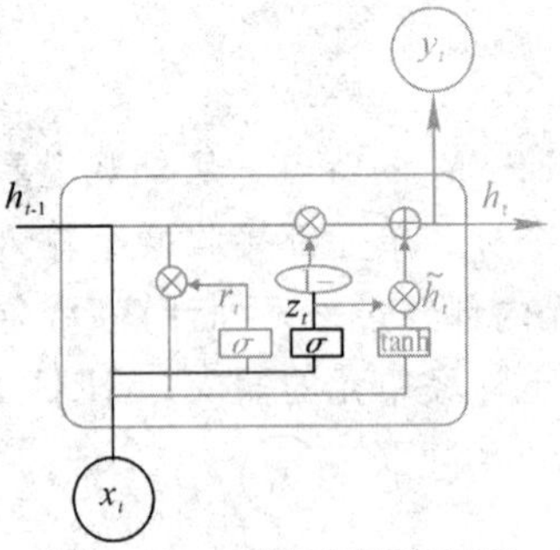

图 6-23　更新门控原理图

更新门控的数学模型可表达为

$$z_t=\sigma\left[W_z\begin{pmatrix}h_{t-1}\\x_t\end{pmatrix}+b_z\right] \tag{6-32}$$

2. 重置门控

将 h_{t-1} 和 x_t 合并为一个向量，接着通过乘以相应的权重矩阵并应用 Sigmoid 激活函数，产生一个元素范围在 0～1 的向量。这个向量被用作门控状态，被称为重置门（Reset Gate）。其详细工作流程如图 6-24 所示：

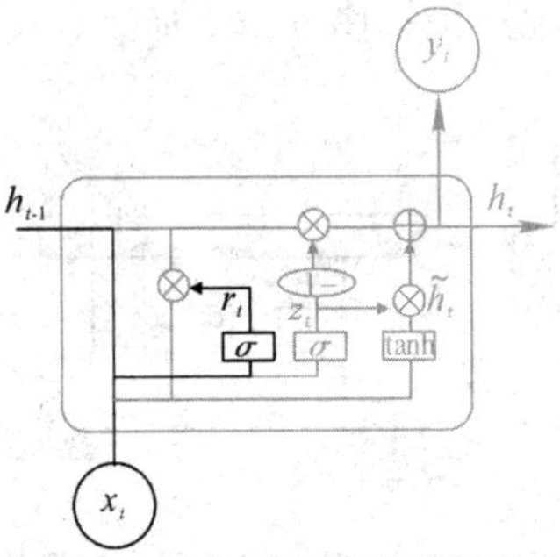

图 6-24　重置门控原理图

重置门控的数学模型可表达为

$$r_t=\sigma\left[W_r\begin{pmatrix}h_{t-1}\\x_t\end{pmatrix}+b_r\right] \tag{6-33}$$

3. 候选隐藏状态

重置门会调整 h_{t-1} 向量，与它相乘得到的结果会与另一向量 x_t 拼接。通过 tanh 函数处理后，我们可以得到元素值在 −1～1 范围内的候选隐藏状态向量 $\tilde{h}_t$。以下是其详细工作机制：

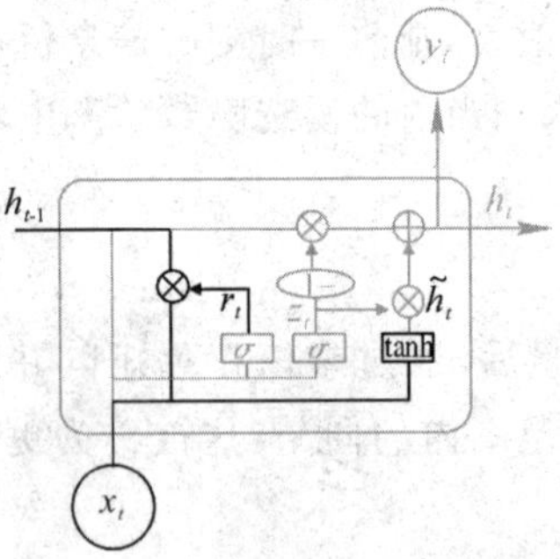

图 6-25　候选隐藏状态原理图

候选隐藏状态的数学模型可表达为

$$\tilde{h}_t = tanh\left[W\begin{pmatrix} r_t \otimes h_{t-1} \\ x_t \end{pmatrix} + b_h\right] \tag{6-34}$$

4. 输出信息

在输出信息的部分，更新门会分别对 h_{t-1} 和候选隐藏状态进行调节，详细的运作原理描述如图 6-26 所示。

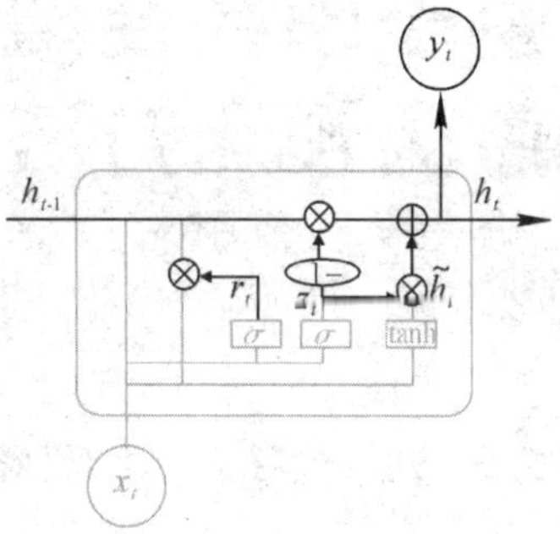

图 6-26　输出信息原理图

输出信息的数学模型可表达为

$$h_t = (1 - z_t) \otimes h_{t-1} \oplus z_t \otimes \tilde{h}_t \tag{6-35}$$

经过上述步骤就完成了 GRU 递归神经网络的前向传播过程。

三、GRU 的参数学习

GRU 的参数训练方法与 LSTM 相似，均采用反向传播进行学习。各参数的梯度可以由损失函数计算得出

$$\frac{\partial E}{\partial W_{zx}} = \sum_{j=1}^{t} \delta_{z,j} x_j \tag{6-36}$$

$$\frac{\partial E}{\partial W_{zh}} = \sum_{j=1}^{t} \delta_{ij} h_{j-1}^{T} \tag{6-37}$$

$$\frac{\partial E}{\partial W_{\tilde{h}x}} = \sum_{j=1}^{t} \delta_j x_j \tag{6-38}$$

$$\frac{\partial E}{\partial W_{\tilde{h}h}} = \sum_{j=1}^{t} \delta_j (r_t h_{t-1}) \tag{6-39}$$

$$\frac{\partial E}{\partial W_{rx}} = \sum_{j=1}^{t} \delta_{r,j} x_j \tag{6-40}$$

$$\frac{\partial E}{\partial W_{rh}} = \sum_{j=1}^{t} \delta_{r,j} h_{j-1}^{T} \tag{6-41}$$

其中，

$$\delta_{yt} = (y_d - y_t^o)\sigma' \tag{6-42}$$

$$\delta_{ht} = \delta_{yz} W_o + \delta_{zs+1} W_{zh} + \delta_{zs+1} W_{zh} + \delta_{t+1} W_{ihh} r_{t+1} + \delta_{hJ+1} W_{rh} + \delta_{ht+1} (1 - z_{t+1}) \tag{6-43}$$

$$\delta_{2t} = \delta_{th} (\tilde{h}_t - h_{t-1})\sigma' \tag{6-44}$$

$$\delta_{zt} = \delta_{th} z_t \phi' \tag{6-45}$$

$$\delta_{rt} = h_{t-1}[(\delta_{t,h} z_t \phi') W_{\tilde{h}h}]\sigma' \tag{6-46}$$

然后基于这些梯度值更新参数，并持续迭代直到模型收敛。

第七章　基于图神经网络的时间序列预测方法

第一节　图神经网络

深度学习已经成为当今人工智能研究的主要方法之一，尽管传统的深度学习技术在图像等欧氏数据或文本和信号等序列数据上取得了巨大的成功，但仍有大量的应用可以自然地或最优地用图结构来表征。这一差距推动了对图深度学习的研究热潮，图神经网络(GNN)在应对大量应用领域的各种学习任务方面非常成功。首先，将介绍GNN的基本方法，从主流的模型及其表达能力到GNN的可扩展性、可解释性和鲁棒性。将讨论各种前沿研究，从图分类和链接预测到图生成、图转换、图匹配和图结构学习。在此基础上，我们将进一步总结在大量应用中充分利用各种GNN方法的基本流程。

传统的深度学习技术，如循环神经网络和卷积神经网络，已经在图像等欧氏数据或文本和信号等序列数据上取得巨大的成功。然而，在丰富的科学领域，现实世界中许多重要的对象和问题可以自然地或最优地用复杂的图结构来表达，如社交网络、推荐系统、药物发现和程序分析中的图或流形结构。一方面，这些图结构的数据可以编码复杂的点对关系，以学习更丰富的信息表征；另一方面，原始数据(图像或连续文本)的结构和语义信息中纳入的特定领域知识可以捕捉数据之间更细粒度的关系。

近年来，图深度学习引发了研究界的广泛兴趣。其中，图神经网络是非常成功的学习框架，可以应对大量应用中的各种任务新提出的图结构数据的神经网络架构在一些著名的领域，如社交网络和生物信息学等，已经取得令人瞩目的成果。它们还渗透到其他科学研究领域，包括推荐系统、计算机视觉、自然语言处理、程序分析、软件挖掘、药物发现和异常检测。

尽管现有的研究已经取得一些成就，但是当将GNN用于为随时间演化、多关系和多模态的高度结构化数据建模时，仍然面临许多挑战。要在图和其他高度结构化的数据(如序列、树和图)之间建立映射模型也非常困难。图结构数据面临的一个挑战是，它们的空间局部性和结构不像图像或文本数据那么强。因此，图结构数据自然不适合高度规则化的神经结构，如卷积神经网络和循环神经网络。

更重要的是，现实世界中新出现的GNN应用领域为GNN带来了巨大的挑战。图提供了一种强大的抽象，可以用来编码任意类型的数据，如多维数据。例如，相似性图、核矩阵和协同过滤矩阵也可视为图结构的特例。因此，一个成功的图的建模过程很可能包含许多应用，这些应用通常是与专门的和手动设计的方法一起使用的。

一、图神经网络基础

从概念上讲，我们可以将图神经网络的基本学习任务分为5个不同的方向：①图神经网络方法；②图神经网络的理论理解；③图神经网络的可扩展性；④图神经网络的可解释性；⑤图神经网络的对抗鲁棒性。

图神经网络是专门设计的用于在图结构数据上进行操作的神经网络架构。图神经网络的目标是通过聚合邻居节点的表征及其在前一次迭代中的表征来迭代更新节点表征。目前已有多种图神经网络被提出，它们可以进一步划分为有监督的 GNN 和无监督的 GNN。学习到节点表征之后，GNN 的一个基本任务就是进行节点分类，也就是将节点分类到一些预定义的类别中。尽管各种 GNN 已经取得巨大的成功，但我们在训练深度图神经网络时仍面临一个严重的问题——过平滑问题，其中所有的节点都有类似的表征。最近有许多研究提出了不同的补救措施来解决过平滑问题。

GNN 算法的快速发展引起了人们对 GNN 理论分析的极大兴趣。特别地，为了描述 GNN 与传统图算法(如基于图核的方法)相比表达能力如何，以及如何构建更强大的 GNN 以克服 GNN 的一些限制，人们做出了很多努力。具体来说，证明了目前的 GNN 方法能够达到一维 Weisfeiler－Lehman 测试的表达能力，这是传统图核领域广泛使用的方法。最近的许多研究进一步提出了一系列的设计策略，以进一步超越一维 Weisfeiler－Lehman 测试的表达能力、包括附加随机属性、距离属性和利用高阶结构等。

随着图神经网络日益普及，许多人尝试将各种图神经网络方法用于现实世界中的应用，其中图的大小可以有大约1亿个节点和10亿条边。遗憾的是，因为需要大量的内存，大多数 GNN 方法不能直接应用于这些大规模的图结构数据。具体来说，这是因为大多数 GNN 需要在内存中存储整个邻接矩阵和中间层的特征矩阵，这对计算机内存消耗和计算成本都是巨大的挑战。为了解决这些问题，最近的许多研究提出了各种抽样策略，如节点抽样、层抽样和图抽样。

为了使机器学习过程可以被人类理解，可解释的人工智能正变得越来越流行，特别是由于深度学习技术的黑盒问题。因此，人们对提高 GNN 的可解释性同样深感兴趣。一般来说，GNN 的解释结果可以是重要的节点、边，也可以是节点或边的重要特征。从技术上讲，基于白盒近似的方法利用模型内部的信息(如梯度、中间特征和模型参数)来提兴解释。与之相对，基于黑盒近似的方法则放弃了对复杂模型内部信息的使用，而是利用内在可解释的简单模型(如线性回归和决策树)来适应复杂模型。然而，大多数现有的工作很耗时，这就造成处理大规模的图成为瓶颈。为此，人们最近做出了很多努力，以便在不影响解释准确性的情况下开发豆有效的方法。

现有的研究表明，深度学习模型可以被故意愚弄、逃避、误导和窃取。因此，在计算机视觉和自然语言处理等领域，已有一系列工作广泛地研究了模型的鲁棒性这也启发了对 GNN 鲁棒性的类似研究。从技术上讲，研究 GNN 鲁棒性的标准方法(通过对抗性例子)是构造输入图数据的一个微小变化，然后观察是否导致预测结果产生较大变化(如节点分类准确性)。目前,越来越多的人开始研究对抗性攻击和对抗性训练。最近的许多努方致力于在对抗性训练以及可认证的鲁棒性方面提供理论保证和新算法开发。

二、图神经网络前沿

在上述 GNN 基本技术的基础上,在处理各种与图有关的研究问题方面,最近的成就增长快速。由于 GNN 模型中的每一层都只产生节点级表征因此需要图池化层来进一步计算基于节点级表征的图级表征。图级表征总结了输入图结构的关键特征,是图分类的关键组成部分。根据图池化层的学习技术,这些方法一般可以分为 4 类一简单的平面池化、基于注意力的池化、基于聚类的池化,以及其他类型的池化。除图分类以外,另一个长期存在的图学习问顾是链接预测任务,其目的是预测任何一对节点之间现在缺失或未来可能形成的链接。由于 GNN 可以从图结构和铺助信息(如节点特征和边特征)中共同学习,因此与其他传统的图学习方法相比,GNN 在链接预测方面具有巨大的优势。基于 GNN 进行链接预测的常见方法有两种一基于节点的方法和基于子图的方法。

基于图建立概率模型的图生成问题是一个处于概率论和图论交叉点上的经典研究问题。近年来,人们对建立在现代图深度学习技术(如 GNN)基础上的深度图生成模型的兴趣越来越大。事实证明,这些深度学习模型在成功捕捉图数据中的复杂依赖关系和生成更真实的图方面更有优势。在变分自编码器和生成对抗网络的启发下,用于图生成的基于 GNN 的代表性学习范式有三种,分别是 GraphVAE 方法、GraphGAN 方法和深度自回归方法。图转换问题可以表述为条件图生成概率,其目标是学习输入源图和输出目标图之间的转译映射。这样的学习问题经常出现在其他领域,如自然语言处理领域的机器翻译问题和计算机视觉领域的图像风格转换问题等。根据被转换的图信息,这个问题一般可以分为 4 类,分别是节点级转换、边级转换、节点一边共同转换以及涉及图的转换。

图匹配指的是寻找两个输入图之间的对应关系,这是一个已在各个领域得到广泛研究的问题。通常情况下,图匹配问题是已知的 NP 难问题,这使得该问题在现实世界中大规模问题上的精确解和最优解在计算上不可行。由于 GNN 的表达能力,人们越来越关注开发基于 GNN 的各种图匹配方法,以提高匹配的准确性和效率。图匹配问题旨在衡量两个图结构之间的相似性,而是不改变它们。相比之下,图结构学习的目的是通过联合学习隐含的图结构和图节点表征来产生优化的图结构。与经常带有噪声或不完整的固有图相比,往往可以将学习到的图结构视为一种转变。即便没有提供初始图,但只要提供显示数据点之间相关性的矩阵,就可以使用图结构学习。

动态图神经网络和异质图神经网络。在现实世界的应用中,图的节点(实体)和图的边(关系)经常会随着时间的推移而发生变化,这就自然地产生了动态图。由于图的演化建模对于做出准确的预测至关重要,因此各种 GNN 不能直接应用于动态图。一种简单而有效的方法是将动态图转换为静态图,但这可能导致信息丢失。根据动态图的类型,基于 GNN 的方法有两大类分别是用于离散时间动态图的 GNN 和用于持续时间动态图的 GNN。独立地看,实际应用中另一种流行的图是异质图——异质图由不同类型的图节点和边组成。用于同质图的各种 GNN 难以充分利用异质图中的这些信息。因此,一个新的研究方向是开发各种异质图神经网络方法有三种、分别是基于消息传逆的方法、基于编码器一解码器的方法和基于抗的方法。

自动机器学习(AutoML)最近引起学术界工业界的极大关注,其目的是应对人工调参过程中耗时巨大这一挑战,特别是对于复杂深度学习模型而言。AutoML的这一波研究也影响了自动识别优化GNN模型架构和训练起今数的研究工作。现有的研究大多集中于架构搜索空间或训练超参数搜索空间。GNN的另一个重要研究方是解决大多数深度学习模型的局限性——需要大量的有标注的数据集。因此,目前人们提出自监督学习,目的是基于无标注数据设计和利用领域特定的辅助任务以预训练一个GNN模型。为了研究GNN中自监督学习的能力,有相当多的文献系统地设计和比较了GNN中不同的自监督代理辅助任务。

三、图神经网络应用

由于图神经网络能够对各种具有复杂结构的数据进行建模,因此图神经网络已经被广泛用于多种应用和领域,如现代推荐系统、计算机视觉、自然语言处理、程序分析、软件挖掘、生物信息学、异常检和智慧城市等。尽管在不同的应用中GNN被用来解决不同的任务,但它们都包括两个重要步骤——图构建和图表征学习。图构建旨在将输入数据转换或表示为结构化数据。在图的基础上,图表征学习则针对下游任务,利用GNN来学习节点嵌入或图嵌入。

图构建对于捕捉输入数据中对象之间的依赖关系非常重要。鉴于输入数据的不同格式不同的应用有不同的图构建技术,其中,有些任务需要预先定义节点和边的语义,以充分表达输入数据的结构信息。

一些应用自然而然地在数据内部存在图结构,而不需要预先定义节点及其之间的边或关系。例如,在推荐系统中,用户与物品的相互作用自然地形成了一个图,其中用户与物品的偏好被视为用户和物品的节点之间的边;在药物开发的任务中,分子也被自然地表示为一个图,其中的每个节点表示一个原子,每条边表示连按两个原子的键,在蛋白质功能和相互作用的任务中,图也可以很容易地适用于蛋白质,其中的每个节点代表一个氨基酸,每条边代表氨基酸之间的相互作用。

有些图是用节点和边的属性构建的。例如,在处理智慧城市交通时,交通网络可以形式化为一个无向图来预测交通状态。具体来说,节点是交通传感位置,如传感器站、路段边是连接这些交通传感位置的交叉口。一些城市交通网络可以建模为具有预测交通速度属性的有向图,其中的节点是路段,边是交叉口。路段的宽度、长度和方向被表示为节点的属性,交叉口的类型、是否有交通灯或收费站被表示为边的属性。具有隐式图结构的输入数据。对于许多天然不存在结构化数据的任务,图构建变得非常具有挑战性。选择最佳的表征方法是很重要的,由此节点和边才能捕捉到所有重要的信息。例如,计算机视觉任务有三种图构建方式。第一种是将图像或视频帧分割成规则的网格,每个网格可作为视觉图的一个顶点。第二种是先得到预处理的结构,再直接借用顶点表征,如场景图的生成。第三种是利用语义信息来表示视觉顶点,比如将具有相似特征的像素分配给同一个顶点。视觉图像中的边缘可以捕捉到两种信息。第一种是空间信息。例如,对于静态方法,在生成场景图和人类骨架时,自然会选择视觉图中节点之间的边来表示它们的位置连接。第二种是时间信息。例如为了表示视频,模型不仅要在帧的内部坐立空间关系,也要捕捉相邻帧之间的时间联系在自然语言处理任务中,根据文本数据构建的图可以分为5类—文本图、句法图、语义图、知识图谱和混合图。下面介绍其中的4类。文本图通常将单、句子、段落或文件视为节点,并通过单词共现、位置或文本相似性来构建边。句法图(或树)强调一条句子中单词之间的语法依赖关系,如依赖图和成分图。知识图谱是数据图,旨在积累和传达现实世界的知识。混合图包含多种类型的节点和边,以整合异质信息。在程序分析的任务中,对程序的图表征的表述包括语法树、控制流、数据流、程序依赖性和调用图,其中的每个图都提供了程序的不同视图。在更高的层面上,程序可以认为是一组异质的实体,它们通过各种关系相互关联。这种观点直接将程序映射为一个异质有向图,其中的每个实体被表示为一个节点,每种类型的关系则被表示为一条边

在得到输入数据的图表示后,下一步是应用GNN来学习图表征。有些研究直接利用了典型的GNN,如GCN、GAT、GGNN和GraphSage,而且能够推广到不同的应用任务。不过一些特殊的任务需要在GNN架构上进行额外的设计,以更好地处理具体问题。例如,针对推荐系统中的任务,人们提出了PinSage,旨在将一个节点的前k个计数节点作为其感受野并进行加权聚合。PinSage可以扩展到具有数百万用户和物品的网络规模的推荐系统中。KGCN旨在通过在知识图谱中聚合对应的实体邻域来提高物品的表征。KGAT与KGCN的思路基本相似,前者只是在知识图谱的重建中加入了一个辅助损失。例如,在KB一对齐的NLP任务中,将其表述为一个图匹配问题,并提出了一种基于图注意力的方法。首先匹配两个知识图谱中的所有实体,然后根据局部匹配信息进行联合建模,进而得到图级匹配向量。

第二节　用于音频波形预测的生成模型

一、基础概念

用于生成原始音频波形的深度神经网络(Generative Model Operating Directly On The Raw Audio Waveform,WaveNet)。该模型是完全概率和自回归的,每个音频样本的预测分布,以所有前一个音频样本为条件。实验表明,它可以有效地训练每秒成千上万个音频样本的数据。当应用于文本转语音时,它产生了最先进的表现,人类听众认为它比英语和普通话的最佳参数和连接系统听起来更自然。单个WaveNet可以以相同的保真度捕获许多不同扬声器的特征,并可以根据扬声器身份在它们之间切换。当训练音乐模型时,它产生了新颖的、高度真实的音乐片段。

原始音频生成技术,灵感来自于神经自回归生成模型。该模型使用神经架构作为条件分布的乘积,对像素或单词的联合概率进行建模,并生成最新的预测数据。值得注意的是,这些架构能够对数千个随机变量的分布进行建模(例如PixelRNN中的64×64像素)。原始音频波形是时间分辨率非常高的信号,每秒至少16 000个样本,如图7-1所示。

图7-1　生成的语音一秒钟波形

WaveNet 是一种基于 PixelCNN 架构的音频生成模型。它可以在文本到语音(Text-To-Speech,TTS)领域,生成具有主观自然度的原始语音信号。为了处理原始音频生成所需的远程时间依赖性,开发了基于扩张因果卷积的新架构,该架构表现出非常大的接受字段。当以说话者身份为条件时,单个模型可以用来产生不同的声音。在小型语音识别数据集上测试时,相同的架构显示出强大的结果,并且在用于生成其他音频模式(如音乐)时很有希望。WaveNet 提供了一个通用而灵活的框架,可以解决许多依赖音频生成的应用(例如:TTS、音乐、语音增强、语音转换、源分离)。

TTS 合成的目标,是在给定待合成文本的情况下渲染自然发声的语音信号。人类语音制作过程首先将文本(或概念)翻译成与发音器和语音产生相关器官相关的肌肉的运动。然后使用来自肺的气流,生成同时包含周期性(通过声带振动)和非周期性(通过湍流噪声)分量的声源激励信号。通过咬合架控制的时变声道传递函数对声源激励信号进行过滤,对其频率特征进行调制。最后,发出生成的语音信号。

TTS 的目的是以某种方式通过计算机模拟这一过程,TTS 可以看作是一个序列到序列的映射问题。从一系列离散符号(文本)到实值时间序列(语音信号)。典型的 TTS 管道有两个部分:①文本分析和②语音合成。文本分析部分通常包括许多自然语言处理(Natural Language Processing,NLP)步骤,例如句子分割、分词、文本规范化、词性(Part-of-Speech,POS)标记和字素到音素(Grapheme-to-Phoneme,G2P)转换。它以单词序列为输入,输出具有各种语言上下文的音素序列。语音合成部分以上下文相关的音素序列为输入,输出合成语音波形。这部分通常包括韵律预测和语音波形生成。

实现语音合成部分主要有两种方法:非参数的、基于实例的方法,称为串联语音合成,以及参数的、基于模型的方法,称为统计参数语音合成。连接方法从记录的语音单元构建话语,而统计参数方法使用生成模型来合成语音。统计参数方法首先提取一系列声码器参数 $o=\{o_1,\cdots,o_T\}$,从语音信号 $x=\{x_1,\cdots,x_T\}$和文本 W 中的语言特征,其中 N 和 T 对应于声码器参数向量和语音信号的数量。通常,每 5 ms 提取一个声码器参数向量。它通常包括表示声道传递函数的倒频谱或线谱对和代表声源激励信号特征的基频和非周期性。然后一组生成模型,例如隐马尔可夫模型(Hidden Markov Models,HMM)、前馈神经网络和循环神经网络是从提取的声码器参数和语言特征上训练的

$$\hat{A}=\arg_{\Lambda}^{\max}p(o|l,A) \tag{7-1}$$

式中:$\hat{A}$ 表示生成模型参数集。在合成阶段,给定从文本中提取的语言特征,生成最可能的声码器参数,合成为

$$\hat{o}=\mathrm{argmax}_{o}p(o|l,\hat{A}) \tag{7-2}$$

然后使用声码器从 $\hat{o}$ 重建语音波形。统计参数方法比连接方法(例如小足迹和灵活性)提供了各种优势来改变其语音特征。然而,它的主观自然度通常比连接方法差得多。可以降低主观自然度、声码器的质量、生成模型的准确性以及过度平滑的影响的三个主要因素:第一个因素导致伪影,第二个和第三个因素导致合成语音中的沉闷。已经有一些尝试单独解决这些问题,例如开发高质量的声码器,提高生成模型的准确性和补偿过度平滑效应。实验表明,最先进的统计参数语音合成在一些语言中与最先进的连接语音匹配。然而,其语音编码的声音质量仍然是一个主要问题。

提取声码器参数可以看作是给定语音信号的生成模型参数的估计。例如，在语音编码中使用的线性预测分析，假设语音信号的生成模型是线性自回归(AR)零均值高斯过程：

$$x_t = \sum_{p=1}^{P} a_p X_{t-p} + \in_t \tag{7-3}$$

$$\in_t \sim N(0, G^2) \tag{7-4}$$

式中：a_p是第 p 阶线性预测系数；G^2 是建模误差的方差。这些参数是根据最大似然(ML)标准估计的。从这个意义上说，统计参数方法的训练部分可以看作是两步优化和次优。通过拟合语音信号的生成模型来提取声码器参数，然后通过单独的生成模型对提取的声码器参数的轨迹进行建模时间序列。有人尝试将这两个步骤集成到一个步骤中，例如：将语音信号的非平稳、非零均值高斯过程生成模型和基于 LSTM－RNN 的序列生成模型集成到单个模型中，并通过反向传播联合优化它们。虽然他们表明该模型可以近似自然语音信号，但由于语音信号中噪声分量的过度泛化和高估，其分段自然度明显低于非集成模型。

传统的原始音频信号生成模型有许多假设受到语音产生的启发，例如：使用固定长度的分析窗口。它们通常基于平稳随机过程。为了通过平稳随机过程对时变语音信号进行建模，这些生成模型的参数是在固定长度、重叠和移位分析窗口内估计的(通常其长度为20～30 ms，移位为 5～10 ms)。然而，一些电话(例如停止)的时间限制不到 20 ms。因此，使用这种固定大小的分析窗口有局限性。

这些生成模型通常被实现为在加窗框架内线性不变滤波器。然而，连续音频样本之间的关系可能是高度非线性的。传统的生成模型基于高斯过程。从语音产生的源滤波器模型的角度来看，这相当于假设声源激励信号是来自高斯分布的样本。与上面的线性假设一起，它导致假设语音信号是正态分布的。然而，真实语音信号的分布可能与高斯分布显着不同。

尽管这些假设很方便，但这些生成模型中的样本往往是嘈杂的，并且丢失了重要的细节，以使这些音频信号听起来自然。除了信号的感受野和 μ 定律编码的选择外，它几乎没有关于音频信号的先验知识。它也可以看作是量化信号的非线性因果滤波器。尽管这种非线性滤波器可以在保留细节的同时表示复杂的信号，但设计这样的滤波器通常是困难的。

HMM 驱动的单元选择和 WaveNet TTS 系统是从 16 kHz 采样的语音构建的。尽管 LSTM－RNN 是在 22.05 kHz 采样的语音上训练的，但在运行时使用 Vocaine 声码器中的重采样功能来合成 16 kHz 采样的语音。基于 LSTM－RNN 的统计参数和 HMM 驱动的单元选择语音合成器都是从 16 位线性 PCM 中的语音数据集构建的，而基于 WaveNet 的统计参数和 HMM 驱动的单元选择语音合成器是从 8 位 μ 定律编码中的相同语音数据集上训练的。

语言特征包括音素、音节、单词、短语和话语级特征(例如音素身份、音节重音、单词中的音节数和短语中当前音节的位置)附加帧位置和音素持续时间特征。在训练阶段通过电话级强制对齐，这些特征每 5 ms 导出并与语音相关联。我们使用了基于 LSTM－RNN 的电话持续时间和基于自回归 CNN 的日志 F0 预测模型。他们被训练以最小化均方误差。需要注意的是，没有对 WaveNets 生成的音频信号进行后处理。

训练数据中未包含的 100 个句子用于评估，每个受试者可以分别评估北美英语和普通话多达 8 和 63 个刺激。随机选择测试刺激并为每个主题呈现。在配对比较测试中，每对语音样本都是由不同模型合成的相同文本。在 MOS 测试中，每个刺激都被单独呈现给受试者。每对由配对比较测试中的八个受试者进行评估，每个刺激都由 MOS 测试中的八个受试者进行评估。受试者被支付，母语人士执行任务。在计算偏好和平均意见分数时，不包括使用耳机的评分(约 40%)。

二、模型架构

假设一段波形的联合概率分布为 $x=\{x_1,\cdots,x_T\}$，波形 $x=\{x_1,\cdots$的联合概率。，$x_T\}$，分解为条件概率的乘积，如下所示：

$$P(x)=\prod_{t=1}^{T}p(\mid x_1,\cdots,x_{t-1}) \tag{7-5}$$

因此，每个音频样本x_t都以之前所有时间步长的样本为条件。

类似于 PixelCNN，条件概率分布由一堆卷积层建模。网络中没有池化层，模型的输出与输入具有相同的时间维数。该模型输出下一个值x_t的分类分布，具有一个 Softmax 层，并对其进行了优化，以最大限度地提高数据参数的对数似然。因为对数可能性是可处理的，所以我们可以调优验证集上的超参数，并且可以很容易地测量模型是否过拟合或欠拟合。

WaveNet 的主要成分是因果卷积。通过使用因果卷积，确保模型不会违反对数据建模的顺序。模型在时间步长 t 上发出的预测值$p(x_{t+1}\mid x_1,\cdots,x_t)$，不能依赖于任何未来的时间步长$x_{t+1},x_{t+2},\cdots,x_T$。对于图像，等效的因果卷积是一个掩模卷积，可以通过构造一个掩模张量，并在应用卷积核之前，将该掩模与卷积核进行元素乘法来实现。对于一维数据(如音频)，通过将正常卷积的输出移动几个时间步，可以更容易地实现这一点。

在训练时，所有时间步长的条件预测都可以并行进行，因为真实值 x 的所有时间步都是已知的。当用模型生成时，预测是连续的：在每个样本被预测后，它被反馈到网络中以预测下一个样本。由于具有因果卷积的模型没有循环连接，它们通常比 RNN 训练得更快，特别是当应用于非常长的序列时。因果卷积的一个问题是，它们需要很多层，或者大的滤波器来增加接受域。例如，在图 7-2 中，接受场仅为 5(=层数+滤波器长度-1)。

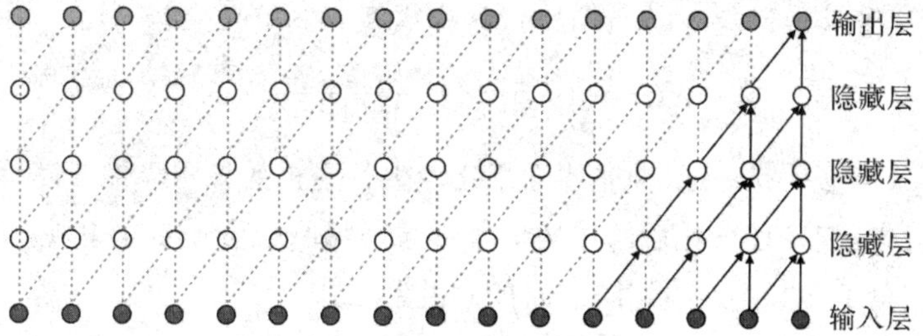

图 7-2　因果卷积层堆栈的可视化

扩张卷积(也称为带孔卷积)是一种卷积，其中滤波器应用于比其长度更大的区域，通过跳过输入值的某一步。它等价于一个更大的滤波器的卷积，由原始滤波器扩展为零，但效率明显更高。与正常卷积相比，扩张卷积有效地允许网络在更粗的规模上运行。这类似于池化或跨步卷积，但这里的输出与输入大小相同。作为一种特殊情况，用扩张层进行扩张卷积得到标准卷积。图 7-3 描述了扩张分别等于 1、2、4 和 8 的扩张因果卷积。扩张卷积以前曾用于各种情况下,例如信号处理和图像分割。

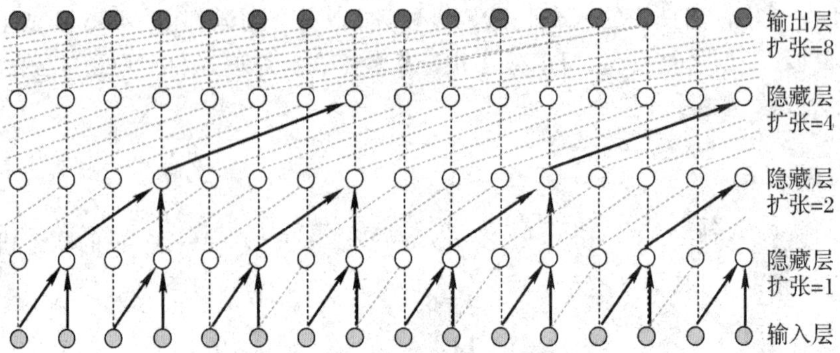

图 7-3 扩张因果卷积层的可视化

堆叠的扩张卷积使网络在只有几层的情况下,拥有非常大的接受域,同时保持整个网络的输入分辨率和计算效率。每一层的膨胀都加倍,直到一个极限,然后重复。例如:

1,2,4,…、512、1、2、4、…、512、1、2、4、…, 512

这种配置背后的直觉是双重的。首先,扩张因子呈指数增长,感受野随深度呈指数增长。例如,每个 1,2,4,…,512 块的接受域大小为 1 024,可以被视为 1×1 024 卷积的更有效和更具鉴别性(非线性)的对应物。其次,堆叠这些块进一步增加了模型容量和接受域大小。

建模条件分布 $p(x_t|x_1,\cdots,x_{t-1})$ 在单个音频样本上使用混合模型,例如混合密度网络(Mixture Density Network,MDN)或混合条件高斯尺度混合物(Mixture of Conditional Gaussian Scale Mixtures,MCGSM)。然而,Softmax 分布往往效果更好,即使数据是隐式连续的(就像图像像素强度或音频采样值的情况一样)。原因之一是分类分布更灵活,可以更容易地对任意分布建模,因为它不假设它们的形状。

由于原始音频通常存储为 16 位整数值序列(每个时间步长一个),因此 Softmax 层需要在每个时间步长,输出 65 536 个概率来建模所有可能的值。为了使其更易于处理,首先对数据应用 μ -律压缩变换(ITU-T),然后将其量化为 256 个可能的值:

$$F(x_t)=\mathrm{sign}(x_t)\frac{\ln(1+u|x_t|)}{\ln(1+u)} \tag{7-6}$$

其中,$-1<x_t<1$ 且 $\mu=255$。这种非线性量化产生的重构效果明显优于简单的线性量化方案。特别是语音,我们发现量化后的重构信号听起来与原始信号非常相似。

本模型使用与 PixelCNN 中相同的门控激活单元:

$$Z=\tanh(W_{f,k}*X)\odot\sigma(W_{f,k}*X), \tag{7-7}$$

式中:$*$ 表示卷积算子;$\odot$ 表示逐元素乘法算子;$\sigma(\cdot)$ 是 sigmoid 函数;k 分别是层索引;f 和 g 分别表示滤波器和门控单元;W 是可学习的卷积滤波器。在最初的实验结果显示,对音频信号进行建模中,使用非线性激活函数比校正的线性激活函数好得多。

整个网络都使用残差和参数化跳过连接,以加快收敛速度并实现对更深模型的训练。如图 7-4 所示,展示了模型的残差块,它在网络中堆叠了多次。

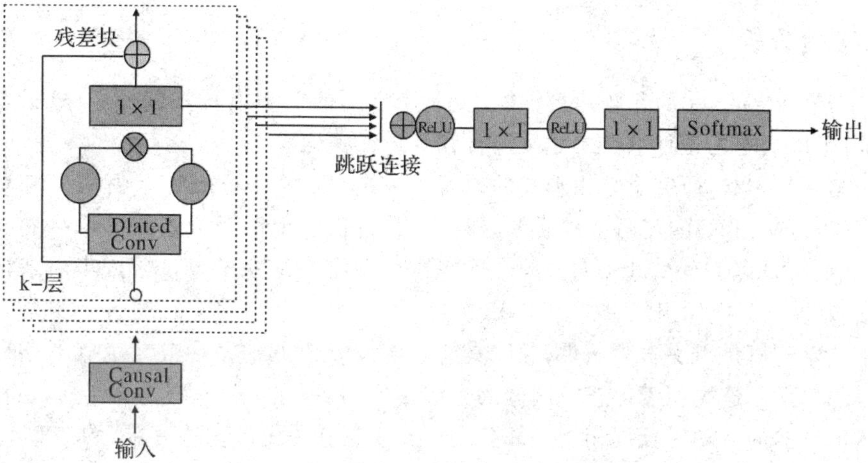

图 7-4　模型中残差块展示图

给定一个额外的输入 h，WaveNets 可以对给定输入的音频的条件分布 $p(x|h)$进行建模。公式(7-4)变为

$$p(x \mid h)=\prod_{t=1}^{T} p(x_i \mid x_1,\cdots,x_{t-1},h) \tag{7-8}$$

通过将模型调节在其他输入变量上，可以引导 WaveNet 的生成产生具有所需特征的音频。例如，在多说话者设置中，我们可以通过将说话者身份提供给模型作为额外的输入来选择说话者。同样，对于 TTS，我们需要将文本的信息作为额外的输入。

以两种不同的方式将模型以其他输入为条件：全局调节和局部调节。全局条件反射的特点是单个潜在表示 h，它影响所有时间步的输出分布，例如 TTS 模型中的说话人嵌入。公式(7-6)中的激活函数现在变为

$$Z=\tanh(\boldsymbol{W}_{f,k} * x+\boldsymbol{v}_{f,k}^{\mathrm{T}}h)\vartheta\sigma(\boldsymbol{W}_{g,k} * x+\boldsymbol{v}_{g,k}^{\mathrm{T}}h) \tag{7-9}$$

式中：$\boldsymbol{v}_{*,k}$是一个可学习的线性投影；向量$\boldsymbol{v}_{*,k}^{\mathrm{T}}$是在时间维度上广播的。对于局部条件，在第二个时间序列h_t，可能具有比音频信号更低的采样频率，例如 TTS 模型中的语言特征。使用转置卷积网络(学习上采样)转换这个时间序列，该网络将其映射到一个新的时间序列，其分辨率与音频信号相同，在激活单元中使用如下：

$$Z=\tanh(\boldsymbol{W}_{f,k} * x+\boldsymbol{v}_{f,k} * y)\vartheta\sigma(\boldsymbol{W}_{g,k} * x+\boldsymbol{v}_{g,k} * y) \tag{7-10}$$

式中：$\boldsymbol{v}_{f,k} * y$ 现在是 1×1 卷积。作为转置卷积网络的替代方案，也可以使用$\boldsymbol{v}_{f,k},k * h$ 并随着时间的推移重复这些值。

增加 WaveNet 的接受域大小的几种不同的方法：增加扩张阶段的数量，使用更多的层，更大的过滤器，更大的膨胀因子，或其组合使用。补充方法是使用一个单独的、更小的上下文堆栈，它处理音频信号的长部分，局部条件是一个更大的 WaveNet，它只处理音频信号的较小部分(最后裁剪)。可以使用多个不同长度的上下文堆栈和隐藏单元的数量，具有较大感受野的堆栈每层单元更少。上下文堆栈还可以具有池化层以较低频率运行。这将计算需求保持在合理的水平，并且与在较长时间尺度上建模时间相关性所需的容量更少的直觉是一致的。

三、实验分析

为了衡量 WaveNet 的音频建模性能，在三个不同的任务上对其进行了评估：多说话人语音生成(不以文本为条件)、文本生成语音和音乐音频建模。

对于第一个实验，研究了自由形式的语音生成(不以文本为条件)。使用来自 CSTR 语音克隆工具包(VCTK)的英语多说话者语料库，并且仅以说话者为条件 WaveNet。条件是通过将说话者 ID 以 One-Hot 向量的形式提供给模型来应用的。该数据集由来自 109 位不同说话者的 44 h 数据组成。

由于该模型不是以文本为条件，它以具有真实发音语调的平滑方式生成不存在但类似人类语言的单词。这类似于语言或图像的生成模型，其中样本乍一看是真实的，但在仔细检查后显然不自然的。缺乏长程相干性部分是由于模型感受野的大小有限(约 300 ms)，这意味着它只能记住它产生的最后 2～3 个音素。

单个 WaveNet 能够通过将其调节到说话者的 onehot 编码来对任何说话者的语音进行建模。这证实了在单个模型中从数据集中捕获所有 109 个说话者的特征足够强大。我们观察到，与仅在单个说话者上进行训练相比，添加说话者会产生更好的验证集性能。这表明 WaveNet 的内部表示在多个说话者之间共享

最后，我们观察到除了语音本身之外，该模型还提取了音频中的其他特征。例如，它还模仿了声学和录音质量，以及说话者的呼吸和嘴巴动作。

对于第二个实验，使用了相同的单说话者语音数据库，其中构建了 Google 的北美英语和普通话 TTS 系统。北美英语数据集包含 24.6 h 语音数据，普通话数据集包含 34.8 h；两者都是专业女性演讲者所说的。

TTS 任务的 WaveNet 以源自输入文本的语言特征局部为条件。除了语言特征之外，我们还训练了以对数基频值为条件的 WaveNet。还为每种语言训练了从语言特征预测 logF0 值和音素持续时间的外部模型。WaveNets 的感受野大小为 240 ms。作为基于示例和基于模型的语音合成基线，构建了隐马尔可夫模型驱动的单元选择连接和长短期记忆循环神经网络的统计参数语音合成器。由于使用相同的数据集和语言特征来训练基线和 WaveNet，因此可以公平地比较这些语音合成器。

为了评估 TTS 任务的 WaveNet 性能，进行了主观配对比较测试和平均意见分数(Mean Opinion Score)测试。在配对比较测试中，在听每对样本后，受试者被要求选择他们喜欢哪个，但如果他们没有任何偏好，他们可以选择“中性”。在听每个刺激后，在 MOS 测试中，受试者被要求以李克特五点量表得分对刺激的自然度进行评分(1：坏，2：差，3：一般，4：好，5：优秀)。

图 7-5 和图 7-6 显示了主观配对比较测试结果的选择。从结果中可以看出，WaveNet 在两种语言上都优于基线统计参数和连接语音合成器。我们发现以语言特征为条件的 WaveNet 可以合成具有自然分段质量的语音样本，但有时它通过强调句子中的错误词来具有不自然的韵律。这可能是由于F_0轮廓的长期依赖性：WaveNet 的感受野大小 240 ms 不足以捕获这种长期依赖关系。以语言特征和F_0值为条件的 WaveNet 没有这个问题：外部F_0预测模型以较低频率(200 Hz)运行，因此它可以学习F_0轮廓中存在的长期依赖关系。

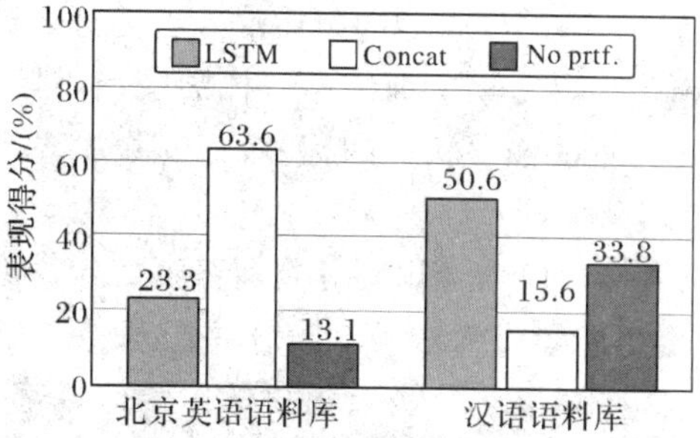

图 7－5　**算法结果对比图 1**

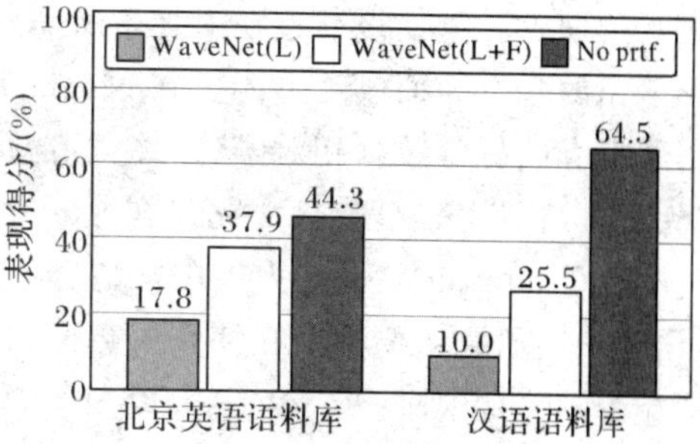

图 7－6　**算法结果对比图 2**

表 7－1 显示了 MOS 测试结果。实验使用语音样本的主观 5 级平均意见分数，主要使用了基于 LSTM－RNN 的统计参数、HMM 驱动的单元选择连接、基于 WaveNet 的语音合成器、8 位 μ 定律编码自然语音和 16 位线性脉冲代码调制(PCM)自然语音。WaveNet 显着提高了以前的技术水平，将自然语音和最佳先前模型之间的差距缩小了 50％以上。从表中可以看出，WaveNets 在 4.0 以上的自然度上实现了 5 尺度的 MOSs，明显优于基线系统。它们是这些训练数据集和测试句子报告最多的 MOS 值。在美国英语中，从最佳合成语音到自然语音的 MOS 差距从 0.69 下降到 0.34(51％)，普通话为 0.42～0.13(69％)。

表 7－1　MOS 测试结果

语音样本	北美英语语料库	汉语语料库
LSTM－RNN 参数	3.67±0.098	3.79±0.084
HMM 驱动的连接	3.86±0.137	3.47±0.108
WaveNet(L＋F)	4.21±0.081	4.08±0.085
自然(8 位 μ 定律)	4.46±0.067	4.25±0.082
自然(16 位线性 PCM)	4.55±0.075	4.21±0.071

对于第三组实验，训练 WaveNets 对两个音乐数据集进行建模：图 7－5 和图 7－6 显示了两个 WaveNets 和最佳基线之间语音样本的主观偏好得分(％)。LSTM 和 Concat 对应于基于 LSTM－RNN 的统计参数和 HMM 驱动的单元选择连接基线合成器，WaveNet(L)和 WaveNet(L＋F)对应于仅基于语言特征的 WaveNet，并且以语言特征和 log*F*0 值为条件。

• MagnaTagATune 数据集，该数据集由大约 200 h 音乐音频组成。每个 29 秒的剪辑都用 188 个集合中的标签进行注释，这些标签描述了音乐的类型、仪器、节奏、音量和情绪。

• YouTube 钢琴数据集，由 YouTube 视频获得的大约 60 h 的钢琴音乐组成。因为它仅限于单个仪器，因此建模起来要容易得多。

尽管很难定量评估这些模型，但可以通过倾听它们产生的样本来实现主观评价。我们发现扩大感受野对于获得听起来音乐的样本至关重要。即使感受野几秒钟，模型也没有强制执行远程一致性，从而导致类型、仪器、体积和声音质量的第二秒变化。然而，即使由无条件模型产生，样本通常是调和和美观的。

特别令人感兴趣的是条件音乐模型，它可以给定一组指定例如流派或乐器的标签来生成音乐。与条件语音模型类似，我们插入依赖于与每个训练剪辑相关联的标签的二进制向量表示的偏差。这使得通过在对样本所需属性进行编码的二进制向量中输入编码时来控制模型输出的各个方面成为可能。在MagnaTagATune数据集上训练了这样的模型,尽管与数据集捆绑的标签数据相对嘈杂,并且遗漏很多,但通过合并相似的标签,并删除那些关联剪辑太少的标签来清理它后,发现这种方法效果较好。

尽管WaveNet被设计为生成模型,但它可以直接适应语音识别等判别音频任务。传统上,语音识别研究主要集中在使用对数梅尔滤波器组能量或梅尔频率倒谱系数,但最近已转向原始音频。LSTM-RNNs等循环神经网络是这些新语音分类管道中的关键组成部分,因为它们允许构建具有远程上下文的模型。使用WaveNet,已经证明扩张卷积层允许感受野以比使用LSTM单元更便宜的方式增长更长的时间。

在TIMIT数据集上使用WaveNet的语音识别,在扩张卷积之后添加了一个平均池化层,该层将激活聚合到跨越10 ms(160倍下采样)的较粗帧。池化层之后是一些非因果卷积。用两个损失项训练WaveNet,一个预测下一个样本,一个对帧进行分类,该模型比单个损失泛化得更好,在测试集上达到18.8PER。

WaveNet是一种直接在波形级别操作的音频数据的深度生成模型,它是自回归的,并将因果滤波器与扩张卷积相结合,允许它们的感受野随深度呈指数增长,这对于对音频信号中的远程时间依赖性进行建模很重要。当应用于TTS时,以全局(例如说话者身份)或局部方式(例如语言特征)为条件的WaveNet,在主观自然度方面,产生了优于当前最佳TTS系统的样本。

第三节　多元时间序列预测图神经网络

一、基础概念

长期以来,多变量时间序列建模一直是一个吸引了包括经济、金融和交通在内的各个领域研究人员的课题。多元时间序列预测背后的一个基本假设是,它的变量相互依赖,但仔细观察,可以说现有的方法无法充分利用变量对之间潜在的空间依赖性。与此同时,近年来,图神经网络(Graph Neural Networks,GNN)在处理关系依赖方面表现出了很高的能力。GNN需要定义良好的图结构来进行信息传播,这意味着它们不能直接应用于预先不知道依赖关系的多变量时间序列。通过图学习模块自动提取变量之间的单向关系,变量属性等外部知识可以很容易地集成到图学习模块中。进一步提出了一种新的混合跳传播层和扩展初始层来捕获时间序列中的时空依赖关系。图学习、图卷积和时间卷积模块在端到端框架中共同学习。

现代社会得益于各种各样的传感器来记录温度、价格、交通速度、用电量和许多其他形式的数据的变化。不同传感器记录的时间序列可以形成多元时间序列数据,并且可以相互关联。例如,每日气温的上升可能会导致用电量的增加。为了捕捉一组动态变化变量的系统趋势,多元时间序列预测问题已经研究了至少60年。它在经济、金融、生物信息学和交通领域有着巨大的应用。

多元时间序列预测方法固有地假定变量之间存在相互依赖关系。换句话说,每个变量不仅取决于其历史值，还取决于其他变量。然而，现有的方法不能有效地利用变量之间潜在的相互依赖性。统计方法，如向量自回归模型(Vector Auto Regressive Model，VAR)和高斯过程模型(Gaussian Process Model，GP)。假设变量之间是线性相关的，统计方法的模型复杂度随变量数量的增加呈二次增长，它们面临着大量变量的过拟合问题。最近开发的基于深度学习的方法，包括 LSTNet 和 TPA - LSTM，在捕获非线性模式方面功能强大。LSTNet 利用一维卷积神经网络将短期局部信息编码为低维向量，并通过递归神经网络对向量进行解码。TPA - LSTM 通过循环神经网络处理输入，并使用卷积神经网络计算跨多个步骤的注意力得分。LSTNet 和 TPA - LSTM 没有明确地对变量之间的成对依赖关系进行建模，这削弱了模型的可解释性。

图是一种特殊的数据形式，用来描述不同实体之间的关系。近年来，图神经网络由于其排列不变性、局部连通性和组合性等特点，在处理图数据方面取得了巨大的成功。通过在结构中传播信息，图神经网络允许图中的每个节点都知道它的邻居上下文。多元时间序列预测可以很自然地从图的角度来看待，多变量时间序列中的变量可以看作是图中的节点，它们通过隐藏的依赖关系相互联系。因此，使用图神经网络建模多变量时间序列数据可以是一种很有前途的方法，可以在利用时间序列之间的相互依赖性的同时保留其时间轨迹。

最适合多变量时间序列的图神经网络类型是时空图神经网络。时空图神经网络以多变量时间序列和外部图结构作为输入，目的是预测多变量时间序列的未来值或标签。与不利用结构信息的方法相比，时空图神经网络已经取得了显著的进步。然而，由于以下挑战，这些方法仍然无法对多变量时间序列进行建模：

挑战 1:未知的图结构。为了进行时间序列预测，现有的 GNN 方法严重依赖于预定义的图结构。在大多数情况下，多元时间序列没有明确的图结构。变量之间的关系必须从数据中发现，而不是作为基础真理知识提供。

挑战 2:图学习和 GNN 学习。尽管有可用的图结构，但大多数 GNN 方法只关注消息传递，而忽略了图结构不是最优的，应该在训练期间更新的事实。

如图 7 - 7 所示，该框架由三个核心组件组成——图学习层、图卷积模块和时间卷积模块。对于挑战 1，提出了一种新的图学习层，该层基于数据自适应提取稀疏图邻接矩阵。此外，开发了一个图卷积模块来解决变量之间的空间依赖关系，给出了由图学习层计算的邻接矩阵。这是专门为有向图设计的，避免了在图卷积网络中经常出现的过度平滑问题。最后，提出了一个时间卷积模块，通过改进的一维卷积来捕获时间模式。它既可以发现具有多个频率的时间模式，也可以处理非常长的序列。

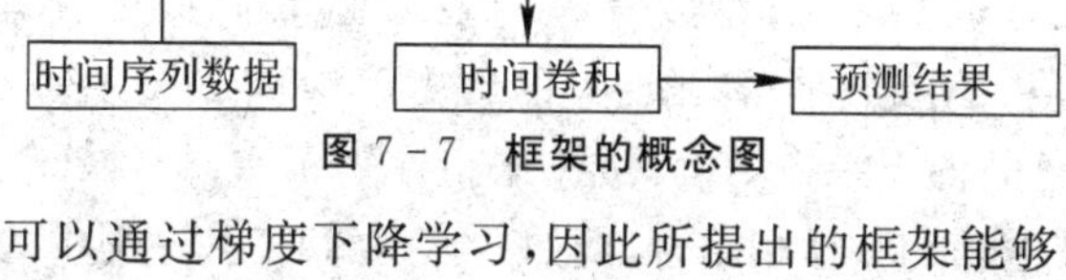

图 7 - 7　框架的概念图

由于所有参数都可以通过梯度下降学习，因此所提出的框架能够以端到端方式，同时建模多变量时间序列数据，并学习内部图结构。为了降低求解高度非凸优化问题的难度，并减少处理大型图时占用的内存，提出了一种学习算法，该算法使用课程学习策略来寻找更好的局部最优，并在训练期间将多变量时间序列划分为子组。通常适用于小图和大图，短时间序列和长时间序列，有和没有外部定义的图结构。

该模型通过图学习模块，学习变量之间隐藏的空间依赖关系，从而可以处理没有显式图结构的数据。该模型是一个用于多变量时间序列数据建模和学习图结构的联合框架，它比任何现有的时空图神经网络都更通用，因为它可以处理具有或不具有预定义图结构的多元时间序列。实验结果表明，在 4 个基准数据集中的 3 个最先进的方法，并在两个提供额外结构信息的交通数据集上，达到与其他 GNN 相同的性能。

二、问题定义

时间序列预测已经被研究了很长时间，现有的大多数方法都遵循统计方法。自回归积分移动平均(Auto - Regressive Integrated Moving Average，ARIMA)推广了一类线性模型，包括自回归(Auto - Regressive，AR)、移动平均(Moving Average，MA)和自回归移动平均(Auto - Regressive Moving Average，ARMA)。向量自回归模型(Vector Auto - Regressive Model，VAR)对 AR 模型进行了扩展，以捕捉多个时间序列之间的线性相互依赖关系。类似地，向量自回归移动平均模型(Vector Auto Regressive Moving Average Model，VARMA)被提出作为 ARMA 模型的多变量版本。高斯过程(Gaussian Process，GP)作为一种贝叶斯方法，对多元变量在函数上的分布进行建模。GP 可以很自然地用于多变量时间序列数据的建模。虽然统计模型由于其简单性和可解释性而广泛用于时间序列预测，但它们对平稳过程做出了很强的假设，并且它们不能很好地扩展到多变量时间序列数据。基于深度学习的方法不受平稳假设的约束，是捕获非线性的有效方法。使用卷积神经网络来捕获变量之间的局部依赖关系，使用循环神经网络来保持长期的时间依赖关系。卷积神经网络将变量之间的相互作用封装为全局隐藏状态。因此，它们不能充分利用变量对之间的潜在依赖关系。

图神经网络在处理网络中实体之间的空间依赖关系方面，取得了巨大的成功。图神经网络假设一个节点的状态取决于它的邻居的状态，为了捕捉这种空间依赖性，人们通过消息传递、信息传播和图卷积开发了各种各样的图神经网络。它们共享类似的角色，本质上通过将信息从节点的邻居传递到节点本身来捕获节点的高级表示。最近，一种被称为时空图神经网络的图神经网络的出现。这种形式的神经网络最初是为了解决交通预测和基于骨架的动作识别问题而提出的。时空图神经网络的输入是多变量时间序列，其外部图结构描述了多变量时间序列中变量之间的关系。对于时空图神经网络，节点之间的空间依赖关系通过图卷积来捕获，而历史状态之间的时间依赖关系通过循环神经网络或 1 维卷积来保存。尽管与不使用图结构的方法相比，现有的时空图神经网络已经取得了显著的进步，但由于缺乏预定义的图和缺乏通用框架，它们无法有效地处理纯多元时间序列数据。

假设$z_t \in R^N$表示在时间步长 t 处维数为 N 的多元变量的值，其中$z_t[i] \in R$ 表示在时间步长 t 处的第 i 个变量的值。给定一个多元变量的历史 P 时间步长序列，$X=\{z_{t1}, z_{t2}, \cdots, z_{tp}\}$，目标是预测未来 Q 步长的值 $Y=\{z_{tp+Q}\}$，或未来值序列 $Y=\{z_{tp+1}, z_{tp+2}, \cdots, z_{tp+Q}\}$。

输入信号可以与其他辅助特征相结合，例如一天中的时间、一周中的哪一天和季节中的哪一天。将输入信号与辅助特征连接起来，假设输入为 $X=\{S_{t1}, S_{t2}, \cdots, S_{tp}\}$。其中，$S_{ti} \in R^{N \times D}$，$D$ 是特征维度，S_{ti} 的第一列等于z_{ti}，其余为辅助特征。建立一个映射 $f(\cdot)$从 X 到 Y，通过最小化绝对损失与 L2 正则化。图描述了网络中实体之间的关系，相关概念的正式定义如下：

定义 7－1（图）。图的表达式为 $G=(V,E)$，其中 V 是节点的集合，E 是边的集合，用 N 来表示图中节点的数目。

定义 7－2（邻居节点）。设 $v\in V$ 表示一个节点，$e=(v,u)\in E$ 表示一条从 u 指向 v 的边，节点 v 的邻域定义为 $N(v)\in\{u\in V|(v,u)\in E$。

定义 7－3（邻接矩阵）。邻接矩阵是图的数学表示，表示为 $A\in R^{N\times N}$。

从基于图的角度来看，将多变量时间序列中的变量视为图中的节点，使用图邻接矩阵来描述节点之间的关系，图邻接矩阵在大多数情况下不是由多变量时间序列数据给出的。

三、模型架构

如图 7－8 所示，最高层的 MTGNN 由一个图学习层、m 个图卷积模块、m 个时间卷积模块和一个输出模块组成。标准卷积的框架将被检测到的数据输入到一个潜在的序列中。将正常卷积模块和超卷积模块相互交织，分别表示时间依赖性和自然依赖性。控制时间卷积模的接受野大小的超参数扩张因子 d 以指数速率 g 增加。隐藏图邻接矩阵，该矩阵用于深度卷积模的学习，在模型中加入残差和皮肤连接，以避免梯度消失的问题。输出模块将隐藏的特征项目到所需的维度，以获得最终结果。为了发现节点之间隐藏的关联，图学习层计算图邻接矩阵，该矩阵随后用作所有图卷积模块的输入。图卷积模块与时间卷积模块交织，分别捕获空间和时间依赖关系。

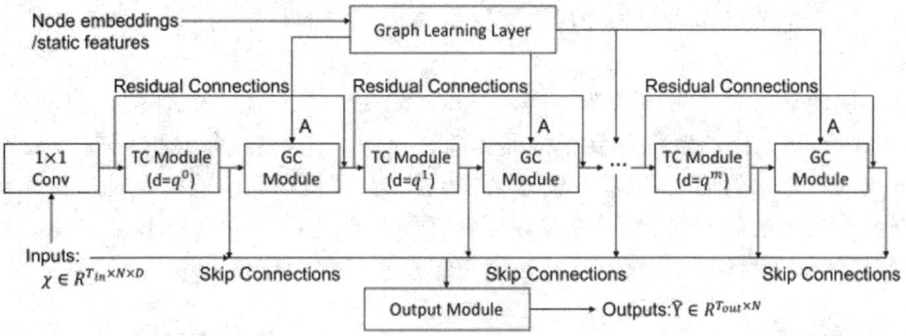

图 7－8　MTGNN 框架结构图

图 7－9 演示了时间卷积模块和图形卷积模块如何相互协作。时间卷积模块通过在时间和节点轴上滑动 1D 窗口来过滤输入，如红色所示。图卷积模块在每一步过滤输入，用蓝色表示。为了避免梯度消失的问题，将残差连接从时间卷积模块的输入添加到图卷积模块的输出。在每个时间卷积模块之后添加跳过连接。为了获得最终输出，输出模块将隐藏的特征投影到所需的输出维度。

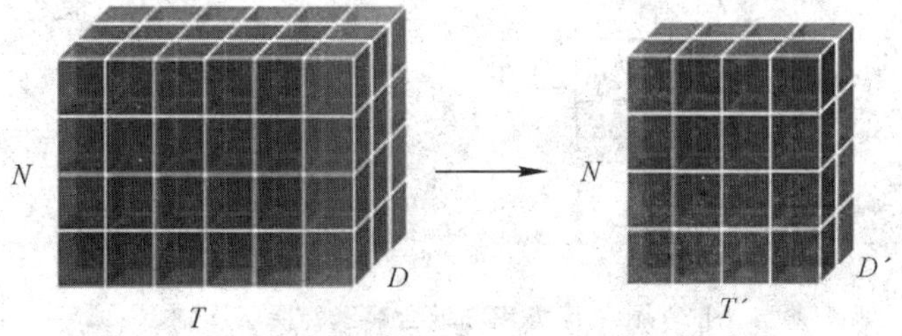

图 7－9　时序卷积模块和图形卷积模块协作图

图学习层自适应地学习图邻接矩阵来捕捉时间序列数据之间隐藏的关系。为了构建图,现有研究通过距离度量来度量节点对之间的相似性,例如点积和欧几里得距离。这不可避免地导致了 $O(N^2)$ 的高时间和空间复杂性问题。这意味着计算和内存成本随着图大小的增加呈二次增长。这限制了模型处理较大图形的能力。为了解决这个限制,采用采样方法,只计算节点子集之间的成对关系。这切断了每个小批处理中计算和内存的瓶颈。

现有的距离度量通常是对称的或双向的,在多元时间序列预测中,期望一个节点的状态变化引起另一个节点的状态变化,如交通流量。因此,学习关系应该是单向的。我们提出的图学习层专门用于提取单向关系,如下所示:

$$M_1=\tanh(\alpha E_1\theta_1) \quad (7-11)$$

$$M_2=\tanh(\alpha E_2\theta_2) \quad (7-12)$$

$$A=\mathrm{ReLU}\{\tanh[\alpha(M_1 M_2^{\mathrm{T}}-M_2 M_1^{\mathrm{T}})]\} \quad (7-13)$$

$$fori=1,2,\cdots,N \quad (7-14)$$

$$idx=\mathrm{argtopk}[A(i,:)] \quad (7-15)$$

$$A[i,-idx]=0 \quad (7-16)$$

式中:E_1、E_2 表示随机初始化的节点嵌入,在训练过程中可以学习;θ_1 和θ_2 为模型参数;α 为控制激活函数;argtopk(—)返回向量的前 k 个最大值的索引。减法项和 ReLU 激活函数正则化邻接矩阵,使得如果A_{vu}为正,其对角线对应的A_{uv}将为零。公式(7-16)和公式(7-17)是一种使邻接矩阵稀疏的策略,同时减少了下面图卷积的计算成本。对于每个节点,我们选择最接近它的 k 个节点作为它的邻居。在保留连接节点的权值的同时,将非连接节点的权值设为零。

图学习层的输入并不局限于节点嵌入。在已知每个节点属性的外部知识的情况下,可以设 $E_1=E_2=Z$,其中 Z 为静态节点特征矩阵。换句话说,它们根据时间输入动态调整两个连接节点的权重。然而,当需要同时学习图结构时,假设动态空间依赖性会使模型难以收敛。在训练数据集的周期内,学习稳定和可解释的节点关系。一旦模型在在线学习版本中训练,图邻接矩阵也可以随着新的训练数据更新模型参数而变化。

四、图卷积模型

图卷积模块的目的是将一个节点的信息与其相邻节点的信息融合,以处理图中的空间依赖关系。图卷积模块由两个 Mixhop 传播层组成,分别处理通过每个节点的流入和流出信息,净流入信息通过将两个混合跳传播层的输出相加得到。图 7-10 显示了图卷积模块和混合跳传播层的体系结构的区别。

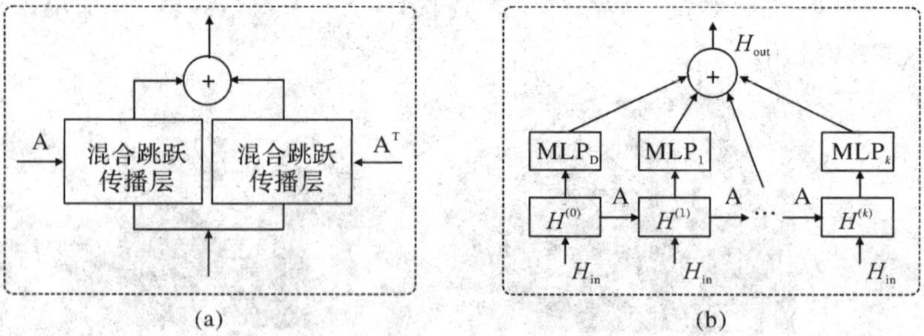

图 7-10　图卷积和混合跳跃传播层区别

(a)图卷积模型;(b)混合跳跃传播层

给定图邻接矩阵，通过混合跳传播层来处理空间依赖节点上的信息流。混合跳传播层包括两个步骤：信息传播步骤和信息选择步骤。

信息传播步骤定义如下：

$$H^k = \beta H_{\text{in}} + (1-\beta)\widetilde{A}H^{k-1} \tag{7-17}$$

式中：β 是一个超参数，它控制保持根节点原始状态的比率。

信息选择步骤定义如下：

$$H_{\text{out}} = \sum_{i=0}^{K} H^k W^k \tag{7-18}$$

式中：K 为传播深度；H_{in} 表示前一层输出的输入隐藏状态；H_{out} 表示当前层的输出隐藏状态，$H^0 = H_{\text{in}}$，$\widetilde{A} = \widetilde{D}^{-1}(A+I)$，$\widetilde{D}_{ij} = 1 + \sum_j A_{ii}$。在图 7-10(b)中，展示了混合跳传播层中的信息传播步骤和信息选择步骤。它首先横向传播信息，然后纵向选择信息。

信息传播步骤随着给定的图结构递归地传播节点信息。图卷积网络的一个严重限制是，当图卷积层数趋于无穷时，节点隐藏状态收敛到一个单点。这是因为无论初始节点状态如何，多层图卷积网络都会达到随机行走的极限分布。为了解决这个问题，在传播过程中保留了一定比例的节点原始状态，这样传播的节点状态既可以保持局域性，又可以探索深度邻域。在不存在空间依赖的极端情况下，聚合邻域信息只会给每个节点增加无用的噪声。因此，引入信息选择步骤，过滤掉每一跳产生的重要信息，参数矩阵 W^k 作为特征选择器。当给定的图结构不需要空间依赖关系时，通过将所有 k 的 W^k 调整为 0。

然而，由于 GCN 面临着过度平滑的问题，来自较高跳数的信息可能对整体性能没有或有负面影响。为了避免这种情况，我们的方法在本地和社区信息之间保持平衡。此外，具有两个混合跳层的模型能够表示两个连续跳之间的差值，需要一个混合跳传播层就可以达到同样的效果。假设 $K=2$，$W^0=0$，$W^1=-1$，$W^2=1$，那么：

$$H_{\text{out}} = \Delta(H^2, H^1) = H^2 - H^1 \tag{7-19}$$

从这个角度来看，与串联方法相比，使用求和方法更有效地表示不同跳的所有线性相互作用。

五、时间卷积模块

时间卷积模块采用一组标准的扩展 1 维卷积滤波器，来提取高级时间特征。该模块由两个扩展的初始层组成。一个扩张的初始层后面是一个正切双曲激活函数，并作为滤波器工作。另一层是 Sigmoid 激活函数。它作为一个门来控制过滤器可以传递给下一个模块的信息量。图 7-10 显示了时间卷积模块和扩展的初始层的体系结构。

时间卷积模块通过 1D 卷积滤波器捕获时间序列数据的顺序模式。为了提出一个既能发现不同范围的时间模式又能处理很长序列的时间卷积模块，我们提出了扩展初始层，它结合了卷积神经网络中两种广泛应用的策略，即使用多种尺寸的滤波器和应用扩展卷积。

首先，对于卷积网络来说，选择正确的核大小是一个具有挑战性的问题。滤波器的大小可能太大而不能巧妙地表示短期信号模式，或者太小而不能充分发现长期信号模式。在图像处理中，一种广泛使用的策略被称为 Inception，它将具有三种不同内核大小（1×1、3×3

和 5×5)的 2D 卷积滤波器的输出连接起来。从 2D 图像到 1D 时间序列,1×1、1×3 和 1×5 滤波器大小的集合不适合时间信号的性质。由于时间信号往往有几个固有周期,如 7、12、24、28 和 60,滤波器大小为 1×1、1×3 和 1×5 的初始层堆栈不能很好地包含这些周期。或者,提出了一个由四种滤波器大小组成的时间初始层,即 1×2、1×3、1×6 和 1×7。上述时间段都可以通过这些过滤器尺寸的组合来覆盖。例如,为了表示周期 12,模型可以通过来自第一个时间初始层的 1×7 过滤器,然后通过来自第二个时间初始层的 1×6 过滤器传递输入。其次,卷积网络的接受场大小随网络深度和滤波器核大小呈线性增长。考虑一个具有 m 个一维卷积层的卷积网络,其核大小为 c,则该卷积网络的接收野大小为

$$R=m(c-1)+1 \tag{7-20}$$

为了处理非常长的序列,它需要一个非常深的网络或非常大的过滤器。采用扩展卷积来约简模型的复杂性。扩展卷积对具有一定频率的下采样输入操作标准卷积滤波器。例如,当扩张因子为 2 时,它对每两步采样的输入应用标准卷积,让每层的膨胀系数为 q。假设初始扩张因子为 1,则核大小为 c 的 m 层扩张卷积网络的感受野大小为

$$R=1+(c-1)(q^m-1)/(q-1) \tag{7-21}$$

这表明网络的接受野大小,也以 q 的速率随着隐藏层数量的增加呈指数增长。因此,使用这种扩张策略可以捕获比不使用它更长的序列。

形式上,将初始和扩展结合起来,提出了扩展的初始层,如图 7-11(b)所示。给定一个 1D 序列输入 $z\in R^T$ 和由 $f_{1\times2}\in R^2$、$f_{1\times3}\in R^3$、$f_{1\times6}\in R^6$ 和 $f_{1\times7}\in R^7$ 组成的滤波器,扩张初始层的形式为

$$z=\mathrm{concat}(z*f_{1\times2}, z*f_{1\times3}, z*f_{1\times6}, z*f_{1\times7}) \tag{7-22}$$

其中,四个滤波器的输出,根据最大的滤波器截断为相同的长度,并跨通道维度进行连接,用 $z*f_{1\times2}$ 表示的扩展卷积定义为

$$z*f_{1\times2}(t)=\sum_{s=0}^{k-1} f_{1\times k}(s)z(t-d\times s) \tag{7-24}$$

式中:d 是扩张因子。

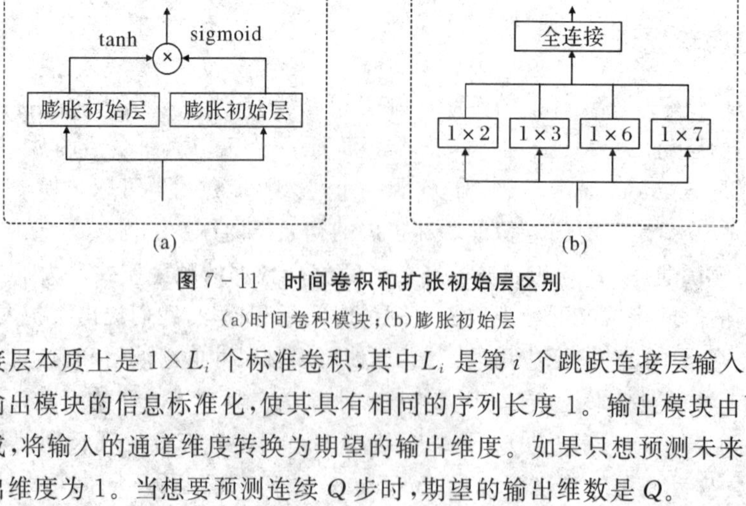

图 7-11　时间卷积和扩张初始层区别

(a)时间卷积模块;(b)膨胀初始层

跳跃连接层本质上是 $1\times L_i$ 个标准卷积,其中 L_i 是第 i 个跳跃连接层输入的序列长度,它将跳转到输出模块的信息标准化,使其具有相同的序列长度 1。输出模块由两个 1×1 标准卷积层组成,将输入的通道维度转换为期望的输出维度。如果只想预测未来的某个步骤,则期望的输出维度为 1。当想要预测连续 Q 步时,期望的输出维数是 Q。

该学习算法可以增强模型处理大图的能力，并在一个更好的局部最优中稳定。在图上进行训练，通常需要将所有节点的中间状态存储到内存中。如果一个图很大，它将面临内存溢出的问题。基于拓扑信息对节点进行聚类是不现实的，因为模型同时学习了潜在图的结构。因此，在每次迭代中，随机将节点分成几组，让算法基于采样节点学习子图结构。这为每个节点提供了与一个组中的另一个节点分配的全部可能性，以便可以计算和更新这两个节点之间的相似性得分。如果把节点分开，将图学习层的时间和空间复杂度从每次迭代的 $O(N^2)$ 降低到 $O(N/s)^2$。经过训练后，由于所有的节点嵌入都得到了很好的训练，因此可以构造一个全局图，充分利用空间关系。虽然计算开销很大，但邻接矩阵可以在进行预测之前并行计算。

在多步预测任务中，观察到长期预测往往比短期预测在模型性能方面取得更大的改进。主要原因在于模型预测了多个步骤，而长期预测产生的损失要比短期预测高得多。因此，为了尽量减少总体损失，该模型更注重提高长期预测的准确性。为了解决这一问题，提出了一种多步骤预测任务的课程学习策略。该算法从解决最简单的问题开始，只预测下一步。这对模型找到一个好的起点是非常有利的。随着迭代次数的增加，逐渐增加模型的预测长度，使模型能够逐步学习困难的任务。

图学习层的时间复杂度为 $O(Ns_1s_2+N^2s_2)$。其中 N 表示节点个数，s_1 表示节点输入特征向量的维数，s_2 表示节点隐藏特征向量的维数。将 s_1 和 s_2 作为常数，图学习层的时间复杂度变为 $O(N^2)$。这主要归功于节点隐藏特征向量的两两计算。图卷积模块的时间复杂度为 $O[K(Md_1+Nd_1d_2)]$，其中 K 为传播深度，N 为节点数，d_1 为节点状态的输入维数，d_2 为节点状态的输出维数。以 K、d_1、d_2 为常量，图卷积模的时间复杂度变为 $O(M)$。这是因为在信息传播步骤中，每个节点都从其邻居处接收信息，并且每个节点的邻居数之和恰好等于边数。时间卷积模块的时间复杂度为 $O(Nlc_ic_o/d)$，其中 l 为输入序列长度，c 为输入通道数，c_o 为输出通道数，d 为扩张因子。时间卷积模块的时间复杂度主要取决于 $N\times l$，即输入特征映射的大小。

六、实验对比分析

如表 7－2 所示，总结了基准数据集的统计信息。这些数据集的详细介绍如下：

(1)单步预测。

1)交通(Traffic)：来自加州交通部的交通数据集包含了 2015 年至 2016 年旧金山湾区高速公路上 862 个传感器测量的道路占用率。

2)太阳能(Solar－Energy)：来自国家可再生能源实验室的太阳能数据集包含了 2007 年从阿拉巴马州 137 个光伏电站收集的太阳能输出。

3)电力(Electricity)：来自 UCI 机器学习存储库的电力数据集包含了 321 个客户从 2012 年到 2014 年的用电量。

4)汇率(Exchange－Rate)：汇率数据集包含澳大利亚、英国、加拿大、瑞士、中国、日本、新西兰和新加坡等 8 个国家 1990 年至 2016 年的每日汇率。

按照时间顺序将这四个数据集分成训练集(60%)、验证集(20%)和测试集(20%)。输入序列长度为 168，输出序列长度为 1，模型被独立训练以预测目标未来步长 3,6,12 和 24。

(2)多步预测。

1)METR-LA:来自洛杉矶大都会交通管理局的METR-LA数据集包含了2012年3月至2012年6月期间洛杉矶县高速公路上的207个环路探测器测量的平均交通速度。

2)PEMS-BAY:加州交通局(CalTrans)的PEMS-BAY数据集包含了2017年1月至2017年5月湾区325个传感器测量的平均交通速度。

3)按照时间顺序将这两个数据集分成训练集(70%)、验证集(20%)和测试集(10%)。输入序列长度为12,目标序列包含接下来的12个后续步骤。一天中的时间被用作输入的辅助特征。对于选择的基线方法,两两道路网络距离作为预定义的图结构。

表7-2　测试数据集统计信息

数据集	样　本	节　点	样本频率	输入长度	输出长度
Traffic	17 544	862	1 h	168	1
Solar-Energy	52 560	137	10 min	168	1
Electricity	26 304	321	1 h	168	1
Exchange-Rate	7,588	8	1 *d*	168	1
METR-LA	34 272	207	5 min	12	12
Pems-Bay	52 116	325	5 min	12	12

在对比实验中,每个实验重复10次,并报告评价指标的平均值。模型由Adam优化器带梯度剪辑5进行训练,学习率为0.001,L2的正则化惩罚是0.0001。在每个时间卷积模块之后应用0.3的Dropout。在每个图的卷积之后应用Layernorm。设置混合传播层深度为2,混合跳传播层的保留比设置为0.05,图学习层激活函数的饱和率设为3,节点嵌入的维数为40。使用5个评价指标,包括平均绝对误差(MAE)、均方根误差(RMSE)、平均绝对百分比误差(MAPE)、根相对平方误差(RRSE)和经验相关系数(CORR)。对于RMSE、MAE、MAPE和RRSE,值越低越好。对于CORR,值越高越好。

对于单步预测,使用5个图卷积模和5个时间卷积模,膨胀指数因子为2。开始的1×1卷积有1个输入通道和16个输出通道。图卷积模块和时间卷积模块都有16个输出通道。跳跃连接层都有32个输出通道。所述第一层输出模块具有64个输出通道,所述第二层输出模块具有1个输出通道。训练epoch的个数为30。对于交通、太阳能和电力,每个节点的邻居数量为20。对于Exchange-Rate,每个节点的邻居数为8。批量大小设置为4。对于MTGNN+采样模型,我们将一个图的节点随机分成三个分区,批大小为16,使用RSE和CORR作为评价指标。

对于多步预测,使用3个图卷积模和3个时间卷积模,膨胀指数因子为1。开始的1×1卷积有2个输入通道,32个输出通道。图卷积模块和时间卷积模块都有32个输出通道。跳跃连接层都有64个输出通道。输出模块的第一层有128个输出通道,第二层有12个输出通道。每个节点的邻居个数为20。训练epoch的个数为100。批量大小设置为64,使用MAE、RMSE和MAPE作为评估指标。

对影响MTGNN模型复杂度的8个核心超参数进行了参数化研究。我们将这些超参数列出如下:层数;时间卷积模块的数量,范围从1~6;过滤器的数量;时间卷积模块和图形卷积模块的输出通道的数量,范围从4~128;邻居个数,即参数k,取值范围为10~60;饱和率，即参数 α，取值范围为 0.5～5；混合跳传播层保留比，参数 β 取值范围为 0～0.8；混合跳传播层的深度，参数 K 取值范围为 1～6。

将每个实验重复 10 次，每次 50 次，并报告在验证集上运行 10 次的平均 MAE 和标准偏差。在每次实验中改变被调查的参数，并固定其他参数，增加层数和过滤器的数量增强了模型的表达能力，同时减少了 MAE 损失。但是，少量的邻居节点会得到更好的结果。这可能是因为一个节点可能只依赖于有限数量的其他节点，而增加其邻域只会给模型引入噪声。模型性能对饱和率不敏感。然而，大的饱和率会使图学习层方法产生的邻接矩阵的值为 0 或 1，较高的保留率会显著降低模型的性能。这是因为默认情况下，混合跳跃传播层的传播深度被设置为 2。因此，保持高比例的根信息限制了节点探索其邻域，用 2 或 3 个步骤传播节点信息就足够了。随着传播深度的增加，所提出的混合跳传播层不存在信息聚合引起的过平滑问题。当传播深度为 6 时，平均 MAE 最低，变化较大。

MTGNN 和 MTGNN＋抽样是要评估的模型。MTGNN 是原始模型，MTGNN＋采样是在每次迭代中对图的采样子集进行训练的模型。实验对比算法如下：

(1)单步预测。

1)AR：一个自回归模型。

2)VAR－MLP：多层感知(MLP)和自回归模型(VAR)的混合模型。

3)GP：高斯过程时间序列模型。

4)RNN－GRU：具有完全连接 GRU 隐藏单元的递归神经网络。

5)LSTNet：一种深度神经网络，它结合了卷积神经网络和循环神经网络。

6)TPA－LSTM：一种注意一递归神经网络。

(2)多步预测。

1)DCRNN：一种扩散卷积递归神经网络，它将扩散图卷积与递归神经网络相结合。

2)STGCN：一种时空图卷积网络，它将图卷积与一维卷积结合在一起。

3)Graph WaveNet：一种时空图卷积网络，将扩散图卷积与一维展开卷积相结合。

4)ST－MetaNet：一种序列到序列的架构，使用元网络生成参数。

5)GMAN：具有时空注意的图多注意网络。

6)MRA－BGCN：一种多范围关注双组分 GCN。

表 7－3 和表 7－4 给出了 MTGNN 和 MTGNN＋采样的主要实验结果。通过对比实验观察，MTGNN 在大多数任务和性能上都达到了最先进的结果，MTGNN 只有在对子图进行采样训练时才会降低边际。

(1)单步预测。在本实验中，将 MTGNN 与其他多元时间序列模型进行了比较，表 7－3 显示了单步预测任务的实验结果。总的来说，MTGNN 在太阳能、交通和电力数据的几乎所有领域都取得了最先进的结果。特别是在 Traffic 数据上，MTGNN 在 RSE 方面的改进是显著的。MTGNN 在流量数据的 3、12、24 视界上分别使 RSE 降低 7.24％、3.88％、4.83％。MTGNN 显著改善交通数据结果的主要原因是交通数据的性质更适合我们关于时空依赖性的模型假设。显然，一条道路未来的交通占用率不仅取决于其过去的交通占用率，还取决于其连接的道路的交通占用率。MTGNN 未能对汇率数据进行改进，可能是由于汇率数据的图尺寸较小和训练示例较少。

表 7-3 实验结果

方法	指标	Solar-Energy				Traffic			
		3	6	12	24	3	6	12	24
AR	RSE	0.243	0.379	0.591	0.869	0.599	0.621	0.625	0.63
	CORR	0.971	0.926	0.810	0.531	0.775	0.756	0.754	0.751
VARMLP	RSE	0.192	0.267	0.424	0.684	0.558	0.657	0.602	0.614
	CORR	0.982	0.965	0.905	0.714	0.824	0.769	0.792	0.789
GP	RSE	0.225	0.328	0.520	0.797	0.608	0.677	0.640	0.599
	CORR	0.975	0.944	0.851	0.597	0.783	0.740	0.767	0.790
RNN-GRU	RSE	0.193	0.262	0.416	0.485	0.535	0.552	0.556	0.563
	CORR	0.982	0.967	0.915	0.882	0.851	0.840	0.834	0.830
LSTNet-skip	RSE	0.184	0.255	0.325	0.464	0.477	0.489	0.495	0.497
	CORR	0.984	0.969	0.946	0.887	0.872	0.869	0.861	0.858
TPA-LSTM	RSE	0.180	0.234	0.323	0.438	0.448	0.465	0.464	0.476
	CORR	0.985	0.974	0.948	0.908	0.881	0.871	0.871	0.862
MTGNN	RSE	0.177	0.234	0.310	0.427	0.416	0.475	0.446	0.453
	CORR	0.985	0.972	0.950	0.903	0.896	0.866	0.879	0.881
MTGNN+sampling	RSE	0.187	0.252	0.334	0.438	0.417	0.443	0.446	0.453
	CORR	0.983	0.968	0.944	0.899	0.896	0.881	0.879	0.875

(2)多步预测。在本实验中,将 MTGNN 与其他时空图神经网络模型进行了比较。表 7-4 显示了多步预测任务的实验结果。MTGNN 的意义在于,它在不使用预定义图的情况下实现了与最先进的时空图神经网络相当的性能,而 DCRNN、STGCN 和 MRA-BGCN 完全依赖于预定义图。图小波网络提出了一种自适应邻接矩阵,但它需要与预定义的图相结合才能达到最佳性能。ST-MetaNet 采用注意机制来调整预定义图的边权。GMAN 利用 node2vec 算法在执行注意机制的同时保留节点结构信息。当图没有定义时,这些方法不能有效地建模多变量时间序列数据。

表 7-4 时空图神经网络多步预测的对比结果

	步长 3			步长 6			步长 12		
	MAE	RMSE	MAPE	MAE	RMSE	MAPE	MAE	RMSE	MAPE
METR-LA									
DCRNN	2.77	5.38	7.30%	3.15	6.45	8.80%	3.60	7.60	10.5%
STGCN	2.88	5.74	7.62%	3.47	7.24	9.57%	4.59	9.40	12.7%
Graph WaveNet	2.69	5.15	6.90%	3.07	6.22	8.37%	3.53	7.37	10.01%
ST-MetaNet	2.69	5.17	6.91%	3.10	6.28	8.57%	3.59	7.52	10.63%
MRA-BGCN	2.67	5.12	6.80%	3.06	6.17	8.30%	3.49	7.30	10.00%

续 表

	步长 3			步长 6			步长 12		
	MAE	RMSE	MAPE	MAE	RMSE	MAPE	MAE	RMSE	MAPE
GMAN	2.77	5.48	7.25%	3.07	6.34	8.35%	3.40	7.21	9.72%
MTGNN	2.69	5.18	6.86%	3.05	6.17	8.19%	3.49	7.23	9.87%
MTGNN+sampling	2.76	5.34	5.18%	3.11	6.32	8.47%	3.54	7.38	10.05%
PEMS - BAY									
DCRNN	1.38	2.95	2.90%	1.74	3.97	3.90%	2.07	4.74	4.90%
STGCN	1.36	2.96	2.90%	1.81	4.27	4.17%	2.49	5.69	5.79%
Graph WaveNet	1.30	2.74	2.73%	1.63	3.70	3.67%	1.95	4.52	4.63%
ST - MetaNet	1.36	2.90	2.82%	1.76	4.02	4.00%	2.20	5.06	5.45%
MRA - BGCN	1.29	2.72	2.90%	1.61	3.67	3.80%	1.91	4.46	4.60%
GMAN	1.34	2.82	2.81%	1.62	3.72	3.63%	1.86	4.32	4.31%
MTGNN	1.32	2.79	2.77%	1.65	3.74	3.69%	1.94	4.49	4.53%
MTGNN+sampling	1.34	2.83	2.83%	1.67	3.79	3.78%	1.95	4.49	4.62%

对 METR - LA 数据进行了消融研究，以验证有助于改善提出的模型结果的关键成分的有效性，将没有不同组件的 MTGNN 命名为：

1)w/o GC：没有图卷积模块的 MTGNN，用一个线性层代替图卷积模块。

2)w/o Mix - hop：没有混合跳传播层信息选择步骤的 MTGNN，将信息传播步骤的输出直接传递给下一个模块。

3)w/o Inception：在扩展的启始层中没有启始的 MTGNN，在保持相同数量的输出通道的同时，只使用一个 1×7 过滤器。

4)w/o CL：没有课程学习的 MTGNN，在不逐渐增加预测长度的情况下训练 MTGNN。

将每个实验重复 10 次，每次重复 50 个 epoch，并在验证集上报告 MAE、RMSE 和 MAPE 的平均值，其标准差超过 10 次。图卷积模块的引入极大地改善了结果，因为它使信息流能够在孤立但相互依赖的节点之间流动。混合跳传播层的效果也很明显，它验证了混合跳传播层的使用，有助于选择每个信息传播步骤有用的的信息。就 RMSE 而言，初始化的影响是显著的，但就 MAE 而言，其影响微乎其微。这是因为在扩展初始层的输出通道数量保持不变的条件下，使用单个 1×7 过滤器比使用 1×2、1×3、1×5、1×7 过滤器的组合具有多一半的参数。

第四节　基于潜在图推理的多元时间序列预测方法

一、基础概念

本节介绍了一种多元时间序列预测的新方法，即联合推断和利用时间序列之间的关系。它的模块化允许它与当前的单变量方法集成。通过提供潜在全连通图的一个极端推理或二部图的另一个极端推理来逐渐权衡精度和计算效率。在潜在的完全连接情况下，考虑时间序列之间的所有成对相互作用，从而产生最佳的预测精度。相反，二部情况利用依赖结构，通过引入的 K 个辅助节点的小集合相互通信 N 个时间序列。这将时间和内存复杂度大大降低。

时间序列预测(Time Series Forecasting，TSF)，由于其在各种应用中的实际意义而受到广泛的研究。例如：气候建模、零售供应链管理、金融市场分析、交通管制和医学等。在TSF中，给定一个随时间索引的数据点序列，目标是根据先前观察到的数据估计其未来的值。数据通常是多变量的，这意味着多个变量随着时间的推移而变化，每个变量可能不仅依赖于自己的历史值，还依赖于其他变量的过去。

多变量时间序列(Multivariate Time Series，MTS)方法，旨在利用变量之间的相关性来提高预测精度。在深度学习中建模非线性依赖关系的一种自然方法是通过图神经网络(GNN)。事实上，GNNs 已经成功地应用于 MTS 预测，利用了不同序列之间的关系。但是这些方法需要一个预定义的邻接矩阵，这可能只在某些特定的数据集中可用，例如，交通数据集，它可以从城市的空间结构中构建。最近，已经提出了一系列不需要预定义邻接矩阵的方法。在这种情况下，在预测时推断潜在图表示，允许在更大的数据集上操作。

然而，推断所有成对关系可能会带来更高的计算成本，因为关系的数量是节点/时间序列数量的二次倍数 $O(N^2)$，这限制了对大型数据集的可伸缩性。此外，上述潜在图推理方法在每个时间步迭代中执行消息传递更新，这也是昂贵的。

为了克服这些限制，提出了一种新的 MTS 预测的潜在图推理算法，该算法比以前的算法更有效，同时获得更好的或有竞争力的性能。将潜在图推理转换为当前单变量模型的模块化和易于实现的扩展。对于每个时间序列输入，图形是动态推断的，允许比整个数据集的静态图形更灵活的表示。

在时间序列预测中，目标是在给出过去数据 $X_{t_0:t}$，估计未来的时间序列 $X_{t+1:T}$ 的值，$t_0 \leqslant t \leqslant T$。对于多变量情况，假设时间序列一次由 N 个变量组成，使得 $\{X_{1,t_0:T},\cdots,X_{N,t_0:T}\} \in R^{N\times T-t_0+1}$。两个主要类别的时间序列预测方法，全局单变量预测方法和多变量预测方法。

全局单变量方法：在这种情况下，只使用每个单变量的过去来预测其未来，模型权重 θ_u 在所有单变量时间序列上是共享的，表示如下：

$$\hat{X}_{i,t+1:T}=f_u(X_{i,t0:t},c_i,\theta_u) \tag{7-24}$$

式中：$\hat{X}$ 为估计值；索引 $i\in\{1,\cdots,N\}$ 表示多个变量；$f(-)$ 是可学习参数 θ_u 在时间序列上共享的估计函数。与多变量预测算法相比，对每个单变量过去的条件反射可能会限制预测算法的性能。它简化了 f_θ 的设计，并且已经提供了合理的结果。多元方法以所有过去的数据为条件，预测多元目标，形式地表示为

$$\hat{X}_{i,t+1:T}=f_u(X_{i,t0:t},c_i,\theta_u) \tag{7-25}$$

不同的变量可能是相关的或依赖于相同的基础变量。例如，在零售预测中，在 COVID-19 大流行的早期，个人防护口罩和抗菌肥皂的需求共同增加。在交通预测中，一个给定街区的输出交通流的增加可能导致另一个街区的收入交通流的增加。对这些依赖关系进行建模可能会提高预测的准确性，但它可能会带来更高的复杂性，从而带来更昂贵的算法，尤其是在试图对变量之间的所有成对交互进行建模时。

图神经网络(GNN)直接对图结构化数据进行操作。在过去的几年里,由于它们在不同节点/实体之间的建模交互的各种领域的成功,它们获得了很多关注。在多元时间序列的背景下,GNN可以用来模拟时间序列之间的相互作用。给定图 $G=(V,E)$,节点 $v_i\in V$,边 $e_{ij}\in\varepsilon$,一个图的卷积层表示为

$$m_{ij}=\varnothing_e(h_i^l,h_j^l),h_i^{l+1}=\varnothing_h\Big(h_i^l,\sum_{j\in N(i)}\alpha_{ij}m_{ij}\Big) \tag{7-26}$$

式中:$\varnothing_e$ 和 $\varnothing_h$ 是边函数和节点函数,通常近似为多层感知器(Multi Layer Perceptrons, MLP),$h_i^l\in R^{nf}$ 是节点 v_i 在第 l 层 nf 维嵌入,m_{ij} 是从节点 v_i 到节点 v_j 传播信息的边嵌入。通过将这些图卷积层(Graph Convolutional Layers)的多个层叠加,构建一个GNN。

传统上,大多数经典方法本质上是单变量的。虽然其中一些具有多变量扩展,但它们受到可以合并的相关时间序列信息数量的限制。动态因子模型是最近受到更多关注的一系列模型的先驱,即所谓的全局模型。这些全局模型在整个时间序列面板上估计其参数,但仍然产生单变量预测。许多这样的全局模型已经在神经网络架构上被提出,如RNN,CNN,Transformer,以及将经典概率模型与深度学习相结合。

最近,全球多变量预测模型受到了关注,特别是那些试图通过多变量来捕捉时间序列关系的模型可能性。一种补充方法包括主要通过使用多变量时间序列,作为输入来捕捉许多现代预测问题的多变量性质。为此,一个自然的方法来建模和利用时间序列之间的关系。即使在那些明确提供图的邻接性的场景中,也可以从节点嵌入中推断出注意力或潜在图,这样GNN仍然可以利用数据的结构。潜在图推理或注意的一些例子是在点云、分层图表示学习、动态系统建模、零拍摄学习和3D点云分割、图像分类、推断符号表示和分子性质预测。

在MTS预测中,第一批深度学习方法,旨在利用时间序列之间的成对依赖关系。最近的方法是在GNN和时间序列预测的交叉点上构建的,但它们需要预定义的邻接矩阵。最近,从节点嵌入中推断潜在图的新方法被引入到MTS预测中,以及MTS异常检测。这些方法可以应用于任何数据集,即使没有明确定义的邻接矩阵。主要的限制是计算成本,它发生在边缘推断中。潜在图是对每个输入动态推断的,而不是对整个数据集静态推断的。它只需要在时间步 t 进行消息交换,这使得图形操作更便宜和模块化。当使用二部假设($K<N$)时,它可以选择将边的数量从 $O(N^2)$ 减少到 $O(NK)$。在上述使用GNNs进行MTS预测的方法中,线性与非线性消息传递具有共同的潜在限制,在边缘操作中使用线性函数。

在线性情况下,两个节点(i,j)之间的消息操作仅依赖于节点 h,并且它与接收节点 i 的身份无关。这在推断两个节点之间的关系时,可能会出现问题,因为消息操作仅依赖于其中一个节点。因此,当没有提供邻接矩阵时,依赖于 i,j 的注意机制可以解决其中的一些限制。然而,在非线性情况下,$\varnothing_e$ 是一个通用逼近器,可以解释为线性情况的一般化。在实践中,即使非线性情况下,也可以更灵活地对 m_{ij} 建模。

二、模型结构

假设 f_{enc} 将输入信号(以及可选的一些上下文信息)编码到嵌入的 z_i 中,f_{dec} 从这个嵌入中估计未来的信号。在 f_{enc} 和 f_{dec} 之间包含一个多元聚合模块AGG,它在潜在空间 $z=\{z_1,\cdots,z_N\}$ 的节点之间传播信息。该聚合模块将嵌入 z_i 作为输入,然后将这些新的嵌入作为输入,

传递给解码器 f_{dec}，形式为

$$\text{单变量编码器}: z_i = f_{\mathrm{enc}}(X_{i,t0:t}, c_i) \tag{7-27}$$

$$\text{多元扩展}: \hat{z} = \mathrm{AGG}(z) \tag{7-28}$$

$$\text{单变量解码器}: \hat{X}_{i,t+1:T} = f_{\mathrm{dec}}(\hat{z}_i) \tag{7-29}$$

注意，整个模型是多变量的，但是 f_{enc}和 f_{dec}仍然是单变量的，允许从当前的单变量方法扩展到多变量。模型不会在每个时间步，在节点之间传播信息，只会在 AGG 模块中传播，因为消息传播步骤通常是一个昂贵的操作。此外，在编码信号 z 中包含时间序列的唯一标识符，作为上下文信息，这将显著提高准确性，根据推断图的假设结构，为 AGG 模块提出两种不同的 GNN 配置。一个是潜在的完全连接图 FC－GNN，另一个是通过引入的 K 个辅助节点的小集合，来传达 N 个时间序列的二分图假设 BP－GNN，每个节点在性能和可伸缩性方面都有其优点和缺点。

从这两种配置来看，在给定标准 GNN 的情况下，这是最容易实现的。它的性能很好，但复杂度相对于节点数 N 而言为 $O(N^2)$。尽管如此，它的计算速度仍然比以前的 $O(N^2)$ 方法快。从定义一个全连通图 $G=\{V,E\}$开始，其中所有节点相互交换消息，使得所有的边为 1。每个嵌入 z 的时间序列，从单变量编码器得到，与图的一个节点相关联。然后，直接使用聚合模块 AGG，其中每个嵌入 z 作为输入，GNN 运行 L 层后，将嵌入的输出节点作为输入。此外，尽管有完全连接的假设，GNN 对“门”交换消息，对每条边和输入样本推断出关注权，这可以解释为动态地推断图形。在 GNN 中，可以将消息聚合写成 m，如果边存在，则e_{ij} 为 1，否则为 0。

FC－GNN 在完全连通图假设下在时间序列之间交换信息，计算尺度为 $O(N^2)$。BP－GNN 引入一个二分图假设，它将复杂度降低到 $O(NK)$，K 是远小于 N 的参数。为了实现这一点，定义了一个二分图 $G=(y,u,E)$，其中 y 是对应于 N 个时间序列的 N 个节点的集合，u 是 K 个辅助节点的集合。节点 y 关联了时间序列嵌入 z 和辅助节点关联嵌入 u，它是初始化为高斯的自由可学习参数。边 E 连接两个子集$\{y,u\}$之间的所有节点，但同一子集内的节点之间没有连接，结果是 $2NK$ 条边。

消息传递遵循异步调度，首先信息从时间序列节点传播到辅助节点，然后绕再传播回来。它可以简单地表述为两个步骤的过程，其中索引 i、j 属于每一个子集 u 或 y，这取决于消息的方向（$y \rightarrow u$ 或 $u \rightarrow y$）。

该方法由三个主要模块组成，编码器 f_{enc}，解码器 f_{dec}和聚合模块 AGG。我们选择使用相对简单的网络作为编码器和解码器。解码器 f_{dec}被定义为一个多层感知器，在所有实验中具有一个隐藏层和残差连接。对于 MET－LA、PEMS－BAY 和合成数据集，编码器栅栏也被定义为 MLP。对于其他数据集，它被定义为卷积神经网络，因为这些数据集需要更大的编码长度，CNN 的翻译等价性更有利。

在完全连通图假设（FC－GNN）和二分图假设（BG－GNN）两种不同的假设下，定义了聚合模块 AGG，在这两种情况下，GNN 都由网络$\varnothing_e$、$\varnothing_h$和$\varnothing_a$完全参数化。$\varnothing_e$由两层 MLP 组成，$\varnothing_h$为一层层 MLP 具有从输入到输出的跳过连接，并且只是一个线性层，后面跟着一个 Sigmoid 激活函数。

三、实验设置

首先在 MET - LA 和 PEMS - BAY 数据集上评估了这些方法，这些数据集分别记录了洛杉矶县和湾区高速公路的交通速度统计数据。MET - LA 是一个从洛杉矶高速公路收集的交通数据集。它包含 207 个节点，采样分辨率为 5 每个节点的分钟和 34 272 个样本（即每个时间序列的长度）。PEMS - BAY 也是一个交通数据集，在湾区有 325 个节点。采样分辨率也是 5 min 每个时间序列/节点包含 52 116 个样本。

在本实验（MET - LA 和 PEMS - BAY 数据集）中，给定整个训练时间序列面板的维数为（$N*$ Length），其中 Length 是训练分区的样本数量，通过均匀切片窗口来构建网络的输入，窗口的长度为 12。通过对接下来的 12 个时间步进行切片，以同样的方式获得了基础真值标签。在验证和测试中使用各自的分区执行相同的切片过程。切片窗口均匀分布在整个时间序列面板上。

所有的模型（FC - GNN、BP - GNN、NE - GNN）都使用 Adam 优化器进行了训练，批处理大小为 16，在 GNN 模块中有 2 层。隐藏层中的特征数为 64。表 7 - 5 给出了学习率和 epoch 数。

在 Tesla V100 - SXM GPU 上运行批量大小为 16 的时间结果。使用以下搜索空间在验证分区中调优了所有超参数。学习率搜索空间为{1＊10E－4，2＊10E－4，5＊10E－4，1＊10E－3，2＊10E－3，5＊10E－3}。每层特征的数量从{32，64，128}中选择，层数从{1，2，3，4}中选择，学习率衰减和衰减因子没有被修改。选择足够大的 epoch 数，以便在验证损失停止下降时，在验证分区中提前停止。

表 7 - 5　MET - LA 和 PEMS - BAY 数据集的学习率

		学习率	衰减周期	衰减因子	周期
METR - LA	NE - GNN	2＊10E－3	[20,30,40]	10	200
	FC - GNN	5＊10E－3	[20,30,40]	10	200
	BP - GNN	2＊10E－3	[20,30,40]	10	200
PEMS - BAY	NE - GNN	2＊10E－4	[50]	10	300
	FC - GNN	2＊10E－4	[50]	10	300
	BP - GNN	2＊10E－4	[50]	10	300

与 MET - LA 和 PEMS - BAY 类似，样本构建过程由从时间序列面板均匀切片并输入到网络的窗口组成。具体来说，在实验中，给定维度为（$N*$ Length）的训练时间序列面板，其中 Length 为训练分区的样本数，对长度为 168 的窗口进行切片，作为我们网络的输入。在实验中，只预测未来的一个时间步长，使得预测和地面真值标签的长度为 1。

所有的模型（FC - GNN、BP - GNN、NE - GNN）都使用 Adam 优化器进行了训练。隐藏层中特征“nf”的个数为 128，GNN 中的层数为 2。实验中的编码器网络是前面在附录中描述的卷积神经网络，表 7 - 6 包含了所有数据集的不同学习率，epoch 数和 batch 大小。所有模型 NE - GNN、FC - GNN 和 BP - GNN 使用相同的训练参数进行训练。

表 7-6 实验超参数表

	学习率	批大小	周期
Solar - Energy	5 * 10E−4	4	30
Traffic	2 * 10E−4	2	50
Electricity	2 * 10E−4	4	80
Exchange - Rate	1 * 10E−4	4	100

单变量:在这种情况下,为所有时间序列训练单个模型,但它们被独立处理,而它们之间没有消息交换。这些基线包括一个简单的线性自回归模型(AR)和称之为 NE - GNN 的 FC - GNN 方法的变体,其中所有边缘都被删除,这样聚合函数 AGG 就相当于一个多层感知器。

具有已知图的多变量:这些方法需要预先定义的图,因此它们仅限于那些可以预定义邻接矩阵的数据集(例如 MET - LA 和 PEMS - BAY)。从这一组实验中,对比了 DCRNN、STGCN 和 MRA - BGCN。

多变量图推理或注意:这些方法通过同时推断不同时间序列之间的关系或注意机制在不同时间序列之间交换信息。从这一组中,比较了 LDS、LST - Skip、TPALSTM、MTGNN 和 GTS。Graph WaveNet 也属于这一组,但与其他组不同的是,它共同使用预定义的邻接矩阵。

在 MET - LA 和 PEMS - BAY 数据集中,使用了 GTS 的训练设置,它使用了传统的数据集分区和评估指标。所有的模型都是通过最小化预测样本和真实样本之间的平均绝对误差(Mean Absolute Error,MAE)来训练的。报告的指标是 MAE,均方根误差(Root Mean Squared Error,RMSE)和平均绝对百分比误差(Mean Absolute Percentage Error,MAPE)。所有参数的平均值都超过 5 次运行,模型(FC - GNN、BP - GNN 和 NE - GNN)包含 2 个图卷积层,64 个隐藏层特征,Swish 激活函数,并以 16 个批处理大小进行训练。BP - GNN 的辅助节点数设为 $K=4$。时间实验报告了在 Tesla V100 - SXM GPU 中批量大小为 16 的平均运行时间(秒)。

从对比实验可以看出,FC - GNN 在大多数指标上优于其他方法,同时在计算上比以前的工作更快捷。另一方面,BP - GNN 在以前的工作中,表现得非常有竞争力(甚至在某些指标上优于所有以前的方法),但计算量大大减少。此外,这些性能是在没有明确提供城市的结构信息(即预定义的邻接矩阵)的情况下实现的,而不像那些需要它的方法(MRA - BGCN)或在图形小波网络中选择性地使用它。此外,请注意性能差距 FC - GNN 和 NE - GNN 之间的差异,在包含节点的唯一标识符时更大。这意味着当节点被唯一标识时,网络可以更好地利用节点之间的信息交换,但由于动态推理,当它们不是唯一标识时,它仍然受益于消息传递方案。运行时间结果见表 7-7。

表 7-7 运行时间对比结果

	运行时间/s	
	METR - LA	PEMS - BAY
Linear	0.000 2	0.000 2
DCRNN	0.255 9	0.275 4

续 表

	运行时间/s	
	METR - LA	PEMS - BAY
Graph WaveNet	0.050 0	0.067 3
MTGNN	0.016 0	0.037 1
GTS	0.086 9	0.108 7
NE - GNN	0.003 3	0.004 7
FC - GNN	0.010 8	0.253
BP - GNN(K=4)	0.004 4	0.004 6

四、单步预测

在公开可用的太阳能、交通、电力和汇率数据集上评估方法。与 MET - LA 和 PEMS - BAY 数据集相比，这些数据集不包含空间信息图可以预先定义，因此，依赖于已知图的方法不能直接适用。为了确保可比性，使用最小化平均绝对误差，训练网络以给定视界(3,6,12,24)预测未来的一个时间步(单步预测)。所有数据集分别被分成 60%，20%，20%用于训练/验证/测试。使用根相对平方误差(RSE)和经验相关系数作为评估指标，所有的模型(FC - GNN、BP - GNN 和 NE - GNN)都包含 2 个图卷积层和 128 个隐藏层特征。在批量为 16 的情况下，获得了运行时间结果。

FC - GNN 在大多数指标上都优于之前的所有工作。与 NE - GNN 相比有了显著的改进，这表明节点之间的信息共享是有益的(除了仅包含 8 个节点的 Exchange Rate 数据集)。BP - GNN 在大多数指标上都优于以前的方法，接近 FC - GNN。由于 BP - GNN 在 $K=4$ 时具有线性可扩展性，因此数据集中的节点数越多，其计算性能的提高就越大。例如，在 Solar - Energy(137 个节点)中，BP - GNN 比 FC - GNN 快 1.43 倍，比 MTGNN 快 1.92 倍。因此，在更大的数据集中，如 Electricity(321 个节点)，BP - GNN 比 FC - GNN 快 6.38 倍，比 MTGNN 快 9.18 倍。在最大的数据集 Traffic(862 个节点)中，BPGNN 的速度比 FC - GNN 快 34.58 倍，比 MTGNN 快 97.59 倍。尽管在 Traffic 中，MTGNN 和 FC - GNN不能适合 16 批的 GPU[也是因为复杂度为 $O(N^2)$]，不得不以 2 个批次的方式传递样本，这消除了部分 GPU 并行化。BP - GNN 每批运行 2 个，其速度分别比 FC - GNN 和 MTGNN 快 7.71 倍和 18.92 倍。最后，在像 Exchange Rate 这样的小数据集中，使用二分假设没有计算上的好处，因为二部图和全连通图的边数是相同的(对于 $K=4$ 和 $N=8$)。

对于节点范围从 $N=10$ 到 $N=250$ 的不同合成数据集，FC - GNN 可以很好地推断出所有报告数据集的真实邻接关系，并且达到了最低的 MAE 测试损失。对于 BP - GNN 中的推断邻接矩阵，在给定辅助节点的情况下，很难建立视觉直觉，因此我们将其从我们的阐述中省略。然而，总体精度与 FC - GNN 相当(特别是对于具有密集邻接的数据集)，并且与 NE - GNN 相比有很大提高。因此，BP - GNN 允许有效地利用跨时间序列信息。

BP - GNN 设置了相对较少的辅助节点($K=4$)，当扫描不同的 K 值时，我们将分析

BP-GNN的性能。对于像“循环图”这样的稀疏图数据集,增加 K 比在不那么稀疏的图数据集中获益更多。在实践中,在之前的实验中,选择 K 相对较小,因为在现实世界的数据集中,如 MET-LA,较小的 K 值已经提供了具有竞争力的准确性,并且在复杂性方面有很好的权衡。

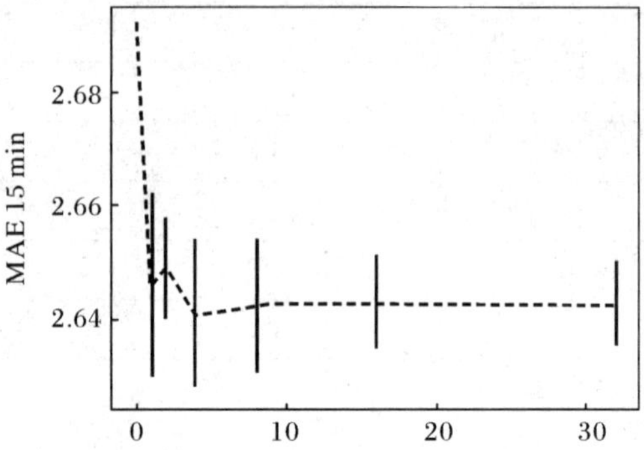

图 7-12 $K=0,10,20,30$ 的 MAE 值

多变量时间序列预测方法,可以通过图神经网络(GNN)组件轻松集成到现有的单变量预测方法中。该 GNN 在单变量时间序列的嵌入空间中推断出潜在图,并且可以插入到许多基于神经网络的预测模型中。与现有技术相比,这种额外的图/依赖结构总体上和特别地提高了预测的准确性。通过构建的潜在图中引入辅助节点来缓解 GNN 的典型可扩展性问题,作为一个二部图,它限制了计算复杂度。这导致了预期的计算有利属性,而预测精度的权衡是可管理的。

第五节 基于深度时空图建模的时间序列预测方法

一、时空图网络

时空图建模是分析系统中各组成部分的空间关系和时间趋势的一项重要任务。现有的方法大多捕获固定图结构上的空间依赖,假设实体之间的底层关系是预先确定的。然而,明确的图结构(关系)并不一定反映真实的依赖关系,由于数据中的连接不完整,可能会丢失真实的关系。此外,现有的方法无法捕获时间趋势,因为这些方法中使用的 RNN 或 CNN 无法捕获长时间序列。为了克服这些限制,本节中提出了一种新的图神经网络架构,图波网络(Graph WaveNet),用于时空图建模。通过建立一种新的自适应依赖矩阵,并通过节点嵌入学习该矩阵,该模型可以准确地捕获数据中隐藏的空间依赖。随着层数的增加,接受域呈指数增长的堆叠扩展 ID 卷积组件,Graph WaveNet 能够处理非常长的序列。这两个组件无缝地集成在一个统一的框架中,整个框架以端到端的方式学习。在 METRO-LA 和 PEMS-BAY 两个公共交通网络数据集上的实验结果,证明了该算法的优越性能。

随着图神经网络的发展,时空图建模越来越受到人们的重视。它的目的是通过假设连接节点之间的相互依赖性来对动态节点级输入建模,如图 7-13 所示。在时空图中,每个节点都具有动态输入特征。其目的是对给定图结构的每个节点的动态特征进行建模。时空图建模在解决交通速度预测、出租车需求预测、人类行为识别和驾驶员机动预测等复杂系统问题方面，有着广泛的应用。具体来说，在交通速度预测中，城市道路上的速度传感器形成一个图，通过两个节点的欧几里得距离来判断边缘权重。由于一条道路上的交通拥堵会导致其进入道路的交通速度降低，因此在对每条道路上的交通速度时间序列数据建模时，很自然地将交通系统的底层图结构作为节点之间相互依赖关系的先验知识。

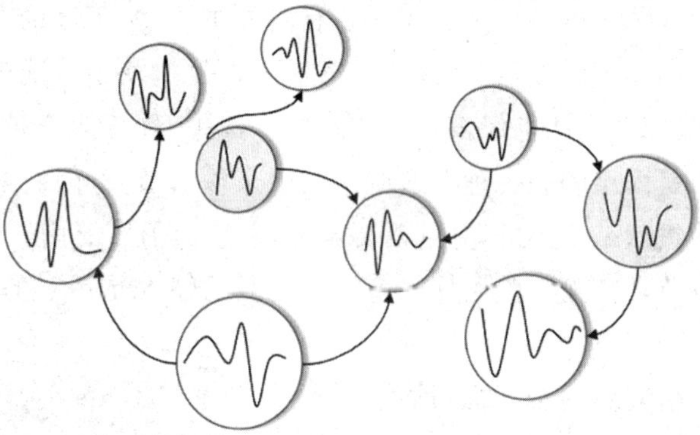

图 7-13　时空图模型结构

时空图建模背后的一个基本假设是，节点的未来信息取决于其历史信息及其邻居的历史信息。因此，如何同时捕获空间和时间依赖性成为一个主要的挑战。目前对时空图建模的研究主要有两个方向。他们要么将图卷积网络(Graph Convolution Networks，GCN)集成到递归神经网络(Recurrent Neural Networks，RNN)或卷积神经网络(Convolution Neural Networks，CNN)。虽然已经证明了将数据的图结构引入模型的有效性，但这些方法面临两个主要缺点。

首先，这些研究假设数据的图结构反映了节点之间真正的依赖关系。但是，在某些情况下，连接不需要两个节点之间的相互依赖关系，或者两个节点之间存在相互依赖关系，但缺少连接。为了给出每种情况的例子，考虑一个推荐系统。在第一种情况下，两个用户连接在一起，但他们可能对产品有不同的偏好。在第二种情况下，两个用户可能有相似的偏好，但它们并没有联系在一起。使用注意机制调整两个连接节点之间的依赖权重，来解决第一种情况，但他们未能考虑第二种情况。

其次，目前的时空图建模研究对时间依赖性的学习效果较差。基于 RNND 的方法在捕获远程序列时存在耗时的迭代传播和梯度爆炸/消失问题。相反，基于 CNN 的方法具有并行计算、梯度稳定和内存需求低的优点。然而，这些工作需要使用许多层才能捕获非常长的序列，因为它们采用标准的 1D 卷积，其接受场大小随着隐藏层数量的增加而线性增长。

本算法提出了一个图卷积层，其中自适应邻接矩阵可以通过端到端监督训练从数据中学习。通过这种方式，自适应邻接矩阵保留了隐藏的空间依赖性。在 WaveNet 的激励下，采用堆叠扩展随机卷积来捕获时间依赖性。随着隐藏层数的增加，堆叠扩展随卷积网络的感受野大小呈指数增长。在堆叠扩展随卷积的支持下，Graph WaveNet 能够高效地处理具有长时间序列的时空图数据。

Graph WaveNet 构造了一个自适应的邻接矩阵，该矩阵保留了隐藏的空间依赖性。自适应邻接矩阵能够在没有任何先验知识指导的情况下，从数据中自动发现未见过的图结构。

实验证明,当已知空间依赖关系存在但未提供时,该方法改善了结果。同时,将图卷积与扩展随机卷积组合在一起,每个图卷积层处理由不同粒度级别的扩展随机卷积层提取的节点信息的空间依赖性。

图卷积网络是学习图结构数据的构建块。它们被广泛应用于节点嵌入等领域、节点分类、图分类、链接预测和节点聚类。图卷积网络有两种主流:基于谱的方法和基于空间的方法。基于谱的方法使用图谱滤波器,平滑节点的输入信号。基于空间的方法通过聚合来自邻域的特征信息,来提取节点的高级表示。在这些方法中,邻接矩阵被认为是先验知识,并且在整个训练过程中是固定的。一种自适应路径层来探索节点邻域的宽度和深度,假设每个邻居对中心节点的贡献是不同的,并且需要学习,但它们仍然依赖于预定义的图结构。这种生成的邻接关系以节点的输入为条件。由于时空图的输入是动态的,其方法对时空图建模具有不稳定性。

大多数时空图网络遵循两个方向,即基于 RNN 和基于 CNN 的方法。早期基于 RNN 的方法之一是通过过滤输入和使用图卷积传递给循环单元的隐藏状态来捕获时空依赖关系。后来的研究采用了不同的策略,如扩散卷积和注意机制来提高模型性能。另一项并行工作使用节点级 RNN 和边缘级 RNN 来处理时间信息的不同方面。基于 RNN 的方法的主要缺点是它对长序列变得低效,并且当它们与图卷积网络结合时,其梯度更有可能爆炸。基于 CNN 的方法将图卷积与标准 1D 卷积相结合。虽然计算效率高,但这两种方法必须堆叠许多层或使用全局池化来扩展神经网络模型的接受域。

二、模型结构

在本节中,首先给出所要解决的问题的数学定义。接下来,描述了框架的两个构建块,图卷积层(Graph Convolution Layer,GCN)和时间卷积层(Temporal Convolution Layer,TCN),它们一起工作以捕获时空依赖关系。

图由 $G=(V,E)$ 表示,其中 V 是节点的集合,E 是边的集合。由图导出的邻接矩阵用 A 表示。在每个时间步长 t,图 G 有一个动态特征矩阵 X,特征矩阵与图信号互换使用。给定一个图 G 和它的历史 S 阶跃图信号,我们的问题是学习一个函数 f,它能够预测下一个 T 阶跃图信号。映射关系表示如下:

$$[X^{(t-s):t},G]\xrightarrow{f}X^{(t+1):t+T} \tag{7-30}$$

图卷积是在给定节点结构信息的情况下,提取节点特征的基本操作。从基于空间的角度来看,它通过聚合和转换节点的邻域信息,来平滑节点的信号。该方法的优点是它是一个组合层,它的滤波器在空间中是局部的,并且它支持多维输入。设 $\tilde{A}$ 表示带自环的归一化邻接矩阵,X 表示输入信号,Z 表示输出,W 表示模型参数矩阵,图卷积层定义为

$$Z=\widetilde{A}XW \tag{7-31}$$

扩散卷积层,在时空建模中被证明是有效的,它利用 K 个有限步模拟了图信号的扩散过程,将其扩散卷积层推广为方程如下:

$$Z=\sum_{k=0}^{K}P^{k}XW_{k} \tag{7-32}$$

式中：P^k 表示转移矩阵的幂级数，对于无向图，$P=A/\mathrm{rowsum}(A)$。对于有向图，扩散过程有正向和反向两个方向，其中正向转移矩阵$P_f=A/\mathrm{rowsum}(A)$，反向转移矩阵$P_b=A^{\mathrm{T}}/\mathrm{rowsum}(A^{\mathrm{T}})$。有正向和反向转移矩阵，扩散图卷积层为

$$Z=\sum_{k=0}^{K}P_f^kXW_{k1}+P_b^kXW_{k2} \tag{7-33}$$

自适应邻接矩阵不需要任何先验知识，并通过随机梯度下降学习到端到端。这样，就让模型自己发现隐藏的空间依赖关系。通过随机初始化两个具有可学习参数E_1 和E_2，提出自适应邻接矩阵为

$$A_{\mathrm{adp}}=\mathrm{SoftMax}[\mathrm{ReLU}(E_1\ E_2^{\mathrm{T}})] \tag{7-34}$$

将E_1 命名为源节点嵌入，E_2 命名为目标节点嵌入。通过将E_1 和E_2 相乘，得到源节点和目标节点之间的空间依赖权值，使用 ReLU 激活函数来消除弱连接，采用 SoftMax 函数对自适应邻接矩阵进行归一化。因此，归一化自适应邻接矩阵可以看作是隐扩散过程的过渡矩阵。通过结合预定义的空间依赖关系和自学习的隐藏图依赖关系，图卷积层以下：

$$Z=\sum_{k=0}^{K}P_f^kXW_{k1}+P_b^kXW_{k2}+\widetilde{A}_{\mathrm{opt}}^kXW_{k3} \tag{7-35}$$

当图结构不可用时，建议单独使用自适应邻接矩阵来捕获隐藏的空间依赖关系，即：

$$Z=\sum_{k=0}^{K}\widetilde{A}_{\mathrm{opt}}^kXW_k \tag{7-36}$$

值得注意的是，图卷积属于基于空间的方法。尽管为了保持一致性，可以交替使用图信号和节点特征矩阵，但公式 7－36 中的图卷积确实被解释为，聚合来自不同阶邻域的转换后的特征信息。

扩展因果卷积作为时间卷积层，来捕获节点的时间趋势。扩展的因果卷积网络允许通过增加层深度，获得一个指数级大的接受场。与基于 RNN 的方法相比，扩展随卷积网络能够以非递归的方式处理远程序列，有利于并行计算，缓解梯度爆炸问题。扩展的因果卷积通过向输入填充零来保留时间因果顺序，以便在当前时间步长上所做的预测仅涉及历史信息。作为标准 1D 卷积的一种特殊情况，扩展的因果卷积操作通过以一定的步长跳过值来滑动输入，如图 7－14 所示。膨胀系数为 k，它每 k 步选择输入并应用标准对所选输入进行一维卷积。在数学上，给定一个 1D 序列输入 x 和一个滤波器 f，x 与 f 在步长 t 处的扩展因果卷积运算表示为：

$$x*f(t)=\sum_{s=0}^{K-1}f(s)x(t-d\times s) \tag{7-37}$$

其中，d 为控制跳跃距离的膨胀因子，通过逐次叠加具有扩张因子的扩展因果卷积层，模型的接受域呈指数增长。它使扩展的因果卷积网络能够以更少的层捕获更长的序列，从而节省了计算资源。

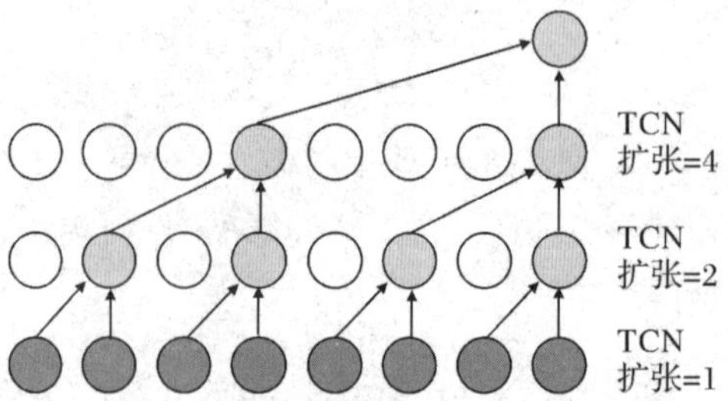

图 7-14　核大小为 2 的扩展随机卷积

门控机制是递归神经网络的关键，它也被证明在控制时间卷积网络层间的信息流方面很强大。一个简单的门控 TCN，只包含一个输出门。给定输入 X，它采用以下形式：

$$h=g(\theta_1 * X+b)\odot\sigma(\theta_2 * X+c) \tag{7-37}$$

式中：θ_1、θ_2、b 和 c 是模型参数；$\odot$是元素积；$g(-)$是输出的激活函数；$\sigma(.)$是决定传递到下一层的信息比例的 Sigmoid 函数。在模型中，采用门控 TCN 来学习复杂的时间依赖性。虽然根据经验，将正切双曲函数设置为激活函数 $g(-)$，但其他形式的门控 TCN 可以很容易地融入该框架，例如类似 LSTM 的门控 TCN。

如图 7-15 所示，给出 WaveNet 的基本框架。它由左边的 K 个时空层和右边的一个输出层组成。输入首先通过线性层进行变换，然后传递给门控时间卷积模块（门控 TCN），然后传递给图卷积层（GCN）。每个时空层都有剩余连接，并与输出层跳跃连接。由图卷积层（GCN）和门控时间卷积层（TCN-A 和 TCN-b）组成的门控时间卷积层构成时空层。通过叠加多个时空层，Graph WaveNet 能够处理不同时间层的空间依赖关系。例如，在底层，GCN 接收短期时间信息，而在顶层，GCN 处理长期时间信息。实际中图卷积层的输入 h 为大小为[N,C,L]的三维张量，其中 N 为节点数，C 为隐藏维数，L 为序列长度。

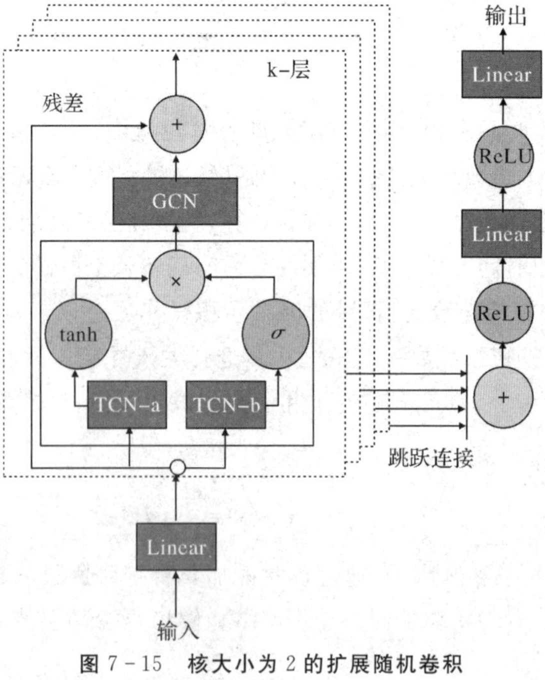

图 7-15　核大小为 2 的扩展随机卷积

Graph WaveNet 作为一个整体输出 X，而不是通过 t 步递归地生成 $X(t)$。它解决了训练和测试。由于模型在训练期间学习对一步进行预测，并期望在推理期间对多步进行预测。为了实现这一点，设计 Graph WaveNet 的接受场大小等于输入的序列长度，这样在最后一个时空层中，输出的时间维度恰好等于 1。之后，将最后一层的输出通道数设置为步长 T 的因子，以获得想要的输出维度。

三、实验分析

在 MET－LA 和 PEMS－BAY 两个公共交通网络数据集上验证了 Graph WaveNet 算法的性能。MET－LA 记录了四个月来洛杉矶县高速公路上 207 个传感器的交通速度统计数据。PEMS－BAY 包含海湾地区 325 个传感器六个月的交通速度信息。传感器的读数被汇总成 5 min 的窗口，节点的邻接矩阵由带有阈值高斯核的路网距离构造，Z－score 归一化应用于输入。数据集按时间顺序划分，70％用于训练，10％用于验证，20％用于测试。

将 Graph WaveNet 与以下模型进行比较：

(1)ARIMA：基于卡尔曼滤波的自回归综合移动平均模型。

(2)FC－LSTM：隐藏单元的 FC－LSTM 递归神经网络。

(3)WaveNet：序列数据的卷积网络架构。

(4)DCRNN：扩散卷积递归神经网络，它以编码器-解码器的方式将图卷积网络与递归神经网络结合起来。

(5)GGRU：图门控循环单元网络，基于回归神经网络的方法，GGRU 在图卷积中使用注意机制。

(6)STGCN：时空图卷积网络，将图卷积与一维卷积相结合。

对比实验是在一个带有 Intel(R) Core(TM) i9－7900X CPU @ 3.30 GHz 和一个 NVIDIA Titan Xp GPU 卡的计算机环境下进行的。为了覆盖输入序列长度，我们使用了 8 层 Graph WaveNet，其扩展因子为 1，2，1，2，1，2，1，2。使用扩散步长 $K=2$ 的图卷积层，通过大小为 10 的均匀分布随机初始化节点嵌入。实验使用 Adam 优化器训练模型，初始学习率为 0.001。将 $p=0.3$ 的 Dropout 应用于图卷积层的输出。选择的评价指标包括平均绝对误差(MAE)、均方根误差(RMSE)和平均绝对百分比误差(MAPE)，缺失值将从训练和测试中排除。

表 7－8 比较了 Graph WaveNet 和基线模型在 MET－LA 和 PEMS－BAY 数据集上提前 15 *min* 和 60 *min* 预测的性能。Graph WaveNet 在两个数据集上都得到了较好的结果。它大大优于时序模型，包括 ARIMA，FCLSTM 和 WaveNet。与其他时空模型相比，Graph WaveNet 显著优于之前基于卷积的方法 STGCN，同时优于基于递归的方法 DCRNN 和 GGRU。对于表 7－8 所示的第二优模型 GGRU，Graph WaveNet 在 15 *min* 范围内比 GGRU 取得了较小的改进。然而，在 60 min 的视野中实现更大的提升。这是因为该架构更有能力在每个时间阶段检测空间依赖性。GGRU 使用循环架构，其中 GCN 层的参数在所有循环单元之间共享。相反，Graph WaveNet 采用堆叠的时空层，其中包含具有不同参数的单独 GCN 层。因此，Graph WaveNet 中的每个 GCN 层都能够专注于自己的时间输入范围。

表 7-8 实验对比结果

数 据	模 型	15 min			60 min		
		MAE	RMSE	MAPE/(%)	MAE	RMSE	MAPE/(%)
MET-LA	ARIMA	3.99	8.21	9.60	6.90	13.23	17.40
	FC-LSTM	3.44	6.30	9.60	4.37	8.69	13.20
	WaveNet	2.99	5.89	8.04	4.45	8.93	13.62
	DCRNN	2.77	5.38	7.30	3.60	7.60	10.50
	GGRU	2.71	5.24	6.99	3.64	7.65	10.62
	STGCN	2.88	5.74	7.62	4.59	9.40	12.70
	Graph WaveNet	2.69	5.15	6.90	3.53	7.37	10.01
PEMS-BAY	ARIMA	1.62	3.30	3.50	3.38	6.50	8.30
	FC-LSTM	2.05	4.19	4.80	2.37	4.96	5.70
	WaveNet	1.39	3.01	2.91	2.35	5.43	5.87
	DCRNN	1.38	2.95	2.90	2.07	4.74	4.90
	GGRU	—	—	—	—	—	—
	STGCN	1.36	2.96	2.90	2.49	5.69	5.79
	Graph WaveNet	1.30	2.74	2.73	1.95	4.52	4.63

图 7-16 中显示了 60 *min* 前的预测值与实际值的对比图。结果表明，Graph WaveNet 比 WaveNet 产生更稳定的预测结果。特别是，WaveNet 产生的红色尖峰与实际值相差甚远。相反，Graph WaveNet 的曲线一直走在实值的中间。

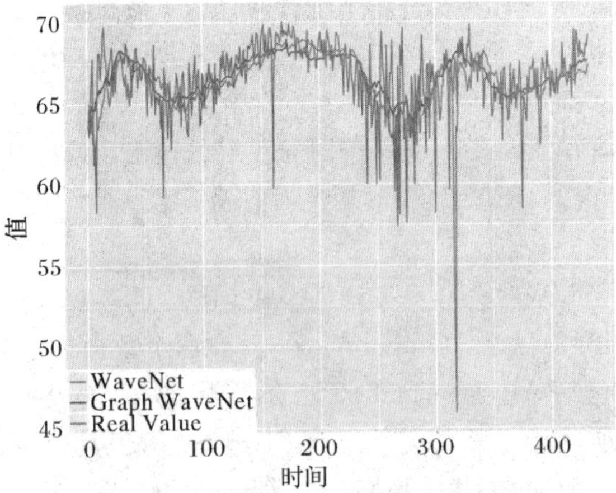

图 7-16 60 min 预测结果对比图

自适应邻接矩阵的效果为了验证我们提出的自适应邻接矩阵的有效性，使用五种不同的邻接矩阵配置对 Graph WaveNet 进行了实验。表 7-9 显示了 MAE、RMSE 和 MAPE 在 12 个预测范围内的平均得分。通过实验发现，只有自适应的模型比只有平均 MAE 的前向模型效果更好。在图结构不可用的情况下，Graph WaveNet 仍然能够实现良好的性能。前向后向自适应模型在所有三个评估指标上都获得了最低的分数。结果表明，在给定图结构信息的情况下，加入自适应邻接矩阵可以为模型引入新的有用信息。

表 7－9　不同邻接矩阵构型的实验结果

数据集	模　型	MAE	RMSE	MAPE/(%)
METR－LR	原始模型	3.58	7.18	10.21
	只有前向	3.13	6.26	8.65
	只有自适应	3.10	6.21	8.68
	前向回溯	3.08	6.13	8.25
	前向回溯自适应	3.04	6.09	8.23
PEMS－BAY	原始模型	1.80	4.05	4.18
	只有前向	1.62	3.61	3.72
	只有自适应	1.61	3.63	3.59
	前向回溯	1.59	3.55	3.57
	前向回溯自适应	1.58	3.52	3.55

在训练中，Graph WaveNet 的运行速度比 DCRNN 快 5 倍，但比 STGCN 慢 2 倍。对于推理，我们测量每个模型在验证数据上的总时间成本。在推理阶段，图 WaveNet 是最有效的。这是因为 Graph WaveNet 在一次运行中产生 12 个预测，而 DCRNN 和 STGCN 必须根据先前的预测产生结果。

基于时空图建模的模型，将图卷积与扩展随机卷积相结合，有效地捕获了时空依赖关系，它可以从数据中自动学习隐藏空间依赖关系的有效方法。这为时空图建模开辟了一个新的方向，其中系统的依赖结构是未知的，但需要被发现。在两个公共交通网络数据集上，Graph WaveNet 实现了最先进的结果。

第八章　基于残差全连接网络的时间序列预测方法

第一节　残差全连接网络

一、残差网络（ResNet）

对神经网络模型添加新的层，充分训练后的模型是否只可能更有效地降低训练误差理论上，原模型解的空间只是新模型解的空间的子空间。也就是说，如果我们能将新添加的层训练成恒等映射 $f(x)=x$，新模型和原模型将同样有效。由于新模型可能得出更优的解来拟合训练数据集，因此添加层似乎更容易降低训练误差。然而在实践中，添加过多的层后训练误差往往不降反升。即使利用批量归一化带来的数值稳定性使训练深层模型更加容易。针对这一问题，何恺明等人提出了残差网络（ResNet），它在 2015 年的 ImageNet 图像识别挑战赛夺冠，并深刻影响了后来的深度神经网络的设计。

让我们聚焦于神经网络局部。如图 8－1 所示，设输入为 x。假设我们希望学出的理想映射为 $f(x)$，从而作为图 8－1 上方激活函数的输入。左图虚线框中的部分需要直接拟合出该映射 $f(x)$，而右图虚线框中的部分则需要拟合出有关恒等映射的残差映射 $f(x)-x$。残差映射在实际中往往更容易优化。以本节开头提到的恒等映射作为我们希望学出的理想映射 $f(x)$。只需将图 8－1 中右图虚线框内上方的加权运算（如仿射）的权重和偏差参数学成 0，那么 $f(x)$ 即为恒等映射。实际中，当理想映射 $f(x)$ 极接近于恒等映射时，残差映射也易于捕捉恒等映射的细微波动。图 8－1 右图是 ResNet 的的基础块，即残差块（residual-block）。在残差块中，输入可通过跨层的数据线路更快地向前传播。

ResNet 沿用了 VGG 全 3×3 卷积层的设计。残差块里首先有 2 个有相同输出通道数的 3×3 卷积层，每个卷积层后接一个批量归一化层和 ReLU 激活函数。然后我们将输入跳过这 2 个卷积运算后直接加在最后的 ReLU 激活函数前。这样的设计要求 2 个卷积层的输出与输入形状一样，从而可以相加如果想改变通道数，就需要引入一个额外的 1×1 卷积层来将输入变换成需要的形状后再做相加运算。残差块可以设定输出通道数、是否使用额外的 1×1 卷积层来修改通道数以及卷积层的步幅。

ResNet 的前两层跟之前介绍的 GoogLeNet 中的一样：在输出通道数为 64、步幅为 2 的

7×7 卷积层后接步幅为 2 的 3×3 的最大池化层。不同之处在于 ResNet 每个卷积层后增加的批量归一化层，GoogLeNet 在后面接了 4 个由 Iception 块组成的模块。ResNet 则使用 4 个由残差块组成的模块，每个模块使用若干个同样输出通道数的残差块。第一个模块的通道数同输入通道数一致。由于之前经使用了步幅为 2 的最大池化层，所以无须减小高和宽。

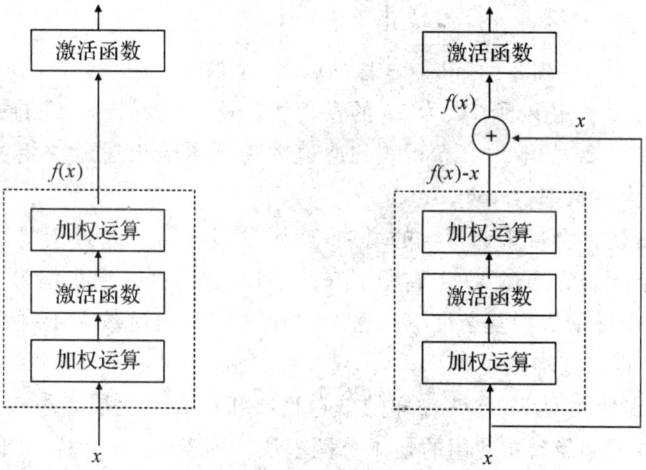

图 8-1　残差块结构图

之后的每个模块在第一个残差块里将上一个模块的通道数翻倍，并将高和宽减半。下面我们来实现这个模块。注意，这里对第一个模块做了特别处理，接着为 ResNet 加入所有残差块。这里每个模块使用 2 个残差块

最后，与 GoogLeNet 一样，加入全局平均池化层后接上全连接层输出。

这里每个模块里有 4 个卷积层(不计算 1×1 卷积层)，加上最开始的卷积层和最后的全连接层，共计 18 层。这个模型通常也被称为 ResNet-18。通过配置不同的通道数和模块里的残差块数可以得到不同的 ResNet 模型，例如更深的含 152 层的 ResNet-152。虽然 ResNet 的主体架构跟 GoogLeNet 的类似，但 ResNet 结构更简单，修改也更方便。这些因素都导致了 ResNet 迅速被广泛使用。

二、稠密连接网络(DenseNet)

稠密连接网络(DenseNet)与 ResNet 的主要区别如图 8-2 所示。图 8-2 中将部分前后相邻的运算抽象为模块 A 和模块 B。与 ResNet 的主要区别在于，DenseNet 里模块 B 的输出不是像 ResNet 那样和模块 A 的输出相加，而是在通道维上连结。这样模块 A 的输出可以直接传入模块 B 后面的层。在这个设计里，模块 A 直接跟模块 B 后面的所有层连接在了一起。这也是它被称为“稠密连接”的原因。

DenseNet 的主要构建模块是稠密块(denseblock)和过渡层(transitionlayer)。前者定义了输入和输出是如何连结的，后者则用来控制通道数。

稠密块 DenseNet 使用了 ResNet 改良版的“批量归一化、激活和卷积”结构，桐密块由多个 conv_block 组成，每块使用相同的输出通道数。但在前向计算时，我们将每块的输入和输出在通道维上连结。

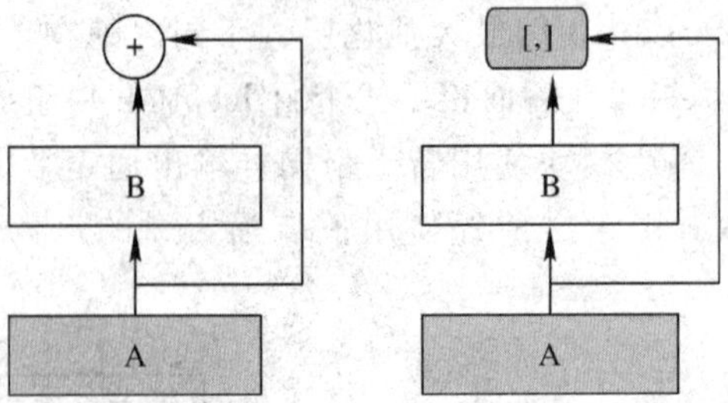

图 8-2　ResNet 与 DenseNet 在跨层上的区别

当定义一个有 2 个输出通道数为 10 的卷积块。使用通道数为 3 的输入时，我们会得到通道数为 3+2×10=23 的输出。卷积块的通道数控制了输出通道数相对于输入通道数的增长，因此也被称为增长率(growthrate)。

由于每个稠密块都会带来通道数的增加，使用过多则会带来过于复杂的模型。过渡层用来控制模型复杂度。它通过 1×1 卷积层来减小通道数，并使用步幅为 2 的平均池化层减半高和宽，从而进步降低模型复杂度。稠密块的输出使用通道数为 10 的过渡层，此时输出的通道数减为 10，宽和宽均减半。

DenseNet 首先使用同 ResNet 一样的单卷积层和最大池化层。类似于 ResNet 接下来使用的 4 个残差块，DenseNet 使用的是 4 个稠密块。同 ResNet 一样，我们可以设置每个稠密块使用多少个卷积层。这里我们设成 4，从而与上一节的 ResNet-18 保持一致。稠密块里的卷积层通道数(即增长率)设为 32，所以每个稠密块将增加 128 个通道。ResNet 里通过步幅为 2 的残差块在每个模块之间减小高和宽。这里使用过渡层来减半高和宽，并减半通道数。最后，同 ResNet 一样，最后接上全局池化层和全连接层来输出。

第二节　基于前向和后向残差的深度神经网络预测方法

针对单变量时间序列的点预测问题，提出一种基于后向和前向残差链接的全连接深度神经网络结构。该体系结构具有许多理想的特性，它们是可解释的，不需要修改网络结构就可以扩展到其他目标域，并且训练速度快。

离散时间下的单变量点预测问题，即给定一个长度为 H 的预测范围，一个长度为 T 的观测序列历史数据 $[y_1, y_2, \cdots, y_T] \in R_T$，任务是预测未来值 y，$y=[y_{T+1}, y_{T+2}, \cdots, y_{T+H}]$。为了简单起见，我们稍后将考虑长度 $t \leqslant T$ 的回溯窗口，以最后一个观测值 y_T 作为模型输入，并表示为 $x \in R_t = [y_{T-t+1}, \cdots, y_T]$。我们用 $\hat{y}$ 表示 y 的预测，以下指标通常用于评估预测绩效：

$$\mathrm{sMAPE} = \frac{200}{H} \sum_{i=1}^{H} \frac{y_{T+i} - \hat{y}_{T+i}}{| y_{T+i} | + | \hat{y}_{T+i} |} \tag{8-1}$$

$$\mathrm{MAPE} = \frac{100}{H} \sum_{i=1}^{H} \frac{y_{T+i} - \hat{y}_{T+i}}{| y_{T+i} |} \tag{8-2}$$

$$\mathrm{MASE} = \frac{1}{H} \sum_{i=1}^{H} \frac{y_{T+i} - \hat{y}_{T+i}}{\frac{1}{T+H-m} \sum_{j=m+1}^{T+H} | y_j - y_j - m |} \tag{8-3}$$

$$\mathrm{OWA}=\frac{1}{2}\left[\frac{\mathrm{SMAPE}}{\mathrm{SMAPE}_{Naïve2}}+\frac{\mathrm{MASE}}{\mathrm{MAPE}_{Naïve2}}\right] \tag{8-4}$$

式中：m 是数据的周期（例如，12 表示序列中月周期）。MAPE（平均绝对百分比误差）、sMAPE（对称平均绝对百分比误差）和 MASE（平均绝对比例误差）是预测实践中的标准无标度指标。sMAPE 误差是预测值和真实值之间的平均值，MASE 是通过朴素预测器的平均误差进行缩放的，该预测器简单地复制过去 m 个周期测量的观测值，从而解释季节性。OWA（总体加权平均值）是 M4 特定的指标，用于对参赛作品进行排名，可以通过对 sMAPE 和 MASE 指标进行归一化，以便季节性调整的朴素预测获得 OWA＝1.0。

基于前向和后向残差的深度神经网络的架构设计方法依赖于几个关键原则。

首先，基本架构应该是简单和通用的，但具有表现力。

其次，架构不应该依赖于时间序列特定的特性工程或输入缩放，这些先决条件探索纯深度学习架构在时间序列预测中的潜力。

最后，作为探索可解释性的先决条件，架构应该是可扩展的，以使其输出具有可解释性。

一、基础单元

如图 8－3 所示，所提出架构的基本单元模块具有分叉结构。该架构的基本构建块是一个具有 RELU 非线性的多层 FC 网络。它预测基展开系数向前 θ^f（预测）和向后 θ^b（后推）。使用双残余堆叠原理将块组织成堆栈，堆栈可能具有具有共享 g^f 和 g^b 的层。预测以分层的方式聚合，这使得构建一个具有可解释输出的非常深的神经网络成为可能。

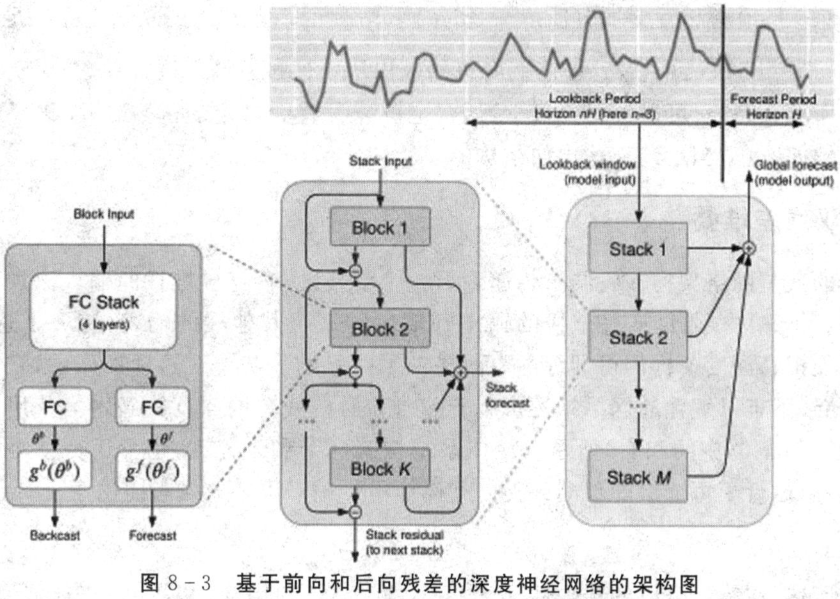

图 8－3　基于前向和后向残差的深度神经网络的架构图

式中：第 ℓ 个块接受输入 x_ℓ 并输出两个向量 $\hat{\boldsymbol{x}}_\ell$，$\hat{\boldsymbol{y}}_\ell$。对于模型中的第一个模块，它的输入 x_ℓ 是整个模型的输入——一个定长的历史回溯窗口。设置输入窗口的长度（回溯窗口的窗口长度）为预测未来窗口长度的 H 倍，在默认的设置中，回溯窗口的窗口长度从 $2H$ 到 $7H$。

对于其余的模块，它们的输入 x_ℓ 是前面单元模块的残差输出。每个模块有两个输出

$\hat{y}_\ell$，长度为 H 的块的前向预测，并且 $\hat{x}_\ell$ 是模块对 x_ℓ 的最佳估计，也称为“反向预测”，考虑到模块可用于近似信号的功能空间的约束。

另外，基本的构建块由两部分组成。第一部分是一个完全连接的网络，它产生膨胀系数的前向 θ_ℓ^f 和后 θ_ℓ^b 预测因子（再次注意，为了简洁起见，图 8－3 中 θ_ℓ^f 和 θ_ℓ^b，g_ℓ^f 和 g_ℓ^b 的块指数被删除）。第二部分由后 g^f 和前 g^b 基础层接受各自向前 θ_ℓ^f 和后 θ_ℓ^b 扩张系数，项目内部的基础函数和产生后 bx 和预测输出 $\hat{y}_\ell$ 定义在前一段。第 ℓ 个块的第一部分的操作由以下公式来描述：

$$h_{\ell,1}-FC_{\ell,1}(X_\ell),h_{\ell,2}=FC_{\ell,1}(X_\ell)C_{\ell,2}(h_{\ell,1}),h_{\ell,3}= FC_{\ell,3}(h_{\ell,2}),h_{\ell,4}=FC_{\ell,4}(h_{\ell,3}) \tag{8-5}$$

$$\theta_\ell^b=L_{\text{INER}_\ell^b}(h_{\ell,4}),\theta_\ell^f=L_{\text{INER}_\ell^f}(h_{\ell,4}) \tag{8-6}$$

这里的线性层是一个简单的线性投影层，即 $\theta_\ell^f=L_{\text{INER}_\ell^f}(h_{\ell,4})FC_{\ell,1}$ 层是一个标准的 RELU 非线性全连接层。因此，对于 $FC_{\ell,1}$ 有 $h_{\ell,1}=\text{RELU}(W_{\ell,1}X_\ell+b_{\ell,1})$。这部分体系结构的一个任务是预测前向展开系数，$\theta_\ell^f$ 其最终目标是通过适当混合，g_ℓ^f 提供的基向量来优化部分预测的精度。此外，该子网络预测了 g_ℓ^b 使用的反向扩展系数 θ_ℓ^b 来产生 $\hat{x}_\ell$ 的估计，最终目标是通过删除下游块的输入中对预测无效的组件来帮助下游块。

网络的第二部分将扩展系数 θ_ℓ^f 和 θ_ℓ^b 映射到通过基层的输出，$\hat{y}_\ell=g_\ell^f(\theta_\ell^f)$ 和 $\hat{x}_\ell=g_\ell^b(\theta_\ell^b)$。其操作可以用以下公式式来描述：

$$c=\sum_{i=1}^{\dim(\theta_\ell^f)}\theta_{\ell,i}^f v_i^f \hat{x}_\ell=\sum_{i=1}^{\dim(\theta_\ell^b)}\theta_{\ell,i}^b v_i^b \tag{8-7}$$

式中：v_i^f 和 v_i^b 是预测和后反基向量；$\theta_{\ell,i}^f$ 是 θ_ℓ^f 的第 i 个元素；g_ℓ^b 和 g_ℓ^f 的功能是提供足够丰富的集合，即 $\{v_i^f\}_{i=1}^{\dim(\theta_\ell^f)}$，$\{v_i^b\}_{i=1}^{\dim(\theta_\ell^b)}$ 这样它们各自的输出可以通过不同的展开系数 θ_ℓ^f 和 θ_ℓ^b 来充分表示。如下所示，g_ℓ^b 和 g_ℓ^f 可以选择为可学习的，也可以设置为特定的函数形式，以反映特定问题的归纳偏差，以适当地约束输出的结构。

二、双残差堆叠

经典的残差网络架构在将结果传递到下一个堆栈之前，将层堆栈的输入添加到其输出中。DenseNet 架构，通过从每个栈的输出到随后的每个其他栈的输入，扩展了这一原则。这些方法在提高深度架构的可训练性方面提供了明显的优势。在这项工作中，它们的缺点是，它们导致了难以解释的网络结构。基于前向和后向残差的深度神经网络使用分层双残差拓扑，如图 8－3（中间和右）所示。该体系结构有两个剩余分支，一个运行于每层的后投预测，另一个运行于每个层的预测分支。其操作可以用以下公式式来描述：

$$x_\ell=x_\ell-\hat{x}_{\ell-1},\hat{y}=\sum_\ell \hat{y}_\ell \tag{8-8}$$

如前所述，在第一个块的特殊情况下，它的输入是模型级输入 x。对于所有其他块，后投残差分支 x_ℓ 可以被认为是运行对输入信号的顺序分析。上一个块删除了它可以很好地近似的信号 $\hat{x}_{\ell-1}$ 的部分，使下游块的预测工作更容易。这种结构也促进了更多的流体梯度反向传播。更重要的是，每个块输出一个部分预测 $\hat{y}_\ell$，首先在堆栈级别聚合，然后在整个网络级别聚合，提供一个分层分解。最终的预测是所有部分预测的总和。在一个通用的模型上下文中，当允许堆栈为每一层提供任意的g_ℓ^b和g_ℓ^f时，这使得网络对梯度流更加透明。在g_ℓ^b和g_ℓ^f中强制执行的故意结构的特殊情况下，这对于通过聚合有意义的部分预测来实现可解释性至关重要。

基于g_ℓ^b和g_ℓ^f的选择，提出了该体系结构的两种配置。其中一种是通用的 DL，另一种是用一定的归纳偏差来解释的。

通用体系结构不依赖于时间序列问题的特定知识，通过设置g_ℓ^b和g_ℓ^f为前一层输出的线性投影。在这种情况下，块的输出被描述为：

$$\hat{y}_\ell = v_\ell^f \theta_\ell^f + b_\ell^f, \hat{x}_\ell = v_\ell^f \theta_\ell^f + b_\ell^b \tag{8-9}$$

基本构建块中的 FC 层在网络学习的基础，是v_ℓ^f中部分预测 b_ℓ^f 的预测分解，矩阵v_ℓ^f的维数为 $H \times \dim(\theta_\ell^f)$。$v_\ell^f$的第一个维数可以解释预测域内的离散时间指数。矩阵的第二维有对基函数的指数的解释，θ_ℓ^f是这个基的展开系数。因此，v_ℓ^f的列可以看作是时域上的波形。因为没有对v_ℓ^f的形式施加额外的约束，所以由深度模型学习到的波形没有固有的结构(在的实验中没有明显的结构)。这将导 $\hat{y}_\ell$无法被解释。

对于通用模型，堆栈的概念不是必需的，并且为了清楚起见，省略了堆栈级索引。现在将考虑堆栈级和块级索引。例如，$\hat{y}_{s,\ell}$将表示堆栈 s 内块 ℓ 的部分预测。趋势的一个典型特征是，大多数时候它是一个单调函数，或者至少是一个缓慢变化的函数。为了模仿这种行为，建议将和$g_{s,\ell}^f$限制为小次数 p 的多项式，这是一个在预测窗口内缓慢变化的函数：

$$\hat{y}_{s,\ell} = \sum_{i=0}^{p} \theta_{s,\ell,i}^f t^i \tag{8-10}$$

式中：这里时间向量$\boldsymbol{t}=[0,1,2,\cdots,H-2,H-1]^{\mathrm{T}}/H$ 定义在一个从 0 到$(H-1)/H$ 的离散网格上，预测 H 步，以矩阵形式进行的趋势预测将是：

$$\hat{y}_{s,\ell}^{tr} = T\theta_{s,\ell}^f \tag{8-11}$$

式中：$\theta_{s,\ell}^f$是堆栈 s 的 ℓ 层 FC 网络预测的多项式系数；$T=[1,t,\cdots,t^p]$是 t 的幂矩阵。如果 p 很低，它会通过 $\hat{y}_{s,\ell}^{tr}$来模拟趋势。

季节性的典型特征是，它是一个有规律的、周期性的、周期性的波动。因此，为了模拟季节性，建议约束$g_{b,\ell}^f$和$g_{s,\ell}^f$属于周期函数类，即$y_t=y_{t-\Delta}$，其中 Δ 是一个季节性周期。建模周期函数的一个自然选择是傅里叶级数：

$$\hat{y}_{s,\ell} \sum_{i=0}^{[H/2-1]} \theta_{s,\ell,i}^f = \cos(2\pi it) + \theta_{s,\ell,i+[H/2]}^f \sin(2\pi it) \tag{8-12}$$

季节性预测将采用矩阵形式如下：

$$\hat{y}_{s,\ell}^{\text{seas}} = S\theta_{s,\ell}^f \tag{8-13}$$

式中：$\theta_{s,\ell}^f$是堆栈 ℓ 层 FC 网络预测的傅里叶系数，$S=[1\cos(2\pi t),\cdots,\cos(2\pi\lfloor H/2-1\rfloor t),\sin(2\pi t),\cdots,\sin(2\pi H/2-1t)]$是正弦波形矩阵。

体系结构由两个堆栈组成：趋势堆栈之后是季节性堆栈。结合预测反投原理的双重剩余叠加的结果是：①在输入窗口 x 输入季节性叠加之前从输入窗口 x 中移除，②趋势和季节性的部分预测可作为单独的可解释输出。在结构上，每个堆栈由几个块组成，如图 1 所示的剩余连接，每个块共享其各自的，不可学习的$g_{b,\ell}^f$和$g_{s,\ell}^f$。趋势和季节性的区块数量都为 3 个。在共享$g_{b,\ell}^f$和$g_{s,\ell}^f$之外，共享堆栈中的块之间的所有权重可以获得更好的验证性能。

三、实验分析

M4 数据集是由斯·马克里达基斯自 1982 年以来,组织的一系列有影响力的预测比赛中的最新一个。数据集中含有 10 万条序列数据,包括在商业、金融和经济预测中经常遇到的数据,以及从每小时到每年的采样频率。表 8-1 给出了一个汇总统计数据的表,显示了 TS 特征的广泛可变性。该表展示了跨领域和预测范围的 M4 数据集的组成,并列出了基于其频率和类型的时间序列的数量。M4 数据集规模大且多样化:所有的预测范围都由在商业、金融和经济预测中经常遇到的异构时间序列类型(每小时除外)组成。它还列出了系列长度的汇总统计数据,显示了其中存在的广泛可变性,以及数据的描述(平滑与不稳定)和基于序列的平方差异系数。所有系列在所有时间步长上都有正的观测值。

表 8-1 M4 测试数据集

Type	Frequency/Horizon						Total
	Yearly/6	Qtly/8	Monthly/18	Wkly/13	Daily/14	Hrly/48	
Demographic	1 088	1 858	5 728	24	10	0	8 708
Finance	6 519	5 305	10 987	164	1 559	0	24 534
Industry	3 716	4 637	10 017	6	422	0	18 798
Macro	3 903	5 315	10 016	41	127	0	19 402
Micro	6 538	6 020	10 975	112	1 476	0	25 121
Other	1 236	865	277	12	633	414	3 437
Total	23 000	24 000	48 000	359	4 227	414	100 000
Min. Length	19	24	60	93	107	748	
Max. Length	841	874	2812	2610	9933	1 008	
Mean Length	37.3	100.2	234.3	1 035.0	2 371.4	901.9	
SD Length	24.5	51.1	137.4	707.1	1 756.6	127.9	
%Smooth	82%	89%	94%	84%	98%	83%	
%Erratic	18%	11%	6%	16%	2%	17%	

M3 数据集的组成与 M4 相似,但总体规模较小(M3 总共 3003 个时间序列数据,M4 为 10 万个),表 8-2 展示了一个包含汇总统计数据的表。在过去的 20 年里,该数据集支持了在设计更最优统计模型方面的重大努力。M3 比 M4 小,但它仍然很大和多样化:所有的预测范围都是由在商业、金融和经济预测中经常遇到的异质时间序列类型组成的。还列出了系列长度的汇总统计数据,显示了长度的广泛可变性。

表 8-2 M3 测试数据集

Type	Frequency/Horizon				Total
	Yearly/6	Qtly/8	Monthly/18	Hrly/48	
Demographic	245	57	111	0	413
Finance	58	76	145	29	308

续 表

Type	Frequency/Horizon				Total
	Yearly/6	Qtly/8	Monthly/18	Hrly/48	
Industry	102	83	334	0	519
Macro	83	336	312	0	731
Micro	146	204	474	4	828
Other	11	0	52	141	204
Total	645	756	1 428	174	3 003
Min. Length	20	24	66	71	
Max. Length	47	72	144	104	
Mean Length	28.4	48.9	117.3	76.6	
SD Length	9.9	10.6	28.5	10.9	
%Smooth	90%	99%	98%	100%	
%Erratic	10%	1%	2%	0%	

TOURISM 数据集作为阿塔纳索普洛斯和海德曼于 2011 年，举办的卡格勒比赛的一部分发布。这些数据包括由政府旅游组织（如澳大利亚旅游局、香港旅游局和新西兰旅游局）以及在以前的研究中使用过它们的各种学者提供的月、季度和年度系列数据。汇总统计表如表 8－3 所示。该表通过列出基于频率的时间序列的数量，概述了 travel 数据集在预测范围内的组成，展示了系列长度的汇总统计数据，显示了长度的广泛变化。所有序列在所有时间步长都有正的观测值。与 M4 和 M3 数据集相比，TOURISM 包含的不稳定序列的比例要高得多。

表 8－3　TOURISM 测试数据集

Type	Frequency/Horizon			Total
	Yearly/4	Qtly/8	Monthly/24	
Total	518	427	366	1 311
Min. Length	11	30	91	
Max. Length	47	130	333	
Mean Length	24.4	99.6	298	
SD Length	5.5	20.3	55.7	
%Smooth	77%	61%	49%	
%Erratic	23%	39%	51%	

M4 比赛中所有排名靠前的参赛选手都使用集成架构，集成是一种比流行的替代方法更强大的正则化技术，这些正则化技术，例如 Dropout 或 L2－范数惩罚。这些方法的加入改进了单个模型，但损害了集成的性能。一个集合的核心属性是多样性。使用几种多样性的来源来构建一个集合。首先，集成模型拟合于三个不同的指标：sMAPE，MASE 和 MAPE。其次，对于每个水平 H，对不同的模型进行不同长度的输入窗口进行训练：$2H$，

3H,…,7H,总共有 6 个窗口长度。因此,整体整体表现出多尺度的方面。最后,执行一个套袋程序(Breiman,通过包括使用不同随机初始化训练的模型),总共使用了 180 个模型来报告测试集上的结果。基于 M4、M3 和旅游业三个数据集的综合性能指标的关键经验结果如表 8-1 所示。第 5.1 节和附录 A. 对于每个数据集,根据每个数据集的习惯度量(M4:OWA 和 sMAPE,M3:sMAPE,旅游:MAPE),将 M4 的结果与文献中报告的最佳 5 个条目进行比较。

如表 8-4 所示,实验对比了两种 N-BEATS 拍配置的性能:通用(N-BEATS-G)和可解释(N-BEATS-G 和 N-BEATS-I 中所有模型的集成)。在 M4 数据集上,我们比较了来自 M4 竞赛的 5 个算法:纯 ML 是由 B. Trotta 提出的,是 6 个纯 ML 模型中最好的算法。

表 8-4 基础算法对比实验结果

	M4 Average (100 000)		M3 Average (3 003)		TOURISM Average (1 311)	
	sMAPE	OWA		sMAPE		MAPE
Pure ML	12.894	0.915	Comb S-H-D	13.52	ETS	20.88
Statistical	11.986	0.861	ForecastPro	13.19	Theta	20.88
ProLogistica	11.845	0.841	Theta	13.01	ForePro	19.84
ML/TS combination	11.72	0.838	DOTM	12.9	Stratometrics	19.52
DL/TS hybrid	11.374	0.821	EXP	12.71	LeeCBaker	19.35
N-BEATS-G	11.168	0.797		12.47		18.47
N-BEATS-I	11.174	0.798		12.43		18.97
N-BEATS-I+G	11.135	0.795		12.37		18.52

非重叠的数据集,包含来自非常不同的领域的时间序列,采样频率和季节性。例如,在 M4 数据集上,N-BEATS 和 M4 赢家之间的 OWA 差距(0.821−0.795=0.026)大于 M4 赢家和第二个条目之间的差距(0.838−0.821=0.017)。通用的 N-BEATS 模型使用尽可能少的先验知识,没有特性工程,没有伸缩性,也没有可能被认为是 ts 特定的内部架构组件。因此,表 8-4 中的结果使我们得出结论,DL 不需要来自统计方法或手工制作的特征工程和领域知识的支持,就可以在广泛的 TS 预测任务上表现得非常好。最重要的是,提出的通用架构在三个不同的数据集上表现得非常好,优于各种模型,包括通用的和手工制作的各自的数据集,包括 M4 的获胜者,一个对 M4 数据的每个预测水平子集进行手工调整的模型。

每个数据集分为训练、验证和测试子集。测试子集是先前为每个数据集定义的标准测试集。每个数据集的验证和训练子集是通过在每个时间序列的最后一个视界的边界上分割它们的完整训练集而得到的。使用训练和验证子集来调整超参数。一旦确定了超参数,就在整个训练集上训练模型,并在测试集上报告结果。

我们为每个数据集训练一个模型。如果每个时间序列都被解释为一个单独的任务,这可以回到多任务学习和元学习。神经网络通过学习多个任务进行正则化,以提高泛化。针对不同层次和数据集的模型可以重用相同的架构,体系结构超参数(宽度、层数、堆栈数等)

在不同视界和不同数据集中固定到相同的值(参见附录 D)。我们可以跨层重用体系结构甚至超参数,这一事实表明,所提出的体系结构设计可以很好地概括跨不同性质的时间序列。在 48k 个时间序列的 M4 个月子集和 174 个时间序列的 M3 个其他子集上成功地训练了相同的架构。

为了更新一个水平线的网络参数,对固定大小 1 024 的训练批次进行采样。我们从该水平线中均匀随机地选择 1 024 个 TSid,并进行替换。对于每个选定的 TSid,我们从紧邻 TS 列车部分最后一个点之前的长度 LH 的历史范围中选择一个随机预测点。LH 是一个交叉验证的超参数。我们观察到,对于时间序列数量较多的子集,它往往较小,而对于时间序列数量较少的子集,它往往较大。例如,在海量的 Yearly、Monthly、Quarterly 子集中,M4LH 等于 1.5,M4LH 的中到小周、日、小时子集等于 10。

给定一个采样预测点,将其后面的一个水平线值的点设置为目标预测窗口 y,并将 1 个点的历史记录设置为其前面的长度为 $2H$,$3H$,…,$7H$ 是网络的输入 x。我们使用 Adam 优化器,默认设置和初始学习率为 0.001。在依靠 sMAPE 度量的最小化来优化集成成员时,我们停止分母中的梯度流以使训练在数值上稳定。神经网络训练提前停止运行,批次数量根据验证集确定。对整个 M4 数据集的一名集成成员进行基于 GPU 的训练需要 30 min 到 2 h,具体取决于神经网络设置和硬件。

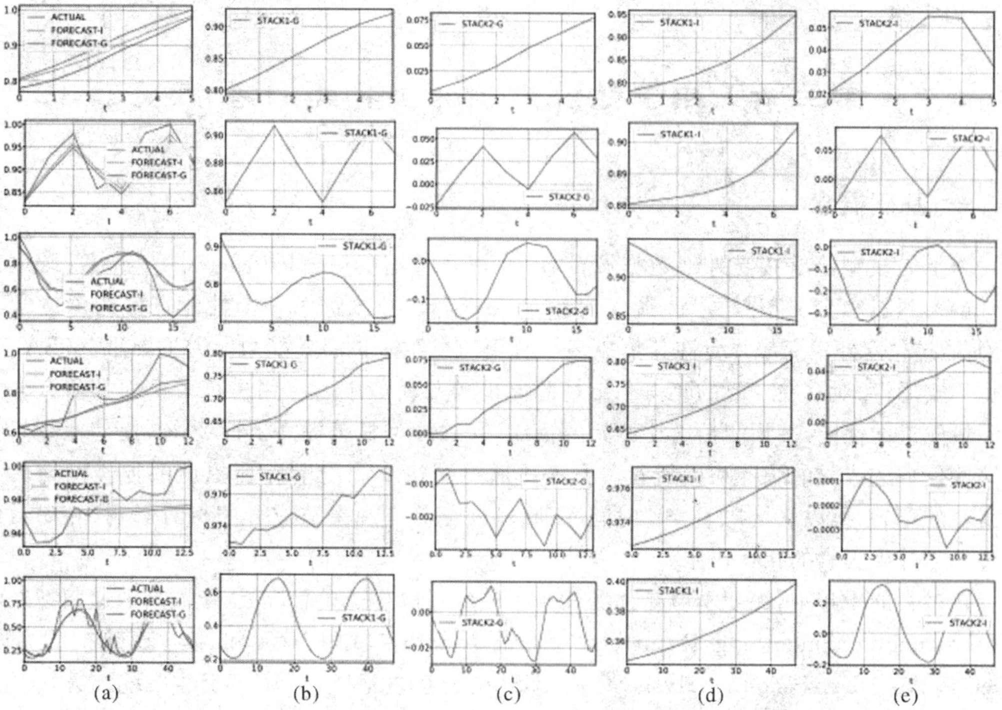

图 8-4　通用配置和可解释配置的输出图

(a)Combined;(b)Stack1 - G;(c)Stack2 - G;(d)StackT - I;(e)StackS - I

如图 8-4 所示,模型在通用配置和可解释配置中的输出。为了使图 8-4 中所示的通用体系结构可解释,将第一个堆栈中的 g_θ 约束为具有多项式的形式,而第二个堆栈具有傅里叶基的形式。此外,使用 N-BEATS 的通用配置的输出作为控制组(图 8-4 中描述的

30个残差块的通用模型分为两个堆栈),并排绘制了通用(后缀"-G")和可解释(后缀"-I")堆栈输出。通用模型的输出是任意的和不可解释的:趋势或季节性,或两者都出现在两个堆栈的输出中。在第二堆栈的输出输出(峰值到峰值)的大小通常较小。可解释模型的输出具有明显的特性:趋势输出是单调的、缓慢移动的,季节性输出是有规律的、周期性的,并有周期性的波动。如果存在显著的季节性,季节性产出的峰值幅度显著大于趋势

典型的内部学习与外部学习是动物一生中的个体学习与内部学习过程本身在许多代个体中的进化。要查看这两个级别,通常需要参考两组参数,即在内部学习过程中修改的内部参数(例如突触权重)以及仅修改的外部参数或元参数(例如基因)在外部学习过程中。

通过以下相似之处,N-BEATS可以被视为元学习的一个实例。外部学习过程封装在整个网络的参数中,通过梯度下降来学习。内部学习过程被封装在一组基本构建块中,并修改基础g_f作为输入的扩展系数θ_f。内部学习通过一系列阶段进行,每个阶段对应于架构堆栈中的一个块。每个块都可以被认为执行相当于更新步骤,该更新步骤逐渐修改扩展系数θ_f,最终馈入每个块中的g_f(它们加在一起形成最终预测)。内部学习过程从TS的一部分中获取单个历史记录,并将该历史记录视为训练集。它产生前向扩展系数θ_f,以参数方式将输入映射到预测。此外,每个前面的块通过产生向后扩展系数θ_b来修改下一个块的输入,从而调节下一个块的学习和输出。在可解释模型的情况下,元参数仅存在于FC层中,因为g_f是固定的。

第三节 用于电价预测的全神经网络方法

一、基础概念

为了使模型能够接受外部数据源信息,在神经基础扩展分析(Neural Basis Expansion Analysis,NBEATS)上进行了改造,称为NBEATSx。它改进了一个性能良好的深度学习模型,通过包含外生变量并允许其集成多个有用信息源来扩展其能力。为了展示NBEATSx模型的实用性,对其在广泛的年份和市场的电价预测任务中的应用进行了全面的研究。观察到最先进的性能,其预测精度比原始的NBEATS模型显著提高了近20%,比其他专门针对这些任务的成熟的统计和机器学习方法提高了高达5%。此外,所提出的神经网络具有可解释的配置,可以从结构上分解时间序列,可视化趋势和季节成分的相对影响,并揭示建模过程与外生因素的相互作用。

在过去的十年中,深度学习在预测任务中的应用取得了显著进展,指数平滑递归神经网络(Exponential Smoothing Recurrent Neural Network,ESRNN)和神经基础扩展分析(Neural Basis Expansion Analysis,NBEATS)在最近的M4竞赛中优于经典统计方法。尽管取得了成功,仍然确定了两种可能的改进,即整合与时间相关的外生变量作为它们的输入和神经网络输出的可解释性。

神经网络已经被证明是强大和灵活的,但在某些情况下,对模型预测的理解可能和它们的准确性一样重要,这对它们更广泛的采用构成了障碍。算法输出的可解释性是至关重要的,因为它鼓励了对其预测的信任,提高了对建模过程的知识,并提供了可以改进方法本身

的见解。

此外，由于缺乏与时间相关的协变量，使得这些强大的模型不适合许多应用程序。例如，电价预测(Electricity Price Forecasting，EPF)是一项其中协变量特征是获得准确预测的基本任务。因此，选择了这个具有挑战性的应用程序作为所提出的预测方法的测试场。

在这项工作中，首先扩展 NBEATS，允许它合并时间和静态外生变量，其次，通过进一步探索 NBEATS 的可解释配置和显示其作为时间序列信号分解工具的使用来解决提到的两个限制。将该新方法称为 NBEATSx。本文的主要贡献包括：

(1)合并外源变量。对 NBEATS 模型进行改进，以纳入与时间相关的和静态的外源变量。为此，设计了一个用卷积构建的特殊子结构，清理和编码从这些协变量中获得的有用信息，同时尊重数据中存在的时间依赖性。这些改进极大地提高了 NBEATS 方法的准确性，并扩展了其可解释性能力。

(2)可解释的时间序列信号分解。结合了神经网络提供的非线性变换的力量和建模多个季节性的灵活性，并同时解释交互事件，如假日和其他协变量，同时保持可解释性。扩展的 NBEATSx 体系结构可以将其预测分解为经典的水平、趋势和季节性集合，并识别外源协变量的影响。

(3)时间序列预测比较。展示了 NBEATSx 模型在五个 EPF 任务上的使用，在所有考虑的数据集上实现了最先进的性能。与原始的 NBEATS 和 ESRNN 架构相比，获得了近 20%的精度提高，比其他成熟的机器学习、EPF 定制方法提高了高达 5%。

深度学习方法(DL)在解决序列建模问题方面已经显示出了重要的效用，并应用于自然语言处理、音频信号处理和计算机视觉。长期以来，使用神经网络和递归神经网络(RNNs)的序列建模被视为同义词。随着时间传播的 RNNs 的隐藏内部激活为这些模型提供了编码观察到的序列过去的能力。这就解释了它们在构建应用于自然语言处理和机器翻译的不同序列到序列模型(Seq2Seq)方面的巨大受欢迎。RNN 的大部分进展是通过建筑创新和新颖的训练技术实现的，使其优化更容易，并涉及流行的设计，如长短期记忆(LSTM)和门控循环单元(GRUs)。

在循环结构中采用卷积和跳过连接是序列建模新进展的重要前兆，因为使用更深层次的表示为模型赋予了更长的有效内存。这种前体的例子可以在 WaveNet 中找到，用于音频生成和机器翻译，以及扩张的 RNN(DRNN)和时间卷积网络(TCN)。

目前，Seq2Seq 模型及其导数可以有效地学习复杂的非线性时间依赖关系。它们在时间序列分析领域的应用取得了巨大的成功。Seq2Seq 模型最近显示出了比经典统计方法更好的预测性能，同时将预测系统大大简化为单盒模型，如多分位数卷积神经网络(MQCNN)，指数平滑递归神经网络(ESRNN)和神经基础展开分析(NBEATS)。在很长一段时间内，学术界抵制广泛采用这些新方法，尽管它们在 M4 竞争等挑战方面的明显成功促使预测研究界更广泛地采用它们。

电价预测(EPF)任务的目的是预测批发市场的现货价格(平衡、当日、前日)和远期价格。由于短期电力交易的主力是前日市场，其每日一次(统一价格拍卖，绝大多数的研究集中于预测第二天 24 h 的电价，在某个点或概率设置。也有关于 EPF 的非常短期的研究和中长期的研究。最近，可再生能源发电和大规模电池存储的扩张，使本已波动的现货价格产生了复杂的动态，使该领域成为一个多产的课题，可以测试新的预测理念和交易策略。

在过去的二十年里，两类模型特别重要时预测远期价格：统计（也称为计量经济学或技术分析），在大多数情况下基于线性回归，和计算智能（也称为人工智能、非线性学习，或机器学习），神经网络是基本的基石）。在后者中，许多最近提出的方法利用深度学习，或者是混合解决方案，通常包括数据分解、特征选择、聚类、预测平均和/或启发式优化来估计模型超参数。

二、可扩展外部信息的 NBEATSx 模型

NBEATSx 框架通过对目标数据的不同块上的基函数进行单独的局部非线性投影来分解目标信号。图 8-5 描述了该模型的总体体系结构。每个区块由一个完全连接的神经网络组成(FCNN)，它学习回溯和预测元素的扩展系数。回溯模型用于清理后续块的输入，同时对预测进行求和以组成最终的预测。这些块被堆叠起来，每个潜在的多个堆栈都专门处理基函数的不同变体。

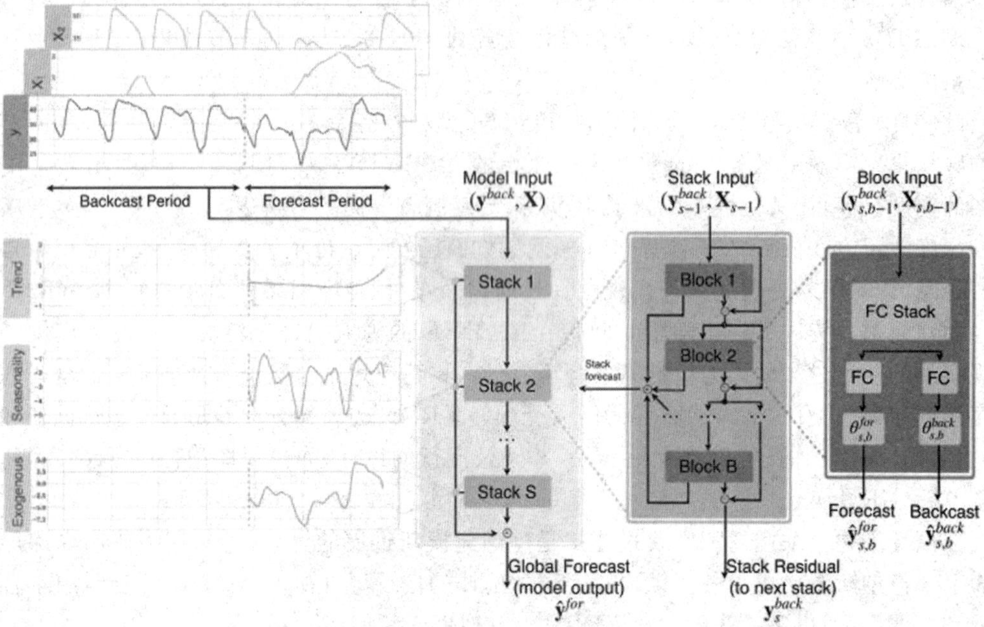

图 8-5 NBEATSx 结构模型

为了对 NBEATSx 描述，引入了以下符号：目标信号由向量 y 表示，模型的输入是长度为 L 的回溯窗口向量y^{back}和长度为 H 的预测窗口向量y^{for}，其中 L 表示作为经典自回归特征的滞后长度，H 为作为目标的预测视界。而最初的 NBEATS 只承认目标变量y^{back}返回的回转周期作为回归变量，NBEATSx 在分析中加入了协变量，用矩阵 x 表示。

目标变量为小时电价，回溯向量长度 L 为 96 h，预测水平 H 为 72 h。在本例中，协变量矩阵 X 由风力发电和电力负荷组成。在对比实验中，所考虑的水平是 $H=24$，它对应于前一天的预测，而回溯输入 $L=168$ 对应于一周的滞后值。对于其预测，NBEATS 模型只接收到一个与反广播周期相对应的局部输入向量，这使得计算速度异常快。该模型仍然可以通过来自外生变量的局部输入来表示更长的时间依赖关系；例如，它可以从日历变量中学习长

期的季节效应。

总的来说，如图 8－5 所示，NBEATSx 由 B 块的 S 堆栈组成。第一个块的输入 y 后面由目标时间序列 y 的 L 个滞后和外生矩阵 X 组成，而每个后续块的输入包括与前一个块的背投输出的剩余连接。

对于给定的第 s 个堆栈和其中的第 b 个块，NBEATSx 模型执行两个转换，第一个转换，定义如公式 8－14 所示。数据（$y_{s,b-1}^{\text{back}}$，$X_{s,b-1}$）和应用一个全连接的神经网络学习隐藏单位$h_{s,b} \in \mathbb{R}^{Nh}$，那是线性适应到预测的$\theta_{s,b}^{for} \in \mathbb{R}^{Ns}$和背景$\theta_{s,b}^{\text{back}} \in \mathbb{R}^{Ns}$膨胀系数，其中$N_s$表示堆栈基础的尺寸标注。

$$h_{s,b} = \text{FCNN}_{s,b}(y_{s,b-1}^{\text{back}}, X_{b-1}) \tag{8-14}$$

$$\theta_{s,b}^{\text{back}} = \text{LINEAR}^{\text{back}}(h_{s,b})\theta_{s,b}^{\text{for}} = \text{LINEA}\,R^{\text{for}}(h_{s,b}) \tag{8-15}$$

第二个转换，如公式（8－16）所示，由学习到的系数和块的基向量$V_{s,b}^{\text{back}} \in \mathbb{R}^{L\times Ns}$和$V_{s,b}^{\text{for}} \in \mathbb{R}^{H\times Ns} V$ 对于 s，$b \in RH\times Ns$ 之间的基展开运算组成。这个转换导致回溯 $\hat{y}_{s,b}^{\text{back}}$ 和组件的预测$\hat{y}_{s,b}^{\text{for}}$。

$$\hat{y}_{s,b}^{\text{back}} = V_{s,b}^{\text{back}}\theta_{s,b}^{\text{back}} \text{ and } \hat{y}_{s,b}^{\text{back}} = V_{s,b}^{\text{for}}\theta_{s,b}^{\text{back}} \tag{8-16}$$

使用双残差堆叠原理将这些块组织成堆叠，如公式（8－17）所示，残差回溯块$y_{s,b+1}^{\text{back}}$，允许模型从y^{back}减去与 s，b 个堆栈和块$V_{s,b}^{\text{back}}$相关的分量，这也可以被认为是模型信号的顺序分解。反过来，这种方法有助于优化过程，因为它准备了后续层的输入，使下游预测更容易。对于 s 的堆栈预测y_s^{for}汇总了来自每个块的部分预测。

$$y_{s,b+1}^{\text{back}} = y_{s,b}^{\text{back}} - \hat{y}_{s,b}^{\text{back}} \text{ and } = \sum_{b=1}^{B} \hat{y}_{s,b}^{\text{for}} \tag{8-17}$$

该模型的最终预测$\hat{y}^{\text{for}}$，是由所有堆栈预测的总和得到的。当块是可解释的时，预测的加性生成意味着对预测组件的非常直观的分解。

$$\hat{y}^{\text{for}} = \sum_{s=1}^{s} \hat{y}_s^{\text{for}} \tag{8-18}$$

原始的神经基展开分析方法基于学习算法中编码的假设，提出了两种配置，选择等式块中使用的基向量$V_{s,b}^{\text{back}}$和$V_{s,b}^{\text{for}}$。对基础的限制选择允许模型输出预测的可解释分解，而允许自由确定基础可以通过有效地消除对基础函数形式的任何约束，产生更灵活的预测。

基向量的选择依赖于时间序列分解技术，这些技术通常用于理解给定时间序列的结构及其变化模式。这一领域的工作范围从经典的平滑方法及其扩展，如 X－11－ARIMA，X－12－ARIMA和 X－13－ARIMA－SEATS。为了鼓励可解释性，每个堆栈中的块可以直接使用调和函数、多项式趋势和外生变量来执行它们的投影。可解释配置的部分预测通过公式式来描述。

$$\hat{y}_{s,b}^{\text{trend}} = \sum_{i=0}^{N_{pol}} t^i\,\theta_{s,b,i}^{\text{trend}} \equiv T\theta_{s,b}^{\text{trend}} \tag{8-19}$$

$$\hat{y}_{s,b}^{\text{seas}} = \sum_{i=0}^{[H/2-1]} \cos\left(2\pi i\,\frac{t}{Nhr}\right)\theta_{s,b,i}^{\text{trend}} + sin\left(2\pi i\,\frac{t}{Nhr}\right)\theta_{s,b,i+[H/2]}^{\text{seas}} \equiv S\theta_{s,b}^{\text{seas}} \tag{8-20}$$

$$\hat{y}_{s,b}^{\text{exog}} = \sum_{i=0}^{N_x} X_i\,\theta_{s,b,i}^{\text{exog}} \equiv X\,\theta_{s,b}^{\text{exog}} \tag{8-21}$$

式中：时间向量$t^{\mathrm{T}}=[0,1,2,\cdots,H-2,H-1]/H$被离散定义。当$s$的基$V_{s,b}^{\mathrm{for}}$是$T=[1,t,\cdots,t^{N_{\mathrm{pol}}}]\in\mathbb{R}^{H\times(N_{\mathrm{pol}}+1)}$，其中$N_{\mathrm{pol}}$是最大多项式度，系数是趋势的多项式模型的系数。当$s$的基$V_{s,b}^{\mathrm{for}}$，$b$是谐波$S=\left\{1,\cos\left(2\pi\frac{t}{Nhr}\right),\cdots,\cos\left[2\pi(H/2-1)\frac{t}{Nhr}\right],\cdots\sin\left(2\pi\frac{t}{Nhr}\right),\cdots\sin\left[2\pi(H/2-1)\frac{t}{Nhr}\right]\right\}\in\mathbb{R}^{H\times(H+1)}$，$s$的系数向量$\boldsymbol{\theta}_{s,b}^{\mathrm{for}}$可以解释为傅里叶变换系数，超参数 Nhr 控制谐振荡。当基是矩阵$\boldsymbol{X}=[X_1,\cdots,X_{N_X}]\in\mathbb{R}^{H\times N_X}$时，可以认为是一个时变局部回归。其中，$N_X$为外生变量的个数。所得到的模型可以灵活地反映共同的结构假设，特别是使用可解释的基础以及它们的组合。

在最初的 NBEATS 框架中，可解释的配置通常包括一个趋势堆栈和一个季节性堆栈，每个堆栈包含三个块。对该配置的 NBEATSx 扩展由三个堆栈组成，每种类型的因素（趋势、季节性和外源性）对应一个。将这种可解释配置及其增强的可解释配置分别称为 NBEATS - I 和 NBEATSx - I 模型。

对于一般构型，是等式中非线性投影的基础对应于标准向量，即s的$V_{s,b}^{\mathrm{for}}=$，$I_{H\times H}$，一个维数单位矩阵等于预测视界H，与s的系数基数$|\theta_{s,b}^{\mathrm{for}}|=H$相匹配。

$$\hat{y}_{s,b}^{\mathrm{gen}}=V_{s,b}^{\mathrm{for}}\theta_{s,b}^{\mathrm{for}}=\theta_{s,b}^{\mathrm{for}} \tag{8-22}$$

这一基础使 NBEATSx 能够有效地表现得像一个经典的全连接神经网络（FCNN）。每个区块内 FCNN 的输出层有对应的H神经元，每个神经元产生预测周期的一个特定时间点的预测。这可以理解为在优化过程中学习的基向量，允许以数据驱动的方式自由地确定每个堆栈的基的波形。这为通用变体在表示复杂数据方面提供了更大的灵活性和能力，但它也可能导致更少的可解释结果，并可能进一步增加过拟合的风险。

对于具有通用构型的 NBEATSx 模型，提出了一种新的外源块，它从具有编码器卷积子结构的时间依赖的协变量中学习上下文向量$C_{s,b}$：

$$\hat{y}_{s,b}^{\mathrm{exog}}=\sum_{i=0}^{N_x}C_{s,b,i}\,\theta_{s,b,i}^{\mathrm{for}}\equiv C_{s,b}\,\theta_{s,b}^{\mathrm{for}}\ \text{with}\ C_{s,b}=\mathrm{TCN}(X) \tag{8-23}$$

在前面的公式中，采用时间卷积网络（TCN）作为编码器，但任何具有顺序结构的神经网络都可以与模型的后传和预测分支兼容，也可以作为编码器。例如，WaveNet 可以是 RNN 的有效替代方案，因为它还能够通过堆叠多层来捕获长期依赖性和协变量的相互作用，而扩张有助于保持模型的计算可控性。此外，卷积有一个非常方便的解释，作为信号滤波器的加权移动平均值。最终的线性投影和预测的加性组成可以解释为一个解码器。

原始的 NBEATS 配置只包含一个包含数十个块的通用堆栈，而提出的模型同时包含了通用堆栈和外源性堆栈，并通过数据驱动的超参数调优来确定顺序。将此配置称为 NBEATSxG 模型。

通过外生变量是否反映了模型数据的静态或时间依赖的方面来区分外生变量。静态的外生变量携带时不变的信息。当使用公共参数来预测多个时间序列时，这些变量允许在具有相似静态变量级别的时间序列组中共享信息。静态变量的例子包括指示符，如区域的标识符和产品组的标识符等。

对于时间依赖的外源协变量，区分了两个亚型。首先，从数据中的自然频率中考虑季节协变量。这些变量对于 NBEATSx 识别窗口回顾周期内外的季节模式和特殊事件非常有用。这些例子是来自等式的趋势和调和函数。其次，确定了每个问题所特有的具有特定领域的时间协变量。EPF 的设置通常包括对来自可再生能源的电力负荷和生产水平的提前一天的预测。

三、对比实验分析

为了评估的方法的预测能力，考虑了短期电价预测任务，其中的目标是预测前日的价格。在实证评估中使用了 5 个主要的电力市场，所有这些市场都包括每小时的价格观察和两个有影响的时间外生变量，持续 2 184 天(312 周，6 年)。

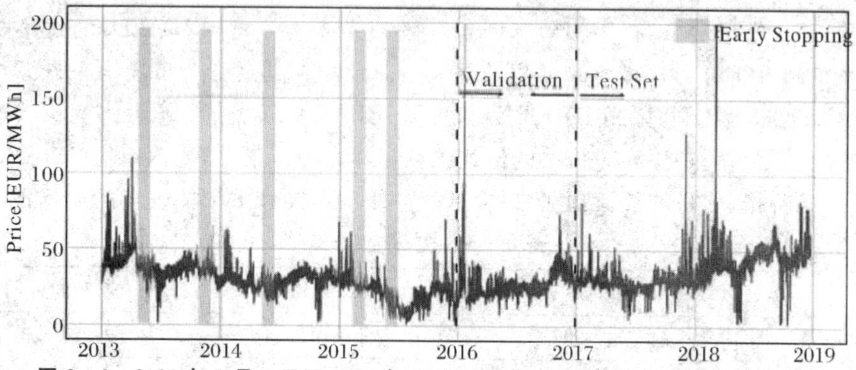

图 8－6　2013 年 1 月 1 日至 2018 年 12 月 24 日北欧市场的日间电价时间序列

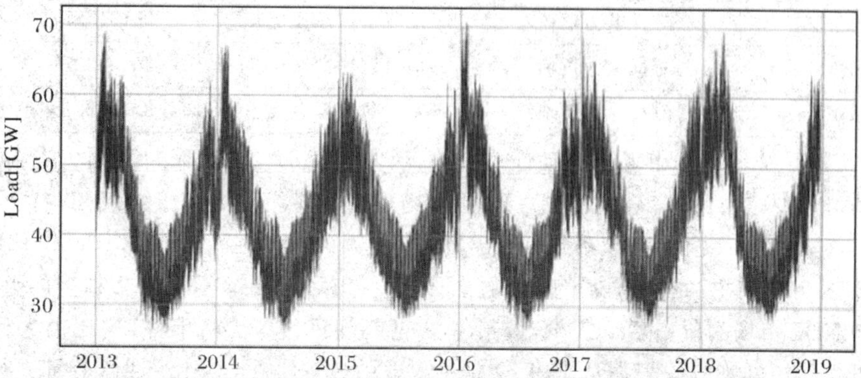

图 8－7　2013 年 1 月 1 日至 2018 年 12 月 24 日系统负载序列数据

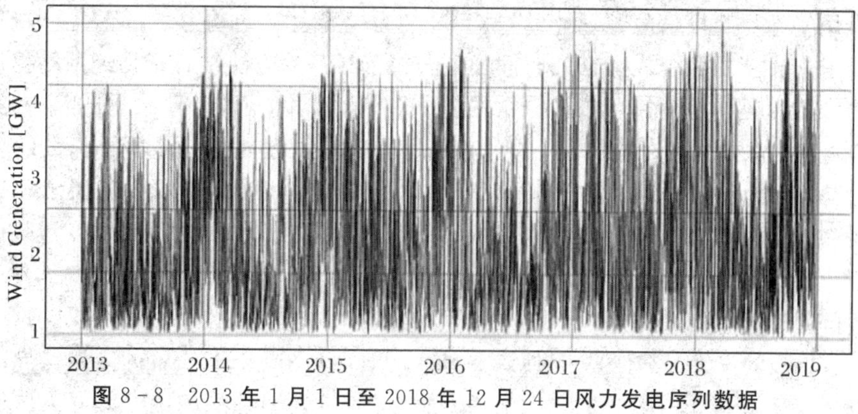

图 8－8　2013 年 1 月 1 日至 2018 年 12 月 24 日风力发电序列数据

训练数据由每个数据集的前四年组成。验证集是训练数据之后的年份(在第一条和第二条虚线之间)。对于保留的测试集,使用每个数据集的最后两年(用第二条虚线标记)。在评估过程中,重新校准模型,更新训练集,以在每次每日预测之前纳入所有可用的数据。重新校准使用了从更新的训练集中随机选择的 42 周的早期停止集(样本选择在顶部面板中用蓝色矩形标记)。从每个市场 6 年的可用数据中,坚持两年的时间来测试算法的预测性能。测试集的长度和多样性使能够获得对模型的鲁棒性和泛化能力的准确和高度全面的度量。

表 8-5 总结了每个市场的关键特征。与北欧国家之间的交换相对应的北方电力市场(NP),包含了每小时的价格和对负荷和风力发电的提前预测。第二个数据集是美国宾夕法尼亚一新泽西一马里兰市场(PJM),其中包含联邦爱迪生公司(COMED)的每小时区域价格,以及系统和 COMED 区域水平的提前两天负荷预测。其余三个市场均来自综合欧洲电力交易所(EPEX)。比利时(EPEX-BE)和法国(EPEX-FR)市场作为协变量共享法国的提前预测一代,因为它是比利时价格的最佳预测指标之一。最后,德国市场(EPEX-DE)包含了每小时的价格、前日的负荷预测,以及国家一级的风能和太阳能发电的前日预测。

表 8-5　测试数据集

市　场	外部变量 1	外部变量 2	时间区间
北欧市场	前日电力负荷	前日风力发电	20161227-20181224
美国市场	前两日系统负载	联邦爱迪生公司电价	20161227-20181224
法国市场	前日电力负荷	前日法国总发电量	20161227-20181224
比利时市场	前日电力负荷	前日法国总发电量	20161227-20181224
德国市场	前日电力负荷	前日风光互补发电	20161227-20181224

NP 市场是被考虑的市场中波动性最小的,因为其大部分电力来自水力发电,可再生能源的波动可以忽略不计,零峰值很少。PJM 市场正在从煤炭发电向天然气和一些可再生能源过渡。零峰值是罕见的,但该系统表现出比 NP 更高的波动性。在 EPEXBE 和 EPEX-FR 市场,负价格和峰值更为频繁,随着时间的推移,这些市场开始显示出越来越多的整合迹象。最后,EPEXDE 市场的价格飙升很少,但最常见的是负面和零价格事件,这在很大程度上是由于可再生能源的影响。根据从 EPF 文献中提取的最佳实践,对外源性协变量进行了标准化。对神经网络的输入进行预处理对于加速和稳定优化至关重要。

假设用于学习建模信号,赋予 NBEATSx 能力模型复杂的动力学,使人类理解的输出,把它变成一个独特的和令人兴奋的时间序列分析工具。的方法结合了神经网络提供的非线性变换的力量和灵活地建模可以是分数的多个季节,同时考虑交互事件,如假期和其他协变量。如上所述,NBEATSx 体系结构的可解释配置计算缓慢变化的多项式函数的时变系数来建模趋势,谐波函数来模拟信号的循环行为,以及外生协变量。在这里,展示了这种配置如何将一个时间序列分解为经典的水平、趋势和季节性成分集,同时识别协变量效应。

在这个时间序列信号分解的例子中,展示了 NBEATSx-I 模型如何通过显式地解释外源协变量所携带的信息而优于 NBEATS-I。2017 年 12 月 18 日电力市场时价(EUR/MWh),这是高负荷价格高的一天。其他日子,原始 NBEATS-I 和 NBEATSx-I 的结果差异不那么明显。选择了一个高于正常负荷的一天作为展示目的,以证明预测的定性差异。原始模型表现出很强的负性偏差。另一方面，NBEATSx - I 能够捕获外生特征的明显的实质性的解释价值，从而产生更准确的预测。

为了确保的结果与现有文献的可比性，选择遵循广泛接受的实践来评估点预测的准确性：平均绝对误差(MAE)、相对平均绝对误差(rMAE)、2 对称平均绝对百分比误差(sMAPE)和均方根误差(RMSE)，定义为

$$\mathrm{MAE}=\frac{1}{24N_d}\sum_{d=1}^{N_d}\sum_{h=1}^{24}\left|y_{d,h}-\hat{y}_{d,h}\right| \tag{8-24}$$

$$\mathrm{rMAE}=\frac{\sum_{d=1}^{N_d}\sum_{h=1}^{24}\left|y_{d,h}-\hat{y}_{d,h}\right|}{\sum_{d=1}^{N_d}\sum_{h=1}^{24}\left|y_{d,h}-\hat{y}_{d,h}^{\mathrm{native}}\right|} \tag{8-25}$$

$$\mathrm{sMAE}=\frac{200}{24\ N_d}\sum_{d=1}^{N_d}\sum_{h=1}^{24}\frac{\left|y_{d,h}-\hat{y}_{d,h}\right|}{\left|y_{d,h}\right|+\left|\hat{y}_{d,h}\right|} \tag{8-26}$$

$$\mathrm{RMSE}=\sqrt{\frac{1}{24\ N_d}\sum_{d=1}^{N_d}\sum_{h=1}^{24}\left(y_{d,h}-\hat{y}_{d,h}\right)^2} \tag{8-27}$$

式中：$y_{d,h}$和$\hat{y}_{d,h}$是每个测试集 $Nd=728$ 两年的第 d 天和第 h 小时时间序列的实际值和预测。基于回归的模型是通过最小化平方误差来估计的，而为了训练神经网络，则最小化绝对误差。因此，MAE 和 RMSE 在的环境中都是高度相关的。由于它们不容易在不同的数据集之间进行比较，并且考虑到这种错误在预测实践中的流行程度。sMAPE 被用作 MAPE 的替代品，MAPE 在值接近于零的情况下可能会退化。rMAE 的计算，而不是在 M4 竞争中使用的比例测量。

为了评估哪种预测模型提供更好的预测，依赖于贾科米尼-怀特检验的多步条件预测能力，这可以解释为迪堡-马里亚诺检验。与 DM 或其他无条件检验相比，GW 检验在一般假设下是有效的，如数据的异质性而不是平稳性。GW 检验了规定的相同精度的原假设，通过一对模型 A 和模型 B 的每日误差的 L1 范数来测量，以当时提供的信息为条件

$$H_0:E[\|y_d-\hat{y}_d^A\|_1-\|y_d-\hat{y}_d^B\|_1\,|\,F_{d-1}.]\equiv E[\Delta_d^{A,B}\,|\,F_{d-1}.]=0 \tag{8-28}$$

NBEATSx 的训练方法和本工作中包含的基准模型的基石，是表 8 - 5 中的训练、验证、早期停止和测试数据集。这五个市场的训练集包括前三年的数据，而测试集包括最后两年的数据。验证集被定义为训练集和测试集覆盖率之间的年份。用于正则化的早期停止集，要么是随机抽样的，要么对应于在训练集的时间跨度后的 42 周。这些集合用于在下面描述的超参数优化阶段和重新校准阶段。

在超参数优化阶段，利用在验证集上测量的模型性能来指导，对定义的超参数空间的探索。在重新校准阶段，每天对由其超参数定义的最优选择的模型进行重新训练，以在测试推理之前包含新可用的信息。在这一阶段，一个早期停止集为再训练的优化提供了一个正则化信号。

为了训练神经网络，使用具有自适应矩的随机梯度下降。比较了 NBEATS 和 NBEATSx 的训练和验证轨迹，作为诊断方法来评估两种方法的差异。如果有特定的连续迭代次数而没有改善早期停止集的损失，则早期停止策略将停止训练过程。在此阶段，验证

数据集用于指导搜索性能良好的配置。为了比较基准测试和 NBEATSx,依赖于相同的自动选择过程:一种贝叶斯优化技术,使用树状结构的 Parzen 估计器有效地探索超参数空间。为了获得可比性的结果,在超参数优化阶段,使用了与 Lago 相同数量的配置。请注意,有些方法不需要任何超参数优化。

研究表明,在实践中,结合一组不同的模型可以成为一种强大的正则化形式,以减少预测的方差。预测社区用来在模型中诱导多样性的技术是丰富的。原始的 NBEATS 模型从三个来源获得多样性,使用不同的损失函数训练,改变输入窗口的大小,使用不同随机初始化的套袋模型。他们使用中位数作为 180 个不同模型的聚合函数。

使用两种多样性来源来集成 NBEATSx 模型。第一种使用一种数据增强技术,由训练期间使用的窗口的采样频率控制。第二个来源来自于是随机选择早期停止集,还是使用测试集之前的最后 42 周。结合数据增强和早期停止选项,得到了四个模型,使用算术平均值作为聚合函数进行集成。进行了两类自回归模型,套索估计自回归模型,一个简约的深度神经网络,没有外源协变量的原始神经基础展开分析,以及指数平滑递归神经网络。本实验考察了包括协变量输入和比较 NBEATSx 与最先进的方法对电价前日预测任务的影响。

与原始 NBEATS 相比,所有指标和市场的它平均提高了 18.77%,与没有时间依赖协变量的 ESRNN 相比,它平均提高了 20.6%。对于集成模型,NBEATSxRMSE 平均提高了 4.68%,MAE 提高了 2.53%,rMAE 提高了 1.97%,sMAPE 提高了 1.25%。将 NBEATSx 集成与个别市场上的 DNN 集成进行比较,NBEATSx 在 Nordp 市场提高了 5.38%,在法国市场上提高了 2.48%,在德国市场上提高了 2.81%。NBEATSx 在 PJM 和 BE 市场的表现无显著,分别为 0.24%和 1.1%。

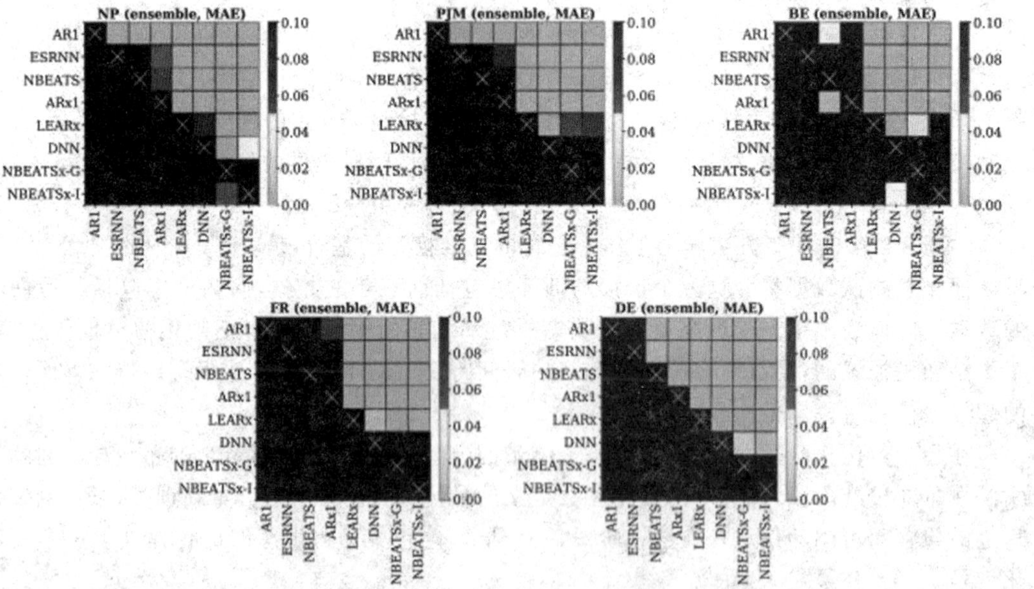

图 8-9　前一天的预测结果图

图 8-9 提供了横跨五个市场的 MAE 评价指标的六个集成模型的 Giacomini-White 检验(GW)的统计显著性的图形表示。对单一模型进行了类似的显著性分析。显著性检验中包

含的模型与表3相同：LEAR、DNN、ESRNN、NBEATS，以及提出的方法NBEATSx-G和NBEATSx-I。每次比较的p值显示了图4中所示的网格中一个单元格的列索引对应的模型预测对网格中该单元格行对应的模型预测的性能改进是否具有统计学意义。NBEATSx-G模型在NP和DE中优于DNN模型，而NBEATSx-I在NP、FR和DE中优于DNN模型。此外，在任何市场上，都没有一个基准模型显著优于NBEATSx-I和NBEATSx-G。

神经基础扩展分析是一种非常灵活的方法，能够产生准确和可解释的预测，但仍有改进的空间。例如，向小波增强谐波函数或替换卷积编码器，这将产生协变量基与平滑的替代方案，如样条曲线。此外，还可以扩展当前的不可解释的方法。基于神经的方法有几个有价值的特性，使其适用于广泛的预测任务。

该网络优化速度快，主要由全连接的层组成。它可以产生可解释的结果，并在考虑外生变量是基本的预测任务中达到最先进的性能。利用来自电价预测领域的一组基准数据集证明了该方法的实用性，但它可以直接应用于其他领域的预测问题。定性评价表明，NBEATSx的可解释配置可以为分析人员提供有价值的见解，因为它通过将时间序列的变化分为趋势、季节性和外生成分，以一种类似于经典时间序列分解的方式来解释时间序列的变化。关于定量预测的性能，没有观察到没有外源性变量的ESRNN和NBEATS之间的显著差异。与此同时，NBEATSx比NBEATS提高了近20%，比专门用于电价预测任务的LEAR和DNN模型提高了高达5%。最终，发现NBEATSx-G和NBEATSxI预测的准确性和可解释性之间没有显著的权衡。

第四节　基于时空的全连接门控图结构的交通预测方法

一、基础概念

多元时间序列预测是交通管理、蜂窝网络配置和定量金融等领域的重要问题。当存在捕获时间序列之间关系的可用图表时，就会出现这种问题的特殊情况。在实际计算中，可以在不需要图知识的情况下，实现与现有最佳算法竞争或更好的性能。该体系结构的关键要素是可学习的全连接硬图门控机制，它可以在交通预测应用中使用最先进的、计算效率最高的全连接时间序列预测体系结构。

许多多变量时间序列(TS)预测问题，自然会采用图形模型的形式。当实体的过去可以被观察到而未来必须被预测时，通过简单的因果关系相互影响。例如，在商店里引入百事可乐的产品，很可能会减少可口可乐未来的销量。高速公路上某一路段的汽车拥堵，可能会减慢前面路段的交通速度。如果没有图形化建模，模型就看不到这些细微差别，使实体交互成为混杂因素的集合，模型很难解释和预测。有了可学习的实体属性模型(如实体嵌入)、实体交互模型(如图边权重)以及将它们连接到TS模型的机制(如门控机制)，就可以学习其他未知的实体交互以提高预测精度。

多元TS预测或预报已经被深入研究了几十年。从历史上看，神经网络方法很难与最先进的统计预测模型竞争。最近，一些神经网络架构在许多时间序列上进行训练，然后根据单个变量的过去历史(协变量和时间序列)形成预测，已经超过了统计方法。这些体系结构不能同时使用来自所有时间序列的过去信息，形成对多个时间序列的预测。对于这些架构，一些创新已被证明是有效的，包括确定需要关注哪些输入变量和时间滞后的注意机制。在这种情况下，Li 等人对 Transformer 架构进行了修改，以解决 TS 预测问题，而 DeepGLO 是一种混合模型，它将正则化矩阵分解，与用于局部预测的时间卷积网络相结合，从而导出因子。

在某些情况下，我们会得到一个图，它被认为可以捕捉变量之间的关系。神经网络架构通常将关注空间关系的图卷积网络(GCNs)与 GRU、LSTM、TCN 或 RNN 结合起来。另外，一些方法将基于图的学习，直接应用于时空图。使用注意力机制可以提高性能。ST-UNet采用时空池/解池来允许架构在多个尺度上学习表征。Graph WaveNet 采用扩展因果卷积从更大的感知场中提取时间关系。这些图通常是从与预测任务不完全对应的考虑中得出的。例如，交通预测的图表可能基于地理邻近距离。从数据中学习合适的图形是有益的。一个更好的方法是将图学习与预测相结合，架构包含了学习自适应邻接矩阵的机制，这些机制随后被用于 GCNs。虽然 Graph WaveNet 可以通过图注意方法学习邻接矩阵，但当与完全连接的时间序列预测模块结合使用时，这不是一种合适的方法。通过图门控机制具有重要的稀疏化作用，可以防止过拟合。并且，全连接架构很有吸引力，因为它具有很好的泛化性，并且在计算和内存方面的要求要低得多。

适用于图形化 TS 建模的问题包括预测相关产品的需求、电力需求、道路交通或乘客需求。最近的研究表明，明确解释多个 TS 之间潜在关系的模型优于单独预测每个 TS 的模型。虽然包含图形建模已被证明可以提高准确性，但当前的模型有几个严重的局限性。首先，这些模型的复杂性和运行时间明显更高。其次，一些模型依赖于领域专家提供的变量之间关系的定义(例如，根据观察到的变量之间的地理关系启发式地定义邻接矩阵)。最后，现有模型往往依赖于马尔可夫假设，以使跨变量的相互作用建模易于处理。

为了解决这些限制，提出了一种全连接门控图结构(Fully Connected Gated Graph Architecture，FC-GAGA)，该架构基于全连接 TS 模型 N-BEATS 和本文提出的硬图门机制的组合。为了生成单个 TS(图模型中的节点)的预测，它通过可学习的图权重对所有其他节点的历史观测值进行加权，通过 ReLU 对它们进行门控，然后将所有节点的门控观测值堆叠起来，通过完全连接的残差块对它们进行处理，如图 8-10 所示。该架构每层包括一个图门、一个时间门和一个全连通时间序列模型，这种架构的优点有三个方面。首先，该体系结构不依赖于底层图的知识，而是专注于学习所有所需的非线性预测关系。其次，架构的基础层是可堆叠的，允许每一层学习自己的图结构。这使模型具有学习非常一般的非马尔可夫信息扩散过程的能力，可以有效地学习。最后，FC-GAGA 是一个非常高效的内存和计算架构，我们通过分析来证明这一点。消融研究表明，当使用高效的全连接残差时间序列预测模块时，使用标准图注意是不够的，我们提出的新型图门实现的稀疏化对于获得良好的预测性能至关重要。

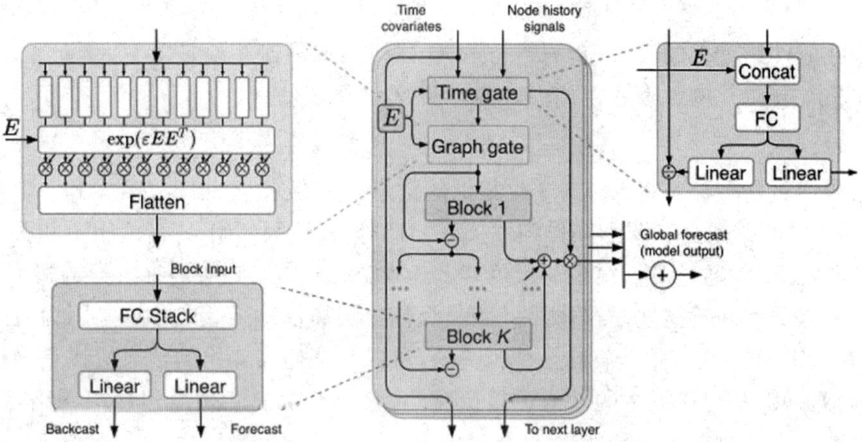

图 8－10　*FC－GAGA* 框架图

二、算法架构

设图 $G=(V,E)$定义为顶点的有序集合,$V=1,\cdots,N$ 和边 $E\in V\times V$。假设图中的每个顶点 v 生成一个观测序列,$y_v=[y_{v,1},\cdots,y_{vT}]\in R^{\mathrm{T}}$,由一个未知的随机过程控制。假设用 E 编码的图连通性捕获顶点之间的未知关系。例如,这个图边 E 可以反映路网中道路的连通性,边y_v是交通速度的观测序列。预测任务是根据图中所有顶点在时间 t 之前产生的观测值,预测每个顶点 v 的未来值 y 的向量,$y_v=[y_{T+1},y_{T+2},\cdots,y_{T+H}]\in R^H$。在顶点 v 处输入长度为 $w\leqslant T$ 的模型,以最后的观测值y_v结束,记为$x_v=[y_{v,T-w+1},\cdots,y_{v,T}]\in R^w$,用$\hat{y}_v$表示顶点 v 的y_v预测。

将完全连接的单变量 TS 预测模型 NBEATS 与可学习的时间门和可学习的图门机制相结合。实验表明,该模型能有效地从数据中学习图参数,并取得了比较好的预测性能。相对于具有相似精度的模型,至少减少了三倍的训练时间。

如图 8－10 所示,节点 i 表示为维数 d 嵌入向量,$\mathrm{e}_i=[\mathrm{e}_{i,1},\cdots,\mathrm{e}_{i,d}]$。所有这些向量的集合包括节点嵌入矩阵 $E\in R^{N\times d}$。节点之间连接的图边权重被编码在一个权重矩阵 $W\in R^{N\times N}$,这个权重矩阵表示为

$$W=\exp(\varepsilon E E^{\mathrm{T}}) \tag{8-29}$$

式中:ε 是一个参数,它被设置为允许将架构其他部分中使用的 E 的缩放与 W 中实现必要动态范围所需的缩放解耦。期望边权 W 的大小将反映给定 FC－GAGA 层中对节点(i,j)之间相互影响的强度。

时间门控块对时间协变量特征(例如,一天中的时间,一周中的某一天等)进行建模,这些特征可能与节点观测一起可用。使用乘法门控模型对时间相关特征进行建模,该模型通过全连接网络将 FCGAGA 层的输入/输出除以时间特征产生的时间效应。此外,输入时间特征向量与节点嵌入相连接,以考虑每个节点可能具有不同的季节性模式。这相当于从块的输入中删除节点特定的乘法季节性,并在块的输出中再次应用它。我们允许输入和输出时间效应通过单独的线性投影层来解耦,因为通常输入和输出的时间是不同的。

FC－GAGA 层的输入是矩阵 $X \in R^{N \times w}$，它包含了图中所有节点的历史长度 w，用$\widetilde{x_i}$表示输入值在时间维度上的最大值，$\widetilde{x_i}=\max_j X_{i,j}$，门控运算产生矩阵 $G \in R^{N \times Nw}$。门控矩阵的第 i 行对应节点 i，包含了图在过去 w 步中积累的全部信息：

$$G_{i,j+k}=\mathrm{ReLU}[(W_{i,j}X_{i,k}-\widetilde{x_i})/\widetilde{x_i}] \tag{8-30}$$

图门控通过两种机制将节点 i、j 收集到的信息联系起来。首先，节点 i 和 j 中的测量值通过 RELU 内部的减法和调平操作相互关联。此外，RELU 操作具有关闭不相关的 i,j 对的功能，同时不影响通过 $W_{i,j}$实现的尺度对齐。$W_{i,j}$的大小影响头门控打开的概率。

随着节点的空间近似性，发现如果没有硬门控，图加权是无效的。这是因为对于每个目标节点，在给定的层中只有几个节点是相关的，所以完全连接架构的输入应该是稀疏的。硬门控鼓励稀疏性，软门控提供的输入不是稀疏的，它会淹没一个完全连接的网络，因为它有太多来自图中许多节点的低量级输入。

我们提出了一个包含 L 个隐藏层、R 个残差块和跨节点共享权值的全连接残差架构。其对节点 i 的输入Z_i，取决于节点嵌入及其自身历史信息，使用残差块和层上标，将权值为$A^{r,l}$、偏置为 $b^{r,l}$的全连通层记为

$$FC_{r,l}(H^{r,l-1})=\mathrm{ReLU}(A^{r,l}H^{r,l}+b^{r,l}) \tag{8-31}$$

其全连通残差 TS 建模结构如下：

$$Z^r=\mathrm{ReLU}(Z^{r-1}-\hat{Z}^{r-1}) \tag{8-32}$$

$$H^{r,1}=FC_{r,1}(Z^r),\cdots,H^{r,L}=FC_{r,L}(Z^{r,L-1}) \tag{8-33}$$

$$\hat{Z}^r=B^r H^{r,L},\hat{Y}^r=(H^{r,L})^{\mathrm{T}}F^r \tag{8-34}$$

FC－GAGA 层堆叠基于以下三个原则。首先，下一层接受前一层预测的总和作为输入。其次，每个 FC－GAGA 层都有自己的节点嵌入集，因此有自己的图门。因此，每一层都可以根据前一层已经完成的处理，自由地对跨节点的信息流进行控制。例如，在第一个 FC－GAGA 层中，对于节点 5，关注节点 5 的历史可能是最优的[10，200，500]。然而，由于第一层 FC－GAGA 更新了所有节点的状态，节点 5 可能不再需要节点[10，200，500]提供的信息，也不需要它们的邻居提供的信息；相反，可能希望关注节点 3 和 15，因为它们现在提供了更重要的信息。这显然是一种比基于节点接近度的马尔可夫模型更灵活的信息扩散模型，马尔可夫模型在流量预测文献中很常见。最后，最终的模型输出等于各层预测的平均值。

在接下来的分析，跳过批的维度和计算复杂性。参与创建一个长度的预测 H 图中所有节点 N 的输入历史长度 w，节点嵌入宽度是 d 和隐藏层宽度是 d_h。图门块复杂度 $O[N^2(w+d)]$。其中，包括节点交互矩阵 $N*N$，来自 $N*d$ 嵌入矩阵和N^2w 控制输入值。时间门机制利用其关联的时间特征，为每个节点产生一个季节性因子，因此其复杂度与节点数、隐藏维数、输入历史长度和预测视界呈线性关系，即 $O[N(w+d)d_h+NHd_h]$。在大多数实际情况下，我们有 $d+w>H$。最后，具有 L 个 FC 层和 R 个残差块的全连接 TS 模型接受赋值 w 输出的图门尺度作为流。剩余块的第一层和最后一层的比例为 $O(N^2wd_h)$，隐藏层的比例为 $O(Nd_h^2)$。这导致全连接 TS 模型的总复杂度为 $O\{R[2N^2wd_h+(L-2)Nd_h^2]\}$。在大多数实际配置中，模型的总复杂性将由 $O(N^2Rwd_h)$主导。

三、实验分析

FC－GAGA 在两个交通数据集上进行了评估，METR－LA 和 PEMS－BAY，这些数据集由环路探测器收集的交通速度读数组成，并在 5 min 的间隔内汇总。其中，METR－LA 包含了洛杉矶县在 4 个月内收集的 207 个传感器的 34 272 个时间步长。PEMS－BAY 包含 6 个月内在湾区收集的 325 个传感器的 52 116 个时间步长。数据集分为 70％训练，10％验证和 20％测试。

我们将 FC－GAGA 与不需要预先指定的图的时间模型和可能依赖于预先指定的图或具有可学习图的时空模型进行比较。考虑提供的以下单变量时间模型：使用卡尔曼滤波器实现的 ARIMA，线性支持向量回归模型 SVR，前馈神经网络 FNN，序列到序列模型 FC－LSTM，它是一种在编码器和解码器中使用完全连接的 LSTM。时空模型包括 DCRNN（扩散卷积递归神经网络，序列到序列架构内的图卷积网络）、STGCN（时空图卷积网络，将图卷积与门控时间卷积合并）、Graph WaveNet（融合图卷积和扩展因果卷积）、GMAN（图多注意网络，具有多个时空注意块的编码器－解码器模型，以及编码器和解码器之间的转换注意层）和 STGRAT（用于交通预测的时空图注意力网络，这是一种编码器－解码器模型，使用 Transformer 的位置编码方法来捕获长序列的特征，并使用节点注意力来捕获空间相关性）。在这些方法中，只有 Graph WaveNet 可以在没有预先指定的图的情况下生成预测。对于 DCRNN，报告了在代码中修复错误后的结果，比论文中报告的结果要好。对于 STGCN、Graph WaveNet、GMAN 和 STGRAT，使用原始论文的设置并报告结果。

FC－GAGA 架构细节和训练设置。收缩因子 ε 设置为 10，嵌入维数 d 设置为 64，所有完全连接层的隐藏层宽度 d_h 设置为 128。全连接 TS 模型的层数 $L=3$，块数 $R=2$。使用 le－5 的权衰减来正则化全连接层。模型的训练方法是 Adam 优化器，默认 tensorflow 设置，60 次初始学习率为 0.001。从 epoch43 开始，学习率每 6 个 epoch 退火 2 倍。一个 epoch 由 800 个批次组成，大小为 4，该模型取 12 个点的历史，并在一次射击中预测 12 个点（60 *min*）。每个训练批次使用从训练集中均匀随机选择的 4 个时间点和在每个时间点收集的所有节点的历史数据进行组装。METR－LA 有 207 个传感器节点，PEMS－BAY 有 325 个传感器节点，导致批次分别由 207 * 4＝828 和 325 * 4＝1 300 时间序列组成。用于训练网络的目标函数是 MAE，对所有节点和地平线 $H=12$ 内的所有预测取平均值：

$$L=\frac{1}{HN}\sum_{i=1}^{H}\sum_{v=1}^{N}\mid y_{v,T+i}-\hat{y}_{v,T+i}\mid \tag{8-35}$$

如表 8－6 所示，最后一个时间步长的平均值，输入窗口长度 12。使用官方代码训练的图小波网，仅使用自适应矩阵，不支持地理邻接矩阵。FC－GAGA（4 层）是提出的 4 层模型。在第四层中，图门权重被设置为单位矩阵，这意味着更多地依赖于纯时间序列分量。在 METR－LA 和 PEMS－BAY 数据集上，与基于图的模型（STGCN、Graph WaveNet 和 GMAN）相比，FC－GAGA 上都有比较好的性能。大多数情况下，当它们在相同的条件下进行训练和评估时，FCGAGA 优于 Graph WaveNet 模型，即两个模型仅依赖于从数据中学习的图（Graph WaveNet 仅使用它从中学习的自适应邻接矩阵）。它明显优于单变量模型（ARIMA，SVR，FNN 和 FC－LSTM）。注意，STGRAT 严重依赖于 Transformer 架构的主要成分，例如位置编码和注意机制。因此，将 FC－GAGA 与它进行比较，可以很好地了解我们的方法在准确性方面如何与基于 Transformer 的方法相比较。

表 8-6　15 min 预测和 30 min 预测对比结果

数据集	模　型	15 min			30 min		
		MAE	MAPE/(%)	RMSE	MAE	MAPE/(%)	RMSE
METR-LA	DCRNN	2.67	6.84	5.17	3.08	8.38	6.30
	STGCN	2.88	7.62	5.74	3.47	9.57	7.24
	Graph WaveNet	2.69	6.90	5.15	3.07	8.37	6.22
	GMAN	2.77	7.25	5.48	3.07	8.35	6.34
	STGRAT	2.60	6.61	5.07	3.01	8.15	6.21
	ARIMA	3.99	9.60	8.21	5.15	12.70	10.45
	SVR	3.99	9.30	8.45	5.05	12.10	10.87
	FNN	3.99	9.90	7.94	4.23	12.90	8.17
	FC-LSTM	3.44	9.60	6.30	3.77	10.90	7.23
	Graph WaveNet	2.80	7.45	5.45	3.18	9.00	6.42
	FC-GAGA	2.75	7.25	5.34	3.10	8.57	6.30
	FC-GAGA-4	2.70	7.01	5.24	3.04	8.31	6.19
PEMS-BAY	DCRNN	1.31	2.74	2.76	1.66	3.76	3.78
	STGCN	1.36	2.90	2.96	1.81	4.17	4.27
	Graph WaveNet	1.30	2.73	2.74	1.63	3.67	3.70
	GMAN	1.34	2.81	2.82	1.62	3.63	3.72
	STGRAT	1.29	2.67	2.71	1.61	3.63	3.69
	ARIMA	1.62	3.50	3.30	2.33	5.40	4.76
	SVR	1.85	3.80	3.59	2.48	5.50	5.18
	FNN	2.20	5.19	4.42	2.30	5.43	4.63
	FC-LSTM	2.05	4.80	4.19	2.20	5.20	4.55
	Graph WaveNet	1.34	2.79	2.83	1.69	3.79	3.80
	FC-GAGA	1.36	2.87	2.86	1.68	3.80	3.80
	FC-GAGA-4	1.34	2.82	2.82	1.66	3.71	3.75

最终的 FC-GAGA 预报由各层预报的平均值组成。图 8-11 显示了不同层对最终 15 min预报的贡献(按平均因子 1/3 缩放后)。蓝色、绿色和橙色的线分别描绘了由架构的第 1 层、第 2 层和第 3 层产生的部分预测。蓝色和红色使用左轴,橙色和绿色使用右轴。

可以看到,第一层的作用主要是提供基线预测,同时考虑一些季节性影响。第 2 层对预测的贡献清楚地反映了每日的季节性。第 2 层,尤其是第 3 层,根据最新的数据,为第 1 层生成的原始基线提供迭代校正项。这对于第 3 层来说尤其明显,它的输出大部分时间都是不活跃的,当需要进行重大校正时,因为观察到的信号在短时间内经历了重大的随机变化,所以它会变得活跃。

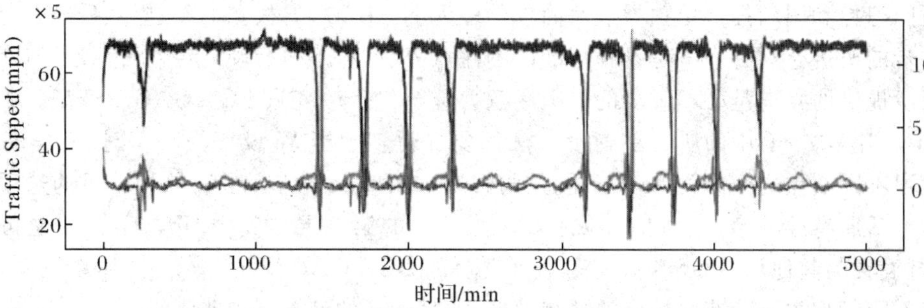

图 8-11　37 节点 FC-GAGA15 min 预测图

接下来，在指定的图门中，展示了权重 W 的分布。对于第 1～3 层，就像从 METR-LA 数据集学习到的那样。每个层都可以自由地学习自己在图上的关系，学习到的关系在不同的层之间差异很大，表明信息聚集来自不同的空间区域。在实验中，观察到第一层的门控执行不那么严格(平均 W，值在第一层更高)，值的分布更分散。在第一层中，FC-GAGA 收集了各种节点和地理位置的信息，以构建稳定的基线预测。当我们从第 2 层移动到第 3 层时，我们可以看到具有最高图权的节点更紧密地集中在产生预测的目标节点周围。为了提供基线预测的迭代更新，FC-GAGA 专注于更接近目标节点的节点，并限制信息流，使校正项由具有最相关信息的节点定义。

消融实验验证了 FC-GAGA 层叠加机制、图门机制和时间门的有效性。表 8-7 展示了 FC-GAGA 的性能与层数的关系。增加层数可以显著改善 MET-LA 数据集，而在 PEMS-BAY 上，层数不会显著影响性能。众所周知，MET-LA 是一个比 PEMS-BAY 更难的问题，因为它的性质更不稳定。这意味着增加 FC-GAGA 层的数量来解决更难的问题可能会带来额外的精度好处，而只使用一个 FC-GAGA 层来解决一个更容易的问题可能从计算效率的角度来看是有利的(运行时间与层数近似线性地扩展)。最后一行显示了将第四层设置为身份时的性能，以便该层专注于仅使用每个节点的历史形成预测。这种方法带来了显著的改善，强迫一个层学习单变量关系可能是有益的。

表 8-7　不同层的预测对比结果

数据集	层　数	15 min			30 min		
		MAE	MAPE/(%)	RMSE	MAE	MAPE/(%)	RMSE
METR-LA	1	2.80	7.36	5.44	3.17	8.82	6.44
	2	2.77	7.30	5.37	3.13	8.74	6.39
	3	2.75	7.25	5.34	3.10	8.57	6.30
	4	2.75	7.21	5.34	3.10	8.54	6.34
	4+	2.70	7.01	5.24	3.04	8.31	6.19
PEMS-BAY	1	1.35	2.85	2.85	1.69	3.85	3.83
	2	1.36	2.87	2.86	1.68	3.80	3.81
	3	1.36	2.87	2.86	1.68	3.80	3.80
	4	1.35	2.83	2.86	1.69	3.78	3.83
	4+	1.34	2.82	2.82	1.66	3.71	3.75

时间门控和图门控都单独导致对简单的多元 N-BEATS 模型的改进，然后结合起来提供进一步的改进。“图注意”是一种标准的图注意方法，它不执行硬门控。可以看到，所提议的闸门所提供的隔离是必不可少的。图注意力甚至优于单变量 FC-GAGA 模型。单变量 FCGAGA 比表 8-6 中的所有单变量方法都要好得多。当 W 设置为全 1 时，FC-GAGA 可以学习不同节点之间的关系，但不能强调有影响的节点。研究了三种可学习的选项：“共享可学习”，所有层共享一个可学习的 W，“可学习的第一层”，其中 W 与第一层是可学习的，它被设置为其他层的矩阵，以及完全可学习的 FC-GAGA 方法。允许体系结构，为每层学习不同的权重矩阵获得最佳的预测性能，并且额外的计算开销非常小。

为了验证 FC-GAGA 的计算效率，我们在默认的 Google Colab 环境中使用 P100 GPU 进行了分析实验。我们分析了 DCRNN 和 Graph Wavenet 的作者提供的原始代码。分析了 FC-GAGA 的 Tensorflow 2.0 实现，它依赖于标准的 Keras 层定义，没有尝试优化内存或速度。通过实验发现，FC-GAGA 的计算效率更高，它消耗的内存和计算时间大约是 Graph WaveNet 的一半，比 DCRNN 快 10 倍左右，内存效率大约是 DCRNN 的 5～10 倍。还可以看到，它在 MET-LA(207 个节点)和 PEMS-BAY(325 个节点)数据集之间可以很好地扩展，这对于处理具有数千个节点的更大规模问题可能是一个重要的属性。

第九章　基于自注意力机制的时间序列预测方法

第一节　注意力机制

灵长类动物的视觉系统接受了大量的感官输入，这些感官输入远远超过了大脑能够完全处理的程度。然而，并非所有刺激的影响都是相等的。意识的聚集和专注使灵长类动物能够在复杂的视觉环境中将注意力引向感兴趣的物体，例如猎物和天敌。只关注一小部分信息的能力对进化更加有意义，使人类得以生存和成功。

注意力是稀缺的，而环境中的干扰注意力的信息却并不少。比如我们的视觉神经系统大约每秒收到 10^8 位的信息，这远远超过了大脑能够完全处理的水平。幸运的是，我们的祖先已经从经验(也称为数据)中认识到"并非感官的所有输入都是一样的"。在整个人类历史中，这种只将注意力引向感兴趣的一小部分信息的能力，使我们的大脑能够更明智地分配资源来生存、成长和社交，例如发现天敌、找寻食物和伴侣。

一、注意力

注意力(Attention)是如何应用于视觉世界中的呢？从当今十分普及的双组件(Two - component)的框架开始讲起：这个框架的出现可以追溯到 19 世纪 90 年代的威廉·詹姆斯，他被认为是"美国心理学之父"。在这个框架中，受试者基于非自主性提示和自主性提示有选择地引导注意力的焦点。

非自主性提示是基于环境中物体的突出性和易见性。想象一下，假如你面前有五个物品：一份报纸、一篇研究论文、一杯咖啡、一本笔记本和一本书。所有纸制品都是黑白印刷的，但咖啡杯是红色的。换句话说，这个咖啡杯在这种视觉环境中是突出和显眼的，不由自主地引起人们的注意。所以你把视力最敏锐的地方放到咖啡上。喝咖啡后，你会变得兴奋并想读书。所以你转过头，重新聚焦你的眼睛，然后看看书。由于突出性导致的选择不同，此时选择书是受到了认知和意识的控制，因此注意力在基于自主性提示去辅助选择时将更为谨慎。受试者的主观意愿推动，选择的力量也就更强大。

自主性的与非自主性的注意力提示解释了人类的注意力的方式，下面看看如何通过这两种注意力提示，用神经网络来设计注意力机制的框架。首先，考虑一个相对简单的状况，即只使用非自主性提示。要想将选择偏向于感官输入，可以简单地使用参数化的全连接层，甚至是非参数化的最大汇聚层或平均汇聚层。因此，“是否包含自主性提示”将注意力机制与全连接层或汇聚层区别开来。

在注意力机制的背景下，将自主性提示称为查询(Query)。给定任何查询，注意力机制通过注意力汇聚(Attention Pooling)将选择引导至感官输入(Sensory Inputs，例如中间特征表示)。在注意力机制中，这些感官输入被称为值(Value)，更通俗的解释，每个值都与一个键(Key)配对，这可以想象为感官输入的非自主提示。如图 9-1 所示，可以设计注意力汇聚，以便给定的查询(自主性提示)可以与键(非自主性提示)进行匹配，这将引导得出最匹配的值(感官输入)。

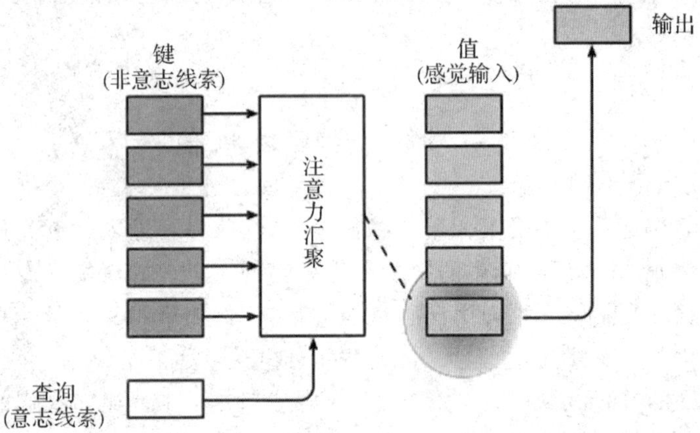

图 9-1　注意力机制展示图

神经网络中的注意力机制(Attention Mechanism)是在计算能力有限的情况下，将计算资源分配给更重要的任务，同时解决信息超载问题的一种资源分配方案。在神经网络学习中，一般而言模型的参数越多则模型的表达能力越强，模型所存储的信息量也越大，但这会带来信息过载的问题。那么通过引入注意力机制，在众多的输入信息中聚焦于对当前任务更为关键的信息，降低对其他信息的关注度，甚至过滤掉无关信息，就可以解决信息过载问题，并提高任务处理的效率和准确性。

这就类似于人类的视觉注意力机制，通过扫描全局图像，获取需要重点关注的目标区域，而后对这一区域投入更多的注意力资源，获取更多与目标有关的细节信息，而忽视其他无关信息。通过这种机制可以利用有限的注意力资源从大量信息中快速筛选出高价值的信息。

在神经网络模型处理大量输入信息的过程中，利用注意力机制，可以做到只选择一些关键的的输入信息进行处理，来提高神经网络的效率，比如在机器阅读理解任务中，给定一篇很长的文章，然后就文章的内容进行提问。提出的问题只和段落中一两个句子有关，其余部分都是无关的，那么只需要把相关的片段挑出来让神经网络进行处理，而不需要把所有文章内容都输入到神经网络中。

用数学语言来表达这个思想就是：用 $X=[x_1, x_2, \cdots, x_N]$ 表示 N 个输入信息，为了节省计算资源，不需要让神经网络处理这 N 个输入信息，而只需要从 X 中选择一些与任务相关的信息输进行计算。软性注意力(Soft Attention)机制是指在选择信息的时候，不是从 N 个信息中只选择1个，而是计算 N 个输入信息的加权平均，再输入到神经网络中计算。相对的，硬性注意力(Hard Attention)就是指选择输入序列某一个位置上的信息，比如随机选择一个信息或者选择概率最高的信息。但一般还是用软性注意力机制来处理神经网络的问题。

注意力值的计算是任务处理中非常重要的一步，这里单独拿出来，完整的带注意力机制的神经网络工作流程在文章的第三部分。注意力值的计算可以分为两步：

(1)在所有输入信息上计算注意力分布。

(2)根据注意力分布来计算输入信息的加权平均。

给定这样一个场景：把输入信息向量 X 看做是一个信息存储器，现在给定一个查询向量 q，用来查找并选择 X 中的某些信息，那么就需要知道被选择信息的索引位置。采取"软性"选择机制，不是从存储的多个信息中只挑出一条信息来，而是雨露均沾，从所有的信息中都抽取一些，只不过最相关的信息抽取得就多一些。

于是定义一个注意力变量 $z\in[1,N]$ 来表示被选择信息的索引位置，即 $z=i$ 来表示选择了第 i 个输入信息，然后计算在给定了 q 和 X 的情况下，选择第 i 个输入信息的概率，如公式(9-1)所示。

$$\alpha_i=p(z=i|X,q)=\text{softmax}[s(x_i,q)]=\frac{\exp[s(x_i,q)]}{\sum_{j=1}^{N}\exp[s(x_i,q)]} \tag{9-1}$$

式中：α_i 构成的概率向量就称为注意力分布(Attention Distribution)。$s(x_i,q)$ 是注意力打分函数，有以下几种形式：

加性模型：$s(x_i,q)=v^{\mathrm{T}}\tanh(Wx_i+Uq)$

点积模型：$s(x_i,q)=x_i^{\mathrm{T}}q$

缩放点积模型：$s(x_i,q)=\dfrac{x_i^{\mathrm{T}}q}{\sqrt{d}}$

双线性模型：$s(x_i,q)=x_i^{\mathrm{T}}Wq$

式中：W、U 和 v 是可学习的网络参数，d 是输入信息的维度。

注意力分布 α_i 表示在给定查询 q 时，输入信息向量 X 中第 i 个信息与查询 q 的相关程度。采用"软性"信息选择机制给出查询所得的结果，就是用加权平均的方式对输入信息进行汇总，得到 Attention 值：

$$\text{att}(X,q)=\sum_{i=1}^{N}a_i x_i \tag{9-2}$$

二、键值对注意力模式

Attention 机制的本质来自于人类视觉注意力机制。简单来说，就是一种权重参数的分配机制，目标是协助模型捕捉重要信息。具体一点就是，给定一组<Key，Value>，以及一个目标(查询)向量 Query，Attention 机制就是通过计算 Query 与每一组 Key 的相似性，得到每个 Key 的权重系数，再通过对 Value 加权求和，得到最终 Attention 数值。

更一般的，可以用键值对(Key-Value Pair)来表示输入信息，那么 N 个输入信息就可以表示为

$$(K,V)=[(k_1,v_1),(k_2,v_2),\cdots,(k_N,v_N)] \tag{9-3}$$

式中:“键”用来计算注意分布 α_i,“值”用来计算聚合信息。那么就可以将注意力机制看做是一种软寻址操作:把输入信息 X 看做是存储器中存储的内容,元素由地址 Key(键)和值 Value 组成,当前有个 Key=Query 的查询,目标是取出存储器中对应的 Value 值,即 Attention值。而在软寻址中,并非需要硬性满足 Key=Query 的条件来取出存储信息,而是通过计算 Query 与存储器内元素的地址 Key 的相似度来决定,从对应的元素 Value 中取出多少内容。每个地址 Key 对应的 Value 值都会被抽取内容出来,然后求和,这就相当于由 Query 与 Key 的相似性来计算每个 Value 值的权重,然后对 Value 值进行加权求和。加权求和得到最终的 Value 值,也就是 Attention 值。如图 9-2 所示。

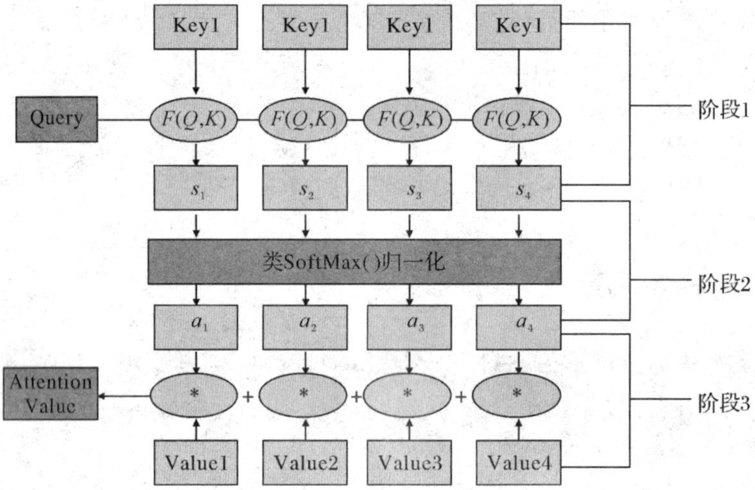

图 9-2 键值对注意力展示图

以上的计算可以归纳为三个过程:

第一步:根据 Query 和 Key 计算二者的相似度。可以用上面所列出的加性模型、点积模型或余弦相似度来计算,得到注意力得分 S_i;

$$S_i=F(Q,k_i) \tag{9-4}$$

第二步:用 Softmax 函数对注意力得分进行数值转换。一方面可以进行归一化,得到所有权重系数之和为 1 的概率分布,另一方面可以用 Softmax 函数的特性突出重要元素的权重;

$$\alpha_i=\mathrm{softmax}(s_i)=\frac{\exp(s_i)}{\sum_{j=1}^{N}\exp(s_i)} \tag{9-5}$$

第三步:根据权重系数对 Value 进行加权求和:

$$\mathrm{Attention}[(K,V),Q]=\sum_{i=1}^{N}\alpha_i v_i \tag{9-6}$$

三、Encoder-Decoder 框架

Encoder-Decoder 框架是一种文本处理领域的研究模式,他并不是特指某种具体的算法,而是一类算法统称。Encoder 和 Decoder 部分可以是任意的文字,语音,图像,视频数

据，模型可以采用 CNN、RNN、BiRNN、LSTM、GRU 等等。所以基于 Encoder - Decoder，可以设计出各种各样的应用算法，如图 9 - 3 所示。

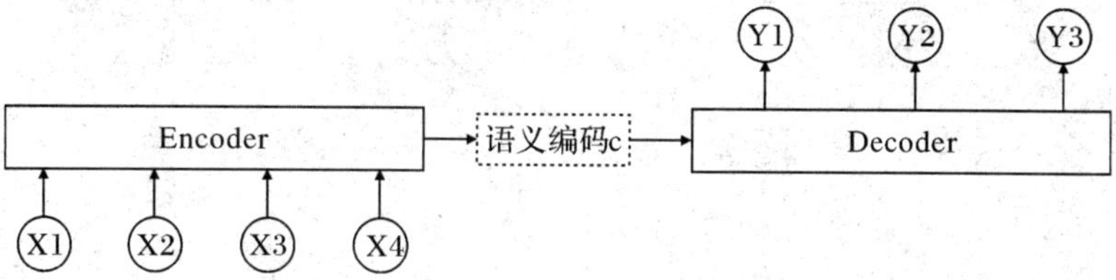

图 9 - 3　Encoder - Decoder 框架图

Encoder - Decoder 结构于 2014 年提出，它由两个 RNN 组成，如图 9 - 4 所示。

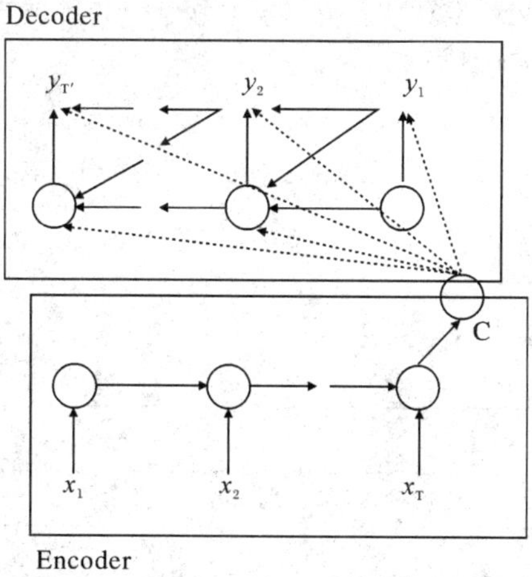

图 9 - 4　RNN 中的 Encoder - Decoder 结构图

Encoder - Decoder 将可变长度序列编码为固定长度向量，然后将定长度向量表示解码回可变长度序列。可以形式化为：$p(y_1, \cdots, y_{T'} | x_1, \cdots, x_T)$。这里 T 和 T' 可以不一样，即输入的长度跟输出的长度可以不一致。

Encoder 是一个 RNN，它顺序地读取输入序列 x 的每个符号。当读到一个符号时，RNN 的隐藏状态 h 会根据下面的等式发生变化。在读取序列的结尾（用序列结束符号标记）后，RNN 的隐藏状态是整个输入序列的摘要 c。

$$h_t = f(h_{t-1}, x_t) \tag{9-7}$$

式中：x 是输入序列；f 是非线性激活函数，可能像逻辑回归 Sigmoid 函数一样简单，也可能像 LSTM 单元一样复杂。

Decoder 是另一个 RNN，它被用来生成输出序列，根据 Encoder 生成的摘要 c 和后续隐状态来得到后续状态，Decoder 中 t 时刻内部状态的 h_t。

$$h_t = f(h_{t-1}, y_{t-1}, c) \tag{9-8}$$

该时刻的概率表示为

$$P(y_t | y_{t-2}, y_{t-1}, \cdots, y_1, c) = g(h_t, y_{t-1}, c) \tag{9-9}$$

Encoder 和 Decoder 这两个模块联合训练去最大化给定输入序列 x 时输出序列为 y 的条件概率：

$$\max_{\theta} \frac{1}{N} \sum_{n=1}^{N} \log p_{\theta}(y_n | x_n) \tag{9-10}$$

式中：θ 是一系列的模型参数；(x_n, y_n) 是训练集中（输入序列，输出序列）的一组样本。代码如下所示。

代码 9-1　Encoder 的实现

```
class Encoder(tf.keras.Model):
def __init__(self, vocab_size, embedding_size, lstm_size):
    super(Encoder, self).__init__()
    self.lstm_size = lstm_size
    self.embedding = tf.keras.layers.Embedding(vocab_size, embedding_size)
    self.lstm = tf.keras.layers.LSTM(lstm_size, return_sequences=True, return_state=True)
def call(self, sequence, states):
    embed = self.embedding(sequence)
    output, state_h, state_c = self.lstm(embed, initial_state=states)
return output, state_h, state_c
def call(self, sequence, states):
return (tf.zeros([batch_size, self.lstm_size]),
    tf.zeros([batch_size, self.lstm_size]))
```

代码 9-2　Decoder 的实现

```
class Decoder(tf.keras.Model):
def __init__(self, vocab_size, embedding_size, lstm_size):
    super(Decoder, self).__init__()
    self.lstm_size = lstm_size
    self.embedding = tf.keras.layers.Embedding(vocab_size, embedding_size)
    self.lstm = tf.keras.layers.LSTM(lstm_size, return_sequences=True,
  return_state=True)
    self.dense = tf.keras.layers.Dense(vocab_size)
def call(self, sequence, state):
    embed = self.embedding(sequence)
    lstm_out, state_h, state_c = self.lstm(embed, state)
    logits = self.dense(lstm_out)
return output, state_h, state_c
def init_states(self, batch_size):
return (tf.zeros([batch_size, self.lstm_size]),
    tf.zeros([batch_size, self.lstm_size]))
```

模型训练部分，使用自定义网络循环的方式进行训练，使用 Crossentropy 作为损失函数。把原始的序列输入到 Encoder 中，得到 Encoder Hidden State。将 Encoder Hidden State 和 Decode Input 输入到 Decoder，Decoder 的 Decode Input 以（Start Of Sentence）为开始然后计算损失，计算梯度，更新模型参数。

代码 9-3　训练过程

```
def loss_func(targets, logits):
    crossentropy = tf.keras.losses.SparseCategoricalCrossentropy(
    from_logits=True)
    mask = tf.math.logical_not(tf.math.equal(targets, 0))
    mask = tf.cast(mask, dtype=tf.int64)
    loss = crossentropy(targets, logits, sample_weight=mask)
    return loss
optimizer = tf.keras.optimizers.Adam()
def train_step(source_seq, target_seq_in, target_seq_out, en_initial_states):
                loss = 0
with tf.GradientTape()as tape:
    en_outputs = encoder(source_seq, en_initial_states)
    en_states = en_outputs[1:]
    de_states = en_states
    de_outputs = decoder(target_seq_in, de_states)
    logits = de_outputs[0]
    loss = loss_func(target_seq_out, logits)
variables = encoder.trainable_variables + decoder.trainable_variables
gradients = tape.gradient(loss, variables)
optimizer.apply_gradients(zip(gradients, variables))
return loss
NUM_EPOCHS = 300
for e in range(NUM_EPOCHS):
en_initial_states = encoder.init_states(BATCH_SIZE)
for batch, (source_seq, target_seq_in, target_seq_out)in
          enumerate(dataset.take(-1)):
    loss = train_step(source_seq, target_seq_in, target_seq_out, en_initial_states)
print('Epoch {} Loss {:.4f}'.format(e + 1, loss.numpy()))
```

四、软性注意力机制与 Encoder - Decoder 框架

注意力机制是一种通用的思想，本身不依赖于特定框架，但是目前主要和 Encoder - Decoder 框架（编码器-解码器）结合使用。Encoder - Decoder 框架作为一种深度学习领域的常用框架模式，在文本处理、语言识别和图像处理等领域被广泛使用。其编码器和解码器并非是特定的某种神经网络模型，在不同的任务中会套用不同的模型，比如文本处理和语言识别中常用 RNN 模型，图形处理中一般采用 CNN 模型。以 RNN 作为编码器和解码器的 Encoder - Decoder 框架也叫作异步的序列到序列模型，即：Seq2Seq 模型。以下是没有引入注意力机制的 RNN Encoder - Decoder 框架。

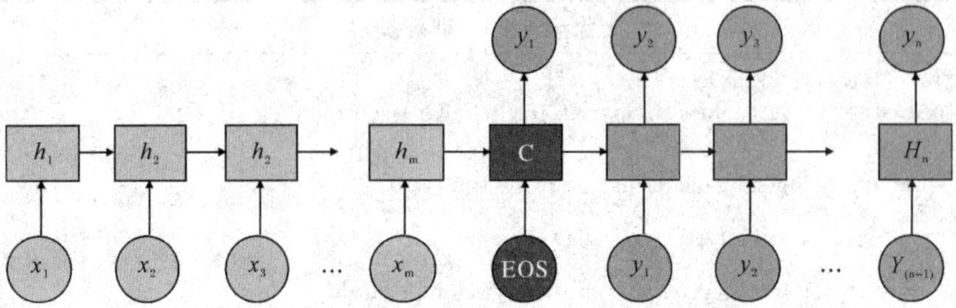

图 9-5　没有引入注意力机制的 RNN Encoder-Decoder 框架图

把这种结构用在文本处理中，给定输入序列 $X=[x_1,x_2,\cdots,x_N]$，也就是由单词序列构成的句子，这样的一个解码-编码过程，相当于是求另一个长度可变的序列 $Y=[y_1,y_2,\cdots,y_N]$的条件概率分布：$p(y)=p(y_1,y_2,\cdots,y_T|x_1,x_2,\cdots,x_T)$。经过解码后，这个条件概率分布可以转化为下面的连乘形式：

$$p(y)=\prod_{t=1}^{T}p(y_t|\{y_1,\cdots,y_{t-1}\},c) \tag{9-11}$$

在得到了表示向量 $\boldsymbol{c}$ 和之前预测的所有词后，这个模型是可以用来预测第 t 个词 yt 的，也就是求条件概率 $p(y_t|y_1,y_2,\cdots,y_{t-1},c)$。

分三步来计算这个条件概率：

(1)把输入序列 X 中的元素一步步输入到 Encoder 的 RNN 网络中，计算隐状态 h_t，然后再把所有的隐状态整合为一个语义表示向量 $\boldsymbol{c}$。

$$h_t=f_1(x_t,h_{t-1}) \tag{9-12}$$

$$c=q(\{h_1,h_2,\cdots,h_{Tx}\}) \tag{9-13}$$

(2)Decoder 的 RNN 网络每一时刻 t 都会输出一个预测的 y_t。首先根据语义表示向量 $\boldsymbol{c}$、上一时刻预测的 y_{t-1} 和 Decoder 中的隐状态 s_{t-1}，计算当前时刻 t 的隐状态 s_t。

$$s_t=f_2(y_{t-1},s_{t-1},c) \tag{9-14}$$

(3)由语义表示向量 $\boldsymbol{c}$、上一时刻预测的词 y_{t-1} 和 Decoder 中的隐状态 s_t，预测第 t 个词 y_t，也就是求下面的条件概率。

$$p(y_t|\{y_1,\cdots,y_{t-1}\},c)=g(y_{t-1},s_t,c) \tag{9-15}$$

可以看到，在生成目标句子的每一个单词时，使用的语义表示向量 $\boldsymbol{c}$ 都是同一个，也就说生成每一个单词时，并没有产生$[c_1,c_2,\cdots,c_T]$这样与每个输出的单词相对应的多个不同的语义表示。那么在预测某个词 y_t 时，任何输入单词对于它的重要性都是一样的，也就是注意力分散了。

在 RNN Encoder-Decoder 框架中加入了注意力机制，编码器是一个双向 GRU，解码器也是用 RNN 网络来生成句子。

用这个模型来做机器翻译，那么给定一个句子 $X=[x_1,x_2,\cdots,x_N]$，通过编码-解码操作后，生成另一种语言的目标句子 $Y=[y_1,y_2,\cdots,y_N]$，也就是要计算每个可能单词的条件概率，用于搜索最可能的单词，公式如下：

$$p(y_t|\{y_1,\cdots,y_{t-1}\},x)=g(y_{t-1},s_t,c_t) \tag{9-16}$$

生成第 t 个单词的过程图示如图 9-6 所示：

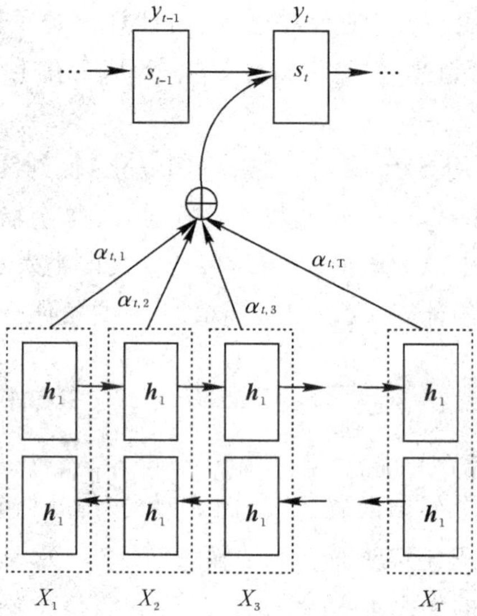

图 9-6　单词生成过程图

和未加入注意力机制的 RNN Encoder-Decoder 框架相比，一方面从 y_t 的条件概率计算公式来看，$g(\cdot)$这个非线性函数中的语义向量，表示是随输出 y_t 的变化而变化的 c_t，而非万年不变的 c；另一方面从上图来看，每生成一个单词 y_t，就要用原句子序列 X 和其他信息重新计算一个语义向量表示 c_t，而不能吃老本。所以增加了注意力机制的 RNN Encoder-Decoder 框架的关键就在于，固定不变的语义向量表示 c，被替换成了根据当前生成的单词而不断变化的语义表示 c_t。计算生成的单词 y_t 的条件概率步骤如下：

第一步：给定原语言的一个句子 $X=[x_1,x_2,\cdots,x_N]$，把单词一个个输入到编码器的 RNN 网络中，计算每个输入数据的隐状态 h_t。这个编码器是双向 RNN，所以要分别计算出顺时间循环层和逆时间循环层的隐状态，然后拼接起来。

$$h_t^1=f(U^1h_{t-1}^1+W^1x_t+b^1) \tag{9-17}$$

$$h_t^2=f(U^2h_{t-1}^2+W^2x_t+b^2) \tag{9-18}$$

$$h_t=h_t^1\oplus h_t^1 \tag{9-19}$$

第二步：跳到解码器的 RNN 网络中，在第 t 时刻，根据已知的语义表示向量 $\boldsymbol{c}_t$、上一时刻预测的 y_{t-1} 和解码器中的隐状态 s_{t-1}，计算当前时刻 t 的隐状态 s_t。

$$s_t=f_2(y_{t-1},s_{t-1},c_t) \tag{9-20}$$

第三步：根据隐状态 s_{t-1}，求语义表示向量 $\boldsymbol{c}_t$。

$$\mathrm{e}_{ij}=a(s_{i-1},h_j) \tag{9-21}$$

$$a_{ij}=\frac{\exp(\mathrm{e}_{ij})}{\sum_{k=1}^{K}\exp(\mathrm{e}_{ij})} \tag{9-22}$$

$$c_i=\sum_{j=1}^{T}a_{ij}h_j \tag{9-23}$$

式中：e_{ij} 是还没有归一化的注意力得分。$a(\cdot)$这个非线性函数叫作对齐模型（Alignment Model），这个函数的作用是把编码器中的每个单词 x_j 对应的隐状态 h_j，和解码器中生成单

词 y_i 的前一个词对应的隐状态 s_{i-1} 进行对比，从而计算出每个输入单词 x_j 和生成单词 y_i 之间的匹配程度。匹配程度越高，注意力得分就越高，那么在生成单词 y_i 时，就需要给与这个输入单词更多的关注。

得到注意力得分 e_{ij} 后，用 Softmax 函数进行归一化，得到注意力概率分布 σ_{ij}。用这个注意力分布作为每个输入单词 x_j 受关注程度的权重，对每个输入单词对应的隐状态 h_j 进行加权求和，就得到了每个生成的单词 y_i 所对应的语义向量表示 $\boldsymbol{c}_i$，也就是 Attention 值。

第四步：经过上面三步的计算，就可以得到单词 y_i 的条件概率。

$$p(y_i | y_1, \cdots, y_{i-1}, x) = g(y_{i-1}, s_i, c_i) \tag{9-24}$$

五、注意力汇聚

简单起见，考虑下面这个回归问题：给定的成对的"输入－输出"数据集 $\{(x_1, y_1), \cdots, (x_n, y_n)\}$，如何学习 f 来预测任意新输入 x 的输出 $g = f(x)$。根据下面的非线性函数生成一个人工数据集，其中加入的噪声项为

$$y_i = 2\sin(x_i) + x_i^{0.8} + \varepsilon \tag{9-25}$$

式中：ε 服从均值为 0 和标准差为 0.5 的正态分布。我们生成了 50 个训练样本和 50 个测试样本。为了更好地可视化之后的注意力模式，我们将训练样本进行排序。

先使用最简单的估计器来解决回归问题，基于平均汇聚来计算所有训练样本输出值的平均值。

$$f(x) = \frac{1}{n}\sum_{i=1}^{n} y_i \tag{9-26}$$

但是这个估计器确实不够聪明，真实函数(Truth)和预测函数(Pred)相差很大。显然，平均汇聚忽略了输入 x。于是 Nadaraya 和 Watson 提出了一个更好的想法，根据输入的位置对输出 y 进行加权。

$$f(x) = \sum_{i=1}^{n} \frac{K(x - x_i)}{\sum_{j=1}^{n} K(x - x_j)} y_i \tag{9-27}$$

式中：K 是核(Kernel)，上式所描述的估计器被称为 Nadaraya - Watson 核回归(Nadaraya - Watson Kernel Regression)。这里我们不会深入讨论核函数的细节，但受此启发，从注意力机制框架的角度重写，成为一个更加通用的注意力汇聚(Attention Pooling)公式。

$$f(x) = \sum_{i=1}^{n} \alpha(x, x_i) y_i \tag{9-28}$$

式中：x 是查询；(x_i, y_i) 是键值对，注意力汇聚是 y_i 的加权平均。将查询 x 和键 x_i 之间的关系建模为注意力权重(Attention Weight) $\alpha(x, x_i)$，这个权重将被分配给每一个对应值 y_i。对于任何查询，模型在所有键值对注意力权重都是一个有效的概率分布，它们是非负的，并且总和为 1。为了更好地理解注意力汇聚，我们考虑一个高斯核(Gaussian kernel)，其定义为

$$K(u) = \frac{1}{\sqrt{2\pi}} \exp\left(-\frac{u^2}{2}\right) \tag{9-29}$$

将高斯核代入，可以得到

$$f(x)=\sum_{i=1}^{n}\alpha(x,x_i)y_i=\sum_{i=1}^{n}\frac{\exp\left[-\frac{1}{2}(x-x_i)^2\right]}{\sum_{j=1}^{n}\exp\left[-\frac{1}{2}(x-x_j)^2\right]}y_i=$$
$$\sum_{i=1}^{n}\text{softmax}\left[-\frac{1}{2}(x-x_i)^2\right]y_i \tag{9-30}$$

如果一个键 x_i 越是接近给定的查询 x，那么分配给这个键对应值 y_i 的注意力权重就会越大，也就"获得了更多的注意力"。值得注意的是，Nadaraya - Watson 核回归是一个非参数模型。因此，上式是非参数的注意力汇聚(Nonparametric Attention Pooling)模型。

非参数的 Nadaraya - Watson 核回归具有一致性(Consistency)的优点：如果有足够的数据，此模型会收敛到最优结果。尽管如此，我们还是可以轻松地将可学习的参数集成到注意力汇聚中。例如，在下面的查询 x 和键 x_i 之间的距离乘以可学习参数 ω。

$$f(x)=\sum_{i=1}^{n}\alpha(x,x_i)y_i=\sum_{i=1}^{n}\frac{\exp\left\{-\frac{1}{2}[(x-x_i)\omega]^2\right\}}{\sum_{j=1}^{n}\exp\left\{-\frac{1}{2}[(x-x_j)\omega]^2\right\}}y_i=$$
$$\sum_{i=1}^{n}\text{softmax}\left(-\frac{1}{2}[(x-x_i)\omega]^2\right)y_i \tag{9-31}$$

六、注意力评分函数

可以将中的高斯核指数部分视为注意力评分函数(attention scoring function)，简称评分函数(scoring function)，然后把这个函数的输出结果输入到 softmax 函数中进行运算。通过上述步骤，我们将得到与键对应的值的概率分布(即注意力权重)。最后，注意力汇聚的输出就是基于这些注意力权重的值的加权和。

从宏观来看，我们可以使用上述算法来实现注意力机制框架，将注意力汇聚的输出计算成为值的加权和，其中 a 表示注意力评分函数。由于注意力权重是概率分布，因此加权和其本质上是加权平均值。

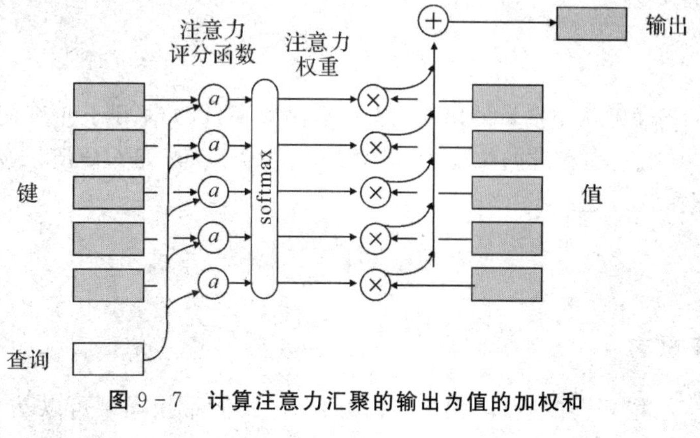

图 9-7　计算注意力汇聚的输出为值的加权和

用数学语言描述，假设 m 个“键一值”对 $\{(k_1,v_1),\cdots,(k_m,v_m)\}$ 和一个查询 $q\in R^q$。其中 $k_i\in R^k$，$v_i\in R^v$。注意力汇聚函数 f 就被表示成值的加权和：

$$f[q,(k_1,v_1),\cdots,(k_m,v_m)]=\sum_{i=1}^{m}\alpha(q,k_i)v_i\in R^v \tag{9-32}$$

其中，查询 q 和键 k_i 的注意力权重（标量）是通过注意力评分函数 α 将两个向量映射成标量，再经过 softmax 运算得到的：

$$\alpha(q,k_i)=\mathrm{softmax}[\alpha(q,k_i)]=\frac{\exp[\alpha(q,k_i)]}{\sum_{j=1}^{m}\exp[\alpha(q,k_i)]} \tag{9-33}$$

正如我们所看到的，选择不同的注意力评分函数 a 会导致不同的注意力汇聚操作。Softmax 操作用于输出一个概率分布作为注意力权重。在某些情况下，并非所有的值都应该被纳入到注意力汇聚中。例如，为了高效处理小批量数据集，某些文本序列被填充了没有意义的特殊词元。为了仅将有意义的词元作为值来获取注意力汇聚，我们可以指定一个有效序列长度（即词元的个数），以便在计算 Softmax 时过滤掉超出指定范围的位置。通过这种方式，我们可以在下面的 Masked_Softmax 函数中实现这样的掩蔽 Softmax 操作（Masked Softmax Operation），其中任何超出有效长度的位置都被掩蔽并置为 0。

一般来说，当查询和键是不同长度的矢量时，可以使用加性注意力作为评分函数。给定查询 $q\in R^q$ 和键 $k\in R^k$，加性注意力（additive attention）的评分函数为

$$\alpha(q,k)=w_v^{\mathrm{T}}\tanh(w_q q+w_k k) \tag{9-34}$$

其中，可学习的参数是 $W_q\in R^{h\times q}$，$W_k\in R^{h\times k}$ 和 $W_v\in R^h$，将查询和键连结起来后输入到一个多层感知机（MLP）中，感知机包含一个隐藏层，其隐藏单元数是一个超参数 h。通过使用 tanh 作为激活函数，并且禁用偏置项，实现加性注意力。

尽管加性注意力包含了可学习的参数，但由于每个键都是相同的，所以注意力权重是均匀的，由指定的有效长度决定。

使用点积可以得到计算效率更高的评分函数，但是点积操作要求查询和键具有相同的长度 d。假设查询和键的所有元素都是独立的随机变量，并且都满足零均值和单位方差，那么两个向量的点积的均值为 0，方差为 d。为确保无论向量长度如何，点积的方差在不考虑向量长度的情况下仍然是 1，我们将点积除以 Va，则缩放点积注意力（Scaled Dot - Product Attention）评分函数为

$$\alpha(q,k)=\frac{q^{\mathrm{T}}k}{\sqrt{d}} \tag{9-35}$$

在实践中，我们通常从小批量的角度来考虑提高效率，例如基于 n 个查询和 m 个“键-值”对计算注意力。其中查询和键的长度为 d，值的长度为 v。查询 $Q\in R^{n\times d}$，$K\in R^{m\times d}$ 和 $V\in R^{m\times v}$ 的缩放点积注意力是：

$$\mathrm{softmax}\left(\frac{QK^{\mathrm{T}}}{\sqrt{d}}\right)V \tag{9-36}$$

七、多头注意力

在实践中，当给定相同的查询、键和值的集合时，我们希望模型可以基于相同的注意力

机制学习到不同的行为，然后将不同的行为作为知识组合起来，捕获序列内各种范围的依赖关系（例如，短距离依赖和长距离依赖关系）。因此，允许注意力机制组合使用查询、键和值的不同子空间表示（Representation Subspaces）可能是有益的。

为此，与其只使用单独一个注意力汇聚，我们可以用独立学习得到的 H 组不同的线性投影（Linear Projections）来变换查询、键和值。然后，这 H 组变换后的查询、键和值将并行地送到注意力汇聚中。最后，将这 H 个注意力汇聚的输出拼接在一起，并且通过另一个可以学习的线性投影进行变换，以产生最终输出。这种设计被称为多头注意力（Multihead Attention）。对于 H 个注意力汇聚输出，每一个注意力汇聚都被称作一个头（Head）。图 9－8展示了使用全连接层来实现可学习的线性变换的多头注意力。

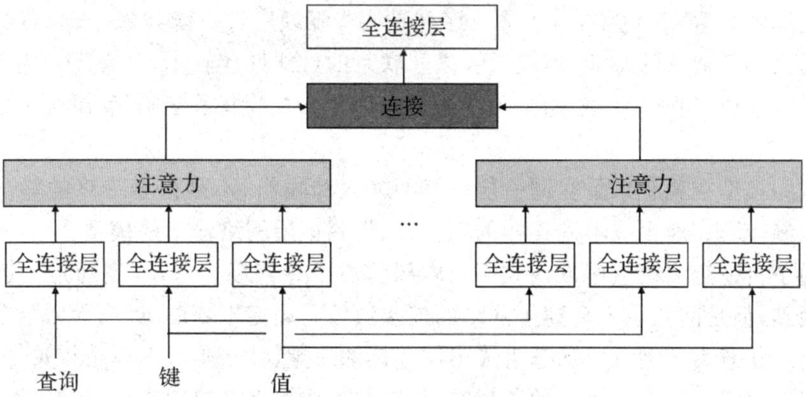

图 9－8　多头注意力展示图

在实现多头注意力之前，让我们用数学语言将这个模型形式化地描述出来。给定查询、键和值，每个注意力头 $h_i(i=1,\cdots,h)$的计算方法为

$$h_i=f(W_i^q q,W_i^k k,W_i^v v) \tag{9-37}$$

其中，可学习的参数包括，W_i^q，W_i^k，W_i^v 以及代表注意力汇聚的函数 f。f 可以是加性注意力或者缩放点积注意力。多头注意力的输出需要经过另一个线性转换，它对应着 h 个头连结后的结果，因此其可学习参数是 W_o。

$$W_o\begin{bmatrix}h_1\\ \vdots\\ h_h\end{bmatrix} \tag{9-38}$$

基于这种设计，每个头都可能会关注输入的不同部分，可以表示比简单加权平均值更复杂的函数。在实现过程中，我们选择缩放点积注意力作为每一个注意力头。为了避免计算代价和参数代价的大幅增长，我们设定 $p_q=p_k=p_v=p_o/h$。值得注意的是，如果我们将查询、键和值的线性变换的输出数量设置为 $p_q h=p_k h=p_v h=p_o$，则可以并行计算 h 个头。

八、自注意力和位置编码

在深度学习中，我们经常使用卷积神经网络（CNN）或循环神经网络（RNN）对序列进行编码。想象一下，有了注意力机制之后，我们将词元序列输入注意力池化中，以便同一组词元同时充当查询、键和值。具体来说，每个查询都会关注所有的键－值对并生成一个注意力输出。由于查询、键和值来自同一组输入，因此被称为自注意力(Self - Attention)，也被称为内部注意力(Intra - Attention)。在本节中，我们将使用自注意力进行序列编码，以及如何使用序列的顺序作为补充信息。

首先通过与软注意力 Encoder - Decoder 模型进行对比，来获得对自注意力模型(Self - Attention Model)的感性认识。在软注意力 Encoder - Decoder 模型中，更具体地来说，在英一中机器翻译模型中，输入序列和输出序列的内容甚至长度都是不一样的，注意力机制是发生在编码器和解码器之间，也可以说是发生在输入句子和生成句子之间。而自注意力模型中的自注意力机制则发生在输入序列内部，或者输出序列内部，可以抽取到同一个句子内间隔较远的单词之间的联系，比如句法特征(短语结构)。

如果是单纯的 RNN 网络，对于输入序列是按步骤顺序计算隐状态和输出的，那么对于距离比较远又相互依赖的特征，捕获二者之间联系的可能性比较小，而在序列内部引入自注意力机制后，可以将句子中任意两个单词通过一个计算直接联系起来，就更容易捕获相互依赖的特征。

自注意力模型在我看来是在同一层网络的输入和输出(不是模型最终的输出)之间，利用注意力机制“动态”地生成不同连接的权重，来得到该层网络输出的模型。

前面说了自注意力模型可以建立序列内部的长距离依赖关系，其实通过全连接神经网络也可以做到，但是问题在于全连接网络的连接边数是固定不变的，因而无法处理长度可变的序列。而自注意力模型可以动态生成不同连接的权重，那么生成多少个权重，权重的大小是多少，都是可变的，当输入更长的序列时，只需要生成更多连接边即可。如下图，虚线连接边是动态变化的。

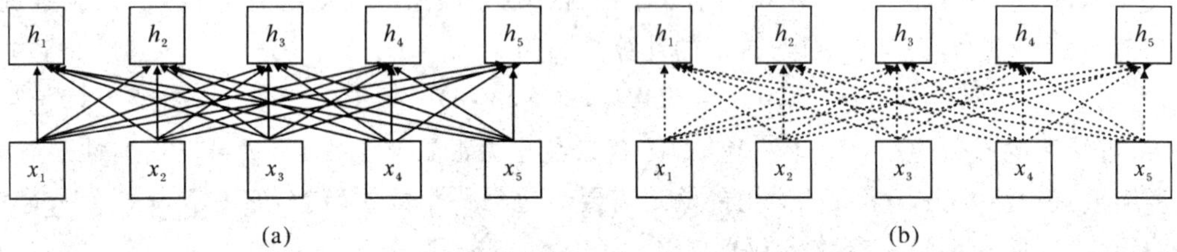

图 9-9　自注意力展示图

(a)全连接模型;(b)自注意力模型

用数学公式来表达自注意力机制：假设一个神经层中的输入序列为 $X=[x_1,x_2,\cdots,x_N]$，输出序列为同等长度的 $H=[h_1,h_2,\cdots,h_N]$，首先通过线性变换得到三组向量序列：

$$Q=W_QX\in R^{d_3\times N} \tag{9-39}$$

$$K=W_KX\in R^{d_3\times N} \tag{9-40}$$

$$V=W_VX\in R^{d_2\times N} \tag{9-41}$$

式中：Q、K、V 分别为查询向量序列，键向量序列和值向量序列；W_Q、W_K、W_V 分别是可以学习的参数矩阵。输出向量 h_i 为

$$h_i=\text{att}[(K,V),q_i]=\sum_{j=1}^{N}\alpha_{ij\,vj}=\sum_{j=1}^{N}\text{softmax}[s(k_j,q_j)]v_j \tag{9-42}$$

式中：$i,j\in[1,N]$为输出和输入向量序列的位置，连接权重 α_{ij} 由注意力机制动态生成。自注意力模型可以作为神经网络的一层来使用，也可以用来替换卷积层或循环层，也可以与卷

积层或循环层交叉堆叠使用。

给定一个由词元组成的输入序列 $x_1,\cdots,x_n$，其中任意 $x_i \in R^d(1 \leqslant i \leqslant n)$。该序列的自注意力输出为一个长度相同的序列 $y_1,\cdots,y_n$，其中：

$$y_i = f[x_i,(x_1,x_1),\cdots,(x_n,x_n)] \tag{9-43}$$

让我们比较下面几个架构，目标都是将由 n 个词元组成的序列映射到另一个长度相等的序列，其中的每个输入词元或输出词元都由 d 维向量表示。具体来说，我们将比较的是卷积神经网络、循环神经网络和自注意力这几个架构的计算复杂性、顺序操作和最大路径长度。请注意，顺序操作会妨碍并行计算，而任意的序列位置组合之间的路径越短，则能更轻松地学习序列中的远距离依赖关系。

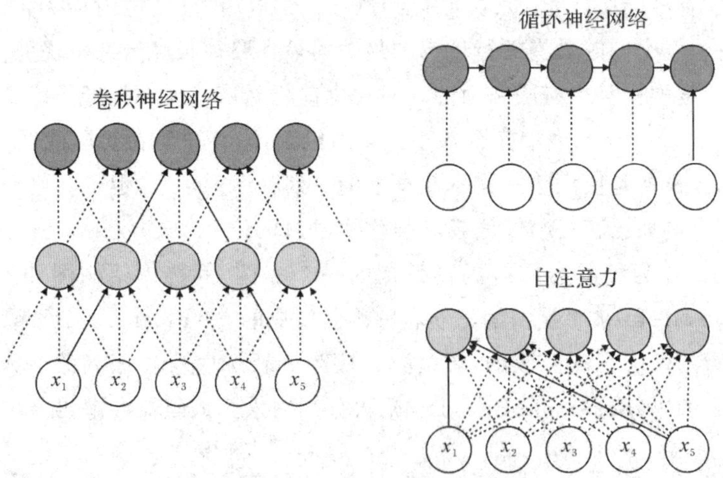

图 9-10　三种自注意力架构图

考虑一个卷积核大小为 k 的卷积层，由于序列长度是 n，输入和输出的通道数量都是 d，所以卷积层的计算复杂度为 $O(knd^2)$。卷积神经网络是分层的，因此为有 $O(1)$ 个顺序操作，最大路径长度为 $O\left(\frac{n}{k}\right)$。例如：$x_1$ 和 x_5 处于卷积核大小为 3 的双层卷积神经网络的感受野内。当更新循环神经网络的隐状态时，$d \times d$ 权重矩阵和 d 维隐状态的乘法计算复杂度为 $O(nd^2)$。由于序列长度为 n，因此循环神经网络层的计算复杂度为 $O(nd^2)$，有 $O(n)$ 个顺序操作无法并行化，最大路径长度也是 $O(n)$。

在自注意力中，查询、键和值都是 $n \times d$ 矩阵。考虑点积注意力，其中 $n \times d$ 矩阵乘以 $d \times n$ 矩阵。之后输出的 $n \times n$ 矩阵乘以 $n \times d$ 矩阵。因此，自注意力具有 $O(n^2 d)$ 计算复杂性。每个词元都通过自注意力直接连接到任何其他词元。因此，有 $O(1)$ 个顺序操作可以并行计算，最大路径长度也是 $O(1)$。

总而言之，卷积神经网络和自注意力都拥有并行计算的优势，而且自注意力的最大路径长度最短。但是因为其计算复杂度是关于序列长度的二次方，所以在很长的序列中计算会非常慢。

在处理词元序列时，循环神经网络是逐个的重复地处理词元的，而自注意力则因为并行计算而放弃了顺序操作。为了使用序列的顺序信息，我们通过在输入表示中添加位置编码(Positional Encoding)来注入绝对的或相对的位置信息。位置编码可以通过学习得到也可以直接固定得到。接下来，我们描述的是基于正弦函数和余弦函数的固定位置编码。假设输入表示 $\boldsymbol{X}$ 包含一个序列中 n 个词元的 d 维嵌入表示。位置编码使用相同形状的位置嵌入矩阵 $\boldsymbol{P}$ 输出 $\boldsymbol{X}+\boldsymbol{P}$，矩阵第 i 行、第 $2j$ 列和 $2j+1$ 列上的元素为

$$p_{i,2j}=\sin\left(\frac{i}{10\ 000^{2j/d}}\right) \tag{9-44}$$

$$p_{i,2j+1}=\cos\left(\frac{i}{10\ 000^{2j/d}}\right) \tag{9-45}$$

九、Transformer 架构

比较了卷积神经网络(CNN)、循环神经网络(RNN)和自注意力(self－attention)。值得注意的是，自注意力同时具有并行计算和最短的最大路径长度这两个优势。因此，使用自注意力来设计深度架构是很有吸引力的。对比之前仍然依赖循环神经网络实现输入表示的自注意力模型，transformer 模型完全基于注意力机制，没有任何卷积层或循环神经网络层。尽管 transformer 最初是应用于在文本数据上的序列到序列学习，但现在已经推广到各种现代的深度学习中，例如语言、视觉、语音和强化学习领域。

Transformer 作为编码器一解码器架构的一个实例，其整体架构图如图 9－11 展示。正如所见到的，Transformer 是由编码器和解码器组成的。Transformer 的编码器和解码器是基于自注意力的模块叠加而成的，源（输入）序列和目标（输出）序列的嵌入(Embedding)表示将加上位置编码(Positional Encoding)，再分别输入到编码器和解码器中。

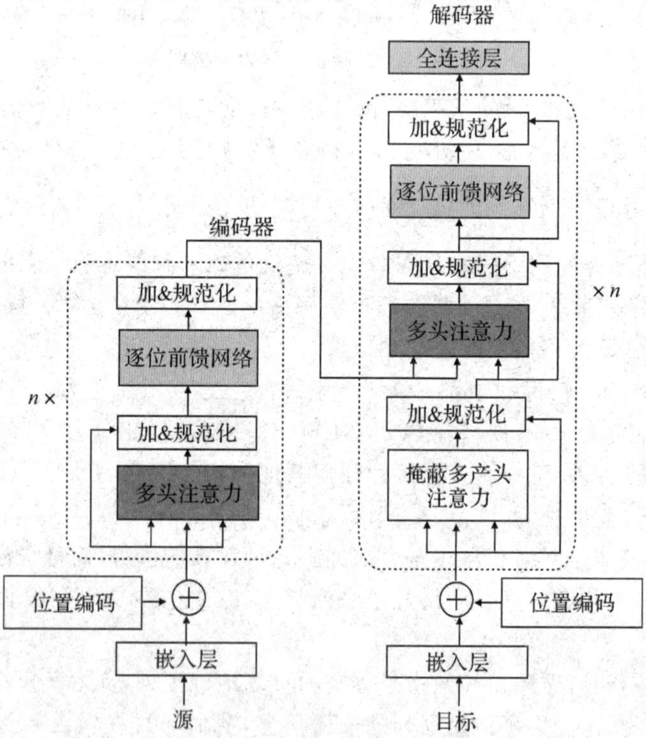

图 9－11　Transformer 架构图

从宏观角度来看，Transformer 的编码器是由多个相同的层叠加而成的，每个层都有两个子层（子层表示为 sublayer）。第一个子层是多头自注意力（Multi - Head Self - Attention）汇聚；第二个子层是基于位置的前馈网络（Positionwise Feed - Forward Network）。具体来说，在计算编码器的自注意力时，查询、键和值都来自前一个编码器层的输出。受残差网络的启发，每个子层都采用了残差连接（Residual Connection）。在 transformer 中，对于序列中任何位置的任何输入 x，都要求满足 sublayer(x)，以便残差连接满足 x+Sublayer(x)。在残差连接的加法计算之后，紧接着应用层规范化（Layer Normalization）。因此，输入序列对应的每个位置，Transformer 编码器都将输出一个 d 维表示向量。

Transformer 解码器也是由多个相同的层叠加而成的，并且层中使用了残差连接和层规范化。除了编码器中描述的两个子层之外，解码器还在这两个子层之间插入了第三个子层，称为编码器—解码器注意力（Encoderdecoder Attention）层。在编码器—解码器注意力中，查询来自前一个解码器层的输出，而键和值来自整个编码器的输出。在解码器自注意力中，查询、键和值都来自上一个解码器层的输出。但是，解码器中的每个位置只能考虑该位置之前的所有位置。这种掩蔽（Masked）注意力保留了自回归（Auto - Regressive）属性，确保预测仅依赖于已生成的输出词元。

基于位置的前馈网络对序列中的所有位置的表示进行变换时使用的是同一个多层感知机（MLP），这就是称前馈网络是基于位置的（Positionwise）的原因。输入 x 的形状（批量大小，时间步数或序列长度，隐单元数或特征维度）将被一个两层的感知机转换成形状为（批量大小，时间步数，ffn_num_outputs）的输出张量。改变张量的最里层维度的尺寸，会改变成基于位置的前馈网络的输出尺寸。因为用同一个多层感知机对所有位置上的输入进行变换，所以当所有这些位置的输入相同时，它们的输出也是相同的。

加法和规范化（Add&Norm）由残差连接和紧随其后的层规范化组成的。两者都是构建有效的深度架构的关键。在一个小批量的样本内基于批量规范化对数据进行重新中心化和重新缩放的调整。层规范化和批量规范化的目标相同，但层规范化是基于特征维度进行规范化。尽管批量规范化在计算机视觉中被广泛应用，但在自然语言处理任务中（输入通常是变长序列）批量规范化通常不如层规范化的效果好。有了组成 Transformer 编码器的基础组件，现在可以先实现编码器中的一个层。在实现 Transformer 编码器的代码中，堆叠了 Num_Layers 个 Encoderblock 类的实例。由于我们使用的是值范围在－1 和 1 之间的固定位置编码，因此通过学习得到的输入的嵌入表示的值需要先乘以嵌入维度的平方根进行重新缩放，然后再与位置编码相加。

Transformer 解码器也是由多个相同的层组成。在 Decoderblock 类中实现的每个层包含了三个子层：解码器自注意力、“编码器-解码器”注意力和基于位置的前馈网络。这些子层也都被残差连接和紧随的层规范化围绕。正如在本节前面所述，在掩蔽多头解码器自注意力层（第一个子层）中，查询、键和值都来自上一个解码器层的输出。关于序列到序列模型（Sequence - To - Sequence Model），在训练阶段，其输出序列的所有位置（时间步）的词元都是已知的；然而，在预测阶段，其输出序列的词元是逐个生成的。因此，在任何解码器时间步中，只有生成的词元才能用于解码器的自注意力计算中。为了在解码器中保留自回归的属性，其掩蔽自注意力设定了参数 Dec_Valid_Lens，以便任何查询都只会与解码器中所有已经生成词元的位置(即直到该查询位置为止)进行注意力计算。

在编码器的自注意力中，查询和键都来自相同的输入序列。因为填充词元是不携带信息的，因此通过指定输入序列的有效长度可以避免查询与使用填充词元的位置计算注意力。接下来，将逐行呈现两层多头注意力的权重。每个注意力头都根据查询、键和值的不同的表示子空间来表示不同的注意力。

第二节　预训练深度双向 Transformer 预测方法

语言模型预训练已被证明对改进许多自然语言处理任务是有效的。这些包括句子级任务，例如自然语言推理和释义，旨在通过整体分析句子之间的关系，以及令牌级任务，例如命名实体识别和问答，其中模型需要在令牌级别生成细粒度的输出。

将预训练的语言模型应用于下游任务有两种现有策略：基于特征的和微调。基于特征的方法，例如：ELMo，使用特定于任务的架构，其中包括预训练的表示作为附加特征。微调方法，例如 Generative Pre - trained Transformer(OpenAI GPT)，引入了最小的特定于任务的参数，并通过简单地微调所有预训练参数对下游任务进行训练。这两种方法在预训练期间共享相同的目标函数，他们使用单向语言模型来学习通用语言表示。

当前的技术限制了预训练表示的力量，特别是对于微调方法。主要限制是标准语言模型是单向的，这限制了在预训练期间可以使用的架构的选择。例如，在 OpenAI GPT 中，作者使用从左到右的架构，其中每个标记只能关注 Transformer 的自注意力层中的先前标记。对于句子级任务来说，这种限制是次优的，并且在将基于微调的方法应用于诸如问答之类的令牌级任务时可能非常有害，其中从两个方向合并上下文至关重要。

预训练深度双向 Transformer 模型(BERT)使用基于 Transformer 的双向编码器表示。BERT 旨在通过联合调节所有层中的上下左右部分来从未标记文本中预训练深度双向表示。因此，预训练的 BERT 模型只需一个额外的输出层就可以进行微调，为各种任务(例如问答和语言推理)创建最先进的模型，而无需大量特定于任务的架构修改。

BERT 通过使用受完形填空任务的启发的“掩码语言模型”(MLM)预训练目标来缓解前面提到的单向约束。掩码语言模型从输入中随机屏蔽一些标记，目标是仅基于其上下文的单词预测掩码的原始词汇。与从左到右的语言模型预训练不同，MLM 目标使表示能够融合左右上下文，这使我们能够预训练深度双向 Transformer。除了掩码语言模型之外，我们还使用了一个联合预训练文本对表示的“下一句预测”任务。

BERT 框架有两个步骤：预训练和微调。在预训练期间，该模型在不同预训练任务的未标记数据上进行训练。对于微调，BERT 模型首先使用预训练参数初始化，所有参数都使用下游任务的标记数据进行微调。每个下游任务都有单独的微调模型，即使它们使用相同的预训练参数初始化。图(a)中的问答示例将作为本节的运行示例。

BERT 的一个独特特征是它在不同任务的统一架构。有预训练架构和最终下游架构之间的显着差异。BERT 的模型架构是一个基于 Vaswani 等人描述的原始实现的多层双向 Transformer 编码器。在这个框架中，将层数(即 Transformer 块)表示为 L，隐藏大小表示为 H，自注意力头的数量表示为 A。两个基本的模型参数为：BERTBASE($L=12$，$H=768$，$A=12$，Total Parameters＝110M)和 BERTLARGE($L=24$，$H=1\ 024$，$A=16$，Total Parameters＝340M)。

表示为了使 BERT 处理各种下游任务，输入表示能够在一个标记序列中明确地表示单个句子和一对句子(例如，＜Question，Answer＞)。在这项工作中，“句子”可以是连续文本的任意跨度，而不是实际的语言句子。“序列”是指 BERT 的输入标记序列，可以是单个句子或两个句子打包在一起。

使用 WordPiece 嵌入和 30 000 个标记词汇。每个序列的第一个标记始终是一个特殊的分类标记([CLS])。该标记对应的最终隐藏状态用作分类任务的聚合序列表示。句子对被打包成一个序列。以两种方式区分句子。首先，将它们与特殊标记([SEP])分开。其次，为每个标记添加一个学习嵌入，指示它是否属于句子 A 或句子 B。如图 9－12 所示，将输入嵌入表示为 E，特殊[CLS]令牌的最终隐藏向量表示为 $C \in R^H$。对于给定的标记，其输入表示是通过对相应的标记、段和位置嵌入求和来构建的。这种构造的可视化如图 9－13 所示。

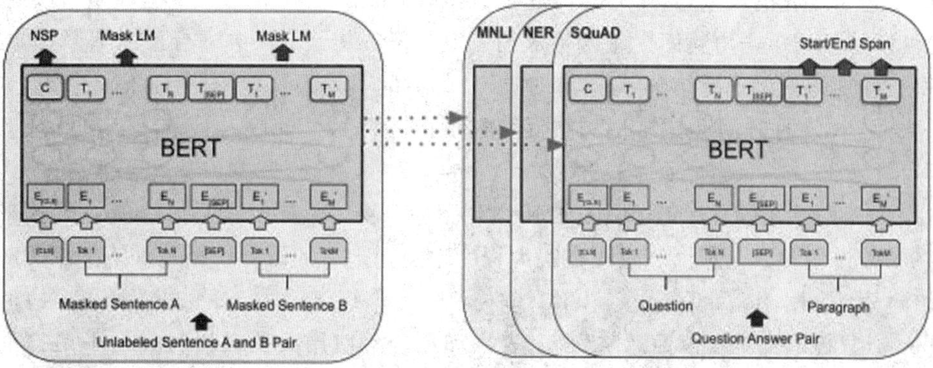

(a)　　　　　　　　　　(b)

图 9－12　BERT 的整体架构图

(a)预训练；(b)微调

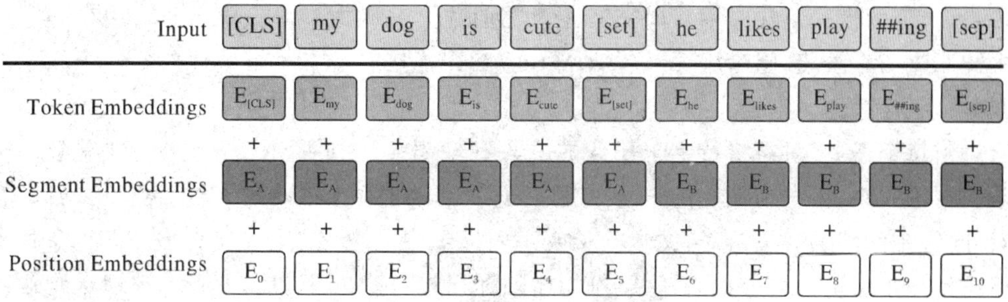

图 9－13　BERT 的输入表示图

一、基本架构

直观地说，有理由相信深度双向模型比从左到右的模型或从左到右和从右到左模型的浅层连接更强大。不幸的是，标准的条件语言模型只能从左到右或从右到左进行训练，因为双向条件将允许每个单词间接“看到自己”，并且该模型可以在多层上下文中简单地预测目标词。

为了训练深度双向表示，只需随机屏蔽一定百分比的输入标记，然后预测这些掩码标记。将此过程称为“掩码 LM”(MLM)，尽管它在文献中通常被称为 aCloze 任务。在这种情况下，对应于掩码标记的最终隐藏向量被馈送到词汇表上的输出 softmax，就像在标准 LM 中一样。在所有的实验中，随机屏蔽每个序列中 15%的所有 WordPiece 标记。与去噪自动编码器相比，只预测掩码词而不是重建整个输入。

尽管这使能够获得双向预训练模型，但缺点是正在创建预训练和微调之间的不匹配，因为[MASK]令牌在微调期间不会出现。为了缓解这种情况，并不总是用实际的[MASK]标记替换“掩码”单词。训练数据生成器随机选择 15%的标记位置进行预测。如果选择第 i 个令牌，将第 i 个令牌替换为[MASK]令牌 80%的时间，一个随机令牌 10%的时间，或者是不变的第 i 个令牌 10%的时间。然后，T_i 将用于预测具有交叉熵损失的原始标记。

下一句预测(NSP)问答(QA)和自然语言推理(NLI)等许多重要的下游任务都是基于理解两个句子之间的关系，这不是语言建模直接捕获的。为了训练一个理解句子关系的模型，对可以从任何单语语料库中轻松生成的二值化下一句预测任务进行预训练。具体来说，当为每个预训练示例选择句子 A 和 B 时，50%的时间 B 是遵循 A 的实际下一个句子(标记为 IsNext)，50%的时间是语料库中的随机句子(标记为 NotNext)，C 用于下一句预测(NSP)。

在之前的工作中，只有句子嵌入被转移到下游任务，其中 BERT 传输所有参数来初始化最终任务模型参数。预训练过程在很大程度上遵循现有的语言模型预训练文献。对于预训练语料库，使用 BooksCorpus(800M 单词)和英语维基百科(2 500M 个单词)。对于 Wikipedia，只提取文本段落而忽略列表、表格和标题。使用文档级语料库而不是打乱的句子级语料库(例如：Billion Word Benchmark)来提取长连续序列至关重要。

微调很简单，因为 Transformer 中的自注意力机制允许 BERT 通过交换适当的输入和输出来模拟许多下游任务——它们是否涉及单个文本或文本对。对于涉及文本对的应用程序，一种常见的模式是在应用双向交叉注意之前独立编码文本对。BERT 使用自注意力机制来统一这两个阶段，因为用 Self-Attention 编码连接的文本对有效地包括两个句子之间的双向交叉注意力。

对于每个任务，只需将特定于任务的输入和输出插入到 BERT 中，并端到端微调所有参数。在输入中，来自预训练的句子 A 和句子 B 类似于释义中的句子对、蕴涵中的假设-前提对、问答中的问题-段落对，文本分类或序列标记中的退化文本对。在输出中，令牌表示被馈送到输出层以进行令牌级任务，例如序列标记或问答，并且[CLS]表示被馈送到输出层进行分类，例如蕴涵或情感分析。

与预训练相比，微调相对容易。论文中的所有结果都可以在单个 CloudTPU 上最多运行 1 小时，或者在 GPU 上运行几个小时，从完全相同的预训练模型开始。

二、通用语言理解评估测试

通用语言理解评估(General Language Understanding Evaluation，GLUE)基准测试集是各种自然语言理解任务的集合。GLUE 数据集的详细描述如下：

多体裁自然语言推理(Multi - Genre Natural Language Inference，MNLI)是一项大规模众包蕴涵分类任务。给定一对句子，目标是预测第二个句子是否是相对于第一个句子的蕴涵、矛盾或中性。

巴黎果壳问答(Quora Question Pairs，QQP)是一个二元分类任务，其目标是确定 Quora 上提出的两个问题在语义上是否等价。

问答自然语言推理(Question Natural Language Inference，QNLI)问题是斯坦福问答数据集的一个版本，已转换为二元分类任务。正例是(问题、句子)对，包含正确答案，负例是来自同一段落的(问题、句子)，不包含答案。

斯坦福情感树图资料库(Stanford Sentiment Treebank，SST - 2)是一个二元单句分类任务，由从电影评论中提取的句子及其情感的注释组成。

可接受性语言语料库(Corpus of Linguistic Acceptability，CoLA)是一个二元单句分类任务，其目标是预测英语句子在语言上是否“可接受”。

语义文本相似性基准测试库(Semantic Textual Similarity Bench - mark，STS - B)是从新闻标题和其他来源中提取的句子对的集合。他们用从 1～5 的分数进行注释，表示两个句子在语义含义方面的相似程度。

微软研究释义语料库(Microsoft Research Paraphrase Corpus，MRPC)由从在线新闻源中自动提取的句子对组成，带有人工注释对于对中的句子在语义上是否等价。

识别文本蕴涵库(Recognizing Textual Entailment，RTE)是一个类似于 MNLI 的二元蕴涵任务，但训练数据要少得多。

WinogradNLI 是一个小型自然语言推理数据集。GLUE 网页指出，该数据集的构建存在问题，并且提交给 GLUE 的每个训练系统的性能都低于预测多数类的基线准确度。因此，将该集合排除为 OpenAI GPT 公平。对于的 GLUE 提交，总是预测大部分结果。

为了对 GLUE 进行微调，输入序列(对于单个句子或句子对)，并使用对应于第一个输入标记([CLS])的最终隐藏向量 $\boldsymbol{C} \in R^{H}$ 作为聚合表示。微调过程中引入的唯一新参数是分类层权重 $W \in R^{K \times H}$，其中 K 是标签的数量，使用 C 和 W 计算标准分类损失，即 log[softmax(CWT)]。

表 9 - 1 展示在 GLUE 测试集上的实验结果，由评估服务器评分。每个任务下面的数字表示训练示例的数量。“平均”列与官方 GLUE 分数略有不同，因为排除了有问题的 WNLI 集。8BERT 和 OpenAI GPT 是单一模型、单任务。QQP 和 MRPC 报告了 F1 分数，STS - B 报告了 Spearman 相关性，其他任务报告了准确度分数。排除了使用 BERT 作为其组件之一的条目。

表 9-1 GLUE 测试结果

System	MNLI-(m/mm)	QQP	QNLI	SST-2	CoLA	STS-B	MRPC	RTE	Average
	392k	363k	108k	67k	8.5k	5.7k	3.5k	2.5k	
Pre-OpenAISOTA	80.6/80.1	66.1	82.3	93.2	35.0	81.0	86.0	61.7	74.0
BiLSTM+ELMo+Attn	76.4/76.1	64.8	79.8	90.4	36.0	73.3	84.9	56.8	71.0
OpenAIGPT	82.1/81.4	70.3	87.4	91.3	45.4	80.0	82.3	56.0	75.1
BERTBASE	84.6/83.4	71.2	90.5	93.5	52.1	85.8	88.9	66.4	79.6
BERTLARGE	86.7/85.9	72.1	92.7	94.9	60.5	86.5	89.3	70.1	82.1

使用批大小为 32，并在所有 GLUE 任务的数据上微调 3 个 epoch。对于每个任务，在开发集中选择了最好的微调学习率。对于 BERTLARGE，发现微调有时在小数据集上不稳定，因此运行了几次随机重启并在开发集上选择了最佳模型。通过随机重启，使用相同的预训练检查点，但执行不同的微调数据混洗和分类器层初始化。

实验结果如表 9-1 所示，BERTBASE 和 BERTLARGE 在所有任务上都大大优于所有系统，比之前的技术水平获得了 4.5%和 7.0%的平均精度提高。除了注意力掩蔽之外，BERTBASE 和 OpenAIGPT 在模型架构方面几乎相同。对于最大且使用最广泛的 GLUE 任务 MNLI，BERT 获得了 4.6%的绝对准确度提高。在官方 GLUE 排行榜 10 上，与 OpenAIGPT 相比，BERTLARGE 获得了 80.5 的分数，后者获得了 72.8 的分数。

斯坦福问答数据集(SQuADv1.1)是一个包含 10 万个众包问题/答案对的集合，它是一个问题和一个段落包含答案的维基百科内容，任务是预测文章中的答案文本跨度。在问答任务中，将输入问题和段落表示为单个打包序列，使用 A 嵌入的问题和使用 B 嵌入的段落。在微调期间，只引入一个起始向量 $\boldsymbol{S} \in RH$ 和一个结束向量 $\boldsymbol{E} \in RH$。wordi 是答案跨度开始的概率计算为 Ti 和 S 之间的点积，然后是段落中所有单词的 softmax：$p_i = \frac{e^{s * T_i}}{\sum_j e^{s * T_i}}$。类似的公式用于答案跨度的末尾。从位置 i 到位置 j 的候选跨度的分数定义为 $S \cdot T_i + E \cdot T_j$，其中 $j \geqslant i$ 用作预测的最大评分跨度。训练目标是正确开始和结束位置的对数似然之和。

SQuAD2.0 任务通过允许提供的段落中不存在简短答案的可能性来扩展 SQuAD1.1 问题定义，从而使问题更加现实。使用一种简单的方法来扩展 SQuADv1.1BERT 模型来完成这项任务。将没有答案的问题视为在[CLS]标记处具有开始和结束的答案跨度。开始和结束答案跨度位置的概率空间被扩展以包括[CLS]标记的位置。对于预测，将无答案跨度的分数进行比较：snull$=S \cdot C + E \cdot C$ 与最佳非空跨度的分数$s_{i,j} = \max_{j>=i} S \cdot T_i + E \cdot T_j$。当$\hat{S}_{i,j} > S_{null} + \tau$ 时，预测非空答案，其中在开发集上选择阈值 τ 以最大化 F1。没有在这个模型中使用 TriviaQA 数据。以 5e-5 的学习率和 48 的批量大小对 2 个 epoch 进行了微调。与之前的排行榜相比，观察到比之前的最佳系统提高了+5.1F1。

对抗性生成(SWAG)数据集的情况包含 113k 个句子对完成示例，用于评估接地常识推理。给定一个句子，任务是在四个选择中选择最合理的延续。在对 SWAG 数据集进行微调时，构建了四个输入序列，每个输入序列都包含给定句子（句子 A）和可能的延续（句子 B）的串联。引入的唯一特定于任务的参数是向量，其与[CLS]令牌表示 C 的点积表示每个选择的分数，该分数使用 softmax 层进行归一化。以 2e-5 的学习率和 16 的批量大小对模型进行了 3 个 epoch 的微调。BERTLARGE 比基线 ESIM + ELMo 系统高出 +27.1%，OpenAIGPT 高出 8.3%。

三、长周期交通流量预测介绍

数据收集的便利性导致了大量交通数据的积累，这些数据被用于智能交通系统（Intelligent Transportation Systems，ITSs）的不同目的。此外，随着道路交通条件的日益复杂，交通流量预测也变得越来越重要。例如，可以调整交通条件，以优化货运运输路线，提高运输效率，以便在更短的时间内运输更多的货物。同样，路段交通预测对于自动驾驶车辆有效运行是必要的。在世界上的许多地方，交通预测对于缓解交通拥堵至关重要。

然而，传统的交通流量预测方法是基于有限的数据源和交通数据。这些方法的另一个缺点是，大量的信息来自于少量的数据。此外，这些方法的计算性能不足以支持实时操作；因此，统计模型或早期的机器学习模型已被广泛应用。传统的统计时间序列模型，如自回归集成移动平均（Autoregressive Integrated Moving Average，ARIMA）和自回归条件异方差（Autoregressive Conditional Heteroskedasticity，ARCH）模型，以及机器学习模型，如 k-最近邻（k-nearest neighbor，KNN）和支持向量机（Support Vector Machine，SVM）模型，经常被使用。

流量数据收集的相对容易性和计算性能的进步促进了数据的积累和加速了计算操作。此外，与传统的统计时间序列模型或早期机器学习模型相比，深度学习被越来越多地应用于提高交通流预测的性能。最初，我们使用了简单的模型，如多层感知器模型。近年来，基于卷积神经网络（Convolutional Neural Networks，CNNs）和递归神经网络（Recurrent Neural Networks，RNNs）的模型得到了广泛的研究。

大多数自然语言处理（Natural Language Processing，NLP）的研究人员都专注于为不同的任务开发自然语言理解模型。其中一个模型是来自 Transformer 的双向编码器表示（Bidirectional Encoder Representations from Transformers，BERT），用于训练和微调的高性能模型，其特点是在各种应用程序中易于使用。由于其独特的特性，它被用于一系列的 NLP 任务，包括文本摘要和句子嵌入。除了 NLP 子域，BERT 还被用于推荐系统作为 RNN 模型的替代品，如门控循环单元（Gated Recurrent Unit，GRU）模型，以及其他科学应用。尽管 BERT 在不同领域具有广泛的适用性，但它尚未在 ITSs 中部署。

在本研究中，通过利用不同的 BERT 特征进行交通流量预测。首先，使用了一个类似于 BERT 的双向 Transformer 结构来预测整体流量，而不是每个时间步长。此外，与现有的必须针对每条道路进行单独训练的模型不同，通过使用来自不同道路的数据对模型进行预训练，从而提高了模型的通用性。

交通流数据是用于预测后续步骤或序列等任务的时间序列数据。基于 Transformer 的 BERT 在时间序列预测方面优于基于 RNN 的模型。这种方法有望克服现有统计方法的缺点，即它们处理大规模数据的能力有限。此外，虽然现有的模型需要对每条道路进行单独训练，但所提出的模型可以通过微调单一模型成功地预测不同道路上的交通流量。进行了实验，使用现有的交通流数据训练的模型，并成功验证了它使用不同交通数据作为输入预测交通流量的能力。该模型具有迁移学习能力和优异的表现。

在以往的交通流量预测研究中，人们经常使用统计时间序列模型或机器学习模型。时间序列模型可以从给定的数据集中学习时间序列的特征，并提供预测，如 ARIMA 算法。早期的 ARIMA 模型通常预测非常短的数据。随后，ARIMA 模型被分为季节性 ARIMA 和带有外源变量的 ARIMA，这在涉及大量数据时遇到了问题。同时使用 ARIMA 和卡尔曼滤波器(KF)的模型和那些采用历史平均的模型。当使用大量数据时，这些模型通常会高估这些数据。

最近，深度学习模型已被用于克服这一漏洞。在计算机视觉的几个子领域，尽管使用了大量的 CNN 数据，已经取得了卓越的预测性能。CNN 也被用于交通流量预测，其主要特征是其检测拓扑位置的能力。拟合基于 CNN 的相关模型，同时利用相邻道路的交通状况数据预测交通流量。另一种方法是使用全卷积网络(FCN)捕获时间和空间相关性。除了基于 CNN 的模型，那些包含长短期记忆(LSTM)或门控复发单元(GRUs)的模型已经被广泛的研究。一些研究人员使用 LSTM 来识别时空相关性，其他研究人员使用双向 LSTM 来提高性能。

与其他时间序列分析相关的应用程序，以确定处理交通流时间序列数据的合适方法。其中一种确定的技术是 NLP，其中每个单词都被分析。对于大规模数据集，许多研究已经确定了词及其在向量空间中的嵌入之间的相关性。在一些研究中，使用 Word2Vec 或 GloVe 来确定独立词之间的相关性，并训练模型将相似的词放得更近，不同的词在向量空间中距离更远。然而，上述嵌入每个被认为是独立的单词的方法被证明不适用于交通流量预测，其中必须观察之前和随后的道路交通流量。

由于计算机性能的进步，现在可以学习单词单位之外的句子单位的意义和句子之外的整体上下文。在一项研究中，使用语言模型嵌入(ELMo)(Peters et al.，2018)，使用双向 LSTM 来识别每个句子的特征。这一过程的优势是使用预先训练的模型，研究增加了使用基于 RNN 的模型和进一步基于 Transformer 的研究。在 OpenAI GPT2(Radford et al.，2019)中，句子的特征使用单向 Transformer 提取，类似于 ELMo。从这两项研究中得出了两个值得注意的观点。该模型不仅学习单词或句子；在使用上下文线索训练时，对各种 NLP 任务都有效；使用各种类型的数据对深度学习模型进行预训练，在各种任务中获得优异的性能。

与这些涉及学习上下文化单词表示的研究相比，BERT 提供了最先进的性能，并使用了相当多的数据进行了预训练。BERT 使用了一个双向 Transformer，并在各种 NLP 任务上优于许多其他模型。因此，使用了各种 BERT 特征来进行交通流量预测。首先，使用了一个类似于 BERT 的双向 Transformer 结构来预测整体流量，而不是每个时间步长。此外，通过使用不同道路的数据对模型进行预训练，从而提高了模型的通用性，而现有的模型必须对每条道路单独进行训练。

四、用于长周期交通流量预测的框架结构

为了能够处理交通流量预测任务，基于 BERT 模型，添加并修改了 BERT 结构的某些部分。本节描述了以流量为基础的 BERT 的基础 BERT 的结构，同时 BERT 的不同部分针对给定的任务进行了优化。交通轨道网的概述如图 9-14 所示。

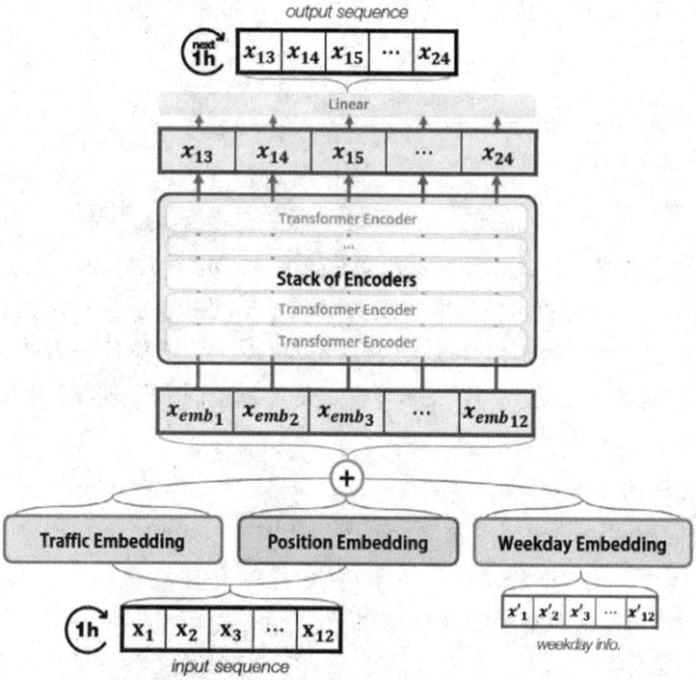

图 9-14　交通流量预测的模型结构

1. 工作日的嵌入和因子分解的嵌入参数化

PeMS 和 METR 数据集中包含的数据代表了平均车速 $S=\{s_1,\cdots,s_N\}$，其中每条道路上的传感器的速度以 5 min 的间隔测量。在每一批处理中，随机选择一个时间步长 t，这成为输入数据的第一个时间步长。输入为 t 后指定的时间步长 T。因此，输入的数据变成了 $s_1,\cdots,s_{t+T}$。BERT 产生的输出与输入输出的大小相同，它与自动编码器具有相同的结构。此外，由于 BERT 做的是长期预测，而不是短期预测，输出的时间步长等于指定 t 后的 T 值，即 $s_{t+T+1},\cdots,s_{t+2T}$。在本研究中，指定了时间步长 T 的值为 12。因此，输入和输出数据分别为 $s_t,\cdots,s_t+12$ 和 $s_{t+13},\cdots,s_{t+24}$。

传统 BERT 中的嵌入步骤包括标记嵌入、片段嵌入和位置嵌入，并得到了这些嵌入的总和。然而，考虑到这些嵌入是用于 NLP 任务的，在本研究中采用了不同的方法。首先，传统的令牌嵌入涉及到嵌入技术，如 Word2Vec，而流量流数据是连续变量。因此，使用一个线性函数，称为流量嵌入，来进行向量化。其次，关注了所提出的模型的一般目的，并采用了“工作日”作为与日期相关的信息，而不是分段嵌入。使用工作日，而不是天气或其他与日期相关的信息，在任何时候没有限制。使用线性函数拟合每一天的数据，以确定嵌入尺寸。此外，还使用了三种类型的嵌入，包括位置嵌入。

在传统的 *BERT* 中，输入标记嵌入的大小等于隐藏层的大小，从建模的角度来看，这是 A-Lite BERT(ALBERT)中第二好的解决方案。在建模中，WordPiece 嵌入是一种上下文无关的表示，而隐藏层嵌入是一种上下文相关的表示。BERT 的高性能可归因于上下文相关的表示。由于本研究的目标是检测整体流量，而不是提高单个传感器的速度，因此更加重视隐藏层的嵌入。因此，扩大了隐藏层 H 的大小，而不是嵌入每个传感器 E 的大小，以关注上下文识别。每个嵌入方法的输入序列 $S=\{s_1,\cdots,s_t\}$ 和工作日信息 $X=\{x_1,\cdots,x_t\}$，具体表示如下：

$$E_{\text{traffic}}(S)=W^M(W^{\text{T}}S) \tag{9-46}$$

$$E_{\text{position}}(S)=W^M(W^PS) \tag{9-47}$$

$$E_{\text{weekday}}(X)=W^M(W^WX) \tag{9-48}$$

$$E_{\text{total}}=E_{\text{traffic}}+E_{\text{position}}+E_{\text{weekday}} \tag{9-49}$$

在此公式中，流量嵌入 $E_{\text{traffic}}(S)$ 表示流量嵌入函数，$W^{\text{T}}\in R^{1\times d}$ 表示嵌入维数 d_e 的流量嵌入权值。此外，$E_{\text{position}}(S)$ 表示位置嵌入函数，$W^P\in R^{1\times d_{\max}}$ 表示位置最大长度为 $d_{\max}$ 的位置嵌入的权重。$E_{\text{weekday}}(X)$ 为工作日嵌入函数，$W^W\in R^{7\times d}$ 为工作日嵌入的权重。一周包含 7 天；因此，WW 的初始维度是 7。$W^W\in R^{d_e\times d_{\text{model}}}$ 是将每个嵌入值适合于模型 d_{model} 的维数的权重。

2. 多头自注意力

目前用于时间序列预测的深度学习技术广泛使用基于 RNN 的深度学习模型。为了提高 RNN 模型的性能，人们开发了各种技术，其中之一是注意机制（巴赫，Cho，&Bengio，2014）。目前的注意机制只对整个维度只注意一次。而在 Transformer 中采用的多头注意方法中，通过将整个维度除以 h，并应用注意 h 次数，多次注意整个维度。根据注意力的划分和应用，将 h 结果连接起来，得到单个向量。然后再乘以一个矩阵来平衡模型和向量的维数：

$$\text{MultiHead}(Q,K,V)\text{Concat}(\text{Head}_1,\cdots,\text{Head}_h)W^O \tag{9-50}$$

$$\text{Head}_i=\text{Attention}(QW_i^Q,KW_i^K,VW_i^V) \tag{9-51}$$

$$W_i^Q,W_i^K,W_i^V,\in R^{hd_v\times d_{\text{model}}} \tag{9-52}$$

此外，注意函数是缩放的点积注意，即

$$\text{Attention}(Q,K,V)=\text{softmax}\left(\frac{QK^{\text{T}}}{\sqrt{d/h}}\right)V \tag{9-53}$$

其中，引入 h 以避免极小的梯度并产生更柔和的注意力。在此过程中形成了注意层，并输入先行注意输出作为后续注意的输入。这构成了自我关注。由于过程只依赖于自注意，排除了 RNN 结构操作，每一层涉及的操作更少，正如 Transformer 相关研究报告的那样，过程可以并行化以节省时间。在本研究中，使用了一个多头自注意 Transformer 结构来预测交通流量。这种结构的特点是大量的数据、大量的操作和每个时间窗口的高相关性。

3. 改进结构

对 BERT 所采用的结构类似于基于多头注意的 Transformer 模型。双向编码器将 BERT 与现有的预先训练过的语言模型(PLMs)区分开来。值得注意的是，BERT 在嵌入和训练前方法方面不同于其他 Transformer 模型。

甚至在 BERT 出现之前，语言模型的预训练就被认为对提高 NLP 任务的表现是有效的。BERT 在两个方面明显优于许多其他 plm。首先，它使用了一个双向 Transformer 的编码器。虽然现有的 plm，如 ELMo 也使用双向模型，但这些模型是 LSTM 模型，顺序依赖导致高工作负载和降低工作速度。此外，虽然 OpenAI GPT2 也使用了一个 Transformer，但它是一个单向模型，在检测流量方面效率很低。BERT 通过一个双向 Transformer 提高了性能。其次，BERT 使用一个更大、更多样化的数据集进行预训练。

为了保留 BERT 的特点，为 Transformer 堆叠多层编码器的模型。然后，通过整合所有的数据来诱导模型了解整体的交通流量。也就是说，在一个步骤中训练模型，并避免单独使用每条道路的数据。这使能够生成能够预测各种数据的稳健模型。

预训练方法也不同于现有的 BERT，后者使用掩码语言建模(MLM)进行预训练。这涉及到屏蔽序列数据的随机部分，并预测被屏蔽部分的值。虽然这种方法在自然语言处理中可能有用，但它在交通流量预测中的应用有限，其中每个时区都同样重要。因此，计算与输入相同时间步长的输出，进行长时间预测。在本研究中，切片分 12 步进行。每个时间步长为 5 min；因此，当模型接收到一个小时的输入时，它就预测了下一个小时的交通流量。

五、对比实验分析

与使用 BERT 的方法类似，使用不同的数据对模型进行了预训练，以增强其对道路交通流量的理解。此外，没有使用任何特殊的数据，但试图使用以下三个广泛使用的数据集作为交通流量预测的一般基准来确定模型的性能。

METR－LA：METR－LA 包括使用安装的 207 个环路探测器在洛杉矶县收集的交通信息数据。数据收集时间为 2012 年 3 月 1 日至 6 月 30 日的 4 个月(122 天)，数据集中 30 s 的数据样本以 5 min 为间隔进行汇总。

PeMS－L：性能测量系统(PalTrans)由加州运输机构(CalTrans)数据的一部分。如前所述，30 s 的数据样本被聚合为 5 min 的间隔。这些数据于 2012 年 5 月 1 日至 6 月 30 日，在加州加州第 7 区 1026 个观测站测量了两个多月(61 天)。

PeMS－Bay：CalTrans 收集的 PeMS 数据。使用与 PeMS－L 相同的方法，从旧金山湾区安装的 325 个传感器中获得了 5 个月，为期 5 月 1 日至 5 月 31 日的 PeMSBay 数据。

除了交通速度外，PeMS 和 METR－LA 数据集还包含各种其他类型的交通相关数据。提取了交通速度和工作日的信息。在所有的数据集中，流量记录被聚合为 5 min 的间隔。每个传感器的读数被分成 5 min 的数据块，然后取平均值。

(METR－LA、PeMS－L 和 PeMS－Bay)分成一个数据集，然后将其随机化，以避免来自任何数据集的偏差。使用 12 个时间步长(每个 5 min)来预测超过 1 h 的交通流量；例如，以 13:00～14:00 的交通流量作为输入来预测 14:00～15:00 的交通流量。所有数据批次中都缺失值，由于这些是时间序列数据，预计缺失的中间值会影响预测输出。例如，在一个连续的数据系列(例如，87、88 和 89)的情况下，时间序列信息是可用的(即，有效的数据以一步一步的增量出现)。然而，如果在一个序列中缺少值(例如，87、87 和 89)，那么提取时间序列信息是很困难的。为了解决这个问题，在训练过程中排除了有多个缺失值的提取批次。最后，随机选取 20%的数据进行排除，并将其余数据合并用于模型训练。随机排除的数据中有一半作为超参数调优的验证数据，其余数据用于性能测试。

使用RTX－2080图形处理单元(GPU)和GTX－1080ti GPU,分别使用8G和11GB的帧缓冲内存对模型进行训练。为了确保交通BERT的结构与BERT的基础相同,在实验中使用了12层。还使用了Adam优化器。学习速率最初设置为1e—值为5,随后在第三、第六和第九阶段下降了0.5倍。此外,在深度神经网络学习,乘以大权值可能导致过度的更新步骤,因此算法可能出现不适当的分歧。为了避免这种差异,使用了梯度裁剪,并将最大范数设为5。在所进行的所有测试中,都使用了一个60 min的历史时间窗。换句话说,12个观测数据点被用来预测随后的60个min上的交通流量。

根据均方根误差(RMSE)、平均绝对误差(MAE)、平均绝对尺度误差(MASE)和平均绝对百分比误差(MAPE)对回归预测结果进行了评估,这些都是交通流量预测任务中常用的指标。

RMSE是观测值与真实值之间的偏差的平方和与观测数之比的平方根。

$$\mathrm{RMSE}=\sqrt{\frac{1}{n}\sum_{i=1}^{n}(\hat{y}-y)^2} \tag{9-54}$$

MAE是平均绝对误差,其单位与被测量的数据相同。

$$\mathrm{MAE}=\frac{1}{n}\sum_{i=1}^{n}|\hat{y}-y| \tag{9-55}$$

MASE是平均绝对比例误差,一个无量纲量作为无标度误差度量,将每个误差表示为平均误差与基线之比的比率。MASE是误差随时间变化的程度的一个指标。

$$\mathrm{MASE}=\frac{\mathrm{MAE}}{\frac{N}{N-1}\sum_{n=2}^{N}|y_n-y_{n-1}|} \tag{9-56}$$

最后,MAPE弥补了RMSE和MAE等尺度相关误差的缺陷,并通过将误差的波动除以实际值,促进了误差比例的比较。

$$\mathrm{MAPE}=\frac{100}{n}\sum_{i=1}^{n}\frac{|\hat{y}-y|}{\hat{y}||} \tag{9-57}$$

通过与传统统计模型ARIMA和传统深度学习模型LSTM和GRU的比较,验证了travicBERT的性能。此外,还将所提出的模型与SAE(堆叠自动编码器)模型进行了比较。

只使用了LSTM模型的12层双向版本。没有使用了简单的LSTM,而是使用了seq2seq结构,包括FC_LSTM和FC_GRU的编码器和解码器,并使用相同的层数进行训练。具体来说,总共使用了12层(即6个编码器层和6个解码器层)。此外,使用了与trafficBERT中相同的嵌入和隐藏大小。所有的值均根据每60 min的平均损失(12步值)进行预测。结果如表9－2所示。

表9－2　实验测试结果

	RMSE	MAE	MASE	MAPE
ARIMA	15.50	9.49	4.08	23.28
SAE	13.27	12.58	1.26	21.2
LSTM	12.01	5.99	2.47	15.6
FC_LSTM	10.89	5.62	0.95	14.23

续 表

	RMSE	MAE	MASE	MAPE
FC_GRU	10.72	5.73	0.96	14.53
trafficBERT	5.72	3.53	0.49	7.72

实验结果表明，该模型的性能优于其他基线模型。在 RMSE 方面，它比 ARIMA 模型好了大约 10 倍。这一观察结果与之前的报告一致，该报告指出，当考虑大规模数据集时，ARIMA 模型容易被高估。此外，与深度学习模型相比，RMSE 的差异在 5～7 之间，表明基于 Transformer 的模型比其他深度学习模型能够更有效地检测远程特征。此外，传统的基于 RNN 的模型 LSTM 和 GRU 在 RMSE 上没有显著差异，这表明流量 BERT 可能优于其他基于 RNN 的模型，包括那些具有简单循环单元的模型。

从图 9－15 可以看出，travicBERT 预测的值与参考值呈现相似的趋势，说明模型预测的分布特征与实际数据相似。此外，在特定的时间窗口，交通伯特准确地预测了交通突然堵塞的路段。虽然交通交通中心没有提供时间信息，但它检测到在交通堵塞前逐渐减速的迹象，这主要发生在高峰时段。然而，突然的交通堵塞，如图 9－15(b)或(c)所示，是由于意外或自然灾害等交通事故和灾害难以预测的问题造成的虽然这次下降是意料之中的，因为它得到了数据中的一些趋势的良好支持，但该模型并不能完美地预测这次下降，而且预测精度略有下降。正如在其他研究中所指出的那样，预测这些特殊情况被认为需要更多的资料。

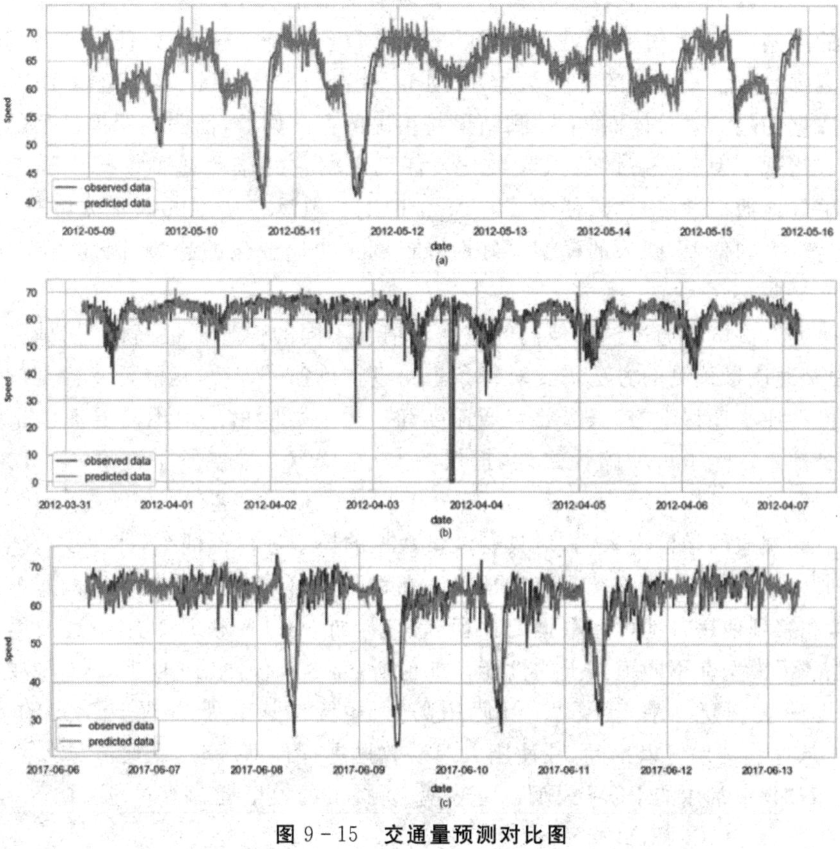

图 9－15　交通量预测对比图

深度学习模型通常是针对单个任务进行训练的。当深度学习用于预测交通流量时，通常会训练一个模型来预测特定道路上的交通状况。在自然语言处理领域中，将单一语言模型应用于各种任务的方法不断被研究，其中 BERT 是该领域的代表性模型。尽管 BERT 被设计为在各种数据集上进行预先训练，然后对每个任务进行微调，但它优于为单个任务训练的模型。

进行了迁移学习实验，以确定与现有 NLP 方法类似的大规模数据的训练前流量 BERT 的影响。在本实验中，比较了 travicBERT 与群约束卷积递归神经网络(GCRNN)模型。首先，将从 METR - LA 数据集中随机选择的 10%的数据划分为测试数据集，并使用剩余的 90%的 METR - LA 数据来训练 GCRNN 模型。在这个实验中，使用了两个版本的 travicBERT：一个在整个组合数据集(PeMS - L、METR - LA 和 PeMS - Bay)上训练，另一个只在 METR - LA 数据上训练。这里提到的 METR - LA 数据是指如前所述，在提取了大约 10%的测试数据后剩余的数据。表 9 - 2 列出了迁移学习实验的结果。

这个实验中，使用了两个版本的 travicBERT：一个在整个组合数据集(PeMS - L、METR - LA 和 PeMS - Bay)上训练，另一个只在 METR - LA 数据上训练。通过 RMSE 值。然而，当使用 METR 和来自其他两个数据集(PeMS - L，PeMS - Bay)的数据进行训练时，travicBERT 优于 GCRNN 模型。这表明，大规模数据的预训练不仅对自然语言处理是有效，而且对交通流量预测也是有效的。仅使用一种类型的数据进行训练的模型可能会偏向于用于训练的数据，因为它没有暴露于足够多的交通情况下。这种对模型的健壮性产生不利影响的限制，可以通过使用更多样化的数据进行预训练来减轻，以便模型遇到更广泛的情况。在数据趋向于减速期的部分数据中，如前一节所述，结果证实了流量 BERT 更有效地捕获了数据的趋势。总体而言，预测结果与正确值存在偏差，证明了所提模型的性能优于其他模型。将这个因子分解的嵌入参数化。仔细观察它的流动真实数据显示了严重的波动。为了更好地捕捉这一趋势，使用了在原始 BERT 中没有使用的因子分解嵌入参数化。这被解释为较大的偏差，因为的模型更好地捕捉到了快速变化的趋势，因此，在准确性方面表现得稍好一些。

许多研究人员试图通过提高他们的速度和结合不同的信息来提高他们的模型的性能。然而，这种交通流量预测的方法需要对每条道路进行单独的训练，这降低了模型的效率。提出的交通模型便于迁移学习，只需要交通速度和一周天数的信息。不需要提供相邻道路上的交通流量信息。除了可伸缩性之外，提议的 travicBERT 模型便于在不同设置中轻松使用附加特性。

所提出的交通网络模型表明，对具有大量数据的模型进行预训练，即使没有相邻的道路或天气交通信息，也可以改善交通流量预测。在本研究中，使用了广泛使用的基准数据进行无偏比较，观察到使用其他可用数据的预训练模型，如 METR 和 PeMS，最近被用于交通流量预测，提高了模型在不同道路上的性能。如前所述，尽管仅使用 METR - LA 数据训练的 traveBERT 的表现优于特定模型，但使用另外两个数据集训练的 BERT 的表现优于 GCRNN。从这些结果可以推断，在使用大规模数据进行预训练时，交通流量预测得到了改善，类似于 NLP 中常用的 PLM 模型。这表明，所提出的模型具有不同的潜在适用性。

第三节　对抗稀疏 Transformer 预测方法

一、问题描述

时间序列预测在包括业务需求预测等广泛应用中的重要意义，人们已经提出了许多关于时间序列预测的方法。然而，现有的方法有两个关键的限制。首先，大多数点预测模型只预测每个时间步长的精确值，而没有灵活性，很难捕捉到数据的随机性。即使是使用似然估计的概率预测，也会同样地遭受这些问题。此外，它们大多采用自回归生成模式，即在训练过程中提供地面真相，在推理过程中被网络自己的提前一步输出所取代，导致推理中的错误积累。因此，由于误差积累，它们可能无法预测长时间范围的时间序列。为了解决这些问题，本节提出了一种新的时间序列预测模型，基于生成对抗网络（Generative Adversarial Networks，GANs）的对抗稀疏 Transformer 方法（Adversarial Sparse Transformer，AST）。具体来说，AST 采用稀疏 Transformer 作为生成器，学习稀疏注意图进行时间序列预测，并使用鉴别器在序列水平上提高预测性能。

时间序列预测在商业和工业决策方面的广泛应用。例如，能源消耗的需求预测有助于优化资源配置和调度发电。有许多经典的方法来解决时间序列预测问题，如自回归综合移动平均（Auto Regressive Integrated Moving Average，ARIMA）模型或指数平滑。它们结合了趋势、季节性等时间序列结构的先验知识，在单线性时间序列预测中具有良好的性能。但它们在预测复杂的时间序列数据时并无效，部分原因是它们无法利用与时间相关的特征。

近年来，为了解决现代的大规模多时间序列预测问题，深度神经网络已被应用于对复杂的序列数据进行建模。自然地，基于递归神经网络（Recurrent Neural Network，RNN）和基于注意力模型，被用于挖掘时间序列趋势的复杂模式。然而，所有这些模型都只优化了一个特定的目标，如可能性损失、MSE 损失或其他损失，而现实世界的时间序列数据集有一些随机性倾向，很难用一个特定的非灵活目标来建模。因此，对时间序列预测模型只优化单一的预测目标是不合适的。

现有方法的另一个关键问题是错误积累。大多数自回归生成模型采用教师强迫策略，即在训练过程中，之前的目标值是已知的。而在推理过程中，真实的目标值被之前生成的值取代，导致训练和推理之间的差异。这种差异导致了误差的积累，因为该模型很难处理在训练过程中从未发生过的误差。最近，人们提出了一些非自回归预测模型来解决误差累积问题。然而，这些模型忽略了步长间的位置信息，这对时间序列预测至关重要，导致了较差的性能。因此，通过适当地训练时间序列预测模型，来缓解误差积累，同时提高误差性能，已成为最重要的问题之一。

生成型对抗性网络（GANs）使用对抗性训练程序，通过反向传播直接塑造网络的输出分布。在 GANs 的激励下，提出了用于多时间序列预测的对抗稀疏 Transformer（AST），这是一个结合了改进的 Transformer 和生成对抗网络（GANs）的框架。该鉴别器可以在序列级上对改进后的 Transformer 进行正则化，使其能够更好地学习时间序列的表示，从而消除了误差积累，弥补了单一预测目标的不足。具体来说，原始 Transformer 是基于多头注意机制，其中每个时间步长的表示由其相关时间步长的样本的多个不同的加权平均值表示。每个头部的注意力分布通常通过 Softmax 归一化变换来计算，为所有样本分配非零的注意力权值考虑到只有几个历史步长与预测时间步长有很强的相关性，使用稀疏归一化变换，如 α - entmax，它可以对无关的时间步长产生精确的零概率。

基于稀疏 Transformer 和生成对抗网络的有效的时间序列预测模型——对抗稀疏 Transformer。在不同的真实时间序列数据集上，进行的大量实验表明了的模型的有效性。它使用了一个生成的对抗性编码器－解码器框架来规范预测模型，从而提高序列级的性能。实验表明，对抗性训练提高了模型的鲁棒性和泛化性。

早期关于时间序列预测的文献主要依赖于统计模型。ARIMA 系列方法开发了一个模型，其中预测是最近过去观测或滞后的加权线性和。矩阵分解方法将相关序列数据作为矩阵建模，并试图跨时间序列学习信息。然而，由于序列组的结构和组之间的相互依赖，传统的统计模型很难预测现代时间序列。双注意模型只能提前预测一步，不适合用于中、长期时间序列预测。对于 LSTNet，该模型基于 RNN 架构和自动回归，以捕获长期和短期的依赖关系。然而，基于 RNN 的模型已经被证明在处理长期依赖关系方面是低效的。然而，这些模型只优化了单一目标，如自回归生成模式的似然损失函数，存在训练与推理的差异以及目标的僵化。

生成对抗性网络生成对抗网络（GANs），在计算机视觉和自然语言处理方面取得了巨大的成功。一些研究使用 GANs 来生成序列数据。C - RNN - GAN 应用 GAN 体系结构生成顺序旋律数据，使用 LSTM 网络作为生成器和鉴别器。最近的 timeGAN 首先利用 GANs 来生成时间序列。然而，该模型的目的是生成真实的时间序列，不能分类的真实时间序列。生成的时间序列只能模拟历史时间序列的分布，而不能预测未来的步骤。因此，这些研究都没有使用 GANs 来解决时间序列预测问题。与所有这些模型相比，首先将 GANs 引入到时间序列预测网络中。附加在一个鉴别器上，规范了基本的 Seq2Seq 时间序列预测网络，以提高模型的预测性能。

注意力机制研究人员还将注意力机制引入了顺序问题。特别是，最近的一些研究开发了旨在学习稀疏映射的稀疏注意机制，主要应用于 NMT。Transformer 是一种基于注意机制的新型解码器模型，完全去除递归神经网络，可以有效地计算序列。利用基于卷积注意的解码器模型来解决 Transformer 的时间序列预测问题。然而，该模型只优化了步长级最大似然，并存在误差积累。

二、稀疏 Transformer 模型

区间预测在许多场景中都很有用，如业务决策和风险管理。分位数回归估计特定分位数的值，这是预测区间最直接的方法。因此，对的模型执行分位数回归（例如，在每个时间步长输出第 50 个，第 90 个百分位数）。

具体来说，让 $\{y_{i,1:t_0}\}_{i=1}^{S}$ 表示与 S 相关的单变量时间序列，其中 $y_{i,1:t_0}=[y_{i,1},y_{i,2},\cdots,y_{i,t_0}]$ 和 $y_{i,t}\in\mathbb{R}$ 是时间序列 i 在 t 时刻的值。此外，$X_{i,1:t_0}\in\mathbb{R}^{t_0\times k}$ 是 k -维时间无关的（如汽车线 id）或动态时间相关的（如一年的月、一周的大等）协变量。目标是预测过去所有时间序列中每个分位数的下一个 τ 时间步长的值：

$$\hat{Y}_{\rho,t_0+1:t_0+\tau}=f_\rho(Y_{1:t_0},X_{1:t_0+\tau};\Phi) \tag{9-58}$$

式中：$\hat{Y}_{\rho,t}$为 t 时间步长中的第 ρ 个分位数预测值；f_ρ是第 ρ 个分位数的预测模型；$\Phi\in\mathbb{R}$ 是从所有 S 个时间序列中联合学习到的模型的可学习参数。对于每个时间序列，将时间序列 $\{Y_{1:t_0}\}$ 作为目标时间序列，时间范围 $[1,t_0]$ 作为条件作用范围，$[t_0+1,t_0+\tau]$ 作为预测范围，如图 9－16(a)。所示时间点t_0+1 为预测开始时间，$\tau\in$　为预测范围，然后的模型通过相应的分位数目标，预测不同分位数的预测。图 9－16(a)中，当条件反射范围长度（蓝线）为 168，预测范围（红线）长度为 24 时，原始 Transformer 的电时间序列预测结果样本，可以看到原始 Transformer 很难预测峰值。图 9－16(b)为同一时间序列的稀疏 Transformer 的预测结果，其中稀疏 Transformer 提高了原始 Transformer 的性能，但仍难以预测尖峰。图 9－16(c)为同一时间序列的 AST 预测结果，AST 在所有的尖峰中表现最好。

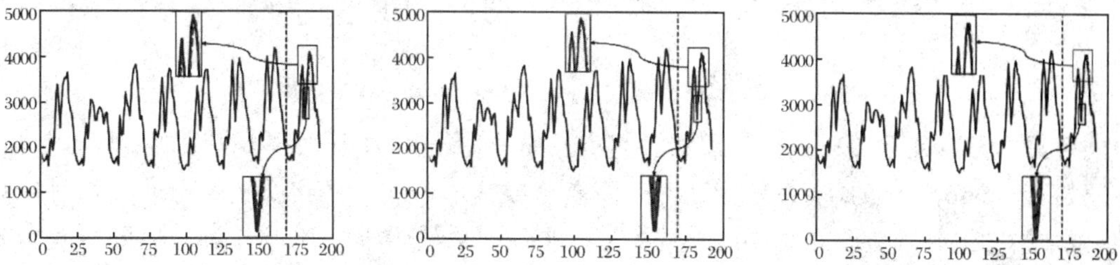

(a)　　(b)　　(c)

图 9－16　预测结果对比图

(a)原始 Transformer 预测；(b)稀疏 Transformer 预测；(c)AST 预测

基于编解码器的 Transformer 是一个很好的时间序列预测的候选对象，因为多头注意层的注意机制使 Transformer 能够捕获时间序列的长期依赖性。简单地说，编码器和解码器都由 N 个相同的层组成。每层都包括两个主要组成部分：多头自注意层和前馈网络。多头自我注意子层转换输入 $h\in\mathbb{R}^{n\times d}$ 进入 m 个不同的查询，关键和值矩阵通过线性投影，即 $Q_m=hW_m^Q$，$K_m=hW_m^K$，$V_m=hW_m^V$，其中，$d_k=\dfrac{d}{m}$，W_m^Q，$W_m^K\in\mathbb{R}^{d\times d_k}$ 和 $W_h^V\in\mathbb{R}^{d\times d_v}$ 是可学习的参数。然后每个头部计算一系列的分数α_m，称为缩放点积注意，第 m 个头部O_m 的输出为

$$O_m=\alpha_m V_m=\mathrm{softmax}\left(\frac{Q_m K_m^{\mathrm{T}}}{\sqrt{d_k}}\right)V_m(2) \tag{9-59}$$

多头注意层的输出是$O_1,O_2,\cdots,O_m$ 串联的线性投影。前馈层由两个具有 ReLU 激活函数的线性投影组成，即 $\mathrm{FFN}(O)=\max(0,OW_1+b_1)W_2+b_2$，这里 W_1 和 W_2 是可学习的权度量，b_1，b_2 是偏差。同样，解码器也由多头注意层和位置级前馈层组成。

生成对抗性网络生成对抗网络（GANs）框架建立了两个神经网络之间的最小-极大对抗博弈——生成模型 G 和鉴别模型 D。生成器的目的是生成假样本。同时，鉴别器模型 D(x)是一个神经网络，用于区分真实样本（正样本）和由生成器模型产生的样本（负样本）。

一般来说，模型是基于带有一个辅助鉴别器的编码器-解码器框架的，如图 9－17 所示。编码器将输入 $[Y_{1:t_0},X_{1:t_0}]$ 编码为潜在变量 $(h_1,\cdots,h_{t_0})$，下一个潜在变量与相应的协变量 $X_{t_0:t_0+\tau}$ 一起输入解码器，逐步生成预测范围。

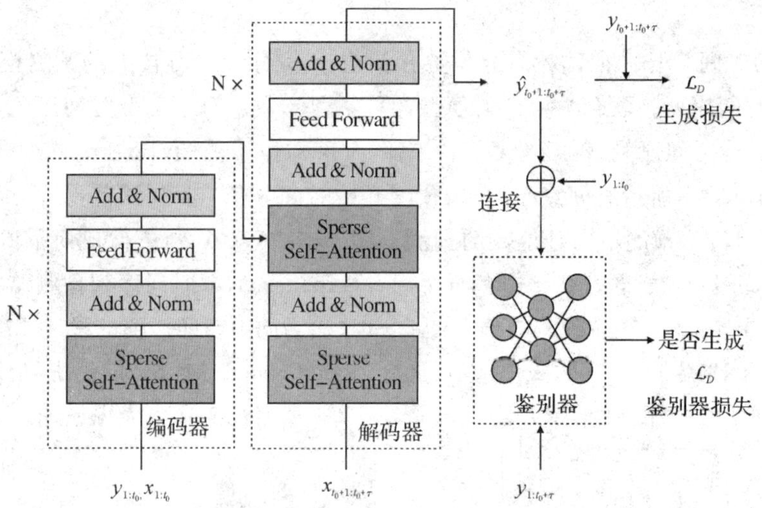

图 9-17 对抗性稀疏 Transformer 模型的体系结构

考虑到只有几个历史步骤与预测时间步长相关，不应该注意这些不相关的步骤。然而，在原始 Transformer 的(多头)注意层中，注意分数是由公式 2 中定义的 softmax 映射计算的，该映射按元素计算与指数成正比，永远不能分配精确为零的注意分数。根据参考文献[9]，由于所有的分数都为 1，这不可避免地意味着对相关步骤的关注更少，这可能会损害 Transformer 的性能。这激发了一系列关于具有稀疏映射的学习网络的研究。在的论文中，关注一个最近和灵活的转换族，α - entmax，定义为

$$\alpha\text{-entmax}(h)=[(\alpha-1)h-\tau 1]_{+}^{\frac{1}{\alpha}-1} \tag{9-60}$$

式中：$[.]_+$ 是 ReLU 函数；1 是全一向量；τ 是拉格朗日乘子。在提出的稀疏 Transformer 中，可以简单地用 α - entmax 代替注意头，从而导致稀疏的注意权值。当 $\alpha=1$ 时，它等于 softmax 函数。当 $\alpha=2$ 时，它恢复了稀疏映射。对于所有的 $\alpha>1$，它允许稀疏解，而 $\alpha=1.5$ 是一个效果较好的点。

大多数时间序列预测模型优化了一个特定的目标，如最小化似然损失函数或分位数损失函数。然而，这种强制执行步长级精度的精确损失函数无法处理时间序列中的真实随机性，从而导致了较差的性能。此外，上述(第 1 节)的误差积累在预测时间序列的长期范围时严重影响了性能。为了缓解这些问题，提出了一种对抗性的训练过程来规范编译码器网络，并在序列水平上提高精度。通过对抗训练，编解码网络学习更好的时间序列表示，并在序列水平上以更保真度预测时间序列的多个步骤。

为此，在解码器之上附加了一个鉴别器网络 $\mathcal{D}$，以提高序列级的精度，如图 9-17 所示。使用三个全连接线性层的网络，以 LeakReLu 作为激活函数，作为的鉴别器。然后，鉴别器通过最小化交叉熵损失函数，将输入序列($\hat{Y}$ 或 Y)分类为预测值或地面真值。相反，Transformer 网络，作为的生成器 $\mathcal{G}$，试图最小化预测序列和地面真相之间的分位数损失。这样，分位数损失和对抗性损失就可以互补了。一方面，分位数损失有助于生成器捕获时间序列的总体模式，并将预测与地面真相对齐，从而防止鉴别器快速收敛到局部最优。另一方面，鉴别器从全局的角度正则化预测。

形式上，设$\Theta^{\mathcal{G}}$和$\Theta^{\mathcal{D}}$分别为生成器$\mathcal{G}$和鉴别器$\mathcal{D}$的参数。函数$\mathcal{G}(X_{1:t_0+\tau},Y_{1:t_0};\Theta^{\mathcal{G}})$输出预测范围序列$\hat{Y}_{t_0:t_0+\tau}$，然后输入到$\mathcal{G}$。设$\mathcal{D}(Y)$为鉴别器的输出，如果输入是地面真时间序列，则输出1，否则则为零。因此，AST解决了最小的优化问题：

$$\operatorname{argminmax}\lambda\mathcal{L}_{\mathrm{adv}}(\Theta^{\mathcal{G}},\Theta^{\mathcal{D}})+\mathcal{L}_{\rho}(\Theta^{\mathcal{G}}) \tag{9-61}$$

$$\mathcal{L}_{\mathrm{adv}}(\Theta^{\mathcal{G}},\Theta^{\mathcal{D}})=\mathrm{E}[\log(\mathcal{D}(Y_{\mathrm{real}}))]+\mathrm{E}[\log(1-\mathcal{D}(Y_{\mathrm{fake}}))] \tag{9-62}$$

$$\mathcal{L}_{\rho}(\Theta^{\mathcal{G}})=2\sum_{i=0}^{S}\sum_{t=t_0+1}^{t_0+\tau}P_{\rho}(y_{i,t},\hat{y}_{i,t}),P_{\rho}(y_{i,t},\hat{y}_{i,t})=\Delta y_{i,t}[\rho I_{\hat{y}_{i,t}>y_{i,t}}-(1-\rho)I_{\hat{y}_{i,t}\leqslant y_{i,t}}] \tag{9-63}$$

$$\Delta y_{i,t}=(\hat{y}_{i,t}-y_{i,t}),Y_{\mathrm{fake}}=(Y_{1:t_0}\circ\hat{Y}_{t_0+1:t_0+\tau}),Y_{\mathrm{real}}=(Y_{1:t_0+\tau}) \tag{9-64}$$

式中：λ是平衡$\mathcal{L}_{\mathrm{adv}}$和$\mathcal{L}_{\rho}$的权衡超参数；$\hat{Y}_{t_0+1:t_0+\tau}$是生成器预测的时间序列。鉴别器网络$\mathcal{D}$和生成器网络$\mathcal{G}$与Adam联合训练。

三、对比实验

使用了5个公共数据集：电力、交通、风能、太阳能、M4来进行测试评估。电力数据集是370个客户的每小时用电量的时间序列，交通数据集包括旧金山湾区高速公路的963条汽车车道的每小时入住率（范围为[0,1]），风能包含了一个地区1986～2015年能源潜力的每小时估计数，太阳能发电公司包含了2006年1月至8月的太阳能发电生产记录，M4包含了来自M4竞赛的414 h时间序列，旨在预测测试集中的时间序列。通过改变原始时间序列的固定历史长度t_0和预测水平τ的起点来生成多个训练窗口，表9-3描述了这些数据集的统计数据。输入协变量x是与时间相关的特征（例如，一组虚拟变量，如工作日、小时等）和与时间无关的特征（如汽车车道id、站点id等）的组合。

表9-3　数据集统计表

数据集	频　率	长　度	变量数
Electricity	hourly	32 304	370
Traffic	hourly	4 049	963
wind	daily	10 957	28
solar	hourly	4 832	137
M4 - Hourly	hourly	748/1 008	414

实验使用标准化分位数损失（$\rho-risk$）来评估预测的质量。对于给定的时间序列y集合和相应的预测$\hat{y}$，$\rho\in(0,1)$的$\rho-risk$定义为

$$Q_{\rho}(y,\hat{y})=2\frac{\sum_{i,t}P_{\rho}(y_{i,t},\hat{y}_{i,t})}{\sum_{i,t}|y_{i,t}|} \tag{9-65}$$

实验分别测试了模型$\rho=0.5$和0.9的结果，分别缩写为Q_{50}和Q_{90}。

评估的模型的性能，比较的模型在电力和交通数据集和两个经典的预测方法，即，ARIMA，ETS 是有效的时间序列预测模型，和几个最新的基于深度学习的模型，DeepAR，这是一个先进的基于 RNN 的概率预测模型。DSSM，这是一个 RNN - based 的状态空间模型。TRMF，这是一个最近的矩阵分解方法。ConvTrans，这是一个基于 Transformer 的模型。

对于短期预测，评估训练后 7 d 的滚动日预测，条件反射范围的长度设置为一周的时间序列(每个序列 168 次观测)。对于长期预测，直接预测 7 d，条件反射范围的长度设置为两周的时间序列(每个序列 336 次观测)。电力和流量数据集的实验结果分别总结在表 9 - 4 和表 9 - 5 中，其中 T 和 ST 分别代表原始 Transformer 和稀疏 Transformer，AST 是对抗稀疏 Transformer 的缩写。最后，模型在所有数据集上存档了最佳结果。

表 9 - 4　Q_{50} 损失的短期预测(24 h)和长期(7 d)预测结果

Dataset	$elect_{1d}$	$elect_{7d}$	$traffic_{1d}$	$traffic_{7d}$
ARIMA	0.154±0.039	0.283±0.056	0.223±0.049	0.492±0.079
ETS	0.101±0.022	0.121±0.029	0.236±0.036	0.509±0.102
TRMF	0.084±0.008	0.087±0.011	0.186±0.021	0.202±0.041
DeepAR	0.075±0.010	0.082±0.015	0.161±0.031	0.179±0.035
DSSM	0.083±0.009	0.085±0.013	0.167±0.033	0.168±0.035
ARIMA	0.059±0.008	0.070±0.011	0.122±0.025	0.139±0.029
ETS	0.064±0.007	0.070±0.011	0.120±0.022	0.129±0.021
TRMF	0.055±0.005	0.058±0.009	0.109±0.019	0.127±0.023
DeepAR	0.042±0.007	0.057±0.010	0.093±0.010	0.125±0.019

表 9 - 5　Q_{90} 损失的短期预测(24 h)和长期(7 d)预测结果

Dataset	$elect_{1d}$	$elect_{7d}$	$traffic_{1d}$	$traffic_{7d}$
ARIMA	0.102±0.019	0.109±0.020	0.137±0.024	0.280±0.052
ETS	0.077±0.010	0.101±0.019	0.148±0.028	0.529±0.14
TRMF	—	—	—	—
DeepAR	0.040±0.007	0.053±0.010	0.099±0.019	0.105±0.019
DSSM	0.056±0.011	0.052±0.012	0.113±0.023	0.114±0.023
ConvTrans	0.028±0.005	0.044±0.009	0.081±0.014	0.094±0.021
T	0.036±0.007	0.039±0.007	0.087±0.015	0.096±0.009
ST	0.029±0.005	0.041±0.008	0.084±0.013	0.088±0.008
AST	0.025±0.006	0.036±0.006	0.068±0.010	0.086±0.007

根据研究结果，可以得出以下结论。ARIMA 和 ETS 的表现最差，可能是由于无法使用重要的协变量特征和跨时间序列的模型共享模式。TRMF 只能估计平均值，并优于 ARIMA 和 ETS。另外，其他四种基于 RNN 或 Transformer 的方法取得的效果都优于前两种方法。这表明深度神经网络可以从几个序列中学习共享的季节模式，协变量特征有助于提高性能。在大多数实验中，ST(除了长期预测的Q_{90})优于原始 Transformer，表明时间序

列的步长之间的依赖性是稀疏的。AST 在所有实验中表现优于 ST，表明序列级正则化对于长时间序列预测是必要的。具体来说，从图 9－16 中可以看出，AST 比原始 Transformer 和稀疏 Transformer 具有更好的模拟时间序列的尖峰的能力。特别是与 ConvTrans 相比，AST 使Q_{50}平均提高 26.4%，使Q_{90}平均提高 15.6%，表明对抗性训练和稀疏 Transformer 可以更好地建模时间序列。总之，研究结果表明，AST 可以缓解上述方法的局限性。

α－entmax 的影响为了验证注意图的不同 α 对预测性能的影响，在固定其他设置时，使用 $\alpha\in\{1,1.5,2\}$对 AST 对电力进行了测试，结果如图 9－18 所示。从结果可以看出，1.5－entmax 的 AST 可以将适当的注意力分配到基本上，从而帮助模型更容易学习。不同 α 对电力和流量的测试性能，说明当 $\alpha=1.5$ 时，Q_{50}和Q_{90}都达到了两个数据集的最小值。结果表明，分配过于稀疏的注意力来学习潜在的关系会恶化性能，而分配过于密集的注意力会浪费注意力在不相关的步骤上，从而导致性能不佳。

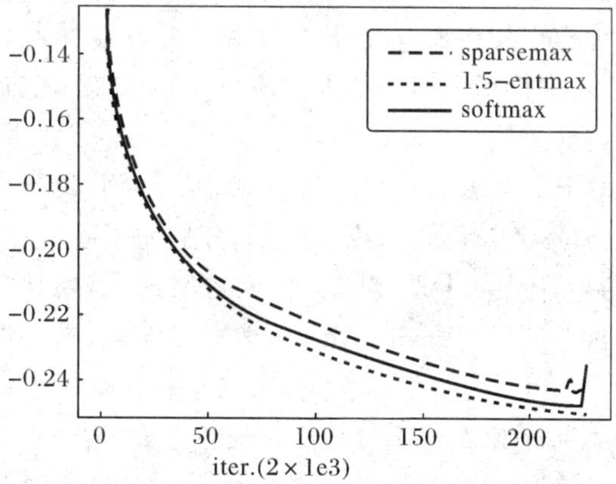

图 9－18　多头注意力中不同激活函数的表现

为了可视化稀疏注意图的影响，比较了在 Transformer 的每个模块内的经验注意权重密度(接受非零注意的令牌的平均数量)。图 9－18 显示，与 Softmax 相比，Entmax 倾向于稀疏，并分配更高的分数，这有助于模型的可解释性。

为了进一步探索对抗性训练对时间序列预测网络的影响，将对抗性训练附加到 DeepAR 网络上，这是一种最先进的自回归的基于 LSTM 的时间序列预测网络。与对抗性稀疏 Transformer 类似，在 DeepAR 网络的顶部添加了一个鉴别器，并迭代地训练 DeepAR 和鉴别器。实验结果表明，对抗性训练提高了 DeepAR 的性能，证明了对抗性训练可以缓解错误积累和使用特定损失函数的缺点。

进一步探索了该模型在风能、太阳能和 M4－Hourly 上的性能，它们具有不同的粒度(例如，不同的频率，如每日)。预测长度分别为 8、30 和 24。所有方法的Q_{50}和Q_{90}测试损失报告显示，*AST* 在除风能的Q_{90}和 M4－Hourly 外的 4/6 任务上显著优于其他方法。此外，还比较了仅自回归解码器 Transformer 和普通编解码器 Transformer 的性能。结果表明，基于编解码器的 Transformer 的性能优于仅自回归解码器的 Transformer。

对抗性稀疏 Transformer(AST)，通过对抗性学习，在序列水平上提高了连续性和保真度。进一步提出稀疏变换，以提高对时间序列相关步骤的关注能力。在一系列真实世界的时间序列数据集上，进行的大量实验，已经证明了 AST 对短期和长期时间序列预测的有效性。根据实验结果，对抗性训练可以从全局的角度提高时间序列的预测，并且时间序列步长之间的依赖性具有一定的稀疏性。

四、生成长序列

Transformer 是功能强大的序列模型，但需要随序列长度二次增长的时间和内存。本算法引入了注意力矩阵的稀疏分解，将其简化为 $O(n\sqrt{n})$。还引入了 a)架构和初始化的变体来训练更深层次的网络，b)重新计算注意力矩阵以节省内存，以及 c)用于训练的快速注意力内核。将具有这些变化的网络称为稀疏 Transformer，并表明它们可以使用数百层对数万个时间步长的序列进行建模。使用相同的架构对原始字节的图像、音频和文本进行建模，为 Enwik8、CIFAR10 和 ImageNet - 64 的密度建模设定了新的技术水平。

估计复杂的高维数据分布，是无监督学习的核心问题，因为许多感兴趣的下游应用都涉及文本、图像、音频和其他数据的生成。此外，它被认为是无监督表示学习的关键组成部分。最近，神经自回归模型在这一领域取得了令人印象深刻的成果，在自然语言建模、原始音频和图像方面取得了最先进的进展。

这些方法将联合概率分布分解为条件分布的乘积。然而，对这些条件分布进行建模极具挑战性，因为它们包含许多复杂的长期依赖关系，并且需要适当表达的模型架构来学习它们。基于 CNN 的架构在这个方向上取得了很大的进展，但需要相当大的深度来扩展它们的接受领域。为了解决这个问题，WaveNet 引入了膨胀卷积，它允许网络在对数层数中对长期依赖性进行建模。

另外，Transformer 已被证明在许多自然语言任务上表现出色，这可能部分是由于它能够在恒定数量的层中对任意依赖关系进行建模。由于每个自我注意层都有一个全局感受场，网络可以将表征容量分配给它最有用的输入区域。因此，与具有固定连接模式的网络相比，该架构在生成各种数据类型方面可能更灵活。

然而，这种网络的内存和计算要求随着序列长度呈二次增长，这排除了它们在长序列上的使用。通过引入了注意力矩阵的几个稀疏分解，这些矩阵随序列长度缩放为 $O(n\sqrt[n]{n})$，而不会牺牲性能。这些工作通过将全注意力计算分离为几个更快的注意力操作来工作，当这些操作组合在一起时，可以近似于密集注意力操作。用它来将自我注意力应用于前所未有的长度序列。此外，还介绍了 Transformer 的其他几项更改，包括：重组残差块和权重初始化，以改进超深度网络的训练；添加稀疏注意力内核，可有效计算注意力矩阵的子集；在向后传递期间，重新计算注意力权重，以减少内存使用。

最相关的工作涉及扩展自回归生成模型的其他技术。对于图像，对像素之间的条件独立性进行建模，以便并行生成许多位置，并且添加排序和多尺度上采样程序，以生成高保真样本。对于文本，可以使用一种状态重用"内存"来建模长期依赖关系。对于音频，使用分层结构和不同时钟速率的 RNN，在推理过程中使用长上下文。

除了生成建模之外，还有几项工作与基于分块或使用固定长度表示的注意力效率有关。其他作品用多个"跳跃"调查了注意力。值得注意的是，门控像素 CNN 和 WaveNet 在其网络中使用乘法交互，这与自我注意力有关。

考虑自回归序列生成的任务，其中序列 $x=\{x_1,x_2,\cdots,x_n\}$ 的联合概率被建模为条件概率分布的乘积，并由网络 θ 参数化。形式如下：

$$p(x)=\prod_{i=1}^{n} p(x_i \mid x_1,\cdots,x_{i-1};\theta) \tag{9-66}$$

将图像、文本和音频视为一系列离散标记，通常是原始字节。网络 θ 接收标记序列，并使用 Softmax 函数输出下一个令牌的 v 个可能值的分类分布，其中 v 是词汇表的大小，训练目标是最大化数据相对于 θ 的对数概率。模型 θ 的一个简单而强大的选择，是仅解码器模式下的转换器。这些模型在整个序列上使用多头自注意力块转换输入序列，然后对每个序列元素进行密集转换。然而，网络的自我注意部分必须计算 n 个元素中每个元素的 n 个权重，随着序列长度的增长，这很快就会变得棘手。

五、因子化自我注意力

稀疏 Transformer 将完全的自我注意操作分为几个注意力步骤，如图 9－19(b)和图 9－19(c)所示。与标准 Transformer 图 9－19(a)的全部注意力进行比较，顶行表示 6×6 图像，在计算给定输出时，将两个注意力头作为输入的位置。底行显示所有此类输出(行)和输入(列)之间的连接矩阵(不缩放)。连通性矩阵中的稀疏性可以显著提高计算速度。在(b)和(c)中，当按顺序计算两个注意力头时，将保留元素之间的完全连通性。为了激励的方法，首先对标准转换器在图像数据集上学习的注意力模式进行定性评估。

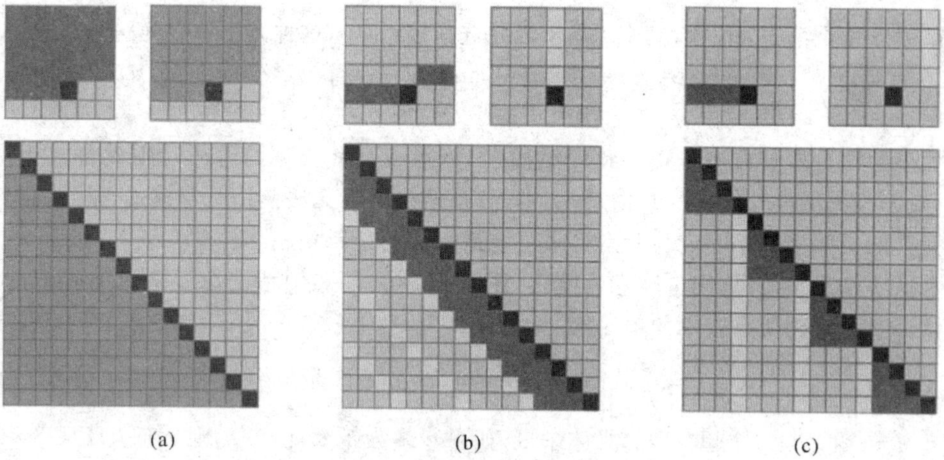

图 9－19　二维注意力分解方案对比图

(a)Transformer 模型；(b)稀疏 Transformer－大步；(c)稀疏 Transformer－固定

在 CIFAR－10 上可视化了 128 层自我注意网络学习的注意力模式，大多数层在大多数数据点上都有稀疏的注意力模式，这表明可以在不显着影响性能的情况下，引入某种形式的稀疏性。然而，有几层清楚地表现出全局模式，而其他层则表现出数据依赖的稀疏性，这两者都会在所有注意力矩阵中，引入预定稀疏性模式的影响。本算法将限制在一类稀疏注意力模式上，这些模式在几个注意力步骤中所有位置之间具有连接性。这些方法可能比全神贯注更有效，同时仍为任何给定位置提供全局背景。

自我关注层将输入嵌入矩阵 X 映射到输出矩阵，并由连接模式 $S=\{S_1,\cdots,S_n\}$ 参数化，其中 S_i 表示第 i 个输出向量所关注的输入向量的索引集合。输出向量是输入向量变换的加权和：

$$\text{Attend}(X,S)=[a(x_i,S_i)]_{i\in\{1,\cdots,n\}} \tag{9-67}$$

$$a(x_i,S_i)=\text{softmax}\left[\frac{(W_q x_i)K_{S_I}^{\mathrm{T}}}{\sqrt{d}}\right]V_{S_i} \tag{9-68}$$

$$K_{S_i}=(W_k,x_j)_{j\in S_i}V_{S_i}=(W_v,x_j)_{j\in S_i} \tag{9-69}$$

这里 W_q、W_k 和 W_v 表示将给定的 x_i 转换为查询、键或值的权重矩阵；d 是查询和键的内部维度。每个位置的输出是按键和查询的缩放点积相似性加权的值的总和。

自回归模型的完全自我注意定义了 $S_i=\{j:j\leqslant i\}$，允许每个元素关注所有先前的位置和它自己的位置。分解的自我注意相反有 p 个单独的注意力头，其中第 m 个头定义了索引 $A_i^{(m)}\subset\{j:j\leqslant i\}$ 的子集，并让 $S_i=A_i^{(m)}$。主要对子集 A 的有效选择感兴趣，其中 $|A_i^{(m)}|\propto\sqrt[p]{n}$。

此外，目前考虑 A 的有效选择，其中所有输入位置都连接到注意力 p 步长的所有未来输出位置。对于每个 $j\leqslant i$ 对，设置每个 A，以便 i 可以通过最大长度 $p+1$ 的位置路径关注 j。具体来说，如果 $(j,a,b,c,\cdots,i)$ 是索引的路径，则 $j\in A_a^{(1)}$，$a\in A_b^{(2)}$，$b\in A_c^{(3)}$，依此类推。这两个标准使能够保持 Transformer，以恒定步长将信号从任意输入位置传播到任意输出位置的能力，同时将总有效计算减少到 $O(n\sqrt[n]{n})$。还注意到，软化有效性标准（例如，具有一系列仅局部连接的层）可能是某些域的有用的归纳偏差。

在二维中定义因子化注意力模式的一种自然方法，是让一个头部关注前 l 个位置，另一个头部关注每个第 l 个位置，其中 l 是步幅并选择接近 $\sqrt{n}$，这种方法称之为跨步注意。形式上，$A_i^{(1)}=\{t,t+1,\cdots,i\}\text{fort}=\max(0,i-1)$ and $A_i^{(2)}=\{j:(i-j)\,\text{modl}=0\}$。这种模式可以在图 9-19(b)中可视化。

如果数据自然具有与步幅一致的结构（如图像或某些类型的音乐），则此公式很方便。然而，对于没有周期性结构的数据，如文本，发现网络可能无法使用跨步模式正确路由信息，因为元素的空间坐标不一定与元素将来可能最相关的位置相关。

在这些情况下，改用固定注意力模式[图 9-19(c)]，其中特定单元格总结先前的位置并将该信息传播到所有未来的单元格。

正式地，$A_i^{(1)}=\left\{j:\left\lfloor\frac{j}{l}\right\rfloor=\left\lfloor\frac{i}{l}\right\rfloor\right\}$，其中括号表示地板操作，$A_i^{(2)}=\{j:j\text{modl}\in\{t,t+1,\cdots,l\}$，其中 $t=l-c$ 和 c 是一个超参数。具体来说，如果步幅为 128 且 $c=8$，则所有大于 128 的未来仓位都可以关注位置 120～128，所有大于 256 的位置都可以关注位置 248～256，依此类推。

固定注意力模式显着限制了网络的表达能力，因为网络中的许多表示仅用于一个块，而所有块使用少量位置。相反，发现选择 $c\in\{8,16,32\}$ 作为 $l\in\{128,256\}$ 的典型值表现良好，尽管应该注意的是，与跨步注意力相比，这增加了该方法的计算成本 c。此外，当使用多个头部时，让它们关注大小为 l 的块内长度为 c 的不同子块，比让它们关注同一个子块更可取。

六、因式化注意力头

标准密集注意力只是对定义的注意力函数执行线性变换：

$$\text{attention}(X)=W_p\cdot\text{attend}(X,S) \tag{9-70}$$

式中：W_p表示注意力后的权重矩阵。整合因式自我注意力的最简单技术是为每个残差块使用一种注意力类型，并按顺序或以超参数确定的比率交错它们：

$$\text{attention}(X)=W_p\cdot\text{attend}[X,A^{(\text{rmodp})}] \tag{9-71}$$

这里 r 是当前残差块的索引，p 是因式分解注意力头的数量。

第二种方法是让单个注意力头关注两个被分解注意力头将关注的像素位置，称之为合并注意力头：

$$\text{attention}(X)=W_p\cdot\text{attend}[X,\bigcup_{m=1}^{p}A^{(m)}] \tag{9-72}$$

这在计算上稍微多一些，但只是一个常数因素。

第三种方法是使用多头注意力，其中 nh 注意力积并行计算，然后沿特征维度连接：

$$\text{attention}(X)=W_p[\text{attend}\ (X,A)^{(i)}]_{i\in(1,\cdots 1n_h)} \tag{9-73}$$

在这里，A 可以是单独的注意力模式，合并的模式，也可以是交错的。此外，attend 函数内权重矩阵的维数，减少了 $1/nh$ 的因子，使得参数的数量在 nh 的值中保持不变。通常会发现多个注意力头可以很好地工作，尽管对于注意力主导计算时间的极长序列，一次按顺序执行一个更值得。

Transformer 很难用多层进行训练，没有纳入辅助损耗，而是采用了以下架构更改。使用预激活残差块，通过以下方式定义 N 层网络：

$$H_0=\text{embed}(X,W_e) \tag{9-74}$$

$$H_k=H_{k-1}+\text{resblock}(H_{k-1}) \tag{9-75}$$

$$y=\text{softmax}[\text{norm}(H_N)W_{\text{out}}] \tag{9-76}$$

范数函数表示层归一化，$ff(x)=W_2f(W_1x+b_1)+b_2$。选择的 f 是高斯误差线性单位，$f(X)=X\cdot\text{sigmoid}(1.702\cdot X)$。除非另有说明，否则 W_1 的输出维度是输入维度的4.0倍。HN 是函数 a 和 b 的 N 个应用之和，因此每个功能块直接从输出层接收梯度。将 W_1 和 W_p的初始化缩放$\frac{1}{\sqrt{2N}}$，以保持输入嵌入尺度与残差块尺度的比率在 N 的值中不变。

除了输入符号的嵌入之外，位置嵌入通常用于 Transformer 和其他与位置无关的架构中，以对数据的空间关系进行编码，使用学习嵌入来编码数据结构或因子化的注意力模式，对于模型的性能很重要。

在每个输入位置添加了$n_{\text{emb}}=d_{\text{data}}$或$n_{\text{emb}}=d_{\text{attn}}$嵌入，其中 d_{data}是指数据的维度数，d_{atten}是因式感知的维度数。如果x_i 是序列中的单热编码第 i 个元素，并且$o_i^{(j)}$ 表示x_i 在第 j 维中的独热编码位置($1\leqslant j\leqslant \text{nemb}$)，则

$$\text{embed}(X,w_e)=\left[x_i\,w_e+\sum_{j=1}^{\text{n}\in\text{mb}}o_i^{(j)}W_j\right]_{x_i\in X} \tag{9-77}$$

对于图像，使用数据嵌入，其中 $d_{\text{data}}=3$ 表示每个输入字节的行、列和通道位置。对于文本和音频，使用二维注意力嵌入，其中 $d_{\text{attn}}=2$，索引对应于宽度等于步幅的矩阵中每个位置的行和列索引。

梯度检查点可有效降低训练深度神经网络的内存需求。然而，值得注意的是，当处理长序列时，这种技术对于自注意层特别有效，因为相对于计算它们的成本，这些层的内存使用

率很高。仅使用重新计算，就能够以 16,384 的序列长度训练具有数百层的密集注意力网络，这在现代上是不可行的。

图 9－19(b)和图 9－19(c)中的稀疏注意力掩码可以通过从查询、键和值矩阵中切出子块并以块计算乘积来有效地计算。对局部窗口的注意力可以按原样计算，而步幅为 k 的注意力可以通过转置矩阵并计算局部窗口来计算。固定的。固定注意力位置可以按块进行聚合和计算。

为了简化实验，实现了一组 GPU 内核来有效地执行这些操作。Softmax 操作融合到单个内核中，并且还使用寄存器来消除多次加载输入数据，使其能够以与简单非线性相同的速度运行。注意力矩阵的上三角形从未被计算过，此外，消除了对负偏差项的需求，并将要执行的操作数量减半。

将网络权重存储在单精度浮点中，但以半精度计算网络激活和梯度。由于在 V100GPU 上使用张量核心操作，这加快了的训练速度。在梯度计算过程中，使用动态损失缩放来减少数值下溢，并且在跨多个 GPU 求平均值时传达半精度梯度。采样时，将查询和键转换为单精度，因为查询键积有时会溢出半精度的最大值。

七、训练和实验分析

使用 Adam 优化器，线性预热 5 000 次迭代，梯度裁剪为 1.0，发现这两者都对模型稳定性很重要。使用 0.01 的权重衰减惩罚。根据余弦衰减对学习率进行了退火。所有嵌入都具有常量 d 维，通常是{256,512,1 024}之一。默认情况下，所有线性变换都具有相同的维度，但前馈网络除外，它将输入投影到 $4d$，除非使用“半大小”变换，其中它是 $2d$。此外，有时会将查询和键转换的大小减半。

初始化令牌嵌入 W_e 从 $N\left(0,\frac{0.125}{\sqrt{d}}\right)$ 和位置嵌入从 $N\left(0,\frac{0.125}{\sqrt{dn_{\text{emb}}}}\right)$。在注意和前馈分量中，所有偏差都初始化为 0，所有权重从 $N\left(0,\frac{0.125}{\sqrt{d_{in}}}\right)$ 初始化，其中 d_{in} 是输入维度。输出对数的权重矩阵初始化为 0。

在密度建模任务(包括自然图像、文本和原始音频)上，实证测试的架构，除了运行速度明显快于全注意力模式之外，稀疏模式还收敛到较低的误差。这可能指向引入的稀疏模式中有用的归纳偏差，或者需要充分注意的潜在优化问题。

在 CIFAR－10 图像上训练跨步稀疏 Transformer，表示为 3 072 字节的序列。模型有 2 个注意力头，128 层，$d=256$，训练 120 个 epoch，学习率为 0.000 35，辍学率为 0.25，直到验证错误停止减少。使用 48 000 个示例进行训练，使用 2 000 个示例进行验证，评估模型的性能。

该模型实现了每维 2.80 bits(种子 1、2、3 为 2.798 ± 0.004)，而之前的实验结果为 2.85 bits。步幅注意力在最短的时间内达到最低的误差，超过了密集注意力的误差，每维 2.82 bits。

为了在没有强二维结构的数据集上，评估稀疏 Transformer，在 EnWik8 数据集上训练了模型，该数据集代表了维基百科的前 108 个字节，并且在周期结构中包含了很大程度的可变性。使用 12 288 的上下文长度进行训练，这比以前的方法要长。对前 9 000 万个令牌进行了训练，并保留了最后1 000万个令牌用于验证和测试。使用了30层固定稀疏Transformer，有8个头，$d=512$，dropout率为0.40。训练了80个epoch，直到验证损失停止减少。使用了128的步幅，$c=32$，并合并了分解的注意力头。

最好的模型达到了每维0.99 bits(种子1、2、3的0.992±0.001)，超过了类似大小的Transformer - XL的1.03最新技术，并与参数数量增加一倍以上的模型的0.99相匹配。跨步注意力在此数据集上表现不佳，而固定模式能够恢复并超过密集注意力的性能。

此外，在评估测试集期间，通过并行评估更少的令牌来修改网络可以使用的最小上下文长度。看到，随着使用更多令牌，性能的单调提高，这表明网络正在有效地整合长期依赖关系。

为了测试模型学习长程依赖关系并扩展到大型数据集的能力，在发布的下采样ImageNet版本上进行训练，并在验证集上进行评估。使用了具有16个注意头和$d=512$的48层跨步稀疏Transformer，总计1.52亿个参数。使用了128步幅、0.01的辍学，并训练了70个epoch，在64个V100GPU上花了7 d时间。

实现了每点3.44位的损失(1次运行3.437)，而之前为3.52。此外，在未修改的softmax为1.0的条件下，从模型和经过两倍层训练的样本(总共300M参数)生成无条件样本。在视觉评估中，没有发现稀疏模式的伪影，并且在大多数图像中看到了长期结构的证据。

为了测试稀疏Transformer能够扩展到非常长的上下文的程度，在古典音乐数据集上训练了模型。由于数据集处理的细节不可用，省略了与其他工作的任何直接比较，而是研究可以在增加上下文大小的情况下训练多大的稀疏转换器。对于每个序列长度，尝试训练最大的模型，该模型可以完全适合16GBV100加速器，而无需模型并行性。

总体而言，发现将序列长度增加4倍需要将模型容量减少约$4\sqrt{4}=8$。因此，发现可以对超过100万个时间步长的序列使用因式自我注意，尽管参数非常少(300万个)。样本可用于长度为65 536的序列，对应于在12 kHz下生成的音频约5 s。这些样本清楚地展示了采样期间的全球连贯性，并展示了各种演奏风格和音调，从节奏演奏切换到有力。由于模型容量降低，样品质量会随着序列长度的增加而迅速下降。

第四节　超长序列预测方法

一、问题描述

许多实际应用都需要预测长序列时间序列，例如电力消耗规划。长序列时间序列预测(Long Sequence Time - Series Forecasting，LSTF)需要模型的高预测能力，即能够有效地捕获输出和输入之间的精确长程依赖耦合。最近的研究表明，Transformer具有提高预测能力的潜力。但是，Transformer存在几个严重问题，使其无法直接适用于LSTF，包括二次时间复杂度、高内存使用率以及编码器-解码器架构的固有限制。为了解决这些问题，针对LSTF问题特性，设计了一个基于Transformer的高效模型，名为Informer。该模型具有三个显着特征：①ProbSparse自我注意机制，它在时间复杂度和内存使用方面实现了O(LlogL)，并且在序列的依赖性对齐方面具有相当的性能。②自我注意力蒸馏，通过将级联层输入，减少主导注意力，并有效地处理极长的输入序列。③生成式解码器虽然概念简单，但以一次前向操作而不是逐步方式预测长时间序列，这大大提高了长序列预测的推理速度。在四个大规模数据集上进行的大量实验表明，Informer 的性能明显优于现有方法。

时间序列预测是许多领域的关键组成部分，例如传感器网络监测、能源和智能电网管理、经济和金融、和疾病传播分析。在这些情况下，可以利用大量关于过去行为的时间序列数据，来做出长期预测，即长序列时间序列预测（LSTF）。然而，现有的方法大多是在短期问题设置下设计的。越来越长的序列使模型的预测能力紧张到这种趋势支撑着 LSTF 研究的程度。LSTM 网络预测变电站每小时温度从短期（12 点，0.5 d）到长期（480 点，20 d）。当预测长度大于 48 点时，整体性能差距很大，其中 MSE 上升到不令人满意的性能，推理速度急剧下降，LSTM 模型开始失败。

LSTF 面临的主要挑战是增强预测能力，以满足日益长的序列需求，这需要（a）非凡的远程调整能力和（b）对长序列输入和输出的高效操作。最近，Transformer 模型在捕获远程依赖性方面，表现出比 RNN 模型更好的性能。自注意力机制可以将网络信号的最大传输路径长度，减小到理论最短 O(1)，避免循环结构，Transformer 在 LSTF 问题上显示出巨大的潜力。然而，自注意机制违反了要求（b），因为它的二次计算和 L 长度输入/输出的内存消耗。一些大规模的 Transformer 模型在 NLP 任务上投入资源，并产生了令人印象深刻的结果。但在数十个 GPU 上的训练和昂贵的部署成本，使这些模型在现实世界的 LSTF 问题上负担不起。自注意力机制和 Transformer 架构的效率，成为将它们应用于 LSTF 问题的瓶颈。

原始 Transformer 在解决 LSTF 问题时有三个重要的限制：

(1)自注意力的二次计算。自注意力机制的原子运算，即规范点积，导致每层的时间复杂度和内存使用量为 ，O(L2)。

(2)长输入堆叠层中的内存瓶颈。J 编码器/解码器层的堆栈使总内存使用量为 O(J · L2)，这限制了模型接收长序列输入时的可扩展性。

(3)预测长期产出的速度急剧下降。原版 Transformer 的动态解码使分步推理与基于 RNN 的模型一样慢。

之前有一些关于提高自我关注效率的工作。稀疏 Transformer、LogSparseTransformer 和 Longformer 都使用启发式方法来解决限制，并将自注意机制的复杂性降低到 O(LlogL)，其中它们的效率增益有限。Revarer 也实现了 O(LlogL)和局部敏感的哈希自注意，但它只适用于极长的序列。最近，Linformer 声称线性复杂度 O(L)，但对于现实世界的长序列输入，项目矩阵无法固定，这可能会有降级到 O(L2)的风险。Transformer - XL 和 Compressive Transformer 使用辅助隐藏状态来捕获远程依赖性，这可能会放大限制(1)，不利于打破效率瓶颈。所有这些工作主要集中在限制(1)上。而限制(2)和(3)在 LSTF 问题中仍未解决。为了提高预测能力，解决了所有这些限制，研究了自我注意机制中的稀疏性，对网络组件进行了改进，并进行了广泛的实验。

现有的时间序列预测方法大致可以分为两类：经典模型和基于深度学习的方法。经典时间序列模型是时间序列预测的可靠主力，具有可解释性和理论保证等吸引人的属性。现代扩展包括对缺失数据和多种数据类型的支持。基于深度学习的方法主要通过使用 RNN 及其变体，开发序列到序列预测范式，实现了突破性的性能。尽管取得了实质性进展，但现有算法仍然无法以令人满意的准确性预测长序列时间序列。典型的最先进的方法，尤其是深度学习方法，仍然是一个具有逐步过程的序列到序列预测范式，具有以下局限性：①即使它们可以实现向前一步的准确预测，它们也经常遭受动态解码累积误差的影响，导致 LSTF 问题出现较大误差，预测精度随着预测序列长度的增加而衰减。②由于梯度消失和记忆约束的问，大多数现有方法无法从整个时间序列历史的过去行为中学习。

研究人员截断/总结/采样输入序列，以在实践中处理非常长的序列，但在进行准确预测时，可能会丢失有价值的数据。截断的 BPTT 没有修改输入，而是只使用最后的时间步长，来估计权重更新中的梯度，而辅助损失通过添加辅助梯度，来增强梯度流。其他尝试包括 Recurrent Highway Networks 和 Bootstrapping Regularizer 方法。这些方法试图改善循环网络长路径中的梯度流，但随着 LSTI 问题中序列长度的增加，性能受到限制。基于 CNN 的方法使用卷积滤波器来捕获长期依赖性，它们的感受野随着层的堆叠呈指数级增长，这损害了序列对齐。在 LSTF 问题中，主要任务是增强模型，接收长序列输入的能力，并从这些输入中提取长程依赖性。但 LSTF 问题试图增强模型预测长序列输出的预测能力，这需要建立输出和输入之间的长程依赖关系。因此，上述方法直接不适用于 LSTF。

Informer 成功增强 LSTF 问题中的预测能力，验证了类 Transformer 模型在捕获长序列时间序列输出和输入之间的单个长程依赖性方面的潜在价值。使用 ProbSparse 自我注意机制，来有效地取代规范的自我注意。它实现了 O(LlogL)时间复杂度和 O(LlogL)依赖关系对齐的内存使用量。使用自注意力蒸馏操作，以特权支配 J - stacking 层中的注意力分数，并将总空间复杂度大幅降低，这有助于接收长序列输入。使用生成式解码器，只需要向前一步就能获得长序列输出，同时避免了推理阶段累积误差的传播。

二、均匀输入表示

在具有固定大小窗口的滚动预测设置下，在X^t时间 t 处有输入，输出是预测相应的序列Y^t。LSTF 问题鼓励输出长度 Ly 比以前更长，特征维度不限于单变量情况($dy \geqslant 1$)。许多流行的模型，被设计为将输入表示X^t编码为隐藏状态表示 H^t，并从中解码输出表示Y^t。推理涉及一个动态解码的分步过程，其中解码器从前一个状态计算新的隐藏状态和第 k 步的其他必要输出，然后预测($k+1$)序列的值。输入表示给出统一的输入表示，以增强时间序列输入的全局位置上下文和局部时间上下文。

RNN 模型通过循环结构本身，捕获时间序列模式，几乎不依赖于时间戳。原始 Transformer 使用逐点自我注意机制，时间戳作为局部位置上下文。但是，在 LSTF 问题中，捕获远程独立性的能力需要全局信息，例如分层时间戳(周、月和年)和不可知时间戳(假日、事件)。这些在规范的自我关注中几乎没有利用，随之而来的编码器和解码器之间的查询键不匹配，会导致预测性能的潜在下降。提出了一个统一的输入表示来缓解这个问题，如图 9 - 20 所示，输入的嵌入由三个独立的部分组成，标量投影，本地时间戳(位置)和全局时间戳嵌入(分钟，小时，周，月，假日等)。

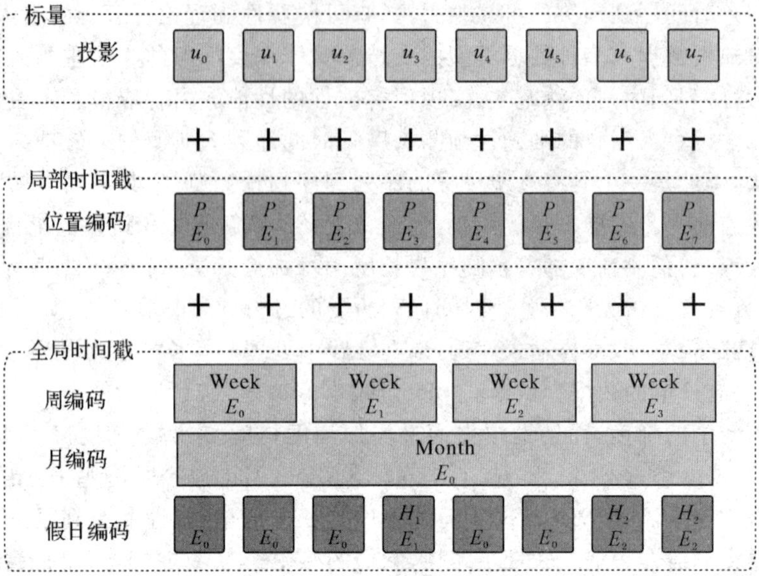

图 9-20 模型的输入表示

假设有第 t 个序列输入X^t和 p 类全局时间戳，输入后的特征维数表示为 d_{model}。首先通过使用固定位置嵌入，来保留本地上下文：

$$PE_{\text{pos},2j}=\sin\left[\text{pos}/(2L_x)^{2j/d_{\text{model}}}\right] \tag{9-78}$$

$$PE_{\text{pos},2j+1}=\sin\left[\text{pos}/(2L_x)^{2j/d_{\text{model}}}\right] \tag{9-79}$$

式中：$j\in\{1,\cdots,\lfloor d_{\text{model}}\rfloor\}$。每个全局时间戳，都由一个可学习戳使用，这些可学习戳具有有限的词汇大小（最多 60 个，即以分钟为最细粒度）。也就是自我关注的相似性计算，可以访问全局上下文。并且对于长输入来说，计算消耗是可以承受的。为了对齐维度，使用 1 维卷积滤波器（内核宽度＝3，步幅＝1），将标量上下文投影到 d_{model}维向量 u 中。这样，就有了输入向量：

$$X_{\text{feed}(i)}^t=\alpha u_i^t+PE_{Lx\times(t-1)+i}+\sum_p\left[SE_{Lx\times(t-1)+i}\right]_p \tag{9-80}$$

式中：α 是平衡标量投影和局部/全局嵌入之间的大小的因子。如果序列输入已经归一化，建议 $\alpha=1$。

三、有效的自我注意机制

现有的时间序列预测方法大致可分为两类。经典时间序列模型是时间序列预测的可靠主力，深度学习技术主要通过使用 RNN 及其变体开发编码器一解码器预测范式。Informer 模型在针对 LSTF 问题的同时，保留了编码器-解码器架构。如图 9-21 所示。

图 9-21 左边部分表示编码器接收大量长序列输入。用提出的 ProbSparse 自注意替换了正则自注意。蓝色梯形是提取主导注意力的自我注意力蒸馏操作，大幅减小网络大小，图层堆叠副本提高了稳健性。图 9-21 右边部分表示解码器接收长序列输入，将目标元素填充为零，测量特征图的加权注意力组成，并以生成式方式即时预测输出元素。

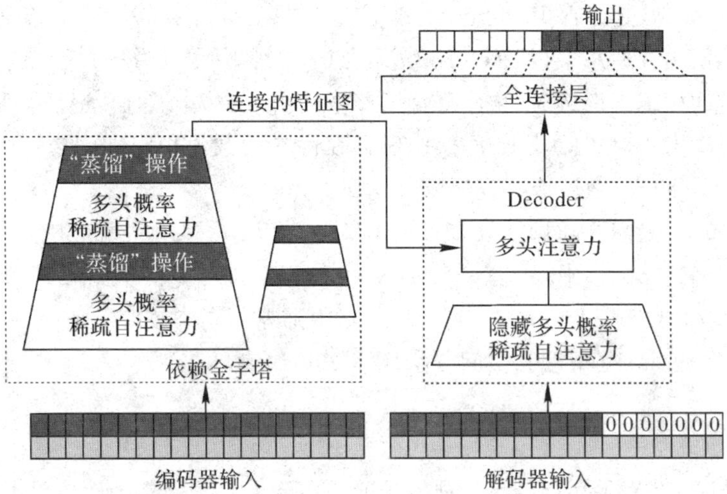

图 9-21　模型基本结构

规范自我注意力是基于元组输入定义的，即查询、键和值，其执行缩放的点积为 $A(Q,K,V)$，其中，$Q\in R^{LQ\times d}$，$K\in R^{LK\times d}$，$V\in R^{LV\times d}$ 和 d 是输入维度。为了进一步讨论自我注意机制，设 q_i，k_i，v_i 分别代表 Q、K、V 中的第 i 行。第 i 个查询的注意力，被定义为概率形式的内核：

$$A(q_i,K,V)=\sum_j \frac{k(q_i,k_j)}{\sum_l k(q_i,k_j)} v_j = E_p \tag{9-82}$$

自注意通过计算概率 p 来组合这些值并获得输出，它需要二次点积计算和内存使用，这是增强预测能力的主要缺点。

之前的一些尝试已经揭示了自注意概率的分布具有潜在的稀疏性，稀疏 Transformer 包含行输出和列输入，其中稀疏性来自分离的空间相关性。LogSparseTransformer 注意到自注意的周期性模式，并迫使每个单元以指数步长关注其前一个单元。Longformer 将前两个算法扩展到更复杂的稀疏配置。然而，它们仅限于遵循启发式方法的理论分析，并使用相同的策略处理每个多头自我注意，这缩小了它们的进一步改进范围。

为了激励方法，首先对规范自我注意的学习注意模式进行定性评估。稀疏性自注意分数形成长尾分布，即几个点积对贡献了主要注意力，而其他点积对则产生了琐碎的注意力。第 i 个查询对所有键的关注定义为概率 $p(k_j|q_i)$，输出是其与值 v 的组合。占主导地位的点积对，鼓励相应查询的注意力概率分布远离均匀分布。如果 $p(k_j|q_i)$ 接近均匀分布 $q(k_j|q_i)=1/LK$，自注意成为值 V 的平凡和，并且是多余的。当然，分布 p 和 q 之间的相似性，可以用来区分重要查询，通过 Kullback－Leibler 散度来衡量相似性。

如果第 i 个查询获得较大的 $M(q_i,K)$，则其注意力概率 p 更多样化，并且很有可能在长尾自注意力分布的标题字段中，包含占主导地位的点积对。每个键只关注 u 主导查询，来获得概率稀疏自注意：

$$A(Q,K,V)=\text{softmax}\left(\frac{QK^{\mathrm{T}}}{\sqrt{d}}\right)v \tag{9-82}$$

式中：Q 是与 q 大小相同的稀疏矩阵，它只包含稀疏性测量 $M(q,K)$ 下的 Top－u 查询。由

恒定采样因子 c 控制，这使得 ProbSparse 自注意力只需要计算 $O(InL_Q)$ 点积，即可进行每次查询键查找，层内存使用率保持 $O(L_K InL_Q)$ 点。在多头注意力视角下，这种关注会为每个头，生成不同的稀疏查询键对，从而避免了严重的信息丢失。然而，遍历测量 M 的所有查询，需要计算每个点积对。此外 LSE 操作还存在潜在的数值稳定性问题。受此启发，提出了一种经验近似，用于有效获取查询稀疏性测量。

在长尾分布下，只需要随机抽取 U 个点积对来计算 M，即用零填充其他对。然后，从他们那里提取稀疏的 Top－u 作为 Q。$M(q_i,K)$ 中的运算符对零值不太敏感，并且数值稳定。在实践中，查询和键的输入长度在自注意计算中通常是等效的，即 $L_Q=L_K=L$，使得总 ProbSparse 自注意时间复杂度和空间复杂度为 $O(LInL)$。

四、编码器和解码器

编码器：允许在内存使用限制下处理较长的顺序输入。编码器设计用于提取长序列输入的鲁棒长依赖性。在输入表示之后，输入的第 t 个序列输入被塑造成矩阵。如图 9－22 所示。

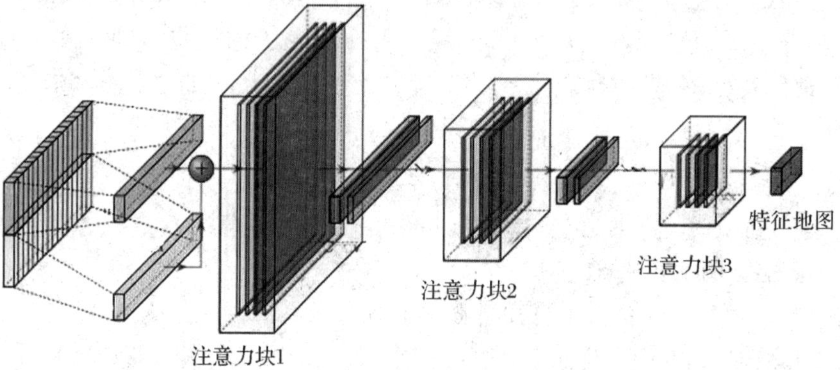

图 9－22　Informer 编码器中的单个堆栈

在图 9－22 中，展示了 Informer 的水平堆栈代表图，图中呈现的是接收整个输入序列的主堆栈。第二个堆栈获取输入的一半切片，随后的堆栈重复。红色层为点积矩阵，通过对每一层进行自注意蒸馏得到级联递减。连接所有堆栈的特征映射作为编码器的输出。

自注意力蒸馏作为 ProbSparse 自注意力机制的自然结果，编码器的特征图具有冗余组合。使用蒸馏操作来优先于具有主导特征的信息，并在下一层制作一个集中的自注意力特征图。它大幅修剪了输入的时间维度，蒸馏程序从第 j 层前进到 $(j+1)$ 层，如下所示：

$$X_{j+1}^{t}=\text{MaxPool}\{\text{ELU}[\text{Conv1}d(|X_j^t|_{AB})]\} \tag{9-83}$$

式中：$|\cdot|_{AB}$ 表示注意力块。它包含多头概率稀疏自注意力和基本操作，其中 Conv1d(·)使用 ELU(·)在时间维度上，执行一维卷积滤波器（核宽度＝3）激活函数。添加一个步幅为 2 的最大池化层，并在堆叠一层后，将 Xt 下采样到它的半片中，这减少了整个内存使用量。为了增强蒸馏操作的鲁棒性，构建了输入减半的主堆栈的副本，并通过一次下降一层来逐渐减少自注意力蒸馏层的数量，如图 9－21 所示。因此，连接所有堆栈的输出，并具有编码器的最终隐藏表示。

解码器：通过一个正向过程生成长序列输出。在图 9－21 中，它由两个相同的多头注意

力层组成的堆栈。但是,使用生成推理来缓解长期预测的速度暴跌。向解码器馈送以下向量作为

$$X_{de}^{t}=\mathrm{Concat}(X_{\mathrm{token}}^{t},X_{0}^{t}) \tag{9-85}$$

在 ProbSparse 自注意力计算中,应用掩蔽多头注意力,方法是将掩蔽点积设置为$-\infty$。它可以防止每个位置参与到下一个位置,从而避免自回归。一个完全连接的层获得最终输出,其超大 d_y 取决于执行的是单变量预测还是多变量预测。

开始令牌有效地应用于 NLP 的动态解码,将其扩展到生成方式。不是选择特定的标志作为标记,而是在输入序列中采样长序列,例如输出序列之前的较早切片。以预测 168 个点为例(实验部分为 7 d 温度预测),将目标序列前已知的 5 d 作为 StartToken,并馈送生成式推理解码器。X_0 包含目标序列的时间戳,即目标当周的上下文。然后,解码器通过一个前向过程预测输出,而不是传统编码器—解码器架构中耗时的动态解码。在预测目标序列时,选择 MSE 损失函数,损失从解码器的输出传播回整个模型。

五、实验分析

在四个数据集上进行了广泛的实验,包括 2 个收集的 LSTF 真实数据集和 2 个公共基准数据集。

变压器温度(Electricity Transformer Temperature,ETT)是电力长期运行的重要指标。我们从中国两个不同的县收集了两年的数据。为了探索 LSTF 问题上的粒度,创建了单独的数据集(ETTh1,ETTh2)用于 1 h 级别,ETTm 用于 15 min 级别。每个数据点由目标值"油温"和 6 个功率负荷特征组成,训练/周期/测试是 12/4/4 个月。

用电负荷(Electricity Consuming Load,ECL)收集 321 个客户的用电量(Kwh)。由于数据缺失,将数据集转换为 2 年的小时消耗,并设置"MT_320"作为目标值,训练/周期/测试是 15/3/4 个月。

天气(Weather)数据集包含 2010～2013 年 4 年间,美国近 1 600 个地点的当地气候数据,每 1 h 收集一次数据点。每个数据点由目标值"湿球数"和 11 个气候特征组成,训练/周期/测试为 28/10/10 个月。

选择了五种时间序列预测方法作为比较,包括 ARIMA、Prophet、LSTMa、LSTnet 和 DeepAR。为了更好地探索 ProbSparse 自注意力在提出的 Informer 中的表现,在实验中加入了规范的自注意力变体(Informer†),有效的变体 Revarer 和最相关的工作 LogSparse 自注意力。

对超参数进行网格搜索,Informer 在编码器中包含一个 3 层堆栈和一个 1 层堆栈(1/4 输入),以及一个 2 层编码器。提出的方法使用 Adam 优化器进行了优化,其学习率从 $1e-4$ 开始,每个时期衰减两倍。epochs 总数为 8,并适当提前停止。按照推荐设置比较方法,批大小为 32,每个数据集的输入都是零均值归一化。在 LSTF 设置下,逐渐延长预测窗口大小 Ly,即在前三个数据集中,使用{1 d,2 d,7 d,14 d,30 d,40 d},在 ETTm 中使用{6 h,12 h,24 h,72 h,168 h}。使用两个评估指标,包括:MSE 和 MAE。

表 9-6 和表 9-7 总结了所有方法在 4 个数据集上的单变量/多变量评估结果。随着对预测能力的更高要求,逐渐延长了预测范围,其中 LSTF 问题设置被精确控制为每种方法都可以在单个 GPU 上处理。

表 9－6　单变量长序列时间序列预测结果

模　型		Informer		LogTrans		Reformer		LSTMa		DeepAR		ARIMA		Prophet	
Metric		MSE	MAE	MSE	MAE	MSE	MAE	MSE	MAE	MSE	MAE	MSE	MAE	MSE	MAE
ETTh	24	0.098	0.247	0.103	0.259	0.222	0.389	0.114	0.272	0.107	0.28	0.108	0.284	0.115	0.275
	48	0.158	0.319	0.167	0.328	0.284	0.445	0.193	0.358	0.162	0.327	0.175	0.424	0.168	0.33
	168	0.183	0.346	0.207	0.375	1.522	1.191	0.236	0.392	0.239	0.422	0.396	0.504	1.224	0.763
	336	0.222	0.387	0.23	0.398	1.86	1.124	0.59	0.698	0.445	0.552	0.468	0.593	1.549	1.82
	720	0.269	0.435	0.273	0.463	2.112	1.436	0.683	0.768	0.658	0.707	0.659	0.766	2.735	3.253
Weather	24	0.117	0.251	0.136	0.279	0.231	0.401	0.131	0.254	0.128	0.274	0.219	0.355	0.302	0.433
	48	0.178	0.318	0.206	0.356	0.328	0.423	0.19	0.334	0.203	0.353	0.273	0.409	0.445	0.536
	168	0.266	0.398	0.309	0.439	0.654	0.634	0.341	0.448	0.293	0.451	0.503	0.599	2.441	1.142
	336	0.297	0.416	0.359	0.484	1.792	1.093	0.456	0.554	0.585	0.644	0.728	0.73	1.987	2.468
	720	0.359	0.466	0.388	0.499	2.087	1.534	0.866	0.809	0.499	0.596	1.062	0.943	3.859	1.144
ECL	24	0.239	0.359	0.28	0.429	0.971	0.884	0.493	0.539	0.204	0.357	0.879	0.764	0.524	0.595
	48	0.447	0.503	0.454	0.529	1.671	1.587	0.723	0.655	0.315	0.436	1.032	0.833	2.725	1.273
	168	0.489	0.528	0.514	0.563	3.528	2.196	1.212	0.898	0.414	0.519	1.136	0.876	2.246	3.077
	336	0.54	0.571	0.558	0.609	4.891	4.047	1.511	0.966	0.563	0.595	1.251	0.933	4.243	1.416
	720	0.582	0.608	0.624	0.645	7.019	5.105	1.545	1.006	0.657	0.683	1.37	0.982	6.901	4.264

表 9－7　多变量长序列时间序列预测结果

模　型		Informer		LogTrans		Reformer		LSTMa		DeepAR		ARIMA		Prophet	
Metric		MSE	MAE	MSE	MAE	MSE	MAE	MSE	MAE	MSE	MAE	MSE	MAE	MSE	MAE
ETTh	24	0.098	0.247	0.103	0.259	0.222	0.389	0.114	0.272	0.107	0.28	0.108	0.284	0.115	0.275
	48	0.158	0.319	0.167	0.328	0.284	0.445	0.193	0.358	0.162	0.327	0.175	0.424	0.168	0.33
	168	0.183	0.346	0.207	0.375	1.522	1.191	0.236	0.392	0.239	0.422	0.396	0.504	1.224	0.763
	336	0.222	0.387	0.23	0.398	1.86	1.124	0.59	0.698	0.445	0.552	0.468	0.593	1.549	1.82
	720	0.269	0.435	0.273	0.463	2.112	1.436	0.683	0.768	0.658	0.707	0.659	0.766	2.735	3.253
Weather	24	0.117	0.251	0.136	0.279	0.231	0.401	0.131	0.254	0.128	0.274	0.219	0.355	0.302	0.433
	48	0.178	0.318	0.206	0.356	0.328	0.423	0.19	0.334	0.203	0.353	0.273	0.409	0.445	0.536
	168	0.266	0.398	0.309	0.439	0.654	0.634	0.341	0.448	0.293	0.451	0.503	0.599	2.441	1.142
	336	0.297	0.416	0.359	0.484	1.792	1.093	0.456	0.554	0.585	0.644	0.728	0.73	1.987	2.468
	720	0.359	0.466	0.388	0.499	2.087	1.534	0.866	0.809	0.499	0.596	1.062	0.943	3.859	1.144
ECL	24	0.239	0.359	0.28	0.429	0.971	0.884	0.493	0.539	0.204	0.357	0.879	0.764	0.524	0.595
	48	0.447	0.503	0.454	0.529	1.671	1.587	0.723	0.655	0.315	0.436	1.032	0.833	2.725	1.273
	168	0.489	0.528	0.514	0.563	3.528	2.196	1.212	0.898	0.414	0.519	1.136	0.876	2.246	3.077
	336	0.54	0.571	0.558	0.609	4.891	4.047	1.511	0.966	0.563	0.595	1.251	0.933	4.243	1.415
	720	0.582	0.608	0.624	0.645	7.019	5.105	1.545	1.006	0.657	0.683	1.37	0.982	6.901	4.264

1. 单变量时间序列预测

每个方法在时间序列中作为单个变量实现预测。从表 9-6 可以看出：①所提出的 Informer 模型显著提高了所有数据集的推理性能(最后一列的胜数)，并且在不断增长的预测范围内，它们的预测误差平滑而缓慢地上升，这表明 Informer 在 LSTF 问题中预测能力的提升取得了成功。②Informer 模型优于最相关的工作 LogTrans 和 Reformer，主要因为支持查询稀疏性假设，提供可比的注意力特征图。③Informer 模型显示出明显优于循环神经网络 LSTMa 的结果。方法的 MSE 下降了 26.8%(168)，52.4%(336)和 60.1%(720)。这表明自注意力机制中较短的网络路径，比基于 RNN 的模型，能获得更好的预测能力。④该方法在 MSE 上优于 DeepAR，ARIMA 和 Prophet，平均下降 49.3%(168)，61.1%(336)和 65.1%(720)。在 ECL 数据集上，DeepAR 在较短的视野(≤336)上表现更好，方法在较长的视野上表现更好。将其归因于一个特定示例，其中预测能力的有效性反映在问题可扩展性中。

2. 多变量时间序列预测

某些单变量方法不合适，LSTnet 是最先进的基线。相反，Informer 模型很容易通过调整最终的 FCN 层，从单变量预测变为多变量预测。从表 9-7 中，观察到：①Informer 模型的性能大大优于其他方法，并且在单变量预测中的设置对于多变量时间序列仍然成立。②Informer模型比基于 RNN 的 LSTMa 和基于 CNN 的 LSTnet 显示出更好的结果，MSE 平均下降 26.6%(168)，28.2%(336)，34.3%(720)。

在单变量设置下对 ETTh1 上提出的 Informer 模型进行了敏感性分析，当预测短序列(如 48)时，最初增加编码器/解码器的输入长度会降低性能，但进一步增加会导致 MSE 下降，因为它会带来重复的短期模式。但是，在预测长序列(如 168)时，输入时间越长，MSE 会变低。因为较长的编码器输入，可能包含更多的依赖项，而较长的解码器令牌具有丰富的本地信息。

采样因子从小因子(=3)到大因子开始，总体性能略有增加。查询稀疏性假设，即在自注意力机制中存在冗余的点积对，在实践中设置样本因子 $c=5$。层的副本是自注意力蒸馏的补充，在较长的堆栈对输入更敏感，部分原因是接收更多的长期信息。

与现有方法不同，标签和输出在训练和推理中被迫对齐，提出的解码器的预测仅依赖于时间戳，时间戳可以通过偏移进行预测。Informer 的一般预测性能随着偏移量的增加而抵抗，而对应物的动态解码则失败。它证明了解码器能够捕获任意输出之间的单个远程依赖关系并避免错误累积。

在训练阶段，Informer 模型在基于 Transformer 的方法中，实现了最佳的训练效率。在测试阶段，比其他生成式解码方法快得多。Informer 的性能与运行时实验一致，日志传输专注于改进自注意力机制，在 LogTrans 中应用提议的解码器进行了比较。

对于所有方法，循环分量的输入长度从 ETTh1、ETTh2、天气和电力数据集的{24，48，96，168，336，720}中选择，并从{24，48，96，192，288，672}对于 ETTm 数据集。对于 LSTMa 和 DeepAR，隐藏状态的大小是从{32，64，128，256}中选择的。对于 LSTnet，循环层和卷积层的隐藏维度从{64，128，256}和{32，64，128}中选择用于循环跳过层，对于 ETTh1、

ETTh2、天气和 ECL 数据集，循环跳过层的跳过长度设置为 24，对于 ETTm 数据集设置为 96。对于 Informer，编码器层从{6,4,3,2}中选择，解码器层设置为 2。多头注意力的头数从{8,16}中选择，多头注意力输出的维度设置为 512。编码器输入序列的长度和解码器的开始标记是从 ETTh1、ETTh2、天气和 ECL 数据集的{24,48,96,168,336,480,720}中选择的，对于 ETTm 数据集，从{24,48,96,192,288,480,672}中选择。在试验中，解码器的开始标记是从编码器的输入序列截断的段，因此解码器的开始标记的长度必须小于编码器输入的长度。

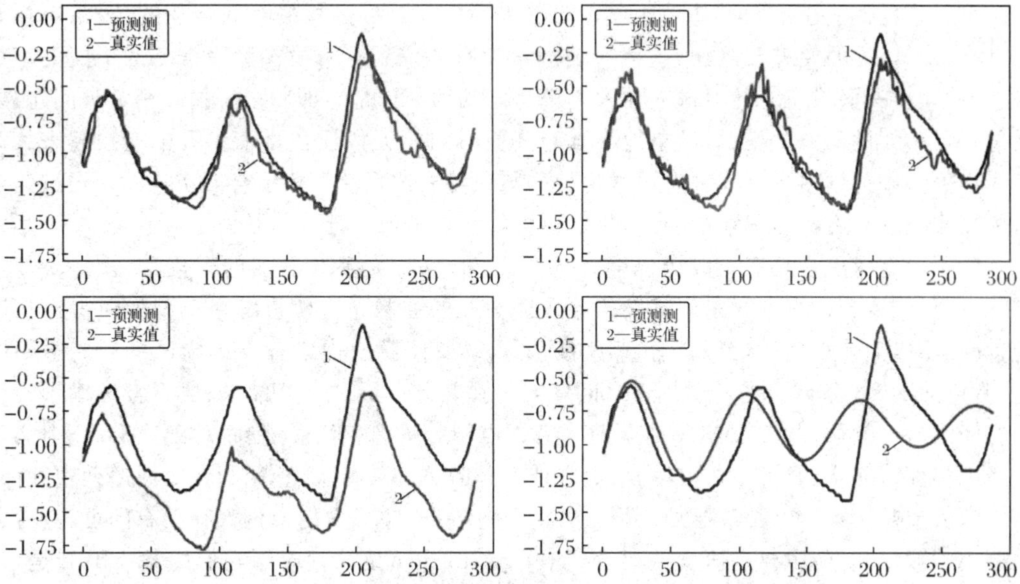

图 9-23　预测结果对比图(红色表示预测，蓝色表示真实值)

第五节　多时序融合时间序列预测方法

一、多步预测描述

多时序时间序列预测通常包含一系列复杂的输入，包括静态(即时间不变的)协变量、已知未来输入和其他仅在过去观察到的时间序列，而没有任何关于它们与目标的交互方式的先验信息。过去已经提出了几种深度学习方法，但它们通常是“黑盒”模型，无法揭示它们在实际场景中使用的完整输入范围。时序融合 Transformer(Temporal Fusion Transformer，TFT)模型，一种基于注意力机制的新型架构，它将高性能的多时序预测与对时间动态的可解释洞察力相结合。为了学习不同尺度上的时间关系，TFT 使用循环层进行局部处理，并使用可解释的自注意力层进行长期依赖关系建模。TFT 利用专门的组件选择相关特征，并使用一系列门控层抑制不必要的组件，在各种场景中实现高性能。

多时段预测，即对多个未来时间步骤进行变量预测，是时间序列机器学习中的一个关键问题。与一步预测相比，多时段预测为用户提供了整个路径的估算结果，使他们能够在未来的多个步骤中进行优化行动。多时段预测具有许多有重大影响的现实应用。在零售、医疗保健和经济学领域，对现有方法的性能改进非常有价值。实际的多时段预测应用通常可以访问各种数据源，包括关于未来的已知信息(例如即将到来的假期日期)，其他外生时间序列(例如历史顾客流量)和静态元数据(例如商店的位置)，没有任何关于它们如何交互的先前知识。

这种数据源的异质性以及对它们交互关系的少量信息使得多时段时间序列预测特别具有挑战性。深度神经网络(DNNs)在多时段预测中的应用越来越多，相对传统的时间序列方法表现出了强大的性能改进，虽然许多架构都集中在循环神经网络(RNN)架构的变种上。但最近的改进也使用了基于注意力的方法来增强对过去相关时间步骤的选择，包括基于 Transformer 的模型。然而，这些方法通常没有考虑到多时段预测中常见的不同类型的输入，并且要么假设所有外生输入在未来都是已知的。这是自回归模型的一个常见问题，要么忽略了重要的静态协变量，简单地将其与其他时间相关特征在每个步骤中连接起来。时间序列模型中的许多最新改进是通过将架构与独特的数据特征相结合而实现的。通过为多时段预测设计具有适当归纳偏差的网络，也可以获得类似的性能提升。

除了没有考虑常见多时段预测输入的异质性之外，大多数当前的架构都是“黑盒”模型，其中预测受到许多参数之间复杂的非线性交互的控制。这使得解释模型如何得出预测变得困难，进而使得用户难以信任模型的输出，以及使模型构建者难以调试模型。不幸的是，常用的 DNN 解释方法不适用于时间序列。在其传统形式中，事后方法不考虑输入特征的时间顺序。例如，对于 LIME，会为每个数据点单独构建替代模型，而对于 SHAP，则会独立考虑相邻时间步的特征。这样的事后方法会导致解释质量较差，因为在时间序列中，时间步之间的依赖关系通常是重要的。另一方面，一些基于注意力的架构具有固有的可解释性，主要用于顺序数据，主要是语言或语音，如 Transformer 架构。应用它们的基本限制是，与语言或语音不同，多时段预测包括许多不同类型的输入特征。在其传统形式中，这些架构可以提供有关多时段预测的相关时间步骤的见解，但无法区分给定时间步骤中不同特征的重要性。总的来说，在需要新的方法来处理多时段预测的数据异质性以实现高性能的同时，还需要新的方法来使这些预测结果具有可解释性，以满足使用案例的需求。

基于注意力的时序融合深度神经网络架构，用于多时段预测，它在实现高性能的同时，还能提供新形式的可解释性。为了在现有的基准模型上取得显著的性能改进，引入了多个新颖的思想，以使架构与多时段预测中常见的各种输入和时间关系相吻合。具体而言，TFT 包括以下特点：①静态协变量编码器，用于编码上下文向量，供网络的其他部分使用；②门控机制和样本相关的变量选择，以最小化无关输入的贡献；③序列到序列层，以局部处理已知和观察到的输入；(4)时间自注意力解码器，用于学习数据集中存在的任何长期依赖关系。这些专门的组件的使用也促进了可解释性。TFT 可以帮助用户实现三个有价值的可解释性用例：帮助用户识别①对于预测问题来说具有全局重要性的变量，②持续的时间模式，以及③重要事件预测。

与传统的多时域预测方法类似，最近的深度学习方法可以分为使用自回归模型的递归方法或基于序列到序列模型的直接方法。递归方法利用一步预测模型，通过将预测结果递归地输入到未来的输入中来进行多步预测。使用长短期记忆(LSTM)网络的方法已经被考虑，如 DeepAR，它使用堆叠的 LSTM 层来生成一步预测的高斯分布的参数。深层状态空间模型(DSSM)采用类似的方法,利用 LSTM 生成预先定义的线性状态空间模型的参数,并通过卡尔曼滤波产生预测分布。最近,使用卷积层进行局部处理和稀疏注意机制,来增加预测过程中的感受野大小。尽管这些迭代方法很简单,但它们假设在预测时刻,除目标外的所有变量的值都是已知的。因此,只需要将目标递归地输入到未来的输入中。然而,在许多实际情况下,存在许多有用的时变输入,其中许多在事先是未知的。因此,它们的直接使用对于迭代方法来说是有限的。相反,TFT 明确考虑到输入的多样性,自然地处理静态协变量和(过去观测到的和未来已知的)时变输入。相比之下,在每个时间步骤显式地生成多个预定义时域的预测。它们的架构通常依赖于序列到序列模型,例如 LSTM 编码器来总结过去的输入,并使用各种方法生成未来的预测。多时域分位数递归预测器(MQRNN)使用 LSTM 或卷积编码器,生成上下文向量,然后将其馈送到每个时域的多层感知器(MLPs)中。使用带有 LSTM 编码器的多模态注意机制构建上下文向量,用于双向 LSTM 解码器。尽管比基于 LSTM 的迭代方法表现更好,但这种标准的直接方法,仍然具有挑战性的可解释性。相比之下,表明通过解释注意模式,TFT 可以提供关于时间动态的有见地的解释,并且在各种数据集上保持最先进的性能。

注意力机制在翻译、图像分类或表格学习中被用于识别每个实例输入的显著部分,使用注意力权重的大小。最近,它们已经被应用于具有可解释性动机的时间序列,使用基于 LSTM 和基于 Transformer 的架构。然而,这是在不考虑静态协变量的重要性的情况下完成的(因为上述方法将每个输入的变量混合)。TFT 通过在每个时间步上,为静态特征使用单独的编码器－解码器注意力,以及自注意力来确定时变输入的贡献,从而缓解了这个问题。

通过事后解释方法和固有可解释模型,可以获得每个实例(即样本)的变量重要性。如 LIME、SHAP 和 RL－LIM,这些方法应用于预训练的黑盒模型上,并经常基于构建一个可解释的替代模型或将其分解为特征归因。它们并不考虑输入的时间顺序,因此在复杂的时间序列数据中的应用受到限制。固有可解释建模方法,将特征选择组件直接构建到架构中。对于时间序列预测,它们基于显式量化的时间依赖变量贡献。例如,可解释的多变量 LSTMs 分割隐藏状态,使每个变量对其己的内存段有独特的贡献,并根据内存段的权重确定变量的贡献度。考虑结合时间重要性和变量选择的方法,根据每个变量的注意力权重计算单一的贡献系数。然而,除了模型仅能用于一步预测的不足之外,现有方法还侧重于对注意力权重的实例特定(即样本特定)解释,而无法提供关于全局时间动态的洞察。TFT 能够分析全局的时间关系,并允许用户解释模型在整个数据集上的全局行为,特别是在识别任何持久模式(例如季节性或滞后效应)和存在的体制时。

二、问题描述

在给定的时间序列数据集中有一个唯一的实体,比如零售中的不同商店或医疗保健中的患者。每个实体 i 与一组静态协变量s_i 相关联,在每个时间步长 t,输入为$x_{i,t}$和标量目标为$y_{i,t}$。与时间相关的输入特征被细分为两类:观察输入$z_{i,t}$只能测量每一步事先未知,和已知输入$x_{i,t}$可以预定(例如每周的某一天)。

在许多情况下,提供预测间隔可能有助于优化决策和风险管理,通过产生目标,可能可以采取的最佳和最坏情况值的指示。因此，对多水平回归预测设置采用分位数回归（例如，在每个时间步长输出第10、50和90百分位数）。每个分位数预测均采用以下形式：

$$y_i(q,t,\tau)=f_q(\tau,y_{i,t-k:t},z_{i,t-k:t},x_{i,t-k:t+\tau},s_i) \tag{9-85}$$

式中：$y_i(q,t,\tau)$是时间t时刻τ步预测的第q个样本分位数，而$f(.)$是一个预测模型。与其他直接方法一致，同时为τ个时间步长输出预测结果。利用有限的回望窗口k，将过去所有信息纳入考虑，仅使用从预测开始时间t开始的目标和已知输入（即$yi,t-k:t=\{yi,t-k,\cdots,yi,t\}$）以及整个范围内的已知输入（即$x_i,t-k:t+\tau=\{xi,t-k,\cdots,xi,t,\cdots,xi,t+\tau\}$）。

三、算法模型

TFT使用规范组件，来有效地为每种输入类型（即静态的、已知的、观察到的输入）构建特征表示，以便在广泛的问题上实现高预测性能。

TFT的主要成分是：

(1)门控机制可以跳过架构中任何未使用的组件，提供自适应的深度和网络复杂性，以适应广泛的数据集和场景。

(2)变量选择网络，在每个时间步长中选择相关的输入变量。

(3)静态协变量编码器将静态特征整合到网络中，通过编码上下文向量来实现条件的时间动态。

(4)从观察到的和已知的时变输入中，学习长期和短期的时间关系的时间处理。序列到序列层用于局部处理，而长期依赖关系则使用一种新的可解释的多头注意块来捕获。

(5)通过分位数预测的预测区间来确定每个预测水平上的可能目标值的范围。

外部输入和目标之间的精确关系通常事先不知道，这使得很难预测哪些变量是相关的。此外，确定所需的非线性处理程度也很困难，而且在数据集较小或包含噪声的情况下，简化模型可能更有益。出于使模型具有灵活性，仅在需要时应用非线性处理的动机，提出了门控残差网络（Gated Residual Network，GRN）作为TFT的构建块。GRN接收一个主要输入a和一个可选的上下文向量$\boldsymbol{c}$，并得到结果：

$$\mathrm{GRN}_\omega(a,c)=\mathrm{LayerNorm}[a+\mathrm{GLU}_\omega(\eta_1)] \tag{9-86}$$

$$\eta_1=W_{1,\omega}\eta_2+b_{1,\omega} \tag{9-87}$$

$$\eta_2=\mathrm{ELU}(W_{2,\omega}a+W_{3,\omega}c+b_{2,\omega}) \tag{9-88}$$

式中：ELU是指数线性单元激活函数；η_1和η_2是中间层；LayerNorm是标准层归一化方法；ω是一个索引，表示权重共享的参数。使用基于门控线性单元（GLU）的组件门控层，在给定数据集中，可以灵活地抑制不需要的部分。令γ为输入，GLU的形式如下：

$$\mathrm{GLU}_\omega(\gamma)=\sigma(W_{3,\omega}\gamma+b_{3,\omega})\odot(W_{4,\omega}\gamma+b_{4,\omega}) \tag{9-89}$$

式中：$\sigma(.)$是sigmoid激活函数；$W(.)$和$b(.)$是权重和偏置；$\odot$表示逐元素的Hadamard乘积；GLU允许TFT控制GRN对最终结果的贡献程度。

虽然可能有多个变量可用，但它们对输出的相关性和具体贡献通常是未知的。TFT旨在通过应用于静态协变量和时间相关协变量的变量选择网络来提供逐个实例的变量选择。除了提供哪些变量对于预测问题最重要的见解之外，变量选择还允许TFT去除可能对性能产生负面影响的任何不必要的噪声输入。大多数实际时间序列数据集，包含具有较低预测内容的特征，因此变量选择可以通过仅利用最显著的特征，来帮助模型性能。

使用实体嵌入来表示分类变量作为特征表示，并使用线性变换来表示连续变量，将每个输入变量转换为 d_{model} 维向量，与后续层中的跳过连接的维度相匹配。所有静态、过去和未来的输入，都使用具有不同权重的独立变量选择网络。

令 $\xi_t^j \in R^{d_{\text{model}}}$ 表示时间 t 处第 j 个变量的转换输入，其中 $\Xi_t = [\xi_t^1, , \xi_t^m]^{\mathrm{T}}$ 是时间 t 处所有过去输入的平铺向量。变量选择权重由将 Ξ_t 和外部上下文向量 $\boldsymbol{c}_s$ 通过 GRN 传递，并接下来使用 Softmax 层生成：

$$v_{xt} = \text{softmax}[\text{GRN}_{vx}(\Xi_t, c_s)] \tag{9-90}$$

式中：$\boldsymbol{v}_{xt}$ 是变量选择权重的向量；$\boldsymbol{c}_s$ 是通过静态协变量编码器获得的。对于静态变量，注意到上下文向量 $\boldsymbol{c}_s$ 被省略，因为它已经可以访问静态信息。

在每个时间步骤中，通过将每个 ξ_t^j 传入自己的 GRN，使用额外的非线性处理层：

$$\tilde{\xi}_t^j = \text{GRN}(\xi_t^j) \tag{9-91}$$

式中：$\tilde{\xi}_t^j$ 是变量 j 的处理特征向量，每个变量都有自己的 GRN，权重在所有时间步骤 t 上共享。然后，将处理后的特征，根据它们的变量选择权重，进行加权相加。

为了构建静态元数据的复杂表示，使用四个独立的 GRN 编码器来生成不同的上下文向量。然后将它们连接到时间融合解码器中的各个位置，其中静态变量在处理中起重要作用。具体来说，这包括①时间变量选择的上下文（$\boldsymbol{c}_s$）、②时间特征的局部处理（$\boldsymbol{c}_s$，$\boldsymbol{c}_h$）和③用静态信息丰富时间特征的上下文（$\boldsymbol{c}_e$）。例如，将 ξ 视为静态变量选择网络的输出，将用于时间变量选择的上下文被编码为 $\boldsymbol{c}_s = \text{GRN}(\xi)$。

TFT 采用了自注意机制，来学习不同时间步骤之间的长期关系，并将其改进为 Transformer 架构中的多头注意力，以增强可解释性。注意力机制基于键 K 和查询 Q 之间的关系，对值 V 进行缩放：

$$\text{Attention}(Q, K, V) = A(Q, K)V \tag{9-93}$$

式中：$A()$ 是一个归一化函数；N 是进入注意层的时间步数。一个常见的选择是缩放注意力：

$$A(Q, K) = \text{softmax}(QK^{\mathrm{T}} / \sqrt{d_{\text{attn}}}) \tag{9-93}$$

鉴于每个头部使用了不同的值，注意力权重本身并不能表明特定特征的重要性。因此，修改了多头注意力，以共享每个头部中的值，并使用所有头部的加性聚合：

$$\text{MultiHead}(Q, K, V) = [H_1, \cdots, H_{mh}]W_H \tag{9-94}$$

$$A(Q, K) = \text{softmax}(QK^{\mathrm{T}} / \sqrt{d_{\text{attn}}}) \tag{9-95}$$

可解释性的多头注意力的最终输出，与单个注意力层非常相似，其主要区别在于生成注意力权重的方法。每个头可以学习不同的时间模式，同时关注一组公共的输入特征，这可以被解释为，对注意力权重的简单集成，进入组合矩阵的过程。

四、时序融合解码器

时序融合解码器使用以下一系列层，来学习数据集中存在的时序关系：

在时间序列数据中，显著点通常与其周围数值之间的关系有关，例如异常值、变化点或周期性模式。通过利用局部上下文，通过在点值之上构建利用模式信息的特征，可以改善基于注意力的架构的性能。采用了一个单卷积层，用于局部增强，使用相同的过滤器在所有时间上提取局部模式。然而，在观察到存在不同数量的过去和未来输入时，这种方法可能不适用。

因此，应用序列到序列的层，来自然处理这些差异，然后生成一组均匀的时序特征，这些特征作为时序融合解码器自身的输入，用 $\phi(t,n)$ 表示，其中 n 是位置索引。受其在经典序列编码问题上的成功启发，考虑使用 LSTM 编码器-解码器，这是其他多时间跨度预测架构中常用的构建模块。这也替代了标准的位置编码，为输入的时间顺序提供了适当的归纳偏置。此外，为了允许静态元数据影响局部处理，使用来自静态协变编码器的 c_c，c_h 上下文向量，来初始化第一层中的细胞状态和隐藏状态，还在该层上使用了门控跳跃连接：

$$\tilde{\phi}(t,n)=\text{LayerNorm}\{\xi_{t+n}+\text{GLU}[\phi(t,n)]\} \tag{9-96}$$

由于静态协变量通常对时序动态具有显著影响（例如，与疾病风险相关的遗传信息），引入了一个静态信息丰富层，用静态元数据增强时序特征。对于给定的位置索引 n，静态信息丰富的形式如下：

$$\theta(t,n)=\text{GRN}[\phi(t,n),c_e] \tag{9-97}$$

式中：GRN 的权重在整个层中共享，并且 c_e 是来自静态协变编码器的上下文向量。

在静态信息丰富之后，接下来应用自注意力。首先将所有经静态信息丰富的时序特征组合成一个矩阵，并在每个预测时间上应用可解释的多头注意力。对多头注意力层应用解码器掩码，以确保每个时间维度只能关注其之前的特征。除了通过掩码来保持因果信息流外，自注意力层还允许时序融合解码器，捕捉到对于基于 RNN 的架构来说可能较难学习到的远距离依赖关系。在应用自注意力层之后，还继续应用额外的门控层以便于训练：

对自注意力层的输出应用额外的非线性处理。与静态信息丰富层类似，这也使用了 GRN 和门控残差连接，跳过整个 Transformer 块，为序列到序列层提供直接路径，从而在不需要额外复杂性的情况下得到更简单的模型。TFT 还在点预测之上生成预测区间，这是通过在每个时间步同时预测各个分位数（例如 10th，50th 和 90th）来实现的。使用时序融合解码器的输出，进行线性变换生成分位数预测。

五、实验对比

为了和传统算法进行比较，首先在 Electricity 和 Traffic 数据集上评估了算法的性能，这些数据集关注的是较简单的单变量时间序列，仅包含已知输入和目标变量。接下来，Retail数据集帮助使用在多时序预测应用中，观察到的复杂输入的全范围，进行模型基准测试，包括丰富的静态元数据和观察到的时变输入。最后，为了评估在较小的噪声数据集上过拟合的鲁棒性，考虑了金融应用中的波动率预测，使用的数据集比其他数据集要小得多。每个数据集的基本描述如下，并附有数据集目标的探索性分析。

• 电力（Electricity）：UCI 电力负载示意图数据集，包含 370 个客户的电力消耗，按小时聚合。根据使用过去一周（即 168 h）的数据，来预测接下来的 24 h。该数据集使用 2014－

01-01～2014-09-01期间的50万个样本，其中90%用于训练，最后10%作为验证集。鉴于数据之间的差异很大，还对每个实体的实值输入进行了z-score标准化。将电力使用情况、星期几、一天中的小时数以及时间索引(即从第一次观察开始的时间步数)作为实值输入，并将实体标识符视为分类变量。

• 交通(Traffic)：UCIPEM-SF交通数据集描述了440个旧金山湾区高速公路的占用率，它按小时聚合，使用相同的回望窗口和预测时段，类似于电力数据集。对交通数据集的测试也与之前的工作保持一致，使用2008-06-15之前的50万个训练样本。对于测试，使用紧随训练集之后的7 d的数据，并对所有实体进行了z-score标准化。对于输入，还将交通占用率、星期几、一天中的小时数以及时间索引作为实值输入，将实体标识符视为分类变量。

• 零售(Retail)：来自Kaggle竞赛的Favorita杂货销售数据集，结合了不同产品和商店的元数据，以及以日为单位采样的其他外部时变输入。使用过去90 d的信息，预测未来30 d的产品销量的对数。将每个产品号-店号对视为一个单独的实体，总共超过13.5万个实体。训练集由2015-01-01～2015-12-01之间的45万个样本组成，验证集由训练集之后30 d的5万个样本组成，测试集由验证集之后30 d的所有实体组成。数据以每天的固定时间间隔重新采样，并使用最后一个可用观测值填补任何缺失的天数。还增加了一个额外的"open"标志，用于表示在给定的一天是否存在数据。将国家、地区和本地假期分为单独的变量。对销售数据进行对数转换，并对所有实体进行z-score标准化。将对数销售、交易、石油视为实值，其余视为分类变量。

• 波动率或波动(Volatility)：OMI实现库包含每日内数据计算，得出的31个股指的实现波动率值，以及它们的日回报率。对于实验，考虑使用过去一年(即252个交易日)的信息进行未来一周(即5个工作日)的预测。使用从2000-01-03～2019-06-28的数据，其中训练集包含2016年之前的数据，验证集包含2016年至2017年的数据，而测试集包含2017年至2019年的数据。

表9-8　数据集详细信息和每个数据集的最佳TFT配置

		电　力	交　通	销　售	波动率
数据集细节	目标类型	R	[0,1]	R	R
	实体数量	370	440	130k	41
	样本数量	500k	500k	500k	100k
优化的超参数	搜索代数	60	60	60	240
	隐藏层数	160	320	240	160
	退出率	0.1	0.3	0.1	0.3
	小批量大小	64	128	128	64
	学习率	0.001	0.001	0.001	0.01
	最大梯度规范	0.01	100	100	0.01
	注意力头数	4	4	4	1

超参数优化是通过随机搜索进行的。对较小的波动性数据集进行 240 次迭代，对较大的电力、交通和零售数据集进行 60 次迭代。最优 TFT 超参数见表所示，所有超参数的完整搜索范围如下，

隐藏层数：10、20、40、80、160、240、320

退出率：0.1、0.2、0.3、0.4、0.5、0.7、0.9

小批量大小：64、128、256

学习率：0.0001、0.001、0.01

最大梯度规范：0.01、1.0、100.0

注意力头数：1、4

为了保持可解释多头注意的可解释性，我采用单一堆栈(即：时间融合解码器块)用于 TFT 本身。对于 ConvTrans，采用与原论文相同的固定堆栈大小和头数，分别设置为 8 个头和 3 层。使用了全注意力模型，并将 CNN 局部处理层的核大小作为一个超参数(即核大小 E{1,3,6,9})，因为观察到最佳的卷积核大小与数据集有关。

在所有数据集上，每个 TFT 模型都在单个 GPU 上进行训练，无需部署成本高昂的硬件即可进行部署。对于大量计算资源，可以在 NVIDIA TeslaV100 GPU 上使用。例如，对于 Electricity 数据集，最优 TFT 模型只需要略微超过 6 h 的训练时间(每个时期大约为 52 min)。对整个验证数据集(包含 50 000 个样本)进行批量推断需要 8 min。使用硬件特定的优化可以进一步减少 TFT 的训练和推断时间。

TFT 与各种多时序预测模型进行了比较，使用随机搜索在预定义的搜索空间上，进行超参数优化，对于给定数据集的所有基准测试，使用相同的迭代次数。由于 TFT 属于多时序模型，主要将比较重点放在直接生成未来时段预测的深度学习模型上，包括：①具有全局上下文的简单序列到序列(Seq2Seq)模型，以及②多时序分位数递归预测器(MQRNN)。此外，还包括两个简单的直接基准测试来评估深度学习模型的优势：多层感知器(MLP)和带有 L2 正则化的线性分位数回归(Ridge)。对于 MLP，使用一个具有两层的神经网络，每个时间步骤都使用所有可用信息，并预测在预测时段上的所有分位数。对于 Ridge，为每个时段/分位数输出使用单独的线性系数集，输入与 MLP 相同。鉴于数据集的大小，还使用随机梯度下降训练 Ridge 模型。

为了将 TFT 与迭代模型的丰富研究工作进行比较，在 Electricity 和 Traffic 数据集上使用了相同的设置来评估 TFT。这包含：DeepAR、DSSM 和基于 Transformer 的带有局部卷积处理的架构，将其称为 ConvTrans。对于更复杂的数据集，专注于 ConvTrans 模型，因为它在之前的研究中表现出了明显的优势，以及 DeepAR 因为它在实际应用中的流行度相对较高。由于此类模型，需要了解未来所有输入才能生成预测，通过使用最后一个可用值填充未知输入来适应复杂数据集。

如表 9-9 所示，TFT 在各种数据集上明显优于其他基准模型，这证明了将架构明确与一般的多视角预测问题相匹配所带来的好处。无论是点预测还是不确定性估计，TFT 的平均 P50 损失比第二好的模型低 7%，平均 P90 损失低 9%。对 TFT 改进的统计显著性进行了测试，结果显示 TFT 损失，与下一个最佳基准模型相比在 95%的置信区间内显著更低。此外，还提供了对 TFT 可信区间的更多定性评估作为参考。

表 9-9 实验对比结果

Dataset	ARIMA	ETS	TRMF	DeepAR
Electricity	0.154(+180%)	0.102(+85%)	0.084(+53%)	0.075(+36%)
Traffic	0.223(+135%)	0.236(+148%)	0.186(+96%)	0.161(+69%)
DSSM	ConvTrans	Seq2Seq	MQRNN	TFT
0.083(51%)	0.059(+7%)	0.067(+22%)	0.077(+40%)	0.055*
0.167(+76%)	0.122(+28%)	0.105(+11%)	0.117(+23%)	0.095
Dataset	CovTrans	Seq2Seq	MQRNN	TFT
Volatility	0.047(+20%)	0.042(+7%)	0.042(+7%)	0.039*
Retail	0.429(+21%)	0.411(+16%)	0.379(+7%)	0.354*
Dataset	CovTrans	Seq2Seq	MQRNN	TFT
Volatility	0.024(+22%)	0.021(+8%)	0.021(+9%)	0.020*

比较直接模型和迭代模型，观察到考虑观测输入的重要性，可以看出 ConvTrans 在需要观测输入插补的复杂数据集上，表现较差(如 Volatility 和 Retail)。此外，当目标不适用高斯分布很好捕捉时，分位数回归的好处也显现出来，直接模型在这些场景下表现更好。例如，从 Traffic 数据集可以看出目标分布明显倾斜，超过 90%的占用率在 0～0.1 之间。

六、消融分析

为了量化提出的每个架构贡献的好处，进行了广泛的消融分析，从网络中删除每个组件，并量化相对于原始架构的损失百分比的增加，具体如下：

• 门控层：通过将每个 GLU 层替换为一个简单的线性层，然后是 ELU 来剔除。

• 静态协变量编码器：通过将所有上下文向量设置为零，并将所有转换后的静态输入，与所有时态过去和未来输入进行连接来剔除。

• 逐实例的变量选择网络：通过使用可训练系数替换 softmax 输出，并移除生成变量选择权重的网络来剔除，保留的是最小二乘预测和位置编码器。

• 历史遗忘基线：通过使用历史平均值替换时间依赖过去数值来剔除。

通过在所有数据集上进行消融实验，并报告相对于原始 TFT 架构的损失百分比增加来分析每个组件的影响。这有助于理解每个组件对模型性能的贡献。

使用表 9-8 的超参数对每个数据集的精简网络进行训练，从实验结果中可以看出，对 P50 和 P90 损失的影响在所有数据集中都是相似的，所有组件都有助于整体性能的提高。

总体而言，负责捕捉时间关系、局部处理和自注意力层的组件，对算法性能影响最大，平均 P90 损失增加超过 6%，特定数据集上增加超过 20%。从各个时间序列数据集的消融影响的差异中可以看出数据集的多样性。具体而言，在 Traffic、Retail 和 Volatility 中，局部处理至关重要，但在 Electricity 中，消融后较低的 P50 损失表明它可能会产生负面影响，自注意力层则起到更为重要的作用。一个可能的解释是，在 Electricity 数据集中，持续的日常季节性似乎主导了其他时间关系。

在确定了模型的性能优势之后，接下来展示了模型设计如何允许对其个体组件进行分析，以解释它所学习到的一般关系。展示了以下几个解释性用例：

三种可解释性用例：①检查每个输入变量在预测中的重要性，②可视化持续的时间模式，以及③识别导致时间动态显著变化的任何机制或事件。与其他基于注意力的可解释性的例子相比，专注于聚合整个数据集的模式的方法。

通过分析描述的变量选择权重，来量化变量重要性。具体地说，聚合选择权重。对于整个测试集中的每个变量，记录每个抽样分布的第10、第50和第90个百分位数。零售数据集包含完整的可用输入类型集(即静态元数据、已知输入、观察输入和目标)。

在其他数据集中也有类似的发现，使用模型来研究干预所需的时间长度是一种常见方法，比如研究政府增加公共支出，对国民生产总值增长的影响。季节性模型也常用于计量经济学中，用于识别目标变量中的周期性模式，并测量每个周期的长度。从实际角度来看，模型构建者可以利用这些洞察力进一步改进预测模型，例如在看历史数据窗口时观察到注意力高峰时，可以通过增加感受野来纳入更多历史信息，或者通过设计特征直接纳入季节性效应。因此，可以利用时态融合解码器中的自注意力层中的注意力权重来识别类似的持续模式，通过衡量过去固定滞后期的特征对不同预测时段的影响。

第六节　基于状态空间分解的时间序列预测方法

一、概述

基于状态空间分解的神经网络(State Space Decomposition Neural Network，SSDNet)，将Transformer架构与状态空间模型相结合，提供了概率性和可解释性的预测，包括趋势和季节性组成部分，以及对预测内容所需要的重要前序时间数据。Transformer架构用于直接有效地学习时序模式和估计状态空间模型的参数，无需使用卡尔曼滤波器。全面评估了SSDNet在五个数据集上的性能，结果显示SSDNet在准确性和速度方面是一种有效的方法，优于最先进的深度学习和统计方法，并能够提供有意义的趋势和季节性组成部分。

时间序列预测在许多实际应用中都是一项重要的任务，例如预测电力需求、股票价格、免疫反应和疾病随时间的进展。自回归移动平均模型(Autoregressive Integrated Moving Average，ARIMA)和指数平滑等统计方法，是时间序列预测中广泛应用的方法，它们属于更广泛的状态空间模型(State Space ModelsS，SSMs)框架的一部分(它们也是状态空间模型(SSMs)整体框架的一部分。)SSM被认为是可解释的模型，因为它的构成要素例如趋势和季节性，可以被提取并用于制定决策和解释。然而，它们无法从一组相关的时间序列中，推断出共同的模式，因为每个时间序列都是独立拟合的。

近年来，深度学习方法被作为一种有前景的方法进行研究，因为它们能够以最少的领域知识，从原始数据中学习并提取复杂的模式，包括相关时间序列之间的共享模式。著名的例子包括DeepAR，它是一种基于长短期记忆(LSTM)神经网络的概率预测模型，DeepSSM

结合了 SSM 和 LSTM，DeepFactor 模型结合了一个局部概率模型 LSTM 以及 LogSparse Transformer 和 Informer，它们是对用于时间序列预测的 Transformer 架构进行的修改。然而，深度学习模型难以解释。在实际应用中，生成可解释的预测结果，对于采用这些系统至关重要。

使用深度学习模型产生可解释的预测。例如：N－BEATS，展示了其可解释的配置，能够成功地学习和输出预测的趋势和季节性成分，这对于预测实践者来说非常有用。然而，NBEATS 是为单变量时间序列而设计的，它提供了点预测，并且由于它使用了一个确定性的趋势模型，因此它对建模具有不同斜率的趋势的能力有限。

SSDNet 将 Transformer 深度学习架构与 SSM 相结合。SSDNet 结合了深度学习的优势（从原始数据中学习而无需进行繁琐的特征工程，并能够从相关时间序列中推断出共享模式）与 SSM 模型的可解释性。它采用 Transformer 架构来学习时间模式并直接估计 SSM 的参数。为了提高可解释性，使用了一个固定形式的 SSM 来提供趋势和季节性分量，并利用 Transformer 的注意机制来确定过去历史的哪些部分对于预测最重要。

SSDNet 在五个时间序列预测任务中的性能进行了评估。结果显示，SSDNet 的准确度高于最先进的深度学习模型 DeepAR、DeepSSM、LogSparseTransformer、Informer 和 N－BEATS，以及统计模型 SARIMAX 和 Prophet。SSDNet 还通过展示非线性趋势和季节性成分提供了可解释的结果。为了评估固定形式的 SSM 部分的有效性，进行了消融研究，将 Transformer 替换为 LSTM，该架构也显示出有竞争力的结果。

二、问题定义

考虑三个任务：①太阳能预测；②电力需求预测和③汇率预测。准确预测太阳能发电功率和电力需求，是优化发电机组调度和大规模太阳能并网的必要条件，预测过度会造成能源浪费，预测不足会造成停电。在国际商业环境中，汇率预测是用来推断未来的货币价值，赚取利润和规避风险。

本节实验使用了五个数据集：Sanyo、Hanergy、Solar、Electricity 和 Exchange，它们的统计数据总结见表 9－10。Sanyo 和 Hanergy 包含来自澳大利亚两个光伏发电厂的太阳能发电数据 Hanergy 的数据从 2011 年 1 月 1 日到 2016 年 12 月 31 日（6 年），Sanyo 的数据从 2011 年 1 月 1 日到 2017 年 12 月 31 日（7 年）。只考虑 7 点到 17 点之间的数据，并以半小时为间隔进行聚合。对于这两个数据集，还收集了天气和天气预报数据，并用作协变量。Solar 包含来自美国阿拉巴马州 137 个光伏发电厂的太阳能数据，时间范围从 2006 年 1 月 1 日到 2006 年 8 月 31 日。Electricity 包含从 2011 年 1 月 1 日到 2014 年 9 月 7 日的 370 户家庭的用电量数据。Solar 和 Electricity 数据被聚合成 1 h 间隔。Exchange 包含了来自 8 个国家的每日汇率数据，时间范围从 1990 年 1 月 1 日～2016 年 12 月 31 日。根据数据集的粒度，添加了日历特征：Sanyo 和 Hanergy 使用了月份、小时和分钟；Solar 使用了月份、小时和年龄；Electricity 使用了月份、星期几、小时和年龄；Exchange 使用了月份、星期几和年龄。

表 9-10 数据集统计表

	开 始	结 束	周 期	步 数	序列数	时间特征数	日期特征数	序列长度	预测长度
Sanyo	01/01/2011	31/12/2016	30 min	20	1	4	3	20	20
Hanergy	01/01/2011	31/12/2017	30 min	20	1	4	3	20	20
Solar	01/01/2006	31/08/2006	1 h	24	137	0	3	24	24
Electricity	01/01/2011	07/09/2014	1 h	24	370	0	4	168	24
Exchange	01/01/1990	31/12/2016	1 d	1	8	0	3	30	20

图 9-24 展示了每个数据集的自相关图。图 9-24(a)显示了 Sanyo 和 Hanergy 的结果，因为它们具有相似的部分自相关模式；这两个数据集都只包含 1 个时间序列。图 9-24(b)、(c)和(d)分别显示了 Solar、Electricity 和 Exchange 数据集的结果。为了保持一致性，由于 8 是 3 个数据集中的时间序列的公共数，所以所有的图都为 8 个时间序列。

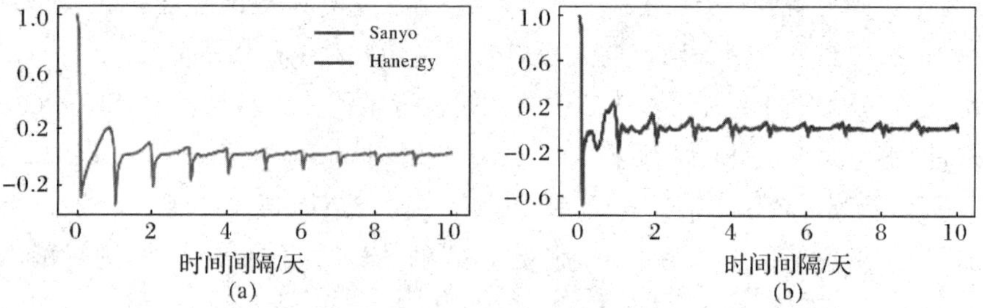

图 9-24 数据集的自相关图

(a)Sanyo and Hanergy 数据集；(b)Solar 数据集；(c)Electricity 数据集；(d)Exchange 数据集

图 9-25 显示了 Sanyo、Hanergy、Solar 和 Electricity 的 7 d 时间段的加法分解结果。对于 Exchange 数据集，只显示一个时间序列，因为该数据集没有明显的季节性，并且不能应用加法分解方法。可以看到，除了 Exchange 之外的所有时间序列都表现出季节性和重复模式，具有较高的偏自相关，并且有时还存在明显的短期趋势变化。对于 Exchange 数据集，没有明显的重复模式，其滞后 1 个时间序列的偏自相关是唯一显著的。所有数据均经过归一化处理，使其具有零均值和单位方差。

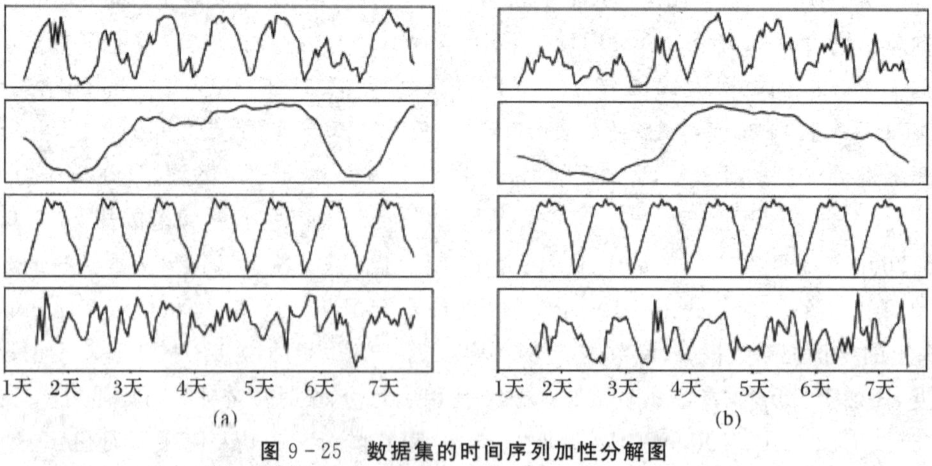

图 9-25 数据集的时间序列加性分解图

(a)Sanyo 数据集；(b)Hanergy 数据集；(c)Solar 数据集；(d)Electricity 数据集；(e)Exchange 数据集

给出的数据为：①一组 N 个单变量时间序列（太阳能、电力或交换序列）$\{Y_{i,1:T_l}\}_{i=1}^{N}$，其中 $\{Y_{i,1:T_l}\}_{i=1}^{N}=[y_{i,1},y_{i,2},\cdots,y_{i,T_l}]$，$T_l$ 为输入序列长度，为第 i 个时间序列的值，并且 $y_{i,t}\in\Re$ 是第 i 个时间序列（产生的光伏太阳能或消耗的电力）的时间 t 的值；②一组相关的基于时间的多维协变量向量 $\{X_{i,1:T_l+T_h}\}_{i=1}^{N}$。其中，$T_h$ 为预测范围的长度。Sanyo 和 Hanergy 数据集的协变量包括：天气数据 $\{W1_{i,1:T_l}\}_{i=1}^{N}$，天气预测 $\{WF_{i,T_l+1:T_l+T_h}\}_{i=1}^{N}$ 和日期特性 $\{Z_{i,1:T_l+T_h}\}_{i=1}^{N}$，而 Solar、Electricity 和 Exchange 数据集的协变量只包括日期特征。目标是预测时间序列 $\{Y_{i,T_l+1:T_l+T_h}\}_{i=1}^{N}$ 的未来值，即 T_l 之后下一个 T_h 时间步长的光伏功率或电力使用情况。具体来说，SSDNet 生成未来值的概率分布，给定过去的历史：

$$p(Y_{i,T_l+1:T_l+T_h}|\Phi)=\prod_{t=T_l+1}^{T_l+T_h}p(Y_{i,t}|Y_{i,t-1},X_{i,1:t}\Phi) \tag{9-98}$$

式中：Φ 为 SSDNet 的参数，步骤 t 时 SSDNet 的输入为 $y_{i,t-1}$ 和 $x_{i,t}$ 的连接。该模型适用于所有的时间序列。

三、相关研究进展

DeepSSM 将 SSM 与循环神经网络（RNN）相结合。RNN 用于生成线性高斯 SSM 的参数，用于时间序列预测，而卡尔曼滤波器用于推导后验知识。DeepSSM 被认为是可解释的，因为它可以恢复 SSM 的参数并进行检查。深度因子模型 DF－LDS 是 DeepSSM 的一种变体，可以处理非高斯观测值，并且同样使用卡尔曼滤波器。

尽管卡尔曼滤波器在线性动态系统上，已经成功应用了几十年，但协方差矩阵求逆的计算成本很高，限制了它们在处理大数据集方面的适用性。相比之下，高斯过程状态空间模型（GPSSM），将高斯过程与双向 RNN 相结合，以近似非线性系统的后验分布。然而，GPSSM 具有较高的推断复杂度[每个时间步骤的复杂度为 O(T)]，这对于预测多时间段的大数据集来说是一个不利因素。

N－BEATS 是一种新颖的深度神经架构，使用前向和后向残差连接以及堆叠的全连接层进行单变量点预测。每个 N－BEATS 层包含多个块，这些块生成部分预测。这些预测以分层方式在堆叠级别和网络级别进行聚合，最终的预测结果是所有块的部分预测结果的总和。N－BEATS 可以通过使用固定形式的块函数生成具有分解分量的预测，从而产生可解释的预测结果，而无需专业知识。

可解释版本（N－BEATS－I）使用确定性多项式趋势模型，并假设具有恒定斜率的平稳趋势。然而，时间序列在短时期内（一天或几天）的局部趋势可能会显著且不一致地变化，例如：由于临时覆盖或用户的不规则活动，太阳能发电或电力消耗可能会突然下降。因此，对于这种情况，具有变化斜率的非平稳趋势的随机模型更加合适，这正是在 SSDNet 中使用的模型。

SSDNet 使用 Transformer 架构学习时间模式，直接估计 SSM 的参数和概率项，而不使用卡尔曼滤波器。在解码器中，使用具有固定且不可训练转移矩阵的 SSM，在预测时间范围内生成分解结果，而 DeepSSM 在所有时间步骤中使用更灵活的 SSM。将平均绝对误差（MAE）和负对数似然（NLL）结合为损失函数，同时实现准确的点预测和概率预测结果，而不仅仅使用 NLL。通过使用一种以 SSM 形式的随机分解技术，来提供更好的可解释性，其中包括创新项来对非线性趋势和季节性分量建模，以及使用注意力映射来显示历史时间步骤对预测的重要性。与 N－BEATS 相比，SSDNet 可以建模具有非线性斜率的趋势，提供概率预测，并更好地利用协变量。

四、模型架构

SSDNet 的目的是有效地建模时间模式，以提供准确的概率和可解释的预测。图 9-26 展示了 SSDNet 的架构。SSDNet 基于编码器-解码器框架，使用两个关键组件：SSM 和 Transformer。SSM(以其固定形式)提供可解释的预测结果，而 Transformer 从其解码器中学习时间模式并估计 SSM 的参数。

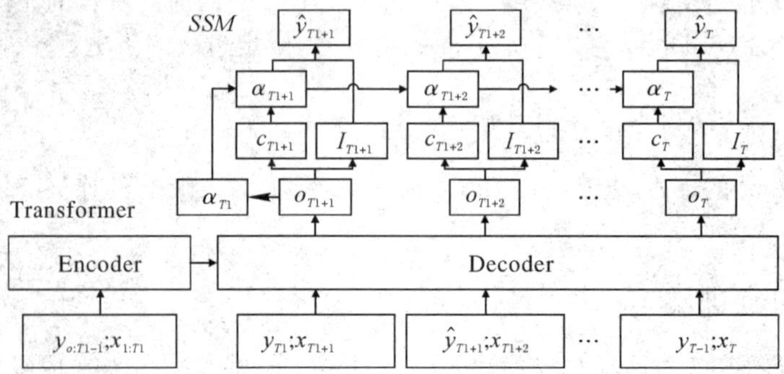

图 9-26　SSDNet 的结构

SSDNet 的前向过程包括两个步骤。首先，SSDNet 的 Transformer 处理历史时间步骤并生成潜在分量，用于估计 SSM 的参数和预测分布的方差。其次，SSM 使用前一个时间步骤的状态向量来预测分布的均值。与经典的 SSM 通过卡尔曼滤波器分解时间序列并估计参数不同，使用 Transformer 架构通过注意机制学习 SSM 的参数，然后以 SSM 的形式组合分解分量(趋势、季节性和概率项)生成预测结果。

如图 9-26 所示，Transformer 从等式中的历史时间序列 $y_{1:T_l}$，$x_{1:T_t}$ 中提取潜在成分(2)，并进一步用于估计 SSM 的参数。需要注意的是，Transformer 可以被任何序列模型替代，用于提取o_t并学习 SSM 的参数。在后续的实验部分，评估了在 SSDNet 中使用 LSTM 替代 Transformer 的情况，这种修改后的架构被称为 SSDNet-LSTM。

$$o_t = f(y_{1:T_l}, x_{1:T_t}) \tag{9-99}$$

然后，采用 SSM 形式的加性时间序列分解模型，通过将趋势分量T_t、季节性分量S_t和概率分量I_t相加，在第 t 步生成预测$\hat{y}_t$。使用 SSM 对时间序列进行分解，生成的预测结果为：

$$\hat{y}_t = z_t^{\mathrm{T}} \alpha_t + I_t, t=1, \cdots, T_h \tag{9-100}$$

$$\alpha_{t+1} = \Gamma_t \alpha_t + c_t \tag{9-101}$$

$$I_t \sim N(0, \sigma_{I_t}^2) \tag{9-102}$$

式中：潜在状态向量$\boldsymbol{\alpha}_t \in R^{s\times 1}$包含趋势$T_{r_t}$，季节性$S_t$；$s$ 为季节性数；I_t是从均值为零和方差为$\sigma_{I_t}^2$的高斯分布中抽样。

与传统的 SSM 不同，从等式中的状态转移中，去掉了随机噪声项。为了防止状态噪声的传播，并直接估计概率项。SSDNet 的 SSM 部分并不直接处理历史序列，而是利用变压器生成的潜在分量，在初始状态向量$\boldsymbol{\alpha}_{T_l}$中，对预测范围前的时间步长信息进行编码。还在状态过渡等式中，引入了 $c_t \in R^{s\times 1}$，允许 SSDNet 学习随时间序列的波动而变化的随机趋势。因为简单地对线性趋势和季节性成分进行求和，不能有效地对复杂的时间序列进行建模，并且会引入较大的残差。传统的状态空间模型，需要使用卡尔曼滤波器来更新后验，并推导协方差矩阵以优化噪声项，而 SSDNet 使用 Transformer 架构，从而减少了矩阵计算和内存使用。

创新项 c_t 和方差 $\sigma_{I_t}^2$ 直接从潜在因子 o_t 中学习，在公式(9－103)和公式(9－104)中，使用 Softplus 函数，确保 SSDNet 始终生成正的方差，并且使用 HardSigmoid 函数来加速计算。

$$\sigma_{I_t}^2=g_s(o_t)=\text{softplus}[\text{Linear}(o_t)]=\log\{1+\exp(Linear[o_t)]\} \tag{9-103}$$

$$c_t=g_c(o_t)=\begin{cases}-0.5, & x\leqslant -3\\ 0.5i, & \geqslant +3\\ \dfrac{\text{Linear}(o_t)}{6}, & \text{其他}\end{cases} \tag{9-104}$$

SSM 结构的参数状态向量 $\boldsymbol{\alpha}_t$、状态转移矩阵 Γ_t 和结果转移矩阵 z_t 的内容如下所示：

$$\alpha_t=\left[\frac{T_{r_t}}{S_{1:s-1,t}}\right], z_t=\begin{bmatrix}1\\1\\0_{s-2}\end{bmatrix} \tag{9-105}$$

$$\Gamma_t=\begin{bmatrix}1 & 0_{s-2}' & 0\\ 0 & -1_{s-2}' & -1\\ 0_{s-2} & I_{s-2} & 0_{s-2}\end{bmatrix} \tag{9-106}$$

Γ_t 和 z_t 是不可训练的，并且对于所有的时间步长都是固定的。在这项工作中，假设该趋势遵循一个随机游走过程。而其他过程，如移动平均线，可以通过调整过渡矩阵 Γ_t 的第一行来建模。状态向量 $\boldsymbol{\alpha}_0$ 的初始趋势 T_{r_0} 和季节性 $S_{-s+1},\cdots,S_{-1},S_0$ 值是未知的，需要根据潜在成分生成，从历史步骤中学习：

$$\alpha_0=g_c(o_{T_{l+1}})=\text{HardSigmoid}[\text{Linear}(o_{T_{l+1}})]-0.5 \tag{9-107}$$

作为一种替代方法，预测结果可以被写成预测趋势、季节性和方差的汇总，以提供概率性的结果：

$$\hat{y}_t\sim N(T_{r_t}+S_t,\sigma_{I_t}^2) \tag{9-108}$$

其中，考虑真实世界的数据遵循一个高斯分布，并从分布中抽样进行预测。ρ-分位数输出可以通过逆累积概率分布生成：$\hat{y}_t=F_T^{-1}(\rho)$。

在第 t 步，公式(9－102)可以以加法形式表示，其中趋势和季节性通过在每个时间步骤添加创新项来演变。趋势和季节性模型基于经典的随机漫步和虚拟季节性，而趋势和季节性的变化主要由创新变量控制。趋势的创新变量可能在每个时间步骤都不同，并且允许 SSDNet 以不同的斜率对非平稳趋势进行建模。在所有创新项都为零的极端情况下，趋势将保持恒定，所有周期的季节性将相同。

五、对比实验

将 SSDNet 的性能与其他九个模型进行了比较：六个最先进的自回归深度学习模型(DeepAR、DeepSSM、N－BEATS－G、N－BEATS－I、LogSparseTransformer 和 Informer)、一个 SSM 模型(SARIMAX)、一个可解释的回归模型(Prophet)和一个持续性模型：

• 持续性(Persistence)是一种典型的基准预测方法,将前一天的时间序列作为下一天的预测值。对于交换数据集,使用输入序列的最后 20 个步长作为持续性模型的输入。

• SARIMAX 是 ARIMA 模型的扩展,可以处理带有外生因素的季节性。

• Prophet 是一种可解释的回归模型,可以预测趋势、季节性和假日组成部分。

• DeepAR 是一种广泛使用的序列到序列的概率预测模型。

• DeepSSM 将 SSM 与 RNN 融合,以结构假设并从时间序列中学习复杂模式。它使用 SSM 的最先进的深度预测模型。

• N－BEATS 基于前向和后向残差链接以及堆叠的全连接层。N－BEATS－G 提供通用的预测结果,而 N－BEATS－I 通过将时间序列分解为趋势和季节性来提供可解释的结果。在每个块的输入中引入协变量以便支持多变量序列预测。

• LogSparseTransformer 是最近提出的一种基于变换器架构的时间序列预测变体,具有卷积注意力和稀疏注意力,表格中标记为“LogTrans”。

• Informer 是基于 Transformer 的预测模型,采用 ProbSparse 自注意力和自注意力蒸馏。

所有模型均在 Linux 环境下使用 PyTorch1.6 实现,并在 Tesla T4 16GB GPU 进行了训练。深度学习模型采用 Adam 优化器进行小批量梯度下降,并设置最大迭代次数为 200。使用贝叶斯优化进行超参数搜索,对所有深度学习模型进行了最多 20 次迭代的搜索。根据验证集上的最小损失选择超参数。用于比较的模型是根据原作者的推荐进行调优的。概率预测模型使用负对数似然损失(NLLloss),点预测模型(N－BEATS)使用均方损失(meansquaredloss)。

对于 Sanyo 和 Hanergy 数据集,将最后一年的数据作为测试集,倒数第二年的数据作为用于早停的验证集,剩余的数据(Sanyo 为 5 年,Hanergy 为 4 年)作为训练集;对于 Solar 和 Electricity 数据集,将最后一周的数据(从 2006 年 8 月 25 日开始的 Solar 数据集,从 2014 年 9 月 1 日开始的 Electricity 数据集)作为测试集,前一周的数据作为验证集,剩余的数据作为训练集;对于 Exchange 数据集,将从 2015 年 2 月 2 日开始的 480 个工作日的数据作为测试集,之前的 480 个工作日的数据作为验证集,剩余的数据作为训练集。对于所有数据集,验证集之前的数据以相同的方式划分为三个子集,并且使用相应的验证集来选择最佳的超参数。

对于基于 Transformer 的模型,使用可学习的位置和 ID(对于 Solar、Electricity 和 Exchange数据集)嵌入。对于 SSDNet 模型,Sanyo、Hanergy 和 Exchange 数据集的季节性(s)设置为 20,Solar 和 Electricity 数据集的季节性设置为 24。损失函数的正则化参数 a 固定为 0.5,学习率 λ 固定,dropout 率 δ 从{0,0.1,0.2}中选择,隐藏层维度 d_{hid} 和层数n_l从{8,12,16,24,32}和{2,3,4}中选择,查询和值的维度 $d_{k\&v}$ 以及头数n_h从{4,6,8,12}和{2,3,4}中选择。SSDNet 的最佳超参数选择见表 9－11,并用于对测试集进行评估。

表 9-11 SSDNet 超参数表

	λ	δ	d_{hid}	n_l	$d_{k\&v}$	n_h
Sanyo	0.005	0	12	2	6	2
Hanergy	0.005	0	16	3	6	3
Solar	0.005	0.1	16	3	6	3
Electricity	0.001	0.1	24	3	8	2
Exchange	0.005	0	12	2	4	3

表 9-12 展示了 $\rho 0.5$ 和 $\rho 0.9$ 损失。由于 N-BEATS 和持续性模型不生成概率预测，因此只报告了它们的 $\rho 0.5$ 损失。从表格中可以看出，总体上 SSDNet 是最准确的模型，在所有数据集上都优于其他方法，除了 Electricity 和 Exchange 数据集。对于 Electricity 数据集，SSDNet 在概率预测模型中具有最佳的 $\rho 0.9$ 损失和次佳的 $\rho 0.5$ 损失，并且在可解释模型(N-BEATS-I、DeepSSM 和 Prophet)中也是最佳的。对于 Exchange 数据集，SSDNet 在 SARIMAX 之后是第二好的模型。

表 9-12 $\rho 0.5/\rho 0.9$ 不同粒度数据集的损失

	Sanyo	Hanery	Solar	Electricity	Exchange
Persistence	0.154/—	0.242/—	0.256/—	0.069/—	0.016/—
SARIMAX	0.124/0.096	0.145/0.098	0.256/0.192	0.196/0.079	0.010/0.006
Prophet	0.104/0.054	0.152/0.079	0.268/0.169	0.112/0.055	0.017/0.013
DeepAR	0.070/0.031	0.092/0.045	0.222/0.093	0.075/0.040	0.014/0.009
DeepSSM	0.042/0.023	0.070/0.053	0.223/0.181	0.083/0.056	0.014/0.012
LogTrans	0.067/0.036	0.088/0.047	0.210/0.082	0.059/0.034	0.017/0.008
Informer	0.046/0.022	0.084/0.046	0.215/0.115	0.068/0.033	0.014/0.009
N-BEATS-I	0.091/	0.154/—	0.215/—	0.102/—	0.014/—
N-BEATS-G	0.077/—	0.132/—	0.212/—	0.061/—	0.018/—
SSDNet	0.040/0.020	0.059/0.032	0.209/0.074	0.068/0.033	0.013/0.006

SSDNet 在所有数据集上的表现都优于 DeepSSM，这表明所提出的新架构、损失函数以及使用固定的 SSM 是有益的。两个 N-BEATS 模型在 Solar 和 Electricity(一元数据集)上表现良好，但在 Sanyo 和 Hanergy(包括天气特征的多元数据集)上表现较差；一个可能的原因是 N-BEATS 设计用于一元预测，对其进行的修改在处理多元数据集时效果不够好。

在 Exchange 数据集上，SSDNet 的性能比 SARIMAX 差。原因是 Exchange 是唯一一个没有重复模式和季节性成分的数据集。可以看出，SSDNet 倾向于生成带有平滑趋势和一些变化的预测，而 SARIMAX 倾向于生成随时间变化不大的预测。因此，SARIMAX 在 Exchange 数据集上的成功可以解释为该数据集的特点-它更稳定，没有强烈的重复模式和季节性。另一个有趣的发现是，在 Exchange 数据集上，当简单地将输入序列的最后一个时间步的值 y_{T_l} 作为预测值 $y_{T_l+1:T_l+T_h}$ 时，得到了 $\rho 0.5$ 损失为 0.010 的结果，与 SARIMAX 相当，并且优于所有其他模型。然而，在其他包含重复模式的四个数据集上，SSDNet 和其他深度学习模型展现出明显更高的准确性比。

六、消融分析

为了评估 SSDNet 中 SSM 部分的有效性，进行了额外的分析，消融实验。表 9－13 显示了 SSDNet－LSTM 的性能，它是将 SSDNet 中的 Transformer 部分替换为 LSTM 得到的。因此，保持了 SSM 部分的分解和预测方式不变，但将 Transformer 替换为 LSTM 来估计 SSM 的参数。

表 9－13　$\rho0.5/\rho0.9$ 消融分析

	Sanyo	Hanery	Solar	Electricity	Exchange
DeepAR	0.070/0.031	0.092/0.045	0.222/0.093	0.075/0.040	0.014/0.009
DeepSSM	0.042/0.023	0.070/0.053	0.223/0.181	0.083/0.056	0.014/0.012
SSDNet	0.040/0.020	0.059/0.032	0.209/0.074	0.068/0.033	0.013/0.006
SSDNetLSTM	0.040/0.020	0.066/0.037	0.205/0.075	0.071/0.037	0.012/0.006

SSDNet－LSTM 与 DeepAR 和 DeepSSM 进行了比较。DeepAR 使用 LSTM 直接生成预测，而 DeepSSM 使用 LSTM 和卡尔曼滤波器来估计 SSM 的参数，而 SSDNet－LSTM 可以看作是 DeepAR 和提出的 SSM 的结合，或者是将经典的 SSM 替换为提出的没有卡尔曼滤波器的 SSM 的一个变体。SSDNet－LSTM 优于 DeepAR 和 DeepSSM，表明 SSM 部分在分解和预测中的有效性。SSDNet－LSTM 还与 SSDNet 相媲美，这显示了固定形式的 SSM 的鲁棒性和灵活性一其参数可以通过不同的架构（如 Transformer、LSTM 和其他神经网络模型）进行估计。

评估了两个 SSDNet 模型（SSDNet 和 SSDNet－LSTM）的训练和测试时间，并将它们与同样使用 SSM 的 DeepSSM 进行了比较。所有模型都在相同的计算机配置下进行训练；报告了 10 次运行的平均耗时和标准差。在训练速度方面的比较中，可以看到，不使用卡尔曼滤波器的 SSDNet 和 SSDNet－LSTM 都比 DeepSSM 快得多－DeepSSM 的平均每个时期的训练速度比 SSDNet 和 SSDNet－LSTM 分别慢了 390.48％和 458.24％。在测试速度方面，DeepSSM 是最快的，非常接近之后的 SSDNet－LSTM（比它慢 7.68％），然后是 SSDNet。这是因为 DeepSSM 中的卡尔曼滤波器在推断时不是必需的，而 DeepSSM 使用的 LSTM 架构比 SSDNet 使用的 Transformer 更简单。

总体而言，由于 SSM 的改变，SSDNet 和 SSDNet－LSTM 的训练速度显著提高，并且它们的测试速度与 DeepSSM 相当。

通过实验可以看出预测趋势是平滑且单调递增或递减的，季节性显示出规律的周期性波动（除了没有季节性的 Exchange 数据集）。SSDNet 可以建模快速变化的趋势。例如，太阳能发电在第 7 d 急剧下降，SSDNet 正确地输出了一个下降的趋势。SSDNet 不仅可以学习平滑的季节性模式，还可以通过引入创新项来学习具有小随机波动的季节模式。对于没有明显季节性的 Exchange 数据集，学习到的 SSDNet 季节性分量的峰峰值幅度较小。注意力映射显示了在预测未来时间步之前对之前时间步的重要性。第一个注意力头倾向于关注预测日之前的第一天和第七天的功率数据（kW），这与电力数据的周周期一致。第二个注意力头几乎关注所有的天数。一个可能的解释是，第一个注意力头主要关注学习季节性，而第二个注意力头主要关注学习趋势。

SSDNet采用Transformer架构来学习时间模式、提取潜在成分并估计SSM的参数。然后，它应用SSM来生成具有非平稳趋势和季节性成分的可解释的预测结果。SSDNet还应用注意机制来可视化预测未来步骤所需的重要历史时间步骤。在五个时间序列预测任务上进行了评估。结果显示，就准确性而言，SSDNet优于最先进的深度学习模型DeepSSM、DeepAR、LogSparseTransformer、Informer和N－BEATS，以及统计模型SARIMAX和Prophet。它还能够通过显示清晰的趋势和季节性成分提供可解释的结果。消融研究显示了SSM部分的有效性，并且使用LSTM替代Transformer的SSDNet也表现良好。此外，SSDNet的训练速度也比DeepSSM快得多。因此，结果表明SSDNet是一种有前景的时间序列预测方法。

第七节　基于自相关分解的时间序列预测方法

一、问题描述

延长预报时间对极端天气预警和长期能源消耗规划等实际应用，起着重要的作用。先前的基于转换的模型，采用各种自我注意机制来发现长期依赖关系。然而，长期未来的复杂的时间模式，禁止该模型找到可靠的依赖关系。此外，为了提高长系列的效率，Transformer必须采用稀疏版本的点向自注意，这导致了信息利用的瓶颈。基于自相关分解的时间序列预测方法，Autoformer是一种新颖的具有自相关机制的分解架构。它打破了级数分解的预处理约定，并将其作为深度模型的基本内部块进行了更新。这种设计使Autoformer具有对复杂时间序列的渐进分解能力。在随机过程理论的启发下，基于序列周期性的自相关机制，在子序列水平上，进行了依赖关系的发现和表示聚合。自相关法在效率和准确性上都优于自注意法。在长期预测中，Autoformer的精度较高，分别在6个基准上相对提高了38%，涵盖了五个实际应用的数据集：能源、交通、经济、天气和疾病。

时间序列预测已广泛应用于能源消耗、交通和经济规划、天气和疾病传播预测等领域。在这些现实应用中，一个迫切的要求，是将预测时间延长到遥远的未来，这对于长期规划和早期预警是相当有意义的。因此，本节研究了时间序列的长期预测问题，即大量的预测时间序列。最近的深度预测模型已经取得了很大的进展，特别是基于Transformer的模型。得益于自注意机制，Transformer在对序列数据的长期依赖性建模方面获得了很大的优势。

然而，在长期环境下，预测任务极具挑战性。首先，直接从长期时间序列中发现时间依赖性是不可靠的，因为这些依赖性可能被纠缠的时间模式所掩盖。其次，由于序列长度的二次复杂度，具有自注意机制的规范Transformer在计算上无法进行长期预测。以往的基于Transformer的预测模型主要集中于提高对稀疏信息的自我关注。虽然性能得到了显著的提高，但这些模型仍然使用了点级表示聚合。因此，在效率提高的过程中，由于点连接稀疏而牺牲信息利用，从而成为时间序列长期预测的瓶颈。

为了解释复杂的时间模式，试图采用分解的概念，这是时间序列分析中的一种标准方法。它可以用于处理复杂的时间序列和提取更多的可预测的组件。但是,在预测的背景下,由于未来是未知的,它只能作为过去序列的预处理。这种常见的用法限制了分解的能力,并忽略了分解组件之间未来的潜在交互。因此,试图超越分解的预处理使用,并提出一个通用的架构,使深度预测模型具有内在的渐进分解能力。进一步地,分解可以解开纠缠的时间模式,并突出时间序列的固有特性。因此,试图利用级数的周期性,来更新自我注意中的点向连接。在周期间处于同一阶段位置的子序列,往往表现出相似的时间过程。

Autoformer 仍然遵循残余和编解码器结构,但将 Transformer 改造成分解预测结构。通过嵌入提出的分解块作为内部算子,Autoformer 可以逐步从预测的隐藏变量中分离出长期趋势信息。这种设计允许模型在预测过程中交替地分解和细化中间结果。受随机过程理论的启发,Autoformer 引入了一种自相关机制来代替自注意,它基于序列周期性发现子序列相似性,并从底层周期聚合相似的子序列。这种序列级机制实现了长度 L 序列的 $O(L\log L)$ 的复杂度,并通过将点级表示聚合扩展到子系列级别,打破了信息利用的瓶颈。

Autoformer 作为一种分解结构,并设计内部分解块,使深度预测模型具有内在的渐进分解能力,从而解决长期未来复杂的时间度。它通过具有依赖发现和信息聚合的自相关机制,可以同时提高计算效率和信息利用。

由于时间序列预测的重要性,各种模型已经得到了很好的发展。许多时间序列预测方法都是从经典的工具开始的。ARIMA 通过通过差分将非平稳过程转化为平稳过程来解决预测问题。此外,还利用递归神经网络(RNNs)模型来建模时间序列的时间依赖性。DeepAR 结合了自回归方法和 RNN 来模拟未来级数的概率分布。LSTNet 引入了具有循环跳跃连接的卷积神经网络(CNNs)来捕获短期和长期的时间模式。基于注意的 RNN 引入了时间注意来探索预测的长期依赖性。此外,许多基于时间卷积网络(TCN)的工作都试图用因果卷积来建模时间因果关系。这些深度预测模型主要集中于通过循环连接、时间注意或因果关系来进行的时间关系建模。

近年来,基于自注意机制的 Transformer 在自然语言处理、音频处理甚至计算机视觉等序列数据中表现出了强大的能力。然而,由于序列长度 L 在内存和时间上都是二次复杂度,因此在计算上是禁止的。LogTrans 对 Transformer 引入了局部卷积,并提出了 Log 稀疏注意选择指数增长间隔后的时间步长,从而将复杂度降低到 $O[L(\log L)^2]$。Reformer 呈现了局部敏感哈希(LSH)的关注,并将复杂性降低到 $O(L*\log L)$。Informer 扩展了基于 KL-发散度的 Transformer,并实现了 $O(L*\log L)$ 的复杂度。这些方法都是基于普通的 Transformer,并试图将自我注意机制改进为一个稀疏版本,它仍然遵循点级依赖和聚合。

作为时间序列分析中的一种标准方法,时间序列分解将一个时间序列分解为几个组件,每个组件代表了更可预测的模式的潜在类别之一。它主要用于探索随时间变化的历史变化。对于预测任务,在预测未来序列之前,总是使用分解作为历史序列的预处理,如趋势—季节性分解的先知、基展开的 N-beast 和矩阵分解的 DeepGLO。然而,这种预处理受到历史序列的简单分解效应的限制,忽略了长期未来序列的潜在模式之间的层次交互作用。Autoformer 将分解作为深度模型的内部块,可以在整个预测过程中逐步分解隐藏序列,包括过去的序列和预测的中间结果。

二、分解架构

时间序列预测问题是根据过去的长度 i 序列，预测未来最可能的长度 o 序列，表示为输入 I 预测 o。长期预测设置是预测长期的未来，即更大的 o。如前所述，长期序列预测的困难：处理复杂的时间模式，打破计算效率和信息利用的瓶颈。为了解决这两个挑战，将分解引入深度预测模型中，并提出自动变换作为分解结构。此外，还设计了自相关机制来发现基于周期的依赖关系，并从底层周期中聚合相似的子序列。

图 9-27 展示 Autoformer 的基本架构，它是一个深度分解架构，包括内序列分解块、自相关机制，以及相应的编码器和解码器。该编码器通过序列分解块（蓝色块）消除了长期趋势循环部并专注于季节性模式建模。解码器逐步累积从隐藏变量中提取的趋势部分。从编码器中获得的过去的季节信息被编解码器自动相关（解码器中的中心绿色块）所利用。串联分解块为了在长期预测的背景下学习复杂的时间模式，采用了分解的概念，它可以将序列分为趋势周期性和季节两部分。这两部分分别反映了该系列的长期进展和季节性。然而，直接分解对于未来的系列是无法实现的，因为未来是未知的。为了解决这一困境，提出了一个级数分解块作为 Autoformer 的内部操作，它可以从预测的中间隐藏变量中逐步提取长期平稳趋势。具体地说，调整移动平均线来平滑周期波动，并突出长期趋势。对于长度 L 输入系列 $\mathcal{X}\in\mathbb{R}^{L\times d}$，该过程为

$$\mathcal{X}_t=\text{Avgpool}[\text{Padding}(\mathcal{X})] \tag{9-109}$$

$$\mathcal{X}_s=\mathcal{X}-\mathcal{X}_t \tag{9-110}$$

式中：$\mathcal{X}_s$、$\mathcal{X}_t$分别表示季节部分和趋势周期部分。采用 AvgPool 作为移动平均值，并采用填充操作来保持序列长度不变。使用$\mathcal{X}_s$，$\mathcal{X}_t$＝SeriesDecomp($\mathcal{X}$)来总结上述方程，这是一个模型内块。

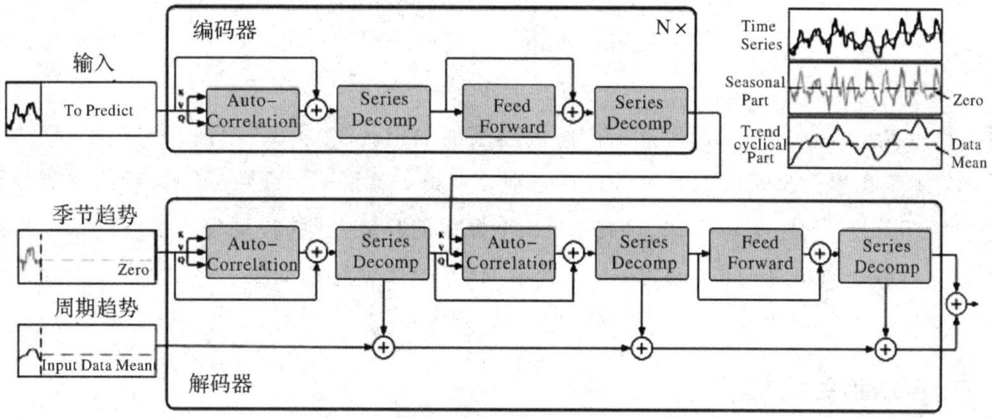

图 9-27　Autoformer 的结构

模型输入编码器部分的输入是过去的 I 时间步长$\mathcal{X}_{en}$。作为一种分解结构，Autoformer 解码器的输入包含季节部分$\mathcal{X}_{des}$和待细化的趋势循环部分$\mathcal{X}_{det}$。每个初始化由两部分组成：从编码器输入的后半部分分解的组件，提供最近的信息，长度为 O 的占位符由标量填充。

其形式如下：

$$\mathcal{X}_{ens},\mathcal{X}_{ent}=\text{SeriesDecomp}(\mathcal{X}_{en\frac{I}{2}:I}) \tag{9-111}$$

$$\mathcal{X}_{ens}=\text{Concat}(\mathcal{X}_{ens},\mathcal{X}_0) \tag{9-112}$$

$$\mathcal{X}_{det}=\text{Concat}(\mathcal{X}_{ent},\mathcal{X}_{Mean}) \tag{9-113}$$

式中：$\mathcal{X}_{ens}$、$\mathcal{X}_{ent}\in\mathbb{R}^{\frac{I}{2}\times d}$分别表示$\mathcal{X}_{en}$的季节周期部分和趋势周期部分；$\mathcal{X}_0$、$\mathcal{X}_{Mean}\in\mathbb{R}^{O\times d}$分别表示填充了0和$\mathcal{X}_{en}$均值的占位符。

如图9-27所示，编码器专注于季节性部分建模。编码器的输出包含过去的季节信息，并将被用作交叉信息，以帮助解码器细化预测结果。假设有N个编码器层。第1个编码器层的总体方程总结为$\mathcal{X}_{en}^{l}=\text{Encoder}(\mathcal{X}_{en}^{l-1})$。具体情况如下：

$$\mathcal{S}_{en}^{l,1},\_=\text{SeriesDecomp}[\text{Auto-correlation}(\mathcal{X}_{en}^{l-1})-\mathcal{X}_{en}^{l-1}] \tag{9-114}$$

$$S_{en}^{l,2},\_=\text{SeriesDecomp}[\text{FeedForward}(S_{en}^{l,1})-S_{en}^{l,1}] \tag{9-115}$$

式中："_"是被消除的趋势部分；$\mathcal{X}_{en}^{l}=\mathcal{S}_{en}^{l,2}$，$l\in\{1,\cdots,N\}$为第1个编码器层的输出；$\mathcal{X}_{en}^{0}$为嵌入的$\mathcal{X}_{en}$；$\mathcal{S}_{en}^{l,i}$，$i\in\{1,2\}$分别表示第$l$层中第$i$个级数分解块后的季节分量。将在下一节中详细描述自动相关(·)，它可以无缝地取代自我关注。

解码器包括两部分：趋势循环成分的积累结构和季节性成分的堆叠自相关机制。每个解码器层都包含内部的自相关和编码器一解码器的自相关，它们可以分别细化预测和利用过去的季节信息。该模型从解码器期间的中间隐藏变量中，提取潜在的趋势，允许自动转换器逐步细化趋势预测，并消除自动相关中基于周期的依赖性发现的干扰信息。假设有M个解码器层，利用编码器的潜在变量$\mathcal{X}_{en}^{N}$，第1个解码器层的方程可以归纳为$\mathcal{X}_{de}^{l}$＝解码器$(\mathcal{X}_{dn}^{l-1},\mathcal{X}_{en}^{N})$。解码器可形式化如下：

$$\mathcal{S}_{de}^{l,1},\mathcal{T}_{de}^{l,1}=\text{SeriesDecomp}[\text{Auto-correlation}(\mathcal{X}_{de}^{l-1})+\mathcal{X}_{de}^{l-1}] \tag{9-116}$$

$$\mathcal{S}_{de}^{l,2},\mathcal{T}_{de}^{l,2}=\text{SeriesDecomp}[\text{Auto-correlation}(\mathcal{S}_{de}^{l,1},\mathcal{X}_{en}^{N})+\mathcal{S}_{de}^{l,1}] \tag{9-117}$$

$$\mathcal{S}_{de}^{l,2},\mathcal{T}_{de}^{l,2}=\text{SeriesDecomp}[\text{FeedForward}(\mathcal{S}_{de}^{l,2})+\mathcal{S}_{de}^{l,2}] \tag{9-118}$$

$$\mathcal{T}_{de}^{l}=\mathcal{T}_{de}^{l-1}+\mathcal{W}_{l,1}*\mathcal{T}_{de}^{l,1}+\mathcal{W}_{l,2}*\mathcal{T}_{de}^{l,2}+\mathcal{W}_{l,3}*\mathcal{T}_{de}^{l,3} \tag{9-119}$$

式中：$\mathcal{X}_{de}^{l}=\mathcal{S}_{de}^{l,3}$，$l\in\{1、\cdots、M\}$为第1个解码器层的输出。$\mathcal{X}_{de}^{0}$从$\mathcal{X}_{des}$中嵌入用于深度变换，$\mathcal{T}_{de}^{0}=\mathcal{X}_{det}$用于积累。$\mathcal{S}_{de}^{l,i}$、$\mathcal{T}_{de}^{l,i}$，$i\in\{1,2,3\}$分别表示第$l$层第$i$个级数分解块后的季节分量和趋势循环分量。$\mathcal{W}_{l,i}$，$i\in\{1,2,3\}$表示第$i$个提取的趋势$\mathcal{T}_{de}^{l,i}$的投影仪。最终的预测是两个细化分解分量的和，如$\mathcal{W}_S*\mathcal{X}_{de}^{M}+\mathcal{T}_{de}^{M}$，其中$\mathcal{W}_S$是将深度转换的季节分量$\mathcal{X}_{de}^{M}$投影到目标维度。

三、自动相关机制

如图9-28所示，提出了具有串联连接的自相关机制，以扩展信息利用率。自相关通过计算序列的自相关，来发现基于周期的依赖关系，并通过时延聚合来聚合相似的子序列。利用快速傅里叶变换来计算自相关$R(\tau)$，它反映了时滞的相似性。然后根据选择的延迟τ将类似的子进程滚动到相同的索引中，并由$R(\tau)$聚合。

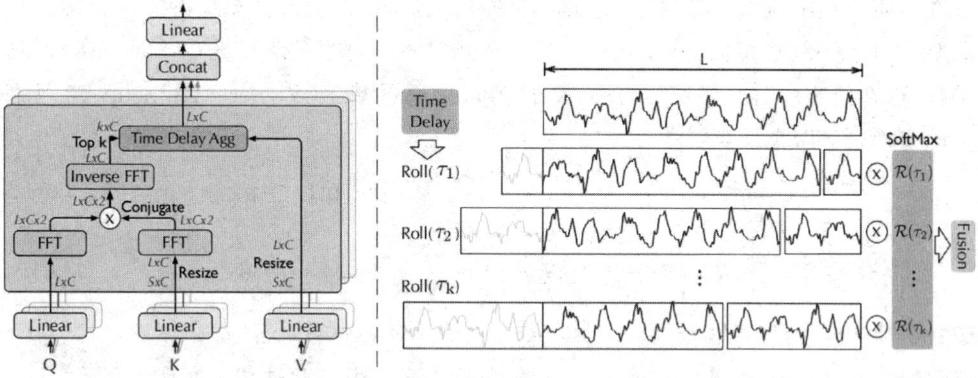

图 9-28　自动相关(左)和时间延迟聚合(右)

基于周期的依赖关系观察到,周期之间相同的相位位置,自然提供了相似的子过程。受随机过程理论的启发,对于一个真实的离散时间过程$\{\mathcal{X}_t\}$,可以通过以下方程得到自相关$\mathcal{R}_{\mathcal{XX}}(\mathcal{T})$:

$$\mathcal{R}_{\mathcal{XX}}(\mathcal{T})=\lim_{L\to\infty}\frac{1}{L}\sum_{t=1}^{L}\mathcal{X}_t\mathcal{X}_{t-r} \tag{9-120}$$

$\mathcal{R}_{\mathcal{XX}}(\mathcal{T})$反映了$\{\mathcal{X}_t\}$和它的$\tau$滞后序列$\{\mathcal{X}_{t-r}\}$之间的延时相似性。如图 9-28 所示,使用自相关$R(\tau)$作为计的周期长度τ的非标准化置信度。然后,选择最可能的k个周期长度$\mathcal{T}_1,\cdots,\mathcal{T}_k$。基周期的依赖关系由上述估计的周期导出,并可以通过相应的自相关进行加权。

基于周期的依赖关系将子系列连接在估计的周期之间。因此,提出了时延聚合块(图 9-28 右),它可以根据所选的时延$\mathcal{T}_1$、…、$\mathcal{T}_k$来滚动系列。该操作可以对齐在估计周期的相同阶段位置的相似子序列,这与自注意族中的点级点积聚合不同。最后,用 softmax 标准化置信度来聚合子级数。

对于长度为-L的单头情况和时间序列X,在投影仪出现后,得到查询Q、键K和值v,因此,它可以无缝地取代自注意。自动相关机制为

$$\mathcal{T}_1,\cdots,\mathcal{T}_k=\arg_{\mathcal{T}\in\{1,\cdots,L\}}\mathrm{Topk}[\mathcal{R}_{\mathcal{Q}},k(\mathcal{T})] \tag{9-121}$$

$$\mathcal{R}_{\mathcal{Q}},\mathcal{K}(\mathcal{T}_1),\cdots,\mathcal{R}_{\mathcal{Q}},\mathcal{K}(\mathcal{T}_k)=\mathrm{SoftMax}[\mathcal{R}_{\mathcal{Q}},k(\mathcal{T}_1),\cdots,\mathcal{R}_{\mathcal{Q}},\mathcal{K}(\mathcal{T}_k)] \tag{9-122}$$

$$\mathrm{Auto-Correlation}(\mathcal{Q},\mathcal{K},\mathcal{V})=\sum_{i=1}^{k}\mathrm{Roll}(\mathcal{V},\mathcal{T}_i)\mathcal{R}_{\mathcal{Q}},\mathcal{K}(\mathcal{T}_i) \tag{9-123}$$

其中 argTopk(·)是得到 Topk 自相关的参数,让$k=c*\log L$向下取整,c是一个超参数。$\mathcal{R}_{\mathcal{Q},k}$是序列$Q$和$K$之间的自相关。Roll$(X,\tau)$表示时延迟$\tau$对$X$的操作,在此期间,移过第一个位置的元素,在最后一个位置重新引入。编码器一解码器自动相关,K和V来自编码器$\mathcal{X}_{\mathrm{en}}^{N}$,并将调整为长度$O$,$Q$来自解码器的前一个块。

对于自动变形中使用的多头版本,隐藏变量模型通道、h头,第i头、查询、键和值为Q_i、K_i、$V_i\in\mathbb{R}^{L\times d\frac{\mathrm{model}}{h}}$、$i\in\{1、\cdots、h\}$。具体流程如下:

$$\mathrm{MultiHead}(\mathcal{Q},\mathcal{K},\mathcal{V})=\mathcal{W}_{\mathrm{output}}*\mathrm{Concat}(\mathrm{head}_1,\cdots,\mathrm{head}_h) \tag{9-124}$$

$$\mathrm{head}_i=\mathrm{Auto-correlation}(\mathcal{Q}_i,\mathcal{K}_i,\mathcal{V}_i) \tag{9-125}$$

对于基于周期的依赖关系,这些依赖关系指向位于底层周期的相同阶段位置的子进程,

并且在本质上是稀疏的。在这里,选择最可能的延迟,以避免选择相反的阶段。因为对长度为 L 的 $O(\log L)$ 级数相加,所以式(9-123)和式(9-125)的复杂度是 $O(L*\log L)$。对于自相关计算,在给定的时间序列 $\{\mathcal{X}_t\}$ 中,$\mathcal{R}_{\mathcal{X}\mathcal{X}}(\mathcal{T})$ 可以通过基于 Wiener-Khinchin 定理的快速傅里叶变换(FFT)来计算:

$$\mathcal{S}_{\mathcal{X}\mathcal{X}}(f)=\mathcal{F}(\mathcal{X}_t)\mathcal{F}*(\mathcal{X}_t)=\int_{-\infty}^{\infty}\mathcal{X}_t\mathrm{e}^{-i2\pi tf}\mathrm{d}t\int_{-\infty}^{\infty}\mathcal{X}_t\mathrm{e}^{-i2\pi tf}\mathrm{d}t \tag{9-126}$$

$$\mathcal{R}_{\mathcal{X}\mathcal{X}}(\mathcal{T})=\mathcal{F}^{-1}[\mathcal{S}_{\mathcal{X}\mathcal{X}}(f)]=\int_{-\infty}^{\infty}\mathcal{S}_{\mathcal{X}\mathcal{X}}(f)\mathrm{e}^{i2\pi f\tau}\mathrm{d}f \tag{9-127}$$

式中:$\tau\in\{1,\cdots,L\}$,F 表示 FFT,$\mathcal{F}^{-1}$ 其倒数。$*$ 表示共轭运算,$\mathcal{S}_{\mathcal{X}\mathcal{X}}(f)$ 频域内,$\{1、\cdots、L\}$ 中所有滞后的序列自相关,都可以通过 FFT 一次计算出来。因此,自动相关实现了 $O(L*\mathrm{Log}L)$ 的复杂度。

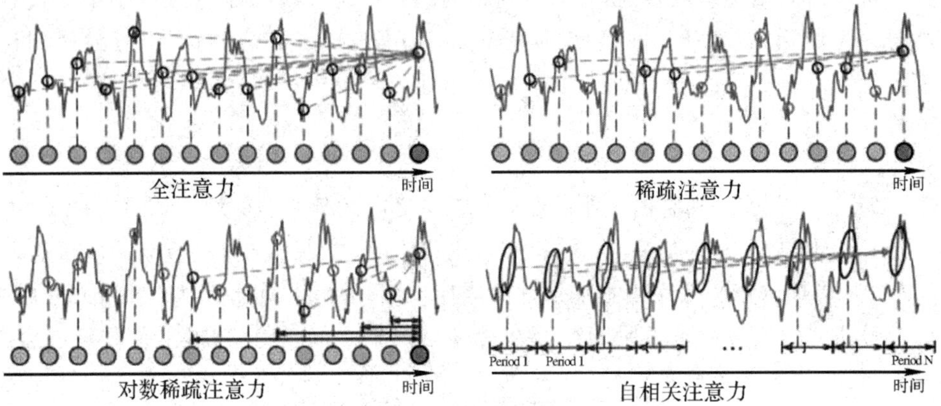

图 9-29　自动相关(左)和时间延迟聚合(右)

如图 9-29 所示,自相关与传统的注意力不同,呈现了系列级的连接。对于时间依赖关系,找到了基于周期性的子序列之间的依赖关系。相比之下,自我注意家族只计算分散点之间的关系。虽然一些自关注考虑了局部信息,但它们只利用它来帮助发现点级依赖关系。对于信息聚合,采用时滞块从底层周期中聚合类似的子序列。相比之下,自注意力通过点积来聚合选定的点。自相关得益于其固有的稀疏性和子序列级表示聚合,可以同时提高计算效率和信息利用。

四、对比实验

在六个真实世界的测试数据集上,进行了广泛地测试,数据涵盖了五个主流的时间序列预测应用:能源、交通、经济、天气和疾病。以下是对六个实验数据集的描述:

(1)ETT 数据集包含从电力变压器收集的数据,包括每个记录的负载和油温,其中包括 2016 年 7 月到 2018 年 7 月,共计 15 min 被记录在内。

(2)电力(Electricity)数据集包含了 2012 年至 2014 年 321 名客户的每小时用电量。

(3)汇率(Exchange)记录了从 1990 年到 2016 年 8 个不同国家的每日汇率。

(4)交通(Traffic)是来自加州运输部的每小时数据的集合,它描述了在旧金山湾区高速公路上，由不同传感器测量的道路占用率。

（5）天气（Weather）是2020年全年，每10 min记录一次，其中包含气温、湿度等21项气象指标。

（6）类流感病症（ILI）包括2002年至2021年期间，美国疾病控制和预防中心每周记录的流感样疾病（ILI）患者数据，其中描述了ILI患者的比例和患者总数。遵循标准协议，将ETT数据集按6:2:2分为训练、验证和测试集，其他数据集按7:1:2的比例分为训练、验证和测试集。

实施使用L2损失进行训练，使用ADAM优化器，初始学习率为10E－4，批处理大小设置为32。训练过程在10个时代内提前停止。所有实验重复三次，在PyTorch中实现，并在一个NVIDIA TITAN RTX 24GB图形处理器上进行。自相关的超参数c在1～3的范围内，以权衡性能和效率，模型包含2个编码器层和1个解码器层。

对于多元设置，选择了三个最新的最先进的基于Transformer的模型：Informer、Reformer、LogTrans，两个基于RNN的模型：LSTNet、LSTM和基于CNN的TCN作为基线对比算法。对于单变量，包括了更有竞争力的基线：N-BEATS、DeepAR、Prophet和ARMIA。

为了比较不同未来视野下的性能，固定了输入长度，并评估了具有广泛预测长度范围的模型：96、192、336、720。这种设置正好符合长期预测的定义。以下是关于多变量和单变量预测的结果。

如表9-14所示，在与其他基础算法的对比中，Autoformer仍然为长期预测任务的最先进的性能。特别是，对于输入（96）预测（336）的设置，模型在ETT数据集上实现了14%（0.180→0.145）的MSE的减少，具有明显的周期性。对于没有明显周期性的交换数据集，Autoformer比其他基线算法多出17%（0.611→0.508），并显示出更大的长期预测能力。此外，还发现，ARIMA在交换数据集的输入（96）预测（96）设置中表现最好。ARIMA的这种情况，可以受益于其对非平稳经济数据的固有能力，但受到现实世界系列中复杂的时间模式的限制。

表9-14　不同预测长度的单变量预测结果

模　型		Autoformer		N-BEATS		Informer	
		MSE	MAE	MSE	MAE	MSE	MAE
ETT	96	0.065	0.189	0.082	0.219	0.088	0.225
	192	0.118	0.256	0.12	0.268	0.132	0.283
	336	0.154	0.305	0.226	0.37	0.18	0.336
	720	0.182	0.335	0.188	0.338	0.3	0.435
Exchange	96	0.241	0.387	0.156	0.299	0.591	0.615
	192	0.273	0.403	0.669	0.665	1.183	0.912
	336	0.508	0.539	0.611	0.605	1.367	0.984
	720	0.991	0.768	1.111	0.86	1.872	1.072

续 表

LogTrans		Reformer		DeepAR		Prophet	
MSE	MAE	MSE	MAE	MSE	MAE	MSE	MAE
0.082	0.217	0.131	0.288	0.099	0.237	0.287	0.456
0.133	0.284	0.186	0.354	0.154	0.31	0.312	0.483
0.201	0.361	0.22	0.381	0.277	0.428	0.331	0.474
0.268	0.407	0.267	0.43	0.332	0.468	0.534	0.593
0.279	0.441	1.327	0.944	0.417	0.515	0.828	0.762
1.95	1.048	1.258	0.924	0.813	0.735	0.909	0.974
2.438	1.262	2.179	1.296	1.331	0.962	1.304	0.988
2.01	1.247	1.28	0.953	1.894	1.181	3.238	1.566

对于多变量预测，Autoformer 在所有基准和所有预测长度设置中，都达到了一致的先进性能，如表 9-15 所示。特别是，在输入(96)预测(336)设置下，与之前的最先进的结果相比，Autoformer 的 ETT 数据集减少了 74%(1.334→0.339)，电力数据集减少了 18%(0.280→0.231)，汇率数据集了 61%(1.357→0.509)，交通数据集减少了 15%(0.733→0.622)，天气数据集减少了 21%(0.455→0.359)。对于 ILI 的输入(36)预测(60)设置，Autoformer减少了 43%(4.882→2.770)的 MSE。

表 9-15　不同预测长度的多变量预测结果

模　型		Autoformer		Informer		LogTrans	
		MAE	MSE	MAE	MSE	MAE	MSE
ETT	96	0.255	0.339	0.365	0.453	0.768	0.642
	192	0.281	0.34	0.533	0.563	0.989	0.757
	336	0.339	0.372	1.363	0.887	1.334	0.872
	720	0.422	0.419	3.379	1.388	3.048	1.328
Electricity	96	0.201	0.317	0.274	0.368	0.258	0.357
	192	0.222	0.334	0.296	0.386	0.266	0.368
	336	0.231	0.338	0.3	0.394	0.28	0.38
	720	0.254	0.361	0.373	0.439	0.283	0.376
Exchange	96	0.197	0.323	0.847	0.752	0.968	0.812
	192	0.3	0.369	1.204	0.895	1.04	0.851
	336	0.509	0.524	1.672	1.036	1.659	1.081
	720	1.447	0.941	2.478	1.31	1.941	1.127
Traffic	96	0.613	0.388	0.719	0.391	0.684	0.384
	192	0.616	0.382	0.696	0.379	0.685	0.39
	336	0.622	0.337	0.777	0.42	0.733	0.408
	720	0.66	0.408	0.864	0.472	0.717	0.396

续 表

模　型		Autoformer		Informer		LogTrans	
		MAE	MSE	MAE	MSE	MAE	MSE
Weather	96	0.266	0.336	0.3	0.384	0.458	0.49
	192	0.307	0.367	0.598	0.544	0.658	0.589
	336	0.359	0.395	0.578	0.523	0.797	0.652
	720	0.419	0.428	1.059	0.741	0.869	0.675
ILI	96	3.483	1.287	5.764	1.677	4.48	1.444
	192	3.103	1.148	4.755	1.467	4.799	1.467
	336	2.669	1.085	4.763	1.469	4.8	1.468
	720	2.77	1.125	5.264	1.564	5.278	1.56

Reformer		LSTNet		LSTM		TCN	
MSE	MAE	MSE	MAE	MSE	MAE	MSE	MAE
0.658	0.619	3.142	1.365	2.041	1.073	3.041	1.33
1.078	0.827	3.154	1.369	2.249	1.112	3.072	1.339
1.549	0.972	3.16	1.369	2.568	1.238	3.105	1.348
2.631	1.242	3.171	1.368	2.72	1.287	3.135	1.354
0.312	0.402	0.68	0.645	0.375	0.437	0.985	0.813
0.348	0.433	0.725	0.676	0.442	0.473	0.996	0.821
0.35	0.433	0.828	0.727	0.439	0.473	1	0.824
0.34	0.42	0.957	0.811	0.98	0.814	1.438	0.784
1.065	0.829	1.551	1.058	1.453	1.049	3.004	1.432
1.188	0.906	1.477	1.028	1.846	1.179	3.048	1.444
1.357	0.976	1.507	1.031	2.136	1.231	3.113	1.459
1.51	1.016	2.285	1.243	2.984	1.427	3.15	1.458
0.732	0.423	1.107	0.685	0.843	0.453	1.438	0.784
0.733	0.42	1.157	0.706	0.847	0.453	1.463	0.794
0.742	0.42	1.216	0.73	0.853	0.455	1.479	0.799
0.755	0.423	1.481	0.805	1.5	0.805	1.499	0.804
0.689	0.596	0.594	0.587	0.369	0.406	0.615	0.589
0.752	0.638	0.56	0.565	0.416	0.435	0.629	0.6
0.639	0.596	0.597	0.587	0.455	0.454	0.639	0.608
1.13	0.792	0.618	0.599	0.535	0.52	0.639	0.61
4.4	1.382	6.026	1.77	5.914	1.734	6.624	1.83
4.783	1.448	5.34	1.668	6.631	1.845	6.858	1.879
4.832	1.465	6.08	1.787	6.736	1.857	6.968	1.892
4.882	1.483	5.548	1.72	6.87	1.879	7.127	1.918

总的来说，Autoformer 的平均 MSE 降低了 38%。随着预测长度 O 的增加，Autoformer 的性能变化相当稳定。这意味着 Autoformer 保持了更好的长期鲁棒性，这对于实际应用，如天气预警和长期能耗规划，是有意义的。

五、消融分析

通过提出的渐进式分解体系结构，其他模型可以获得一致的提升，特别是随着预测长度 O 的增加。这 8 个 ETT 交换验证了方法可以推广到其他模型，并释放其他依赖学习机制的能力，缓解复杂模式造成的分心。此外，体系结构优于预处理，尽管后者采用了更大的模型和更多的参数。特别是，预分解甚至可能带来负面影响，因为它忽略了长期未来的组件之间的相互作用。

如表 9 - 16 所示，提出的自相关在各种输入(i)预测(o)设置下，获得了最好的性能，这验证了序列级连接与点级自注意连接的有效性。此外，还可以从表 4 的最后一列观察到自动相关是记忆效率，它可以用于长序列预测，如输入(336)预测(1 440)。

表 9 - 16　消融实验结果

输入长度		96			192			336		
预测长度		336	720	1 440	336	720	1440	336	720	1440
自相关注意力	MSE	0.339	0.422	0.555	0.355	0.429	0.503	0.361	0.425	0.574
	MAE	0.372	0.419	0.496	0.392	0.43	0.484	0.406	0.44	0.534
全注意力	MSE	0.375	0.537	0.667	0.45	0.554	—	0.501	0.647	—
	MAE	0.425	0.502	0.589	0.47	0.533	—	0.485	0.491	—
对数稀疏注意力	MSE	0.362	0.539	0.582	0.42	0.552	0.958	0.474	0.601	—
	MAE	0.413	0.522	0.529	0.45	0.513	0.736	0.474	0.524	—
局部敏感哈希注意力	MSE	0.366	0.502	0.663	0.407	0.636	1.069	0.442	0.615	—
	MAE	0.404	0.475	0.567	0.421	0.571	0.756	0.476	0.532	—
概率稀疏注意力	MSE	0.481	0.822	0.715	0.404	1.148	0.732	0.417	0.631	1.133
	MAE	0.472	0.559	0.586	0.425	0.654	0.602	0.434	0.528	0.691

如果没有序列分解块，预测模型就无法捕捉到季节部分的增长趋势和峰值。通过添加序列分解块，自动器可以逐步聚合和细化趋势循环部分。这种设计也便于学习季节部分，特别是高峰和波谷。这验证了所提出的渐进式分解体系结构的必要性。标记的时间延迟大小表示了最可能的周期。学习到的周期性可以指导模型通过 Roll($\mathcal{X}$,$\mathcal{T}_i$)，$i\in\{1,\cdots,6\}$来聚合来自周期的相同或邻域阶段的子序列。在最后一个时间步长（下降阶段）中，自相关充分利用了所有相似的子序列，与自注意相比，没有遗漏或错误。这验证了 Autoformer 能够更充分、更准确地发现相关信息。

从深度表示中学习的滞后，可以表明原始序列的真实季节性。例如，滞后学习的每日记录的交易所数据集显示了月度、季度和年度周期。对于每小时记录的交通数据集，学习到的滞后显示间隔为 24 h 和 168 h，与真实场景的每日和每周周期相匹配。这些结果表明，Autoformer可以从深度表示中捕捉真实世界系列的复杂季节，并进一步提供一个人类可解释的预测。

时间序列的长期预测问题，这是现实应用的迫切需求。然而，复杂的时间模式阻止了模型学习可靠的依赖关系。通过嵌入序列分解块作为一个内部算子，提出了自动变换器作为一种分解架构，它可以逐步聚合来自中间预测的长期趋势部分。此外，自相关机制在序列层次上进行依赖性的发现和信息聚合，这与之前的自我注意力有了明显的对比。

参考文献

[1] ZHANG A,LIPTON Z C,LI M 等. 动手学深度学习 PyTorch 版[M]. 何孝霆,瑞潮儿·胡,译. 北京:人民邮电出版社,2023.

[2] KENTON J D M W C,TOUTANOVA L K. BERT:Pre-training of Deep Bidirectional Transformers for Language Understanding[C]//Proceedings of NAACL-HLT. 2019:4171 - 4186.

[3] JIN K H,WI J A,LEE E J,et al. TrafficBERT:Pre-trained model with large-scale data for long-range traffic flow forecasting[J]. Expert Systems with Applications,2021,186:115738.

[4] WU Z H,PAN S R,LONG G D,et al. Connecting the Dots:multivariate time series forecasting with graph neural networks[C] //Proceedings of the 26th ACM SIGKDD international conference on knowledge discovery & data mining. 2020:753 - 763.

[5] SATORRAS V G,RANGAPURAM S S,JANUSCHOWSKI T. Multivariate Time Series Forecasting with Latent Graph Inference[J]. 2021.

[6] WU Z H,PAN S R,LONG G D,et al. Graph WaveNet for deep spatial-temporal graph modeling[C] //Proceedings of the Twenty-Eighth International Joint Conference on Artificial Intelligence. Macao,China:IJCAI. org,2019:1907 - 1913.

[7] ORESHKIN B N,CARPOV D,CHAPADOS N,et al. N - BEATS:Neural basis expansion analysis for interpretable time series forecasting[C] //8th International Conference on Learning Representations. Addis Ababa,Ethiopia:OpenReview. net,2020.

[8] OLIVARES K G,CHALLU C,MARCJASZ G,et al. Neural basis expansion analysis with exogenous variables:Forecasting electricity prices with NBEATSx[J]. International Journal of Forecasting,2023,39(2):884 - 900.

[9] ORESHKIN B N,AMINI A,COYLE L,et al. FC-GAGA:Fully connected gated graph architecture for spatio-temporal traffic forecasting[C] //Thirty-Fifth AAAI Conference on Artificial Intelligence. Virtual Event,AAAI Press,2021:9233 - 9241.

[10] WU S,XIAO X,DING Q,et al. Adversarial sparse transformer for time series forecasting [C] //Advances in Neural Information Processing Systems 33,Dec 6 - 12,2020:17105 - 17115

[11] 周永道,王会琦,吕王勇. 时间序列分析及应用[M]. 北京:高等教育出版社. 2015.

[12] BOX G E P,JENKINS G M,REINSEL G C,et al. Time series analysis:forecasting and con-

trol[M]. John Wiley & Sons,2015.

[13] BLOOMFIELD P. Fourier analysis of time series: an introduction[M]. John Wiley & Sons,2004.

[14] 梁宏涛,刘硕,杜军威等. 深度学习应用于时序预测研究综述[J]. 计算机科学与探索,2023,17(06),1285-1300.

[15] 杨文栋. 基于神经网络模型的时间序列预测框架的构建与应用[D]. 大连:东北财经大学. 2020.

[16] 何兆爽. 时间序列预测的集成模型研究与应用[D]. 兰州:兰州大学,2020.

[17] GUO S,LIN Y,FENG N,et al. Attention based spatial-temporal graph convolutional networks for traffic flow forecasting[C] //Proceedings of the AAAI conference on artificial intelligence. 2019,33(1):922-929.

[18] RONG K,BAILIS P. ASAP:Prioritizing Attention via Time Series Smoothing[J]. Proceedings of the VLDB Endowment,2017,10(11).

[19] DASU T,DUAN R,SRIVASTAVA D. Data Quality for Temporal Streams[J]. IEEE Data Eng. Bull. ,2016,39(2):78-92.

[20] WANG X,WANG C. Time series data cleaning:A survey[J]. IEEE Access,2019,8:1866-1881.

[21] TSAY R S. Outliers,level shifts,and variance changes in time series[J]. Journal of forecasting,1988,7(1):1-20.

[22] BOHANNON P,FAN W,FLASTER M,et al. A cost-based model and effective heuristic for repairing constraints by value modification[C] //Proceedings of the 2005 ACM SIGMOD international conference on Management of data. 2005:143-154.

[23] KARKOUCH A,MOUSANNIF H,AL MOATASSIME H,et al. Data quality in internet of things:A state-of-the-art survey[J]. Journal of Network and Computer Applications,2016,73:57-81.

[24] AFRATI F N,KOLAITIS P G. Repair checking in inconsistent databases:algorithms and complexity[C] //Proceedings of the 12th International Conference on Database Theory. 2009:31-41.

[25] CHOMICKI J,MARCINKOWSKI J. Minimal-change integrity maintenance using tuple deletions[J]. Information and Computation,2005,197(1-2):90-121.

[26] FAGIN R,KIMELFELD B,KOLAITIS P G. Dichotomies in the complexity of preferred repairs[C] //Proceedings of the 34th ACM SIGMOD-SIGACT-SIGAI Symposium on Principles of Database Systems. 2015:3-15.

[27] BRILLINGER D R. Time series:data analysis and theory[M]. Society for Industrial and Applied Mathematics,2001.

[28] GARDNER Jr E S. Exponential smoothing:The state of the art-Part II[J]. International journal of forecasting,2006,22(4):637-666.

[29] BROWN R G. Smoothing,forecasting and prediction of discrete time series[M]. Courier

Corporation,2004.

[30] HOLT C C. Forecasting seasonals and trends by exponentially weighted moving averages [J]. International journal of forecasting,2004,20(1):5 - 10.

[31] ZHUANG Y,CHEN L,WANG X S,et al. A weighted moving average - based approach for cleaning sensor data[C] //27th International Conference on Distributed Computing Systems (ICDCS07). IEEE,2007:38 - 38.

[32] ZHANG Z,YANG D,ZHANG T,et al. A study on the method for cleaning and repairing the probe vehicle data[J]. IEEE Transactions on intelligent transportation systems,2012,14 (1):419 - 427.

[33] QU Z,WANG Y,WANG C,et al. A data cleaning model for electric power big data based on spark framework[J]. International Journal of Database Theory and Application,2016,9(3): 137 -150.

[34] HILL D J,MINSKER B S. Anomaly detection in streaming environmental sensor data:A data-driven modeling approach[J]. Environmental Modelling & Software, 2010,25(9):1014 - 1022.

[35] VOLKOVS M,CHIANG F,SZLICHTA J,et al. Continuous data cleaning[C] //2014 IEEE 30th international conference on data engineering. IEEE,2014:244 - 255.

[36] PARK G,RUTHERFORD A C,SOHN H,et al. An outlier analysis framework for impedance-based structural health monitoring[J]. Journal of Sound and Vibration, 2005,286(1 - 2):229 - 250.

[37] ALENGRIN G,FAVIER G. New stochastic realization algorithms for identification of ARMA models [C] //ICASSP'78. IEEE International Conference on Acoustics, Speech,and Signal Processing. IEEE,1978,3:208 - 213.

[38] TSAY R S. Outliers,level shifts,and variance changes in time series[J]. Journal of forecasting,1988,7(1):1 - 20.

[39] BOX G E P,PIERCE D A. Distribution of residual autocorrelations in autoregressive-integrated moving average time series models[J]. Journal of the American statistical Association,1970,65(332):1509 - 1526.

[40] AKOUEMO H N,POVINELLI R J. Data improving in time series using ARX and ANN models[J]. IEEE Transactions on Power Systems,2017,32(5):3352 - 3359.

[41] CHEN P,PEDERSEN T,BAK-JENSEN B,et al. ARIMA - based time series model of stochastic wind power generation[J]. IEEE transactions on power systems,2009, 25(2):667 - 676.

[42] DILLING S,MACVICAR B J. Cleaning high-frequency velocity profile data with autoregressive moving average (ARMA) models[J]. Flow Measurement and Instrumentation,2017,54:68 - 81.

[43] BROWN R G,HWANG P Y C. Introduction to random signals and applied Kalman filtering:with MATLAB exercises and solutions[J]. Introduction to random signals

and applied Kalman filtering:with MATLAB exercises and solutions,1997.

[44] EINICKE G A, WHITE L B. Robust extended Kalman filtering[J]. IEEE transactions on signal processing,1999,47(9):2596 - 2599.

[45] MA J,TENG J. Predict chaotic time-series using unscented Kalman filter[C] //Proceedings of 2004 International Conference on Machine Learning and Cybernetics (IEEE Cat. No. 04EX826). IEEE,2004,2:687 - 690.

[46] GOH Z,TAN K C,TAN B T G. Kalman - filtering speech enhancement method based on a voiced-unvoiced speech model[J]. IEEE Transactions on speech and audio processing, 1999,7(5):510 - 524.

[47] GARDNER JR E S. Exponential smoothing: The state of the art-Part II[J]. International journal of forecasting,2006,22(4):637 - 666.

[48] ZHUANG Y, CHEN L, WANG X S, et al. A weighted moving average - based approach for cleaning sensor data[C] //27th International Conference on Distributed Computing Systems (ICDCS'07). IEEE,2007:38 - 38.

[49] JONES R H. Exponential smoothing for multivariate time series[J]. Journal of the Royal Statistical Society:Series B (Methodological),1966,28(1):241 - 251.

[50] MARCZAK M,PROIETTI T,GRASSI S. A data - cleaning augmented Kalman filter for robust estimation of state space models[J]. Econometrics and Statistics,2018,5: 107 - 123.

[51] VAN LINT J W C,HOOGENDOORN S P,VAN ZUYLEN H J. Accurate freeway travel time prediction with state - space neural networks under missing data[J]. Transportation Research Part C:Emerging Technologies,2005,13(5 - 6):347 - 369.

[52] XU S,LU B,BALDEA M,et al. Data cleaning in the process industries[J]. Reviews in Chemical Engineering,2015,31(5):453 - 490.

[53] KEOGH E,CHU S,HART D,et al. An online algorithm for segmenting time series [C] //Proceedings 2001 IEEE international conference on data mining. IEEE,2001: 289 - 296.

[54] PLETT G L. Extended Kalman filtering for battery management systems of LiPB - based HEV battery packs: Part 3. State and parameter estimation[J]. Journal of Power sources,2004,134(2):277 - 292.

[55] SWAMI A,MENDEL J M. ARMA parameter estimation using only output cumulants [J]. IEEE Transactions on Acoustics, Speech, and Signal Processing, 1990, 38(7): 1257 - 1265.

[56] CHANG I,TIAO G C,CHEN C. Estimation of time series parameters in the presence of outliers[J]. Technometrics,1988,30(2):193 - 204.

[57] DONG J,HULL R. Applying approximate order dependency to reduce indexing space [C] //Proceedings of the 1982 ACM SIGMOD international conference on Management of data. 1982:119 - 127.

[58] GINSBURG S, HULL R. Order dependency in the relational model[J]. Theoretical computer science, 1983, 26(1 - 2): 149 - 195.

[59] GINSBURG S, HULL R. Sort sets in the relational model[J]. Journal of the ACM (JACM), 1986, 33(3): 465 - 488.

[60] WIJSEN J. Reasoning about qualitative trends in databases[J]. Information Systems, 1998, 23(7): 463 - 487.

[61] WIJSEN J. Trends in databases: Reasoning and mining[J]. IEEE Transactions on Knowledge and Data Engineering, 2001, 13(3): 426 - 438.

[62] LOPATENKO A, BRAVO L. Efficient approximation algorithms for repairing inconsistent databases[C] //2007 IEEE 23rd international conference on data engineering. IEEE, 2006: 216 - 225.

[63] CASADO-VARA R, DE LA PRIETA F, PRIETO J, et al. Blockchain framework for IoT data quality via edge computing[C] //Proceedings of the 1st Workshop on Blockchain-enabled Networked Sensor Systems. 2018: 19 - 24.

[64] GOLAB L, KARLOFF H, KORN F, et al. Sequential dependencies[J]. Proceedings of the VLDB Endowment, 2009, 2(1): 574 - 585.

[65] BEERI C, DOWD M, FAGIN R, et al. On the structure of Armstrong relations for functional dependencies[J]. Journal of the ACM (JACM), 1984, 31(1): 30 - 46..

[66] FAN W, GEERTS F, JIA X, et al. Conditional functional dependencies for capturing data inconsistencies[J]. ACM Transactions on Database Systems (TODS), 2008, 33(2): 1 - 48.

[67] FAN W, GEERTS F, LI J, et al. Discovering conditional functional dependencies[J]. IEEE Transactions on Knowledge and Data Engineering, 2010, 23(5): 683 - 698.

[68] SONG S, ZHANG A, WANG J, et al. SCREEN: stream data cleaning under speed constraints[C] //Proceedings of the 2015 ACM SIGMOD International Conference on Management of Data. 2015: 827 - 841.

[69] YIN W, YUE T, WANG H, et al. Time series cleaning under variance constraints[C] // Database Systems for Advanced Applications: DASFAA 2018 International Workshops: BDMS, BDQM, GDMA, and SeCoP, Gold Coast, QLD, Australia, May 21 - 24, 2018, Proceedings 23. Springer International Publishing, 2018: 108 - 113..

[70] SONG S, SUN Y, ZHANG A, et al. Enriching data imputation under similarity rule constraints[J]. IEEE transactions on knowledge and data engineering, 2018, 32(2): 275 - 287.

[71] ZHANG A, SONG S, SUN Y, et al. Learning individual models for imputation[C] //2019 IEEE 35th International Conference on Data Engineering (ICDE). IEEE, 2019: 160 - 171.

[72] 殷炜宏. 基于动态时间规整的时间序列相似性度量问题的研究[D]. 上海：上海工程技术大学，2021.

[73] 姜华，韩安琪，王美佳等. 基于改进编辑距离的字符串相似度求解算法[J]. 计算机工程，2014，40(01)：222 - 227

[74] RAJARAMAN A,ULLMAN J D. Mining of massive datasets[M]. Cambridge University Press,2011.

[75] CHAIRUNNANDA P,GOPALKRISHNAN V,CHEN L. Enhancing edit distance on real sequences filters using histogram distance on fixed reference ordering[C] //18th International Conference on Pattern Recognition (ICPR'06). IEEE,2006,3:582 - 585.

[76] CHEN L,ÖZSU M T,ORIA V. Robust and fast similarity search for moving object trajectories[C] //Proceedings of the 2005 ACM SIGMOD international conference on Management of data. 2005:491 - 502.

[77] 夏寒松. 基于动态时间规整的时间序列相似性度量方法研究[D]. 重庆:重庆邮电大学,2021.

[78] 韩胜川. 基于动态时间弯曲的时间序列相似性度量方法研究[D]. 重庆:重庆邮电大学,2022.

[79] CUTURI M,BLONDEL M. Soft - dtw:a differentiable loss function for time - series[C] //International conference on machine learning. PMLR,2017:894 - 903.

[80] BLONDEL M,MENSCH A,VERT J P. Differentiable divergences between time series[C] //International Conference on Artificial Intelligence and Statistics. PMLR,2021:3853 - 3861.

[81] GOGACZ T,TORU ? CZYK S. Entropy Bounds for Conjunctive Queries with Functional Dependencies[C] //20th International Conference on Database Theory (ICDT 2017). Schloss Dagstuhl - Leibniz - Zentrum fuer Informatik,2017.

[82] WANG D,KAPLAN L,ABDELZAHER T F. Maximum likelihood analysis of conflicting observations in social sensing[J]. ACM Transactions on Sensor Networks (ToSN),2014,10(2):1 - 27.

[83] YAKOUT M,BERTI - ÉQUILLE L,ELMAGARMID A K. Don't be scared:Use scalable automatic repairing with maximal likelihood and bounded changes[C] //Proceedings of the 2013 ACM SIGMOD International Conference on Management of Data. 2013:553 - 564.

[84] ZHANG A,SONG S,WANG J. Sequential data cleaning:A statistical approach[C] //Proceedings of the 2016 International Conference on Management of Data. 2016:909 - 924.

[85] ZHANG Q,KASSAM S A. Finite - state Markov model for Rayleigh fading channels [J]. IEEE Transactions on communications,1999,47(11):1688 - 1692.

[86] CAI J. A Markov model of switching - regime ARCH[J]. Journal of Business & Economic Statistics,1994,12(3):309 - 316.

[87] ZHANG G P. Time series forecasting using a hybrid ARIMA and neural network model[J]. Neurocomputing,2003,50:159 - 175.

[88] DONG M,YANG D,KUANG Y,et al. PM2. 5 concentration prediction using hidden semi - Markov model - based times series data mining[J]. Expert Systems with Applications,2009,36(5):9046 - 9055.

[89] HASSAN M R, NATH B, KIRLEY M. A fusion model of HMM, ANN and GA for stock market forecasting[J]. Expert systems with Applications, 2007, 33(1): 171 - 180.

[90] GUPTA A, DHINGRA B. Stock market prediction using hidden markov models[C] //2012 Students Conference on Engineering and Systems. IEEE, 2012: 1 - 4.

[91] BABA A I, JAEGER M, LU H, et al. Learning - based cleansing for indoor RFID data [C] //Proceedings of the 2016 International Conference on Management of Data. 2016: 925 - 936.

[92] LEEMA A A, HEMALATHA M. An effective and adaptive data cleaning technique for colossal RFID data sets in healthcare[J]. WSEAS transactions on Information Science and Applications, 2011, 8(6): 243 - 252.

[93] JEFFERY S R, GAROFALAKIS M, FRANKLIN M J. Adaptive cleaning for RFID data streams[C] //Vldb. 2006, 6: 163 - 174.

[94] XU H, DING J, LI P, et al. An improved SMURF scheme for cleaning RFID data[J]. International Journal of Grid and Utility Computing, 2018, 9(2): 170 - 178.

[95] MILANI M, ZHENG Z, CHIANG F. Currentclean: Spatio - temporal cleaning of stale data[C] //2019 IEEE 35th International Conference on Data Engineering (ICDE). IEEE, 2019: 172 - 183.

[96] WANG X, DONG X L, MELIOU A. Data x-ray: A diagnostic tool for data errors[C] //Proceedings of the 2015 ACM SIGMOD International Conference on Management of Data. 2015: 1231 - 1245..

[97] NEVILLE J, JENSEN D. Relational dependency networks[J]. Journal of Machine Learning Research, 2007, 8(3).

[98] MAYFIELD C, NEVILLE J, PRABHAKAR S. ERACER: a database approach for statistical inference and data cleaning[C] //Proceedings of the 2010 ACM SIGMOD International Conference on Management of data. 2010: 75 - 86.

[99] GETOOR L, FRIEDMAN N, KOLLER D, et al. Learning probabilistic models of relational structure[C] //ICML. 2001, 1: 170 - 177.

[100] BERGMAN M, MILO T, NOVGORODOV S, et al. Query - oriented data cleaning with oracles[C] //Proceedings of the 2015 ACM SIGMOD International Conference on Management of Data. 2015: 1199 - 1214.

[101] ZHOU J, TUNG A K H. Smiler: A semi - lazy time series prediction system for sensors[C] //Proceedings of the 2015 ACM SIGMOD International Conference on Management of Data. 2015: 1871 - 1886.

[102] TIAN D, ZHU Y, DUAN X, et al. An effective fuel-level data cleaning and repairing method for vehicle monitor platform[J]. IEEE transactions on industrial informatics, 2018, 15(1): 410 - 422.

[103] MORRISON G W, PIKE D H. Kalman filtering applied to statistical forecasting[J].

Management Science,1977,23(7):768 - 774.

[104] JONES R H. Exponential smoothing for multivariate time series[J]. Journal of the Royal Statistical Society:Series B (Methodological),1966,28(1):241 - 251.

[105] DEMPSTER A P,LAIRD N M,RUBIN D B. Maximum likelihood from incomplete data via the EM algorithm[J]. Journal of the royal statistical society:series B (methodological),1977,39(1):1 - 22.

[106] SHUMWAY R H,STOFFER D S. An approach to time series smoothing and forecasting using the EM algorithm[J]. Journal of time series analysis,1982,3(4):253 - 264.

[107] GUPTA M,GAO J,AGGARWAL C C,et al. Outlier detection for temporal data:A survey[J]. IEEE Transactions on Knowledge and data Engineering,2013,26(9):2250 - 2267.

[108] HILL D J,MINSKER B S. Anomaly detection in streaming environmental sensor data:A data-driven modeling approach[J]. Environmental Modelling & Software,2010,25(9):1014 - 1022.

[109] BASU S,MECKESHEIMER M. Automatic outlier detection for time series:an application to sensor data[J]. Knowledge and Information Systems,2007,11:137 - 154.

[110] DAVIS P J B R A. Introduction to time series and forecasting[M]. springer publication,2016.

[111] KONTAKI M,GOUNARIS A,PAPADOPOULOS A N,et al. Continuous monitoring of distance - based outliers over data streams[C] //2011 IEEE 27th International Conference on Data Engineering. IEEE,2011:135 - 146.

[112] ZHANG G P. Time series forecasting using a hybrid ARIMA and neural network model[J]. Neurocomputing,2003,50:159 - 175.

[113] KEOGH E,LIN J,FU A. Hot sax:Efficiently finding the most unusual time series subsequence[C] //Fifth IEEE International Conference on Data Mining (ICDM'05). Ieee,2005:8 pp.

[114] KEOGH E,LIN J,LEE S H,et al. Finding the most unusual time series subsequence:algorithms and applications[J]. Knowledge and Information Systems,2007,11:1 - 27.

[115] KEOGH E,LONARDI S,RATANAMAHATANA C A. Towards parameter - free data mining[C] //Proceedings of the tenth ACM SIGKDD international conference on Knowledge discovery and data mining. 2004:206 - 215.

[116] WEI L,KEOGH E,XI X. Saxually explicit images:Finding unusual shapes[C] //Sixth International Conference on Data Mining (ICDM'06). IEEE,2006:711 - 720.

[117] ENDLER D. Intrusion detection. Applying machine learning to Solaris audit data[C] //Proceedings 14th Annual Computer Security Applications Conference (Cat. No.

98EX217). IEEE,1998:268 - 279.

[118] DASGUPTA D, MAJUMDAR N S. Anomaly detection in multidimensional data using negative selection algorithm[C] //Proceedings of the 2002 Congress on Evolutionary Computation. CEC′02 (Cat. No. 02TH8600). IEEE, 2002, 2: 1039 - 1044.

[119] GHOSH A, SCHWARTZBARD A, SCHATZ M. Learning program behavior profiles for intrusion detection[C] //1st Workshop on Intrusion Detection and Network Monitoring (ID 99). 1999.

[120] GONZÁLEZ F A, DASGUPTA D. Anomaly detection using real-valued negative selection[J]. Genetic Programming and Evolvable Machines, 2003, 4: 383 - 403.

[121] SONG S, LI C, ZHANG X. Turn waste into wealth: On simultaneous clustering and cleaning over dirty data[C] //Proceedings of the 21th ACM SIGKDD International Conference on Knowledge Discovery and Data Mining. 2015: 1115 - 1124.

[122] ESTER M, KRIEGEL H P, SANDER J, et al. A density-based algorithm for discovering clusters in large spatial databases with noise[C] //kdd. 1996, 96(34): 226 - 231.

[123] LI D, CHEN D, JIN B, et al. MAD-GAN: Multivariate anomaly detection for time series data with generative adversarial networks[C] //International conference on artificial neural networks. Cham: Springer International Publishing, 2019: 703 - 716.

[124] SUN Y, PENG L, LI H, et al. Exploration on spatiotemporal data repairing of parking lots based on recurrent GANs[C] //2018 21st International Conference on Intelligent Transportation Systems (ITSC). IEEE, 2018: 467 - 472.

[125] FANG C, SONG S, CHEN Z, et al. Fine-grained fuel consumption prediction[C] //Proceedings of the 28th ACM International Conference on Information and Knowledge Management. 2019: 2783 - 2791.

[126] GERS F A, SCHMIDHUBER J, CUMMINS F. Learning to forget: Continual prediction with LSTM[J]. Neural computation, 2000, 12(10): 2451 - 2471.

[127] MALHOTRA P, VIG L, SHROFF G, et al. Long Short Term Memory Networks for Anomaly Detection in Time Series[C] //Esann. 2015, 2015: 89.

[128] YU Z, CHU X. Piclean: A probabilistic and interactive data cleaning system[C] //Proceedings of the 2019 International Conference on Management of Data. 2019: 2021 - 2024.

[129] REKATSINAS T, CHU X, ILYAS I F, et al. HoloClean: Holistic Data Repairs with Probabilistic Inference[J]. Proceedings of the VLDB Endowment, 2017, 10(11).

[130] KRISHNAN S, WANG J, WU E, et al. Activeclean: Interactive data cleaning for statistical modeling[J]. Proceedings of the VLDB Endowment, 2016, 9(12): 948 - 959.

[131] DING X, WANG H, SU J, et al. Cleanits: a data cleaning system for industrial time series[J]. Proceedings of the VLDB Endowment, 2019, 12(12): 1786 - 1789.

[132] TAE K H,ROH Y,OH Y H,et al. Data cleaning for accurate,fair,and robust models:A big data - AI integration approach[C] //Proceedings of the 3rd International Workshop on Data Management for End-to-End Machine Learning. 2019:1 - 4.

[133] WANG J,ZHANG H,FANG B,et al. Edcleaner:Data cleaning for entity information in social network[C] //ICC 2019 - 2019 IEEE International Conference on Communications (ICC). IEEE,2019:1 - 7.

[134] Huang Y,Milani M,Chiang F. PACAS:Privacy-aware,data cleaning as a service[C] //2018 IEEE International Conference on Big Data (Big Data). IEEE,2018:1023 - 1030.

[135] Huang R,Chen Z,Liu Z,et al. Tsoutlier:Explaining outliers with uniform profiles over iot data[C] //2019 IEEE International Conference on Big Data (Big Data). IEEE,2019:2024 - 2027.

[136] Dasu, Tamraparni , and J. M. Loh. Statistical Distortion: Consequences of Data Cleaning[J]. Proceedings of the Vldb Endowment,2012,5(11):1674 - 1683.

[137] Song B ,Qin P ,Wang H ,et al. bSpace:A Data Cleaning Approach for RFID Data Streams Based on Virtual Spatial Granularity[C] //International Conference on Hybrid Intelligent Systems. IEEE,2009.

[138] Rangapuram S S,Seeger M W,Gasthaus J,et al. Deep state space models for time series forecasting[J]. Advances in neural information processing systems,2018,31.

[139] GILBERT K. An arima supply chain model[J]. Management Science,2005,51(2):305 - 310.

[140] HYNDMAN R,KOEHLER A B,ORD J K,et al. Forecasting with exponential smoothing:the state space approach[M]. Springer Science & Business Media,2008.

[141] LUTKEPOHL H. Vector autoregressive models[M]. Handbook of research methods and applications in empirical macroeconomics. Edward Elgar Publishing,2013.

[142] HANNAN E J,KAVALIERIS L. Regression,autoregression models[J]. Journal of TimeSeries Analysis,1986,7(1):27 - 49.

[143] PAN J,YAO O. Modelling multiple time series via common factors[J]. Biometrika,2008,95(2):365 - 379

[144] HOLLAND S M. Principal components analysis(pca)[J]. Department of Geology,UniversityofGeorgia,Athens,GA,2008:30602 - 2501.

[145] SMOLA A J,SCHOLKOPF B. A tutorial on support vector regression[J]. Statistics andcomputing,2004,14(3):199 - 222.

[146] YANG H,HUANG K,KING I,et al. Localized support vector regression for time seriesprediction[J]. Neurocomputing,2009,72(10 - 12):2659 - 2669.

[147] YOU Y,DEMMEL J,HSIEH C,et al. Accurate,fast and scalable kernel ridge regressionon parallel and distributed systems [C] //Proceedings of the 2018 International Conference onSupercomputing. 2018:307 - 317.

[148] BELGIU M, DRAGUT L. Random forest in remote sensing: A review of applications andfuture directions [J]. ISPRS journal ofphotogrammetry and remote sensing, 2016, 114: 24 - 31.

[149] LI J, CHENG J H, SHI J Y, et al. Brief introduction of back propagation(bp) neural networkalgorithm and its improvement [M]//Advances in computer science and information engineering. Springer, 2012: 553 - 558.

[150] Cheng J, Dong L, Lapata M. Long Short-Term Memory-Networks for Machine Reading [C]//2016 Conference on Empirical Methods in Natural Language Processing. Association for Computational Linguistics, 2016: 551 - 561.

[151] Chung J, Gulcehre C, Cho K, et al. Empirical evaluation of gated recurrent neural networks on sequence modeling [C] //NIPS 2014 Workshop on Deep Learning, December 2014. 2014.

[152] GOODFELLOW I, BENGIO Y, COURVILLE A. Deep learning [M]. MIT press, 2016.

[153] YOUNG T, HAZARIKA D, PORIA S, et al. Recent trends in deep learning based naturallanguage processing [J]. ieee Computational intelligent magazine, 2018, 13 (3): 55 - 75.

[154] MADAN R, MANGIPUDI P S. Predicting computer network traffic: a time series forecastingapproach using dwt, arima and rnn [C] //2018 Eleventh International Conference on Contemporary Computing(IC3). EEE, 2018: 1 - 5.

[155] KAREVAN Z, SUYKENS J A. Transductive lstm for time-series prediction: An applicationto weather forecasting[J]. Neural Networks, 2020, 125: 1 - 9.

[156] TAO Q, LIU F, LI Y, et al. Air pollution forecasting using a deep learning model based on 1D convnets and bidirectional GRU[J]. IEEE access, 2019, 7: 76690 - 76698.

[157] KRIZHEVSKY A, SUTSKEVER I, HINTON G E. Imagenet classification with deep con-volutional neural networks[J]. Advances in neural information processing systems, 2012: 25.

[158] BINKOWSKI M, MARTI G, DONNAT P. Autoregressive convolutional neural networks forasynchronous time series [C] //International Conference on Machine Learning. PMLR, 2018: 580 - 589

[159] LIVIERIS I E, PINTELAS E, PINTELAS P A cnn-lstm model for gold price time-series-forecasting[J]. Neural computing and applications, 2020, 32(23): 17351 - 17360.

[160] VASWANI A, SHAZEER N, PARMAR N, et al. Attention is all you need[J]. Advances inneural information processing systems, 2017, 30.

[161] Kenton J D M W C, Toutanova L K. BERT: Pre-training of Deep Bidirectional Transformers for Language Understanding[C] //Proceedings of NAACL - HLT. 2019: 4171 - 4186.

[162] CINAR Y G, MRISAEE H, GOSWAMI P et al. Position-based content attention for time-series forecasting with sequence-to-]sequence rns [C] //International conference on neural

in-formation processing. Springer,2017:533 - 544.

[163] SUTSKEVER I,VINYALS O,LE Q V Squence to sequence learing with neural networks [J]. Advances in neural information processing systems,2014,27.

[164] LAI G,CHANG W C,YANG Y,et al. Modeling long-and short-term temporal patterns withdeep neuralnetworks [C] //The 41st International ACM SIGIR Conference on Research & De-velopment in Information Retrieval. 2018:95 - 104.

[165] SHIH S Y,SUN F K,LEE H Y,Temporal pattern attention for multivariate time series fore-casting[J]. Machine Learning,2019,108(8):1421 - 1441.

[166] SONG D,CHEN H,JIANG G,et al. Dual stage attention based recurrent neural network fortime series prediction[M]. Google Patents,2021.

[167] Xu K,Hu W,Leskovec J,et al. How Powerful are Graph Neural Networks[C] //International Conference on Learning Representations. 2018.

[168] GILMER J,SCHOENHOLZ S S,RILEY P F,et al. Neura message passing for quantum-chemistry [C] //International conference on machine learning. PMLR,2017:1263 - 1272.

[169] GASTEIGER J,BOJCHEVSKI A,GÜNNEMANN S. Predict then Propagate:Graph Neural Networks meet Personalized PageRank[C] //International Conference on Learning Representations. 2018.

[170] YU B,YIN H,ZHU Z. Spatio - temporal graph convolutional networks:a deep learning framework for traffic forecasting[C] //Proceedings of the 27th International Joint Conference on Artificial Intelligence. 2018:3634 - 3640.

[171] LI Y,YU R,SHAHABI C,et al. Diffusion Convolutional Recurrent Neural Network:Data-Driven Traffic Forecasting[C] //International Conference on Learning Representations. 2018.

[172] WU Z,PAN S,LONG G,et al. Graph wavenet for deep spatial-temporal graph modeling[C] //Proceedings of the 28th International Joint Conference on Artificial Intelligence. 2019:1907 - 1913.

[173] CHEN W,CHENL,XIE Y,et al. Multi-range attentive bicomponent graph convolutional net-work for traffic forecasting[C] //Proceedings ofthe AAAl conference on artificial intelligence:volume 34. 2020:3529 - 3536

[174] 原继东,王志海,孙艳歌,等. 面向复杂时间序列的 k 近邻分类器[J]. 软件学报,2017,28(11):3002 - 3017.

[175] MA Y,GUO G. Support vector machines applications: volume 649 [M]. Springer,2014.

[176] BENESTYJ,CHENJ,HUANG Y,et al. Pearson correlation coefficient[M]. Noise reductionin speech processing. Springer,2009:1 - 4.

[177] MULLER M. Dynamic time warping[J] Information retrieval for music and motion,2007:69 - 84

[178] SUNDARARAJAN D. Discrete wavelet transform: a signal processing approach [M]. John Wiley & Sons,2016.

[179] LI M,CHEN W. Ff-based deep feature learning method for eeg classification[J]. BiomedicalSignal Processing and Control,2021,66:102492.

[180] SONG Y Y,YING L. Decision tree methods:applications for classification and prediction[J]. Shanghai archives of psychiatry,2015,27(2):130.

[181] BAR - JOSEPH Z,GITTER A,SIMON I Studying and modelling dynamic biological processes using time - series gene expression data[J]. Nature Reviews Genetics, 2012,13(8)552 - 564

[182] MALLER R A,MOLLER G,SZIMAYER A. Garch modelling in continuous time for irregu - larly spaced time series data[J]. Bernoulli,2008,14(2):519 - 542

[183] STEED C A,HALSEY W,DEHOFF R,et al. Falcon: Visual analysis oflarge,irregularly sampled,and multivariate time series data in additive manufacturing[J]. Computers & Graphics,2017,63:50 - 64.

[184] JORDAN Ml,MITCHELL T M. Machine learning: Trends,perspectives,and prospects[J]. Science,2015,349(6245):255 - 260.

[185] CHE Z,PURUSHOTHAM S,CHO K,et al. Recurrent neural networks for multivariate timeseries with missing values[J]. Scientific reports,2018,8(1):1 - 12.

[186] NEIL D,PFEIFFER M,LIU S C. Phased lstm: Accelerating recurrent network training forlong or event - based sequences[J]. Advances in neural information processing systems,2016. 29.

[187] ZHANG Y. Attain: Attention-based time-aware lstm networks for disease progression modeling. [C] //In Proceedings of the 28th International Joint Conference on Artificial Intelligence(IJCAI - 2019),4369 - 4375,Macao,China. 2019.

[188] HORN M,MOOR M,BOCK C,et al. Set functions for time series [C] //International Confer-ence on Machine Learning. PMLR,2020:4353 - 4363.

[189] CHEN R T,RUBANOVA Y,BETTENCOURT,et al. Neural ordinary differential equations[J]. Advances in neural information processing systems,2018,31.

[190] RUBANOVA Y,CHEN R T,DUVENAUD D K. Latent ordinary differential equations forirregularly - sampled time series[J]. Advances in neural information processing systems,2019,32.

[191] DE BROUWER E,SIMM J,ARANY A,et al. Gru - ode - bayes:Continuous modeling ofsporadically - observed time series[J]. Advances in neural information processing systems,2019,32.

[192] COLLIER M,NAZABAL A,WILLIAMs C. VAEs in the Presence of Missing Data [C] //ICML Workshop on the Art of Learning with Missing Values (Artemiss). 2020.

[193] PEREIRA R C,SANTOS M S,RODRIGUES P P et al. Reviewing autoencoders for

missing data imputation: Technical trends, applications and outcomes[J]. Journal of Artificial Intelligence Research, 2020, 69: 1255 - 1285.

[194] FORTUIN V BARANCHUK D, RATSCH G, et al. Gp-vae: Deep probabilistic time seriesimputation [C] //International conference on artificial intelligence and statistics. PMLR, 2020: 1651 - 1661

[195] 刘曾好. 基于深度学习的时间序列数据挖掘与应用[D]. 中国科学技术大学, 2022.

[196] 韦东兴, 陈晓云, 徐荣聪. 基于角点检测的图像形状特征提取方法[J]. 计算机工程, 2010(4): 036.

[197] 加玉涛, 罗志增. 肌电信号特征提取方法综述[J]. 电子器件, 2007(1): 326 - 330..

[198] 刘慧, 谢洪波, 和卫星, 王志中. 基于模糊熵的脑电睡眠分期特征提取与分类[J]. 数据采集与处理, 2010, 25(4): 484 - 489.

[199] GREENE B R, BOYLAN G B, REILLY R B, et al. Combination of EEG and ECG for improved automatic neonatal seizure detection[J]. Clinical neurophysiology, 2007, 118(6): 1348 - 1359.

[200] 商卫波. 心电信号自动分析与诊断处理方法研究[D]. 西北工业大学, 2005.

[201] 葛丁飞, 邵宇权, 蒋惠忠. 基于双导联 ECG 和多变量回归模型的远程心电诊断算法研究[J]. 航天医学与医学工程, 2004(5): 355 - 359.

[202] GE D F, HOU B P, XIANG X J. Study of feature extraction based on autoregressive modeling in EGG automatic diagnosis[J]. Acta Automática Sinica, 2007, 33(5): 462 - 466.

[203] 葛丁飞, 夏顺仁. AR 模型在远程心电诊断中的应用[J]. 中国生物医学工程学报, 2004(3): 222 - 229.

[204] 钱争鸣. ARCH 族计量模型在金融市场研究中的应用[J]. 厦门大学学报(哲学社会科学版), 2000(3): 126 - 129.

[205] 余素红, 张世英. SV 与 GARCH 模型对金融时间序列刻画能力的比较研究[J]. 系统工程, 2002(5): 28 - 33.

[206] KALANTZIS T, PAPANASTASSIOU D. Classification of GARCH time series: an empirical investigation[J]. Applied Financial Economics, 2008, 18(9): 759 - 764.

[207] VALENZA G, LANATÀ A, FERRO M, et al. Real-time discrimination of multiple cardiac arrhythmias for wearable systems based on neural networks[C] //2008 Computers in Cardiology. IEEE, 2008: 1053 - 1056.

[208] 郭躬德, 王晖. DavidBell 时间序列数据分析与预处理[J]. 小型微型计算机系统, 2003: 2228 - 2232.

[209] 江近仁, 孙景江. 以反应谱和功率谱密度函数表征的强震运动的统计特性[J]. 中国地震, 1994: 327 - 340.

[210] AMINI A M. Qualitative features extraction from sensor data using Short - Time Fourier Transform[J]. Visual Information Processing XIV 5817(2005)289 - 295.

[211] HOLMBERG M, GELBART D, HEMMERT W. Automatic speech recognition with an adaptation model motivated by auditory processing[J]. Audio, Speech, and Language Process-

ing. IEEE Trans. on,2006,14:43 - 49.

[212] XU H,TAN ZH,DALSGAARD P,LINDBERG B. Exploitation of spectral variance to improve robustness in speech recognition[J]. Electronics Letters,2006,42:312 - 314.

[213] F. H. a. H. Ney Noise Level Normalization and Reference Adaptation for Robust Speech Recognition[J]. International Workshop on Automatic Speech Recognition:Challenges for the New Millennium. 2000.

[214] HILGER F,NEY H. Quantile based histogram equalization for noise robust large vocabulary speech recognition[J]. Audio,Speech,and Language Processing. IEEE Trans. on, 2006,14:845 - 854.

[215] 高瑞华. 多种预处理方法在语音检测中应用效果的比较研究 [D]. 浙江工业大学,2004.

[216] TOWNSHEND J R G,JUSTICE C O V. Kalb Characterization and Classification of South American Land Cover Types Using Satellite Data[J]. International Journal of Remote Sensing,1987,8:1189 - 1207.

[217] 邢玉娟,谭萍,李明. 一种新的说话人识别序列特征提取方法[J]. 兰州理工大学学报, 2009,35(4):98 - 102.

[218] 杨绍华. 一种基于核主成分分析的人脸识别方法[J]. 河北科技师范学院学报,2008:45 - 48,62.

[219] 周小程,马向玲,范洪达,庞文强. 基于核函数分类的多维时序特征选择方法应用[J]. 电光与控制,2010,17(7):74 - 77.

[220] 侯振雨,蔡文生,邵学广. 主成分分析-支持向量回归建模方法及应用研究[J]. 分析化学, 2006:617 - 620.

[221] 楼蒋. Method of Feature Extraction Suitable for Hyperdimensional Time Series Data[J]. 浙江科技学院学报,2007,19(2).

[222] 胡利平,刘宏伟,吴顺君. 基于两级 2DPCA 的 SAR 目标特征提取与识别[J]. 电子与信息学报,2008:1722 - 1726.

[223] 李志农,曾明如,韩捷,何永勇. 主分量分析和因子隐 Markov 模型在机械故障诊断中的应用. 机械强度,2007:25 - 29.

[224] 朱帮助. 基于特征提取的选择性神经网络集成方法[J]. 计算机科学,2008:132 - 133,172.

[225] 刘爱霞,刘正军,王静. 基于 Pca 变换和神经元网络分类方法的中国森林制图研究[J]. 长江流域资源与环境,2006:19 - 24.

[226] 王海燕,刘鲁,刘玲. 基于 Gra 和 pca 的 Bp 神经网络应用研究[J]. 管理评论,2007:50 - 54.

[227] 张静远,张冰. 基于小波变换的特征提取方法分析[J]. 信号处理,2000:156 - 162,155.

[228] 马陈,马国亮. 心电图的小波变换特征提取[J]. 中国科技信息,2006(1A).

[229] Andreao RV,Dorizzi B,Boudy J. ECG signal analysis through hidden Markov models[J]. IEEE Trans. on Biomedical Engineering,2006,53:1541 - 1549.

[230] 胡博,卫宏儒,廖福成. 小波变换在股票分析中的应用[J]. 系统管理学报,2007:365

-369.
[231] 金解放,赵奎,王晓军,赵康.岩石声发射信号处理小波基选择的研究[J].矿业研究与开发,2007:12-15.
[232] 朱江梅,吴兴方.小波包变换压缩与地震数据处理[J].中国海上油气(工程),2006:169-173.
[233] 田喜英.主元分析和非线性方法在表面肌电信号中的应用研究[D].上海交通大学.2009.
[234] GUPTA AMR,SINGH K. A Time-Series-Based Feature Extraction Approach for Prediction of Protein Structural Class,EURASIP[J]. Journal on Bioinformatics and Systems Biology ,2008.
[235] PALANCZ B,BENYO B. Classification of time series via wavelet subband analysis using support vector machine classifier[J]. Periodica Polytechnica Electrical Engineering 50,2006:129-140.
[236] 郑继明,邢峰,吴渝,李婧.基于小波变换和支持向量机的音频分类[J].重庆邮电大学学报(自然科学版),2008:212-216.
[237] 王春.基于小波和分形理论的齿轮故障特征提取及噪声的和谐化研究[J].机械工程,重庆大学,2006,4(1):1-145.
[238] 王庆华,张兴彪,张洪朋,孙玉清.分形理论在液压泵故障诊断中的应用[J].大连海事大学学报自然科学版,2004:40-43.
[239] 蔡爱民,查良松.基于分形理论的安徽省旱、洪涝灾害时序特征分析[J].安徽农业大学学报,2005:546-550.
[240] 孙金花,冯英浚,胡健.基于分形理论的股票时序数据离群模式挖掘研究[J].运筹与管理,2008:135-140.
[241] 关腾,许娜.金融时间序列的多重分形分类[J].郑州大学学报(理学版),2008,4.
[242] RAGHAV S,MISHRA A K. Fractal feature based ECG arrhythmia classification[J]. IEEE,Piscataway,NJ,USA,2008.5.
[243] 钟维年,高清维,陈燕玲.基于小波和多重分形的金融时间序列聚类[J].系统工程,2009:58-61.
[244] 林珠,邢延.数据挖掘中适用于分类的时序数据特征提取方法[J].计算机系统应用,2012,21(10):224-229.
[245] SALLES R,BELLOZE K,PORTO F,et al. Gonzalez,Eduardo Ogasawara. Nonstationary time series transformation methods:An experimental review[J]. Knowledge-Based Systems,2019,164,274-291.
[246] 杨梦晨,陈旭栋,蔡鹏等.早期时间序列分类方法研究综述[J].华东师范大学学报(自然科学版),2021(5):115-133.
[247] 林辉威.基于深度学习的多变量时间序列分类方法研究[D].哈尔滨工业大学,2020.
[248] 孙加灿.基于深度学习的多变量时间序列分类与聚类算法的研究与应用[D].西安电子科技大学,2020.

[249] 夏寒松.基于动态时间规整的时间序列相似性度量方法研究[D].重庆邮电大学,2021.
[250] 殷炜宏.基于动态时间规整的时间序列相似性度量问题的研究[D].上海工程技术大学,2021.
[251] 武天鸿,翁小清,单中南.基于符号表示的时间序列分类综述[J].河北省科学院学报,2019,36(3):11-20.
[252] 李曼晴.时间序列的多尺度表示方法研究[D].西安电子科技大学,2019.
[253] 原继东,王志海.时间序列的表示与分类算法综述[J].计算机科学,2015,42(3):1-7.
[254] 郭芷榕.基于BP神经网络和半监督学习的时间序列分类模型研究[D].太原理工大学,2018.
[255] 张晔,侯毅,欧阳克威等.单变量序列数据分类方法综述[J].系统工程与电子技术,2023,45(2):313-335.
[256] 葛轶洲,许翔,杨锁荣等.序列数据的数据增强方法综述[J].计算机科学与探索,2021,15(7):1207-1219.
[257] 廖奥林.基于ARIMA和PSO-BP组合模型的北京市房价预测研究[D].北方民族大学,2023.
[258] 王玉堃.LSTM和GRU神经网络在股指高频数据预测中的研究[D].山东大学,2020.
[259] 王婷.基于LSTM深度网络的电力负荷预测[D].山西大学,2020.
[260] 李悦.基于深度神经网络的时间序列预测模型研究[D].辽宁师范大学,2023.
[261] 焦晖.基于隐马尔可夫模型的微博事件关注度研究[D].山东师范大学,2021
[262] 田耀伟.基于支持向量机和改进隐马尔可夫模型的车辆路径预测算法研究[D].长安大学,2022.
[263] 吕佳.梯度提升回归树算法研究及改进[D].上海交通大学,2017.
[264] 刘超.孪生最小二乘支持向量回归模型研究及应用[D].河南师范大学,2021.
[265] 陈荣,梁昌勇,谢福伟.基于SVR的非线性时间序列预测方法应用综述[J].合肥工业大学学报(自然科学版),2013.
[266] 陈艳华.基于机器学习的时间序列预测方法研究与应用[D].兰州大学,2017.
[267] 潘志松,黎维.基于深度学习的时空序列预测方法综述[J].数据采集与处理,2021.
[268] 黎维,陶蔚,周星宇,等.时空序列预测方法综述[J].计算机应用研究,2020.
[269] 刘怡伟.基于深度神经网络的几类时间序列预测模型研究[D].大连海事大学,2020.
[270] 吴双双.基于深度神经网络的时间序列预测技术研究[D].南京理工大学,2018.